普通高等教育“十四五”规划教材

# 环境保护与可持续发展

宋 伟　张城城　张 冬　孙 志　编著

北 京
冶 金 工 业 出 版 社
2023

## 内容提要

全书共分为8章，内容包括环境与环境问题、生态系统与生态破坏、人口和资源、环境污染及其防治、环境的可持续发展、清洁生产与循环经济、环境质量评价与环境管理、环境资源法与环境伦理。每章后附有复习思考题，可巩固知识的学习与运用。

本书为高等学校非环境专业本科生环境教育通识课教材，可用作环境保护人员培训教材，也可供环境保护管理人员和关注环境保护的人员阅读参考。

**图书在版编目(CIP)数据**

环境保护与可持续发展/宋伟等编著．—北京：冶金工业出版社，2021.8（2023.12重印）

普通高等教育“十四五”规划教材

ISBN 978-7-5024-8893-2

Ⅰ.①环… Ⅱ.①宋… Ⅲ.①环境保护—可持续性发展—高等学校—教材 Ⅳ.①X22

中国版本图书馆CIP数据核字(2021)第163263号

**环境保护与可持续发展**

**出版发行** 冶金工业出版社　**电　话** (010)64027926
**地　址** 北京市东城区嵩祝院北巷39号　**邮　编** 100009
**网　址** www.mip1953.com　**电子信箱** service@mip1953.com

责任编辑 杨盈园　美术编辑 彭子赫　版式设计 郑小利
责任校对 王永欣　责任印制 窦　唯

三河市双峰印刷装订有限公司印刷

2021年8月第1版，2023年12月第3次印刷

787mm×1092mm　1/16；20.25印张；493千字；314页

**定价 58.00元**

**投稿电话 (010)64027932　投稿信箱 tougao@cnmip.com.cn**
**营销中心电话 (010)64044283**
**冶金工业出版社天猫旗舰店 yjgycbs.tmall.com**
(本书如有印装质量问题，本社营销中心负责退换)

# 前　言

“环境与发展”是当今国际社会的重要主题内容之一。保护人类生存环境、实施可持续发展战略是人类社会持续健康发展的必由之路。党的十九届五中全会强调，“推动绿色发展，促进人与自然和谐共生”，并对生态文明建设和生态环境保护作出重要部署、提出明确要求，为做好“十四五”生态环境保护工作指明了前进的方向、提供了根本遵循。我国实施科教兴国战略和可持续发展战略，要切实加强国民环境意识教育，促进全社会提升环境保护和应对环境变化的意识，牢固树立尊重自然、顺应自然、保护自然的理念，坚定深入打好污染防治攻坚战的信心和决心，增强贯彻新发展理念的行动自觉，推动形成践行绿色低碳生活方式的社会风尚。

本书讲述了有关环境、生态系统、人口和资源的基本概念和基础知识，论述了各种环境问题的产生和发展以及应对各种环境污染所采取的科学防治对策和治理处置方法，探讨了当今全球所面临的环境、人口、资源问题以及面对严峻挑战人类所做的必然选择——可持续发展战略的理论思考与实践，介绍了环境治理评价流程与环境管理理论框架、相应环境法律法规与环境伦理观。

本书共分为8章，内容涵盖了环境、生态系统、人口和资源的基本概念和基础知识，水、大气、土壤、固体废弃物、噪声等各种环境污染问题的科学防治对策和有效的处理处置方法，环境可持续发展战略的基本理论和实践思考——清洁生产和循环经济，环境管理的理论框架和最新的管理手段，环境监测和环境评价的基本理论和主要技术，环境资源法律法规的主要内容与环境伦理观的建立。

参加本书编写工作的有哈尔滨理工大学宋伟、张城城、张冬、孙志等人，宋伟编写第3、5、6章，张城城编写第1、2章，张冬编写第4章，孙志编写第7、8章，宋伟负责全书统稿。感谢哈尔滨理工大学电气与电子工程学院、工程电介质及其应用教育部重点实验室在本书编写过程中提供的大力支持。感谢哈尔滨理工大学电气与电子工程学院新能源材料与器件系的全体教师在本书编写过程中提出的宝贵意见。感谢孙宇、于天骄、王宸、刘坤、刘家安、周晓明等研究生为全书文字审核校对、插图表格绘制等做了大量工作。

由于作者水平所限，本书若有不足和疏漏之处，望同行专家、广大师生和热心读者批评指正。

作　者
2021 年 4 月

# 目　录

# 1 环境与环境问题

## 1.1 环 境 概 述

### 1.1.1 环境的概念

从哲学角度，环境是相对于某一中心事物的周围事物，即事物的环境，不同的中心事物有不同的环境范畴。中心事物与周围事物进行着物质、能量、信息的交换，不是孤立存在的，如图 1-1 所示。

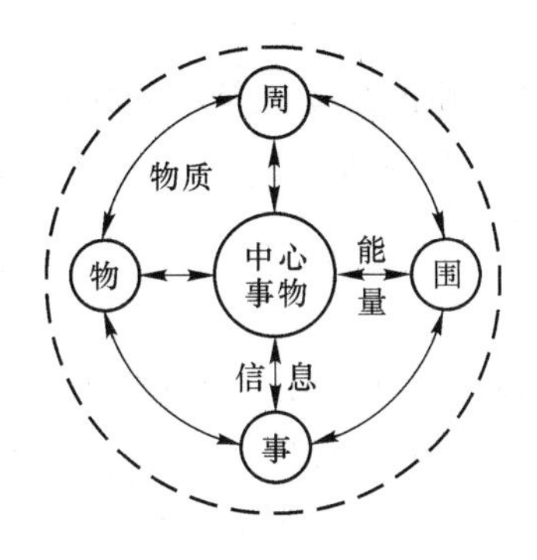


图 1-1 中心事物与环境的关系

环境科学研究的主体是人类，故环境指的是人类的生存环境，是以人类为中心事物的环境。在环境科学领域，将以人类社会为主体的外部世界的总和称为环境，即环境指围绕着人群的空间，及其可以直接或间接影响人类生活、生产和发展的各种物质与社会因素、自然因素及其能量的总体，包括自然环境和社会环境两个方面。

《中华人民共和国环境保护法》把环境定义为“影响人类生存和发展的各种天然的和经过人工改造的自然因素的总体，包括大气、水、海洋、土地、矿藏、森林、草原、野生动物、自然遗迹、人文遗迹、自然保护区、风景名胜区、城市和乡村等”。

人类与环境是一个相互作用、相互影响、相互依存的对立统一体。人类的生产和生活活动作用于环境，会对环境产生有利或不利的影响，引起环境的变化；反过来，变化了的环境也会对人类的身心健康和经济发展产生有利或不利的影响。

### 1.1.2 环境的分类及组成

人类生存环境是一个庞大而复杂的多级大系统，可按不同的分类方法进行分类。

#### 1.1.2.1 按环境要素划分

按环境要素或环境系统的形成，可以把环境分为自然环境和社会环境两大类。自然环境是社会环境的基础，而社会环境又是自然环境的发展。

##### A 自然环境

自然环境是人类赖以生存、生活和生产所必需的自然条件和自然资源的总称，包括阳光、温度、气候、地磁、空气、水、岩石、土壤、动植物、微生物以及地壳的稳定性等直接或间接影响人类的一切自然形成的物质、能量和自然现象的总和。自然环境是人类出现以前就存在的，它的运行机制是不以人类的意志为转移的。

自然环境按构成因子可分为大气圈、水圈、土壤圈、岩石圈和生物圈；按结构特征可分为高纬度、中纬度、低纬度环境或山地环境、平原环境、湿地环境等；按生态类型可分为陆生环境、水生环境、森林环境、草原环境等；按人类对其影响和改造的程度可分为原生自然环境和次生自然环境。

a 原生自然环境

原生自然环境是指未受人类影响或只受人类间接影响，景观面貌基本上未发生变化，按照自然规律发展和演替的区域。如极地、高山、人迹罕见的沙漠和冻土地区、原始森林、大洋中心区、自然保护区等天然环境。

b 次生自然环境

次生自然环境是指受人类发展活动影响，景观面貌和环境功能发生了某些变化的自然环境，如次生林、天然牧场等区域。次生环境的发展和演替虽然受人类影响，但基本上仍然受自然规律的支配和制约，仍属于自然环境的范畴。

##### B 社会环境

社会环境是指人类社会制度等上层建筑条件，既包括综合生产力、科学技术水平、人工构筑物、政治体制、社会行为、宗教信仰、民族文化等，也包括物质和精神产品乃至人与人之间的关系。它是人类在长期生存发展的社会劳动中形成的，是在自然环境的基础上，人类通过长期有意识、有计划、有目的的社会劳动，加工和改造自然物质，创造物质生产体系，积累物质文化等形成的人工环境体系，如城市、村庄、工矿区等。社会环境的发展和演替受自然规律、经济规律以及社会规律的支配和制约。社会环境是人类活动的必然产物，一方面可以促进人类社会的进一步发展，另一方面又可能成为社会发展潜在的束缚因素。随着人类社会不断的发展和演变，社会环境的发展与变化会直接影响到自然环境的发展与变化。社会环境可分为工业环境、农业环境、文化环境、医疗休养环境等。人类的社会意识形态、政治制度，如对环境的认识程度、保护环境的措施等，都会对自然环境的变化产生重大影响。

#### 1.1.2.2 按环境性质划分

按环境性质，可将环境分为物理环境、化学环境和生物环境等。

#### 1.1.2.3 按环境范围划分

按环境空间范围，可由近及远、由小到大把环境分为聚落环境、地理环境、地质环境和星际环境等层次结构，而每一层次均包含各种不同的环境性质和要素，并由自然环境和社会环境共同组成。

A 聚落环境

聚落环境是人类群居生活的主要场所，是人类利用和改造自然创造出来的与人类关系最密切、最直接的生存环境。按其规模、性质和功能大小可分为居室环境、院落环境、村落环境和城市环境。

B 地理环境

地理环境是围绕人类的自然现象的总体（包括气候、土地、河流、湖泊、山脉、矿藏以及动植物资源等），位于地球的表层，主要包括大气圈的对流层和平流层的下部、水圈、土壤圈、岩石圈以及生物圈。它是生命赖以生存、栖息繁衍的场所，不断地为人类提供各种资源，亦受到人类活动的影响与改造。地理环境包括目前人类生活的自然环境。

C 地质环境

地质环境主要指从地表下的坚硬的地壳层（即岩石圈）延伸到地核内部的环境。人类生产活动所需的矿产资源都来自地质环境。随着人类生产活动的发展，大量的矿产资源进入地理环境中，其对地理环境的影响不可低估。

D 宇宙环境

宇宙环境，又称为星际环境，是指地球大气圈以外的宇宙空间环境，由广漠的空间、各种天体、弥漫物质以及各类飞行器组成。

#### 1.1.2.4 按环境功能划分

按环境功能，可把环境分为生活环境和生态环境。

### 1.1.3 环境的基本特性

环境的特性从对人类社会生存发展的作用角度可归纳为整体性与区域性、变动性与稳定性、资源性与价值性。

#### 1.1.3.1 整体性与区域性

环境的整体性是指环境各组成部分或要素构成一个完整的系统，故又称系统性，即在一定空间内，环境要素（大气、水体、土壤、生物等）之间存在着确定的数量、空间位置排布和相互作用关系。

环境的区域性是指环境整体特性的区域差异，各个不同层次或不同空间的地域其结构方式、组成程序、能量物质流动规模和途径、稳定程度等都具有相对的特殊型，显示出区域的特征，即不同（面积不同或地理位置不同）区域的环境有不同的整体特性。

环境的整体性与区域性是同一环境特性在两个不同侧面上的表现，使人类在不同的环境中采用不同的生存方式和发展模式，并进而形成不同的文化。

1.1.3.2 变动性与稳定性

环境的变动性是指在自然过程和人类社会行为的共同作用下，环境的内部结构和外在状态始终处于不断变化的过程中。人类社会的发展史就是环境的结构与状态在自然过程和人类社会行为相互作用下不断变动的历史。

环境的稳定性是指环境系统具有在一定限度范围内自我调节的能力。即在人类社会行为的作用下，环境结构与状态发生的变化不超过一定限度，也就是人类生产、生活行为对环境的影响不超过环境的净化能力时，环境可以借助自身的调节能力将人类活动引起的环境变化抵消，使环境结构与状态得以恢复。

环境的变动性是绝对的，稳定性是相对的。人类的社会行为会影响环境的变化，因此人类必须将自身活动对环境的影响控制在环境自我调节能力的限度内，使人类的活动与环境的变化规律相适应、相协调，使环境向着更有利于人类社会生存发展的方向变化。

1.1.3.3 资源性与价值性

环境的资源性表现在物质性和非物质性两方面，物质性是人类生存发展所需的物质资源和能量资源，如水资源、土地资源、矿产资源等；非物质性也可以是资源，如环境状态，某一地区的环境状态直接决定该区域适宜的产业模式，不同的环境状态对人类社会的生存发展将会提供不同的条件。例如，同样是滨海地区，有的环境状态有利于发展港口码头，有的则有利于发展滩涂养殖；同样是内陆地区，有的环境状态有利于发展农业，有的环境状态有利于发展旅游业，有的则有利于发展重工业等。环境状态会影响人类生存方式和发展方向的选择，因此环境状态就是一种非物质性资源。环境的价值性源于环境的资源性，是由其生态价值和存在价值组成的。人类社会生存发展都是依靠环境不断提供物质和能量的，环境是人类社会生存发展的基础，具有不可估量的价值。

## 1.2 环境问题

### 1.2.1 环境问题

环境问题是指作为中心事物的人类与作为周围事物的环境之间的矛盾。一方面，人类生活在环境中，其生产和生活不可避免地对环境产生影响。这些影响有些是积极的，对环境起到改善和美化的作用；有些是消极的，对环境起到退化和破坏的作用。另一方面，自然环境也从某些方面（如自然灾害）限制和破坏人类的生产和生活。上述人类与环境之间相互的消极影响就构成了环境问题。从广义上讲，环境问题主要是指由自然因素或人为因素引起生态系统破坏以及直接或间接影响人类生存和发展的一切客观存在的问题；从狭义上讲，环境问题是指由于人类的生产和生活方式所导致的环境污染、资源破坏和生态系统失调。

### 1.2.2 环境问题的分类

环境问题的分类方法有很多，按引起环境问题的根源考虑，环境问题可分为两大类：

一类是原生环境问题，另一类是次生环境问题。如图 1-2 所示。

- 环境问题
  - 原生：地震、海啸、干旱、洪涝、台风、虫灾等
  - 次生
    - 环境污染
      - 污染：大气污染、水污染、土壤污染、固体废弃物污染等
      - 干扰：噪声、振动、电磁辐射等
    - 生态环境破坏：森林破坏、草原退化、水热平衡失调、土地荒漠化、土壤盐碱化、水土流失、物种灭绝等

图 1-2 环境问题分类

原生环境问题又称第一环境问题，是指没有受人类活动影响的原生自然环境中由于自然界本身的变异所造成的环境破坏问题，即自然界固有的不平衡性，如洪水、旱灾、虫灾、台风、海啸、地震、火山爆发、化学性疾病等。这类环境问题在短时间内就会给人类造成巨大的危害，所以容易引起人们的认识和重视。目前，人类对这类环境问题的抵御能力还很脆弱，对其的预测、防范、治理都有赖于科学技术水平的提高。

次生环境问题是指由于人类的社会经济活动造成对自然环境的破坏，改变原生环境的物理、化学或生态学的状态，也称第二环境问题。如工农业快速发展引起的环境污染和自然资源不合理开发利用造成的环境衰退、资源耗竭等生态环境破坏，其表现形式为环境污染和生态环境破坏。这类环境问题的危害多是潜在的、累积的，缓慢产生影响，所以在短时期内不容易引起人们的足够重视，因此，需要加强对人们的环境意识教育。

环境污染是指人类活动产生并排入环境的污染物或污染因素超过了环境容量和环境自净能力，使环境的组成或状态发生了改变，导致环境质量恶化，从而影响和破坏了人类正常的生产和生活。例如，工业“三废”排放引起的大气、水体和土壤污染；汽车、火车、飞机等交通运输工具及各施工场所产生的噪声；原子能和放射性同位素应用机构排出的放射性废弃物的辐射、振动、废热等。

生态环境破坏是指人类开发利用自然环境和自然资源的活动超过了环境的自我调节能力，使环境质量恶化或自然资源枯竭，影响和破坏了生物正常的发展和演化，以及可再生自然资源的持续利用。例如，因滥伐森林引起的森林覆盖率锐减，使森林的环境调节功能下降，导致水土流失、土地荒漠化；地下水过度开采造成地下水漏斗、地面下沉；肆意捕杀引起动物物种濒临灭绝等。

不同地区面临的环境问题不同。例如，在城市地区，由于交通、工业活动和人类聚居地过分密集，造成了污染物集中，环境问题主要表现为环境污染，如大气污染、水污染、噪声污染等；在广大的乡村地区，因资源的利用方式不当或强度过大，环境问题主要表现为生态环境破坏，如水土流失、荒漠化、土壤盐碱化、水源枯竭、物种减少等。

从全球角度看，发展中国家存在的环境问题要远比发达国家严重。原因是：第一，发展中国家正处在经济发展的初级阶段，但人口增长迅速，环境承受着发展和人口的双重压力；第二，环境保护需要强大的经济能力和技术水平作保障，而发展中国家仍缺乏足够的资金与技术支持，一旦发生环境问题，大多数发展中国家无法及时、充分地解决问题；第

三，越境转移也是造成发展中国家环境问题严重的因素之一。发达国家利用一些发展中国家对经济发展的需要，将污染严重的工业转移到发展中国家，从而导致该地区环境问题日趋严重。但是，从全球环境危害角度考虑，如二氧化碳（$CO_2$）排放导致的温室效应、酸雨等重大环境问题，发达国家的破坏更大。

### 1.2.3 环境问题的产生与原因

从人类诞生开始就存在着人与环境的对立统一关系，就出现了环境问题，它与人类社会的出现、生产力的发展和人类文明程度的提高相伴而生。当人类的活动违背自然规律时，就会对环境质量造成一定程度的破坏，从而产生环境问题，并由小范围、低程度危害发展到大范围、对人类生存造成不容忽视的危害，即由轻度污染、轻度破坏、轻度危害向重度污染、重度破坏、重度危害方向发展。从古至今，随着人类社会的发展，环境问题也在发展，大体上经历了四个阶段。

#### 1.2.3.1 环境问题萌芽阶段（工业革命以前）

人类在诞生以后很长的岁月里只是靠采集野果和捕猎动物为生，人类对自然环境的依赖性非常大。人类主要是以生活活动、生理代谢过程与环境进行物质和能量转换，主要是利用环境，而很少有意识地改造环境。人口数量极少，生产力水平极低，对自然环境的干预甚微，可以认为不存在环境问题。如果说那时也发生"环境问题"的话，则主要是由于人口的自然增长和盲目的乱采乱捕、滥用资源造成生活资料缺乏，引起饥荒问题。

随后，人类学会了培育植物和驯化动物，开始发展农业和畜牧业，逐渐进入农业社会。此时，人口数量不断增加，早先的物质无法满足日益增长的需求，人类开始不断加大对自然的开发利用。同时，人类逐渐结束了游牧式的生活方式，开始定居某地。为获得更多的生活资料，人们大量砍伐森林、破坏草原、刀耕火种、盲目垦荒耕地、兴修水利、不合理灌溉，出现了严重的水土流失、水旱灾害频繁、沙漠化、土壤盐碱化、沼泽化，甚至河道淤塞、改道和决口等环境问题。这些环境问题严重威胁人类生存，迫使人们经常迁移、转换栖息地，有的甚至酿成了覆灭的悲剧，如玛雅文明的覆灭。在工业革命以前虽然已出现了城市化和手工业作坊，但工业生产并不发达，由此引起的环境问题并不突出。此时的环境问题只是局部的、零散的，还没有上升为影响整个人类社会生存和发展的问题。

#### 1.2.3.2 环境问题发展恶化阶段（工业革命至20世纪50年代）

英国产业革命以后，建立在个人才能、技术和经验之上的小生产被建立在科学技术成果之上的大生产所代替，劳动生产效率大幅度提高，人类利用和改造环境的能力增强，开始大规模地开发利用自然资源，从而改变了环境的组成和结构，也改变了环境中的物质循环系统，虽然扩大了人类的活动领域，但也带来了新的环境问题。工业发达的城市和工矿区的工业企业，向环境中排放大量废弃物，污染了环境，使污染事件不断发生。1873年

12月、1880年1月、1882年2月、1891年12月、1892年2月，英国伦敦发生多次烟雾事件，伦敦也逐渐有了“雾都”的外号。19世纪后期，日本足尾铜矿区排出的废水污染了大片农田。1930年12月，比利时马斯河谷工业区工厂排出的含有二氧化硫（$SO_2$）的有害气体，在逆温条件下造成了几千人中毒、60多人死亡的严重大气污染事件。1943年5~10月，美国洛杉矶市汽车排放的碳氢化合物和氮氧化物（$NO_x$）在太阳光的作用下，产生了光化学烟雾，造成很多居民患病、400多人死亡的严重大气污染事件。农业生产主要是生活资料的生产，它在生产和消费中排放的废水、废气和固体废弃物（简称“三废”）可以进入物质的生物循环而被迅速净化、重复利用，而工业生产，除生产生活资料外，还大规模地进行生产资料的生产，将大量深埋地下的矿物资源开采出来，经加工利用后投入环境中。许多工业产品在生产和消费过程中排放的“三废”都是生物和人类所不熟悉且难降解和同化的。总之，蒸汽机发明和广泛使用之后，大机器生产、大工业日益发展，生产力大幅度提高的同时，环境问题也随之产生且逐步恶化。

1.2.3.3 环境问题的第一次高潮（20世纪50~70年代）

环境问题的第一次高潮出现在20世纪50~70年代。20世纪50年代以后，环境问题更加突出，震惊世界的公害事件接连发生。1952年12月，大量工厂生产和居民燃煤取暖排放的$SO_2$和烟尘遇到逆温天气，难以扩散，造成5天内死亡4000人的严重大气污染事件——伦敦烟雾事件。1953~1961年，日本水俣湾镇氮肥厂排出的含有汞的废水进入水俣湾，经海底淤泥里的细菌作用后，转化成甲基汞，人食用了含甲基汞的鱼、贝类，造成神经系统中毒，轻者口齿不清、步态不稳、面部痴呆、手足麻痹、感觉障碍、视觉丧失、手足变形，重者精神失常，或酣睡，或兴奋，身体弯弓高叫，直至死亡，这就是患者达180多人，死亡达50多人的严重水污染事件——日本水俣病事件。1931~1975年，日本富山县炼锌厂排放的含金属镉的废水进入河流，农民引河水灌溉，把废水中的镉转移到土壤和稻谷中，人饮用含镉的水、食用含镉的米后，关节痛、神经痛和全身骨痛，最后骨脆，骨折，骨骼软化、萎缩，四肢弯曲，脊柱变形，不能进食，在衰弱疼痛中死去，截至1968年5月确诊患者有258例，其中，死亡128例，1977年12月又死亡79例，这就是严重土壤污染事件——日本骨痛病事件。1968年，日本九州大牟田市一家粮食加工公司在生产米糠油时，为了降低成本，在脱臭过程中使用多氯联苯（PCBs），因管理不善，多氯联苯混进了米糠油中，居民食用后发生中毒，初期症状为眼皮肿胀，手掌出汗，全身起红疹，其后症状转为肝功能下降，全身肌肉疼痛，咳嗽不止，重者发生急性肝坏死、肝昏迷，以至死亡等，这就是患者5000多人，16人死亡，实际受害者超过1万人的严重污染事件——日本米糠油事件。20世纪著名的“八大公害事件（表1-1）”大多发生在这一时期。这些震惊世界的公害事件，形成了环境问题的第一次高潮。究其原因主要有两个：第一，人口迅猛增加，都市化速度加快；第二，工业不断集中和扩大，能源消耗激增。大工业的迅速发展逐渐形成大的工业地带，而当时人们的环境意识还很薄弱，第一次环境问题高潮的出现是必然的。

表 1-1 20 世纪八大著名公害事件

| 公害事件名称 | 比利时马斯河谷烟雾事件 | 美国多诺拉烟雾事件 | 伦敦烟雾事件 | 美国洛杉矶光化学烟雾事件 | 日本水俣病事件 | 日本富山骨痛病事件 | 日本四日市哮喘病事件 | 日本米糠油事件 |
|---|---|---|---|---|---|---|---|---|
| 主要污染物 | 烟尘、$SO_2$ | 烟尘、$SO_2$ | 烟尘、$SO_2$ | 光化学烟雾 | 甲基汞 | 镉 | $SO_2$、重金属粉尘 | 多氯联苯 |
| 发生时间 | 1930 年 12 月 | 1948 年 10 月 | 1952 年 12 月 | 1943 年 5~10 月 | 1953~1961 年 | 1931 ~ 1975 年（集中在 20 世纪 50~60 年代） | 1955 年后 | 1968 年 |
| 发生地点 | 比利时马斯河谷（长 24km，两侧山高约 90m） | 美国多诺拉镇（马蹄形河湾，两岸山高约 120m） | 英国伦敦市 | 美国洛杉矶市（三面环山） | 日本九州南部熊本县水俣镇 | 日本富山县神通川流域，蔓延至群马县等地 7 条河的流域 | 日本四日市，并蔓延几十个城市 | 日本九州爱知县等 23 个府县 |
| 中毒情况 | 几千人中毒，一周内 60 多人死亡 | 4 天内 43% 的居民（6000 人）患病，17 人很快死亡 | 5 天内死亡 4000 人，历年共发生 12 起，死亡近万人 | 大多数居民患病，65 岁以上老人死亡达 400 多人 | 截至 1972 年有 180 多人患病，50 多人死亡，22 个婴儿生来神经受损 | 截至 1968 年 5 月确诊患者 258 例，其中，死亡 128 例，至 1977 年 12 月又死亡 79 例 | 患者 500 多人，其中 36 人因哮喘病死亡 | 患病者 5000 多人，死亡 16 人，实际受害者超过 1 万人 |

续表 1-1

| 公害事件名称 | 比利时马斯河谷烟雾事件 | 美国多诺拉烟雾事件 | 伦敦烟雾事件 | 美国洛杉矶光化学烟雾事件 | 日本水俣病事件 | 日本富山骨痛病事件 | 日本四日市哮喘病事件 | 日本米糠油事件 |
|---|---|---|---|---|---|---|---|---|
| 中毒症状 | 咳嗽、呼吸短促、流泪、声嘶、咽喉痛、恶心、呕吐、胸口窒闷 | 咳嗽、喉痛、胸闷、呕吐、腹泻 | 胸闷、咳嗽、喉痛、呕吐 | 刺激眼、喉、鼻，引起眼病和咽喉炎 | 口齿不清、步态不稳、面部痴呆、耳聋眼瞎、全身麻木，最后精神失常 | 开始关节痛，继而神经痛和全身骨痛，最后骨骼软化、萎缩，自然骨折，饮食不进，在衰弱疼痛中死去 | 支气管炎、哮喘、肺气肿、肺癌 | 眼皮肿胀、多汗、全身起红疹，其后症状转为肝功能下降，全身肌肉疼痛，咳嗽不止，甚至死亡 |
| 致害原因 | 在氮氧化物和金属氧化物微粒作用下，$SO_2$ 转化成 $SO_3$，形成混合烟雾，进入肺部深处 | $SO_2$ 同烟尘作用生成 $SO_3$、硫酸盐，形成混合烟雾，进入肺部 | 燃煤粉尘中的 $Fe_2O_3$ 催化 $SO_2$ 生成 $SO_3$，形成硫酸雾滴，附着在烟尘上，吸入肺部 | 石油工业和汽车废气中的 $NO_x$ 和碳氢化合物在紫外线作用下产生的二次污染物——化学烟雾 | 汞经海底淤泥里的细菌作用后，转化成甲基汞，人食用了含甲基汞的鱼、贝类而生病死亡 | 饮用含镉的水，食用含镉的米 | 有毒重金属微粒和 $SO_2$ 形成混合烟雾吸入肺部 | 食用含多氯联苯的米糠油 |
| 公害成因 | （1）谷地中工厂集中；<br>（2）逆温天气；<br>（3）工业污染物积聚；<br>（4）遇雾天 | （1）工厂密集于河谷形盆地；<br>（2）逆温天气；<br>（3）遇雾天 | （1）居民取暖燃煤中硫含量高，排出大量 $SO_2$ 和烟尘；<br>（2）逆温天气 | （1）该城 250 万辆汽车每天耗汽油 1600 万升，排放碳氢化合物 1000 多吨；<br>（2）盆地地形不利于空气流通 | 氮肥厂含汞催化剂随废水排入海湾，转化成甲基汞，被鱼和贝类摄入 | 炼锌厂未经处理的含镉废水排入河中 | 工厂排出大量 $SO_2$ 和煤粉，并含钴、锰、钛等重金属粉尘 | 米糠油生产中用多氯联苯作热载体，因管理不善，多氯联苯进入米糠油中 |

当时，工业发达国家的环境污染已达到严重的程度，直接威胁到人们的生命安全，成为重大的社会问题，激起了广大人民的不满，也影响了经济的顺利发展。因此，1972 年在瑞典首都斯德哥尔摩召开了联合国人类环境会议，这次会议的召开是人类认识环境问题的一个里程碑。此次会议后工业发达国家把环境问题提上了国家议事日程，采取了一系列行动，包括制定法律、建立机构、加强管理、采用新技术等，20 世纪 70 年代中期，环境污染得到了有效控制，城市和工业区的环境质量得到明显改善。

#### 1.2.3.4 环境问题的第二次高潮（20 世纪 80 年代以后）

环境问题的第二次高潮是伴随全球性环境污染和大范围生态破坏出现的，20 世纪 80 年代后，南极上空出现了“臭氧空洞”，标志着第二次世界环境问题的来临。人类清醒地认识到，此时的环境问题已由点源污染向面源污染（江、河、湖、海）发展，局部污染向区域性甚至全球性污染发展，呈现出地域上的扩张和程度上的恶化，各种污染交叉复合，危及整个地球系统的平衡。环境问题的性质也由此产生了根本的变化，上升为从根本上影响人类社会生存和发展的重大问题。

近些年，全球经济迅猛增长，工业不断集中和扩大，人口不断增长，对能源和资源的需求急剧增大，全球性环境问题日益突出，如全球性的大气污染（全球气候变暖、臭氧层破坏与损耗、酸雨蔓延）、大面积的生态破坏（大面积森林被毁、草场退化导致的土地荒漠化等）。另外，新的污染层出不穷（如农药污染、放射性污染等），新的环境灾害也随之出现，如印度中央邦博帕尔毒气泄漏事件（1984 年 12 月）、苏联切尔诺贝利核泄漏事件（1986 年 4 月）、莱茵河污染事件（1986 年 11 月）等严重的突发性环境污染事件。在 1979~1988 年这类突发性的严重污染事故就发生了 10 多起。表 1-2 是近 40 年来世界发生的严重公害事件。

**表 1-2 近 40 年来世界发生的严重公害事件**

| 事件 | 发生时间 | 发生地点 | 产生危害 | 产生原因 |
|---|---|---|---|---|
| 威尔士饮用水污染事件 | 1985 年 1 月 | 英国威尔士州 | 200 万居民饮用水污染，44%的人口中毒 | 化工公司将酚排入迪河 |
| 墨西哥油库爆炸事件 | 1984 年 11 月 | 墨西哥 | 4200 人受伤，400 人死亡，10 万人疏散 | 石油公司油库爆炸 |
| 博帕尔农药泄漏事件 | 1984 年 12 月 | 印度中央邦博帕尔市 | 2 万人严重中毒，1408 人死亡 | 45t 异氰酸甲酯泄漏 |
| 切尔诺贝利核电站泄漏事件 | 1986 年 4 月 | 苏联、乌克兰 | 203 人受伤，31 人死亡，直接损失 30 亿美元 | 4 号反应堆机房爆炸 |
| 莱茵河污染事件 | 1986 年 11 月 | 瑞士巴塞尔市 | 事故段生物绝迹，160km 内鱼类死亡，480km 内的水不能饮用 | 化学公司仓库起火，30t 硫、磷、汞等剧毒物进入河流 |
| 莫农格希拉河污染事件 | 1988 年 11 月 | 美国 | 沿岸 100 万居民生活受严重影响 | 石油公司油罐爆炸，$1.3\times10^4 m^3$ 原油进入河流 |
| 埃克森瓦尔迪兹油轮漏油事件 | 1989 年 3 月 | 美国阿拉斯加 | 海域严重污染 | 漏油 $4.2\times10^4 m^3$ |

续表 1-2

| 事件 | 发生时间 | 发生地点 | 产生危害 | 产生原因 |
|---|---|---|---|---|
| 松花江水污染事件 | 2005年11月 | 中国松花江 | 污染带长约80km | 中石油吉林石化公司双苯厂爆炸事故 |
| 墨西哥原油泄漏事件 | 2010年5月 | 美国墨西哥湾 | 墨西哥湾广大海域严重污染 | 美国南部路易斯安那州沿海一个石油钻井平台爆炸 |
| 渤海湾康菲漏油事件 | 2010年6月 | 中国渤海湾 | 海域污染，渔民损失达10亿元人民币 | 蓬莱19-3油田石油泄漏 |
| 俄罗斯森林与泥炭火灾 | 2010年7月 | 俄罗斯 | 直接导致52人死亡，烟雾持续笼罩莫斯科 | 大部分地区罕见高温干旱天气 |
| 日本地震核泄漏 | 2011年3月 | 日本福岛 | 海域严重污染 | 第一核电站多个反应堆爆炸 |
| 天津港爆炸事件 | 2015年8月 | 中国天津 | 造成超过170人丧生，直接经济损失约730亿元人民币 | 天津滨海新区天津港瑞海公司危险品仓库发生爆炸 |
| 澳大利亚丛林大火 | 2019年8月至2020年1月 | 澳大利亚新南威尔士州、维多利亚州、南澳大利亚州等 | 近630万公顷林地被烧毁，近5亿动物葬身火海，超过2500处房屋毁于一旦，至少25人死亡，无数人流离失所 | 高温天气、干旱 |

这些全球性大范围的环境问题严重威胁着人类的生产和发展，引起各个国家广大公众和政府官员的关注，因此，1992年召开了里约热内卢环境与发展大会，这次会议的召开是人类认识环境问题的又一个里程碑。

环境问题出现的两次高潮有很大的不同，具有明显的阶段性。

（1）影响范围不同。第一次高潮主要出现在工业发达国家，是局部的、小范围的环境污染问题，如城市、河流、农田污染等；而第二次高潮是大范围的，乃至全球性的环境污染和大面积生态破坏。这些环境问题不仅对某个国家、某个地区造成危害，而且对人类赖以生存的整个地球环境造成危害，包括了经济发达的国家和发展中国家。发展中国家逐渐意识到全球性环境问题的严重性，而且发展中国家出现的植被破坏、水土流失和土地荒漠化等生态问题，是比发达国家的环境污染危害更大、更难解决的环境问题。

（2）危害严重性不同。第一次高潮是环境污染对人体健康的影响，环境污染虽然造成了经济损失，但问题不突出；而第二次高潮不仅损害人类健康，而且全球性的环境污染和生态破坏威胁到人类的生存与发展，阻碍经济的持续发展。

（3）污染源不同。第一次高潮的污染来源尚不太复杂，较易通过污染源调查清楚产生环境问题的整个过程。只要一个工矿区、一个城市或一个国家下定决心，采取一定的措施，就可有效地控制污染；而第二次高潮出现的环境问题污染源众多、分布广，而且复杂，既来自人类的经济生产活动，也来自人类的日常生活；既来自发达国家，也来自发展中国家。解决这些环境问题不能只靠一个国家的努力，需要众多国家，甚至全球人类的共同努力才可以，这极大地增加了解决问题的难度。

（4）第二次高潮的突发性严重污染事件与第一次高潮的“公害事件”不同。第二次高潮的严重污染事件具有突发性、事故污染范围大、危害严重、经济损失大的特点。

环境问题产生的原因主要有三个：

（1）人口压力。持续增长的人口数量与庞大的人口基数给世界各国，尤其是一些发展中国家造成了较大的人口压力。人口的迅猛增长意味着物质资料的需求和消耗急剧增加，一旦超出环境供给资源和净化废物的能力，就会出现资源和环境问题。

（2）自然资源的不合理利用。一直以来，人类认为自然资源是取之不尽用之不竭的，并未将对自然资源的利用纳入经济成本中，从而加剧了对自然资源，尤其是非再生资源的耗竭速度；而在落后的贫困地区，由于人们文化素质低、生态意识淡薄，盲目扩大耕地面积、毁林开荒、任意修筑堤坝和道路等，从而造成生态系统破坏，自然生产力下降。

（3）片面追求经济的增长。传统的发展模式只是关注经济领域活动，其目标是产值和利润的增长、物质财富的增加。在这种发展观的支配下，为了追求最大的经济效益，人们认识不到或不承认环境本身所具有的价值，采取了以损害环境为代价来换取经济增长的发展模式，其结果是在全球范围内相继造成了严重的环境问题。

由此不难发现，环境问题是伴随着人口问题、资源问题和发展问题而出现的，三者之间相互联系、相互制约。也可以说，环境问题的实质是发展问题，既然是在发展中产生，那就必须在发展中解决。

## 1.3 全球环境问题

自工业革命，特别是20世纪以来，随着科学技术的发展，人类干扰、改造自然界的力量日益强大，环境问题出现的频率增加，强度增大，范围更广。环境问题已从局部的、小范围的环境污染与生态环境破坏演变成区域性、全球性的环境问题。

### 1.3.1 全球气候变暖

#### 1.3.1.1 温室效应加剧

温室效应是指透射阳光的密闭空间由于与外界缺乏热对流而形成保温效应，就是太阳短波辐射可以透过大气射入地面，而地面增暖后放出的长波辐射却被大气中的 $CO_2$ 等物质吸收，从而产生大气变暖的效应。大气中的 $CO_2$ 等气体就像一层厚厚的玻璃，使地球变成了一个大暖房，故被称为温室气体。大气中的温室气体允许太阳辐射的能量穿过大气到达地表，同时防止地球反射的能量逸散到天空，使低层大气变暖。温室效应是一种自然现象，其维持了地球平均温度为15℃。可见，温室气体对地球红外辐射的吸收作用在地球-大气的能量平衡中具有重要的作用。实际上，假如地球没有现在的大气层，那么地球表面温度将比现在低33℃，在这样的条件下，人类和大多数动植物将面临生存的危机。大气层的温室效应形成了对地球生物最适宜的环境温度，从而使得生命能够在地球上生存和繁衍。这种温室效应称为天然温室效应，如图1-3所示。在天然温室效应中，水（$H_2O$）的贡献超过60%，$CO_2$ 也有重要贡献。

然而，自工业革命以来，由于人类在自身发展过程中对能源的过度使用和自然资源的过度开发，造成大气中温室气体的浓度以极快的速度增长，使得温室效应不断强化，从而引起全球气候的变化。造成温室效应加强的物质主要有 $CO_2$、甲烷（$CH_4$）、氧化亚氮（$N_2O$）、氟利昂及替代物、六氟化硫（$SF_6$）、臭氧（$O_3$）、颗粒物等。

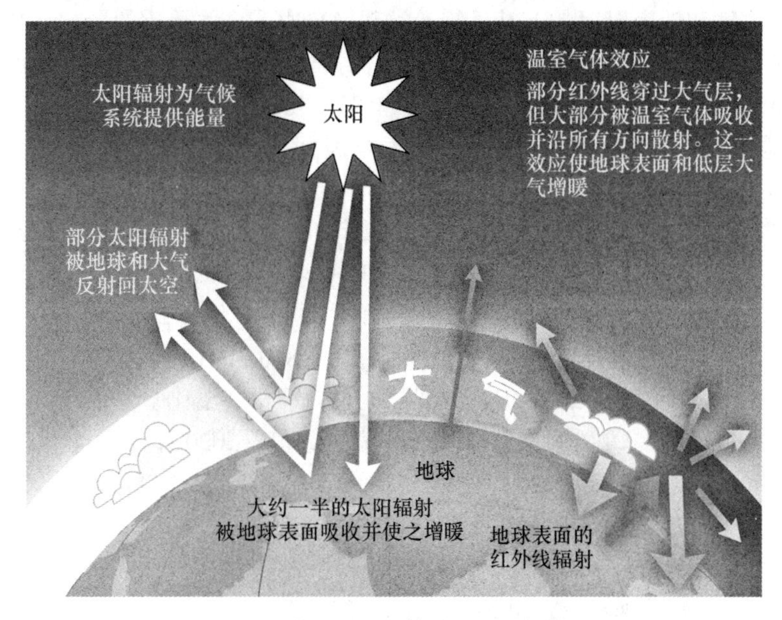


图 1-3 自然温室气体效应的理想模式

$CO_2$ 是地球上各种自然活动的载体和产物，它同时也是人类生产活动的产物。工业革命以前，人类耕作土地、砍伐森林和燃烧木材都会产生 $CO_2$。但这些活动的规模都不大，因此产生的 $CO_2$ 对地球的影响十分微小。工业革命以来，人类的生产规模达到了前所未有的程度，并且使自然环境产生了显著的变化。工业革命以前，地球大气中 $CO_2$ 的浓度大致稳定在（270~290）$\times 10^{-6}$g/m$^3$。但在 1800 年后，现代工业和交通业发展迅猛，城市化水平不断提高，煤炭和石油消耗快速增加。碳元素在自然界的循环平衡被彻底打破。联合国政府间气候变化专门委员会（IPCC）第五次评估报告认为，自 1750 年以来，由于人类活动，全球大气中 $CO_2$、$CH_4$ 和 $N_2O$ 的浓度均已明显增加。2011 年，上述温室气体浓度依次为（390.9±0.1）$\times 10^{-6}$g/m$^3$、（1813±2）$\times 10^{-9}$g/m$^3$ 和（324.2±0.1）$\times 10^{-9}$g/m$^3$，分别约为工业化前（1750 年之前）水平的 140%、259%和 120%，已经远远超出了根据冰芯记录的过去 80 万年以来最高浓度。20 世纪 $CO_2$、$CH_4$ 和 $N_2O$ 浓度增加的平均速度是过去 2.2 万年来前所未有的。到 2018 年，上述温室气体的全球平均浓度继续升高，其中 $CO_2$ 为（407.8±0.1）$\times 10^{-6}$g/m$^3$，$CH_4$ 为（1869±2）$\times 10^{-9}$g/m$^3$，$N_2O$ 为（331.1±0.1）$\times 10^{-9}$g/m$^3$，分别达到工业化前水平的 147%、259%和 123%。据世界气象组织（WMO）全球大气监测网（GAW）基准站数据显示，2020 年上半年全球大气 $CO_2$ 平均浓度已超过 410$\times 10^{-6}$g/m$^3$，是 300 万年来的最高水平，并且仍持续保持快速上升趋势。

#### 1.3.1.2 全球气候变化

气候变化是指气候平均状态统计学意义上的巨大改变或持续较长一段时间的气候变动。气候变化的原因可能是自然的内部进程，或是外部强迫，或者是人为地持续对大气组成成分和土地利用的改变。温室气体浓度的增加将导致温室效应，温室效应引起的热平衡改变又将导致地球气候发生变化。气候变化是近年来人们最关注的环境问题之一。尽管存在某些区域性和时间阶段性的差异，但近百年来全球气候确实呈现变暖的趋势，其中最主要的就是地层大气和地表温度的上升，给人类环境造成了日益严重的影响。2014 年联合国政府间气候变化专门委员会（IPCC）第五次评估报告指出，过去 3 个 10 年的地表已连续偏暖于工业革命（1850 年）以来的任何一个十年。在北半球，1983～2012 年可能是过去 1400 年中最暖的 30 年。全球平均陆地和海洋表面温度在 1880～2012 年期间升高了 0.85℃。1850～1900 年和 2003～2012 年平均温度的总升温幅度为 0.78℃。在有足够完整资料以计算区域趋势的最长时期内（1901～2012 年），全球几乎所有地区都经历了地表增暖，并且全球变暖趋势在持续。到 2019 年，全球平均温度较工业化前水平高出约 1.1℃，2019 年是有完整气象观测记录以来的第二暖年份，过去 5 年（2015～2019 年）是有完整气象观测记录以来最暖的 5 个年份。图 1-4 所示为 1850～2019 年全球平均温度距平（相对于 1850～1900 年平均值）。2019 年，亚洲陆地表面平均气温比常年值（1981～2010 年气候基准期）偏高 0.87℃，是 20 世纪初以来的第二高值。2020 年 1 月全球平均气温破记录，全球陆地和海洋表面气温比 20 世纪的 1 月平均气温（12℃）高 1.14℃，超过 2016 年 1 月创下的记录，成为自 1880 年有气象记录以来的最热 1 月。

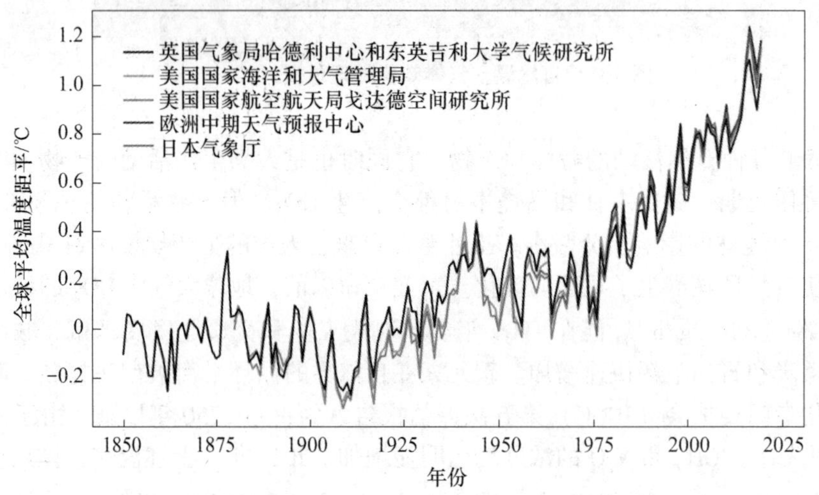

图 1-4 1850～2019 年全球平均温度距平（相对于 1850～1900 年平均值）

科学家们预言，人类如不采取果断和必要的措施，2030～2050 年，大气中 $CO_2$ 含量将比工业革命时（1850 年）增加 1 倍。全球平均气温有可能上升 1.5～4.5℃。变暖速度是过去 100 年的 5～10 倍。

1.3.1.3 全球气候变暖的危害

全球气候变暖的危害主要表现在以下几个方面。

A 极端天气频发

气温升高带来的热能，可提供给空气和海洋巨大的动能，从而形成大型，甚至超大型台风、飓风、海啸等灾难，极端天气出现的频率与强度增加，直接破坏建筑物和威胁人类生命安全，其所带来的大量降雨会导致泥石流、山体滑坡等，严重威胁交通安全和人们生活安全。全球气候变暖会使大陆地区，尤其是中高纬度地区降水增加，非洲等一些地区降水减少，加剧全球旱涝灾害的频率和程度，增加洪灾的机会。全球变暖带来的极端天气，高温、干旱可导致大火出现，例如2019年底的澳洲大火和2020年的美洲大火，大火排放的$CO_2$可加剧温室效应，直接影响整个地球环境变化，加速全球变暖，形成恶性循环。

B 冰川消融、海平面上升

冰川是地球上最大的淡水水库。人类的地下淡水储备很大部分来自冰山融水。在气温平衡正常时，冰山冰雪的循环过程使得淡水供应平衡。而全球变暖使得冰山冰雪的积累速度远没有融化速度快，甚至有些冰山已不再积累，断绝了当地的饮用淡水。全球冰川正在因全球变暖而以有记录以来的最大速度在融化，冰川融化和退缩的速度不断加快，意味着数以百万的人口将面临洪水、干旱以及饮用水减少的威胁。全球气候变暖导致的海洋水体膨胀和两极冰雪融化，使海平面上升，危及全球沿海地区，特别是人口稠密、经济发达的河口和沿海低地。这些地方可能遭受淹没或海水入侵，海滩和海岸遭受侵蚀，土地恶化，海水倒灌和洪水加剧，港口受损，并影响沿海养殖业，破坏供排水系统。几年来，全球平均海平面呈加速上升趋势，上升速率从1901~1990年的1.4mm/a，增加至1993~2019年的3.2mm/a。

C 农作物产量降低

由于气候变化，温度上升，有利于高纬地区喜湿热的农作物产量提高，降水量增加（尤其在干旱地区）会促进农作物的生长，$CO_2$含量的升高亦可促进农作物的光合作用，从而提高其产量。然而，对于全球而言，全球变暖带来的干旱、海平面上升、洪水泛滥、热浪及气温剧变，这些都会使世界各地的农作物生产受到破坏，产量都将会大大降低。气温升高还会导致农业病、虫、草害发生的区域扩大，危害时间延长，作物受害程度加重，增加农业和除草剂的施用量，农业水资源的不稳定性与供需矛盾加剧。另外，海平面上升，会对沿海地区的土地利用造成严重的威胁，还会推动盐土向内陆地区扩展，土壤肥力降低，从而降低农作物的产量。

D 生物生存面临困境

地球上很多动植物的迁徙将可能跟不上气候变化的速度，另外，气温、降雨量及海平面上升，摧毁了一些生物的栖息地，使生物生存面临困境。全球持续升温导致南极冰架崩解，从而影响海洋生物的生活环境。大气中$CO_2$含量上升，会导致海洋中$CO_2$含量上升，使海洋碳酸化，会杀死大量微生物。海洋温度上升也会破坏大量以珊瑚为中心的生物链。最底层的食物消失，会使海洋食物链从最底层开始向上迅速断裂，并蔓延至海洋以外。由于没有了食物，将有大量海洋生物，和以海洋生物为食的其他生物死亡。

E 人体健康

气温升高会给人类生理机能造成影响，生病几率将越来越大，各种生理疾病将快速蔓延，甚至滋生出新疾病。眼科疾病、心脏类疾病、呼吸道系统疾病、消化系统类疾病、病毒类疾病、细菌类疾病增多，社会在医疗上支付的金钱将越来越多，死于非命的人将越来越多。癌症、猝死将会越来越普遍。温度升高，会影响人的生育，精子的活性随温度升高而降低。病菌通过极端天气和气候事件（厄尔尼诺现象、拉尼娜现象、干旱、洪涝、热浪等）进行传播，扩大了疫情的流行，对人体健康危害很大。随着山峦顶峰的变暖，海拔较高处的环境越来越有利于蚊子和它们所携带的疟原虫等微生物的生存，使得西尼罗病毒、疟疾、黄热病等热带传染病相继爆发。

### 1.3.2　臭氧层的损耗与破坏

#### 1.3.2.1　臭氧层概念及保护功能

臭氧（$O_3$）是地球大气层中的一种蓝色的、有刺激性气味的微量气体。在距地球表面10~50km的大气平流层中集中了大气中90%的臭氧，其中距离地球表面20~25km处臭氧浓度值达到最高，称为臭氧层。尽管臭氧层在地球表面并不太厚，浓度从未超过10μL/L，质量仅占大气质量的百万分之一，但臭氧层可以吸收大部分来自太阳的紫外辐射，有效阻挡太阳紫外辐射的全部紫外线C和大约90%以上的紫外线B这些对地表生物有害的短波紫外线，保护人类和生物免遭紫外辐射的伤害，且透过臭氧层的部分紫外线恰好足够替人类消灭有害的微生物。实际上可以说，直到臭氧层形成之后，生命才有可能在地球上生存、延续和发展，因此臭氧层有“地球保护伞”之称，如图1-5所示。

图1-5　臭氧层——“地球保护伞”

#### 1.3.2.2　臭氧层的损耗及原因

臭氧层这一天然屏障正在遭到严重破坏。20世纪70年代以来，根据世界各地地面观察站对大气臭氧总量的观测记录发现，全球臭氧总量有逐渐减少的趋势，并推断臭氧的减少主要在臭氧层。1985年，英国科学家Farmen等人在南极哈雷湾观测站发现，1977~1984年每到春天（9月、10月）南极上空的臭氧浓度就会减少约30%，近95%的臭氧被破坏，已不能充分阻挡过量的紫外线。从地面上观测，高空的臭氧层已极其稀薄，与周围相比像是形成一个“洞”，直径达上千千米，称为“臭氧空洞”，威胁着南极海洋中浮游植物的生存。1986年的空洞面积可容纳下美国整个大陆（约1000万平方千米），其深度可装下珠穆朗玛峰，到2006年10月，南极上空的臭氧空洞已扩大为2950万平方千米，为南极面积的2倍，是目前最大的一个臭氧空洞。

根据世界气象组织的报告，1994年发现北极地区上空平流层中的臭氧含量也有减少，在某些月份比20世纪60年代减少了25%~30%。中国科学家在研究1979~1991年的气象时，在青藏高原上空发现了一个臭氧空洞。1996年，俄罗斯科学家也发现了以西伯利亚为中心的约1500万平方千米的臭氧空洞。1997年，智利科学家在智利和阿根廷上空新发现面积为1000多平方千米的臭氧空洞。2011年春天观测的数据显示，北极上空18~20km处的臭氧减少逾80%，首次出现了臭氧空洞。

近半个世纪以来，工农业高速发展，人为活动产生大量氮氧化物，排入大气，超音速飞机在平流层内飞行、宇航飞行器的不断发射等都排出大量氮氧化物和其他痕量气体进入臭氧层。此外，人们大量生产氟氯烃化合物（即氟利昂），用做制冷剂、除臭剂、头发喷雾剂等，其中用量最多的是氟利昂 11 和氟利昂 12。据统计，1973 年全世界共生产这两种氟利昂约 480 万吨，绝大部分释放到低层大气后进入臭氧层中。由于氮氧化物中的一氧化氮（NO）和氟氯烃经光解产生的活性氯自由基（Cl·）、氯氧自由基（ClO·）等可与臭氧发生反应，故使臭氧层中臭氧的浓度逐渐降低。一个 Cl 原子可破坏 10 万个 $O_3$ 分子，除氟利昂外，其他卤代烃如哈龙（$CF_3Br$）、氯仿（$CCl_4$）、甲基溴（$CH_3Br$）等同样会破坏 $O_3$，且 Br 破坏 $O_3$ 的能力比 Cl 更强。有人估计，臭氧层中臭氧浓度减少 1%，会使地面增加 2%的紫外辐射量。

1.3.2.3 臭氧层损耗的危害及影响

臭氧层耗减产生的直接结果就是使太阳光中的紫外线 B 到达地球表面的强度增加，给人类健康和生态环境带来严重的危害。紫外辐射增加可能导致的后果有以下几个方面。

A 对人体健康的影响

长期反复照射过量紫外线将引起人体细胞内脱氧核糖核酸（DNA）的改变，细胞自身修复能力减弱，免疫机能减退，皮肤发生弹性组织变性、角质化以至皮肤癌变，诱发眼球晶体发生白内障等。

B 对动植物的影响

紫外线 B 辐射强会引起某些植物物种的化学组成发生变化，影响农作物在光合作用中捕获光能的能力，造成植物获取的营养成分减少，生长速度减慢；另外，紫外线 B 辐射的增加，还会改变部分植物细胞内遗传基因和再生能力，使其质量下降。臭氧层变薄对植物的生长也带来不利影响，许多农作物将受到损伤。

紫外线 B 辐射对鱼、虾、蟹、两栖动物和其他动物的早期发育阶段都有危害作用，最严重的影响是繁殖力下降和幼体发育不全。

C 使城市环境恶化

城市工业在燃烧矿物燃料时排放的氮氧化物、某些工业和汽车排放的挥发性有机物，同时在紫外线照射下会更快地发生光氧化反应，引起光化学烟雾污染，使城市环境恶化。

D 对建筑材料的破坏

紫外线辐射的增加会加速建筑、喷涂、包装及电线电缆等所用材料，尤其是聚合物材料的降解和老化变质。

最后，臭氧层的破坏与气候变化也有密切关系，温室效应及光化学烟雾污染都与氟利昂排放有关。

### 1.3.3 酸雨蔓延

1.3.3.1 酸雨的概念及其形成过程

酸雨通常是指 pH 值小于 5.6 的雨水、冻雨、雪、雹、露或其他形式的降水，它是因人类活动或自然灾害等原因导致区域降水酸化的一种污染现象。酸雨为酸性沉降中的湿沉降，酸性沉降可分为湿沉降与干沉降两大类，湿沉降指的是所有气状污染物或粒状污染物随着雨、雪、雾或雹等降水形态而落到地面；干沉降是指在不下雨时，从空中降下来的落尘所带的酸性物质。酸雨又分硝酸型酸雨和硫酸型酸雨两类。

酸雨的形成是一种复杂的大气化学和大气物理过程。一般认为是工业生产、民用生活燃烧煤炭排放出的二氧化硫（$SO_2$），燃烧石油以及汽车尾气排放出的氮氧化物（$NO_x$），经过“云内成雨”，即水蒸气凝结在由 $SO_2$ 氧化生成的硫酸或硫酸盐溶胶微粒，以及由 $NO_x$ 氧化形成的硝酸或硝酸盐溶胶微粒等凝结核上，形成硫酸或硝酸云滴，又经过“云下冲刷过程”，即含酸雨滴在下降过程中不断合并吸附、冲刷其他含酸雨滴和含酸气体，形成较大雨滴，最后降落在地面上，其形成过程如图 1-6 所示。

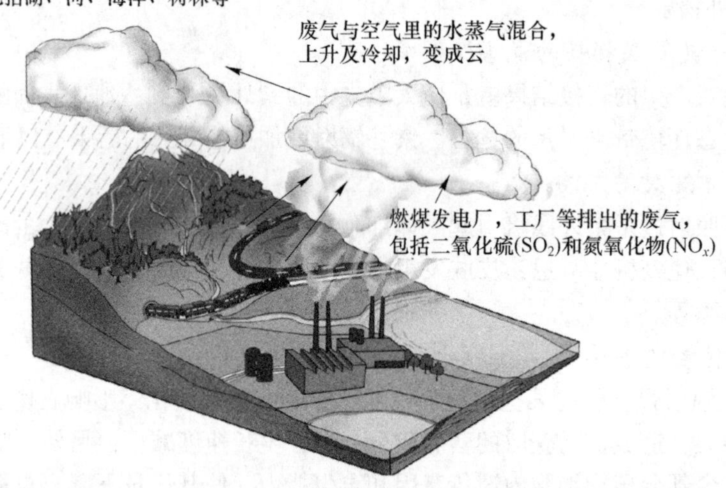


图 1-6 酸雨的形成示意图

1.3.3.2 酸雨的危害及其控制

酸雨对自然生态及人类的生产生活造成的危害大致可分为对生态系统的影响、对建筑物及文物的危害、对人体健康的危害。

A 破坏生态系统

受酸雨的影响，河流、湖泊水体中的酸度增加，浮游生物的种类减少，危及鱼类等水生生物的生存。酸雨会毁灭土壤中的细菌和微生物，使土壤板结，透气性能变差，影响植物生长；还会损坏植物叶子表面的保护层，降低光合作用。

B 危害建筑物及文物

酸雨可腐蚀建筑材料、金属表面和油漆表面等，特别是以大理石和石灰石等岩石为材料的历史建筑物和艺术品。由于岩石中的成分极易与酸雨中的硫酸和硝酸发生反应，并且长期暴露在自然环境中，受酸雨的淋洗频率较高，故易受到酸雨的腐蚀且变色。酸雨长期侵润建筑，会腐蚀建筑物的结构，造成建筑物的坍塌。

C 危害人体健康

酸雨中的酸性物质可直接刺激皮肤，使皮肤病发病率升高，同时对眼角膜和呼吸道有明显刺激作用，导致红眼病和支气管炎，并可诱发肺病；它的微粒可以侵入肺的深层组织，引发肺水肿、肺硬化甚至癌变，危害人体健康。

世界最严重的三大酸雨区是西欧、北美和东亚酸雨区（主要在中国）。欧洲北部的斯堪的纳维亚半岛是最早发现酸雨，并引起注意的地区。在 20 世纪 70 年代，西欧的降水 pH 值曾降至 4.0，还向海洋和东欧方面不断扩展；北美东部降水 pH 值降至 4.5，中国、日本、亚非区国家降水 pH 值也在下降。

形成酸雨最主要的因素就是人为因素，工业化生产排放的污染性气体、交通工具排放的尾气等都是造成酸雨的重要原因。因此，若要酸雨得到有效控制，必须对这些问题的根源进行合理的处理。

大气无国界，防治酸雨是一个国际性的环境问题，不能依靠一个国家单独解决，必须共同采取对策，减少 $SO_2$ 和氮氧化物的排放量。世界上减少 $SO_2$ 和氮氧化物排放量的主要措施有：(1) 采用原煤脱硫技术，改进燃煤技术，优先使用低硫燃料，以减少燃煤过程中 $SO_2$ 和氮氧化物的排放量；(2) 开发氢能、太阳能、水能、潮汐能、地热能等新能源；(3) 对煤燃烧后形成的烟气或工业生产产生的废气在排放到大气之前进行处理；(4) 少开车，多乘坐公共交通工具出行。

近几年，酸雨形势得到一定程度的控制，如果世界各国加大对环境保护的力度，酸雨问题就会得到改善。

### 1.3.4 生物多样性锐减

#### 1.3.4.1 生物多样性的概念及其意义

生物多样性是指地球上所有生物（动物、植物、微生物）所包含的基因以及由这些生物与环境相互作用所构成的生态系统的多样化程度，它包括遗传多样性、物种多样性和生态系统的多样性。

遗传多样性是指存在于生物个体内、单个物种以及物种之间的基因多样性。物种的遗传组成决定着它的性状特征，其性状特征的多样性是遗传多样性的外在表现。通常所谓的“一母生九子，九子各不同”，指的就是同种个体间外部性状的不同，反映的是内部基因的多样性。任何一个特定的个体和物种都保持有大量的遗传类型。基因多样性是物种对不同环境适应与品种分化的基础。遗传变异越丰富，物种对环境的适应能力越强，分化的品种、亚种也越多。基因多样性是改良生物品质的源泉，提供了栽培植物和家养动物的育种材料，使人们能够选育具有符合人们要求的性状的个体和种群。

物种多样性是指动物、植物、微生物物种的丰富性。物种是组成生物界的基本单位，是自然系统中处于相对稳定的基本组成成分。一个物种是由许许多多种群组成，不同的种群显示了不同的遗传类型和丰富的遗传变异。对于某个地区而言，物种数多，则多样性高；物种数少，则多样性低。自然生态系统中的物种多样性在很大程度上可以反映出生态系统的现状和发展趋势。通常，健康的生态系统往往物种多样性较高，退化的生态系统则物种多样性降低。

生态系统多样性是指生物群落和生境类型的多样性。地球上有海洋、陆地、山川、河流、森林、草原、城市、乡村和农田，在这些不同的环境中，生活着多种生物。实际上，在每一种生存环境中，环境和生物所构成的综合体就是一个生态系统，它的主要功能是物质交换和能量流动，是维持系统内生物生存与演替的前提条件。生态系统的多样性是物种多样性和遗传多样性的前提和基础。

总之，物种多样性是生物多样性最直观的体现，是生物多样性概念的中心；遗传多样性是生物多样性的内在形式，一个物种就是一个独特的基因库，可以说每一个物种就是基因多样性的载体；生态系统的多样性是生物多样性的外在形式，保护生物的多样性，最有效的形式是保护生态系统的多样性。

生物多样性具有巨大的社会经济价值，主要包括直接使用价值、间接使用价值和潜在使用价值。

（1）直接使用价值：人类的生存离不开其他生物。物种为人类提供了食物的来源，作为人类基本食物的农作物、家禽和家畜等均源自野生物种。野生物种是培育新品种不可缺少的原材料，特别是随着近代遗传工程的兴起和发展，物种的保存有着更深远的意义。物种的灭绝和遗传多样性的丧失，将使生物多样性不断减少，逐渐瓦解人类生存的基础。生物多样性还有旅游观赏价值，可以陶冶人们的情操，美化人们的生活。物种多样性对科学技术的发展是不可或缺的，仿生学的发展离不开丰富而奇异的生物世界。

（2）间接使用价值：间接使用价值指生物多样性具有重要的生态功能，主要表现在固定太阳能、调节水文学过程、防止水土流失、调节气候、吸收和分解污染物、储存营养元素并促进养分循环和维持进化过程等 7 个方面。生物多样性是维持生态系统相对平衡的必要条件，某物种的消亡可能引起整个系统失衡甚至崩溃。

（3）潜在使用价值：野生生物种类繁多，但人类对它们做过比较充分研究的只占极少数，大量野生生物的使用价值目前还不清楚。但可以肯定的是，这些野生生物具有巨大的潜在使用价值。任何一种野生生物一旦从地球上消失就无法再生，它的各种潜在使用价值也就不复存在了。生物多样性的未知潜力为人类的生存与发展展示了不可估量的美好前景。

#### 1.3.4.2 生物多样性锐减现状及原因

##### A 生态系统多样性锐减

生态系统多样性锐减主要是各类生态系统（森林生态系统、草原生态系统、荒漠生态系统、湿地生态系统、内陆水域生态系统、海洋生态系统、农业生态系统、城市生态系统等）的数量减少、面积缩小和健康状况下降。生物生态系统多样性的主要威胁是野生动植物栖息地的改变和丢失，这一过程与人类社会的发展密切相关。目前，热带森林、温带森林和大平原以及沿海湿地正在大规模地转变成农业用地、私人住宅、大型商场和城市。栖息地的改变与丢失意味着生态系统多样性、物种多样性和遗传多样性的同时丢失。例如，热带雨林生活着上百万种尚未记录的热带无脊椎动物物种，由于这些生物类群中的大多数具有很强的地方性，随着热带雨林的砍伐和转化为农业用地，很多物种可能随之灭绝。

##### B 物种多样性锐减

自从大约 38 亿年前地球上出现生命以来，就不断地有物种的产生和灭绝。物种的灭绝有自然灭绝和人为灭绝两种过程。物种的自然灭绝是一个按地质年代计算的缓慢过程，灭绝的原因可能是生物之间的竞争、疾病、捕食等长期变化以及随机的灾难性环境事件。而物种的人为灭绝是伴随着人类的大规模开发产生的，自古有之，只不过当今人类活动的干扰大大加快了物种灭绝的速度和规模。有记录的人为灭绝的物种多集中于个体具有较大经济价值的物种，本来这些物种是潜在的可更新资源，但由于人类过度猎杀、捕获，导致了许多物种的灭绝和资源丧失。世界各国已经注意到，生物多样性的大量丢失和有限生物资源的破坏已经和正在直接或间接地抑制经济的发展和社会的进步。

2019 年 7 月 18 日，总部设在瑞士的世界自然保护联盟公布了更新版《世界自然保护联盟濒危物种红色目录》。对全球濒危物种保护状况进行了全面评估，超过 7000 个物种被列入名录，使得该名录收录的濒危物种首次超过 10 万个，达到 105732 个，其中，共有 28338 个濒危物种面临灭绝威胁，比起 2018 年又增加了 1498 种。名录显示，海洋濒危物种保护形势严峻，有 500 种深海硬骨鱼、16 种鳐鱼被列入名录，鳞脚蜗牛成为首个濒危深海软体动物。在北京南海子麋鹿园中世界灭绝动物墓地排列着近 300 年来已经灭绝的各种鸟类和兽类的名单，每一块墓碑都代表一种已经灭绝的动物，上面记载着灭绝的年代和灭绝的地方，如图 1-7 所示。

图 1-7　北京南海子麋鹿园中动物灭绝年代顺序的石碑

在过去的 5 亿年间，地球生物经历了五次大范围的灭绝，它们都是由自然因素造成的。今天，地球生物正面临的第六次大规模物种灭绝却是人类活动的结果。人类所造成的物种灭绝的速度比历史上任何时候都快，例如，鸟类和哺乳动物现在的灭绝速度可能是它们在未受干扰的自然界中的 100~1000 倍。

由于人类活动，直接或间接地引起很多物种濒临灭绝的边缘。引起生物多样性锐减的最主要的人类活动有：(1) 森林、草地、湿地等生境的大面积破坏；(2) 过度捕猎和利用野生物种资源；(3) 城市地域和工业区的大量发展；(4) 外来物种的引入或侵入毁掉了原有的生态系统；(5) 无控制旅游；(6) 土壤、水和大气的污染；(7) 全球气候变化。这些活动在累加的情况下，生物物种的灭绝呈现成倍加快的趋势。其中，危害最大、影响最直接的两个方面是人为捕杀和生存环境的破坏。

### 1.3.5 森林锐减

#### 1.3.5.1 森林植被的作用

森林是覆盖在地球表面的一种植被，是木本植物群落中最为高大的一种植物群落类型，也是地球生物圈中能动性巨大的生态系统，在整个自然界物质循环、能量交换以及保护环境、维护自然生态平衡过程中起着重大作用。森林具有调节气候、净化大气、涵养水源、保持水土、防风固沙以及维持生物多样性等重要环境功能。

A 调节气候

森林通过庞大的林冠可以改变太阳照射和大气流通，对空气的温度、湿度、风力及局部降雨等都产生良好的影响。树叶的水分蒸腾能增加空气湿度，促进水分的循环，有利于形成降水；蒸腾作用可吸收热量，降低附近气温；夜晚林冠又能阻挡地面热量的辐射，缩小昼夜温差，预防或减轻霜冻和日灼的危害。越是干旱地区，森林调节气候的效益越明显。

B 净化大气

森林能阻挡风沙和过滤粉尘，是天然的吸尘器。茂密的树冠，具有减低风速的作用，当含尘量很大的气流通过森林时，随着风速的降低，空气中携带的颗粒较大的粉尘迅速下降。另外有些树的树叶表面粗糙，有绒毛或者能够分泌油脂或黏液，能够吸收空气中的飘尘，使经过森林的气流含尘量大大降低。森林可吸收二氧化碳，放出氧气，维持大气中碳氧平衡。森林中的一些特殊树种还可以吸收二氧化硫、氟化氢、氯气等有害气体，降低光化学烟雾污染和净化放射性物质。森林还可以减少空气中的含菌量，许多树木在生长过程中能分泌杀菌素，杀死由粉尘带来的各种病原菌。

C 涵养水源、保持水土、防风固沙

森林有着十分明显的保持水土、防止水土流失的功能。森林繁茂的林冠可以截留降水，削弱雨水的冲击；另外林下枯枝落叶层可阻拦和吸收往下流的雨水，进一步削弱雨水对土壤的溅击侵蚀能力，使雨水缓缓渗入地下，减少地表径流。同时，林木的根系还有机械固土作用，加上根系周围分泌的有机胶结物质亦可使土粒不易受雨水冲刷，减轻土壤流失，调节河流和洪枯流量，增强抗御旱涝灾害的能力。

森林可降低风速和改变风向，所以具有防风固沙的作用。当风经过森林时，部分进入林内，树干和枝叶的阻挡以及气流本身的冲撞摩擦可削弱风力，降低风速；另一部分则被迫沿林缘上升，越过林墙，由于林冠起伏不平，激起了许多旋涡，消耗了部分能量。结果，风经过森林后风力大大降低。在风沙地区，由于森林降低了风速，林木的庞大根系又能固沙紧土，因此可以大大削弱风携沙能力，逐渐把流沙变为固定沙，再经过长时间的森林作用，这些固定的沙地会进一步变成具有一定肥力的土壤。

D 维持生物多样性

以林木为主体的森林系统是由各种动、植物及微生物组成的一个有着能量交换和物质循环的生命系统。森林生态系统的破坏和消失，会给生物多样性带来毁灭性的后果。森林是多类植物的生长地，为动物和其他生物提供栖息条件、隐蔽条件、各种各样的食物资源，因此，森林对于生物多样性有着特殊的意义。在一定程度上，森林生态系统的存在和多样性，对生物多样性起着决定作用。

#### 1.3.5.2 森林锐减现状及原因

森林锐减是指人类过度采伐森林或自然灾害造成森林大量减少的现象。造成森林锐减的主要原因是自然灾害、毁林开荒以及对林产品需求的增加。全球气候变化导致的极端高温、干旱天气使得森林大火频发，造成大量森林被毁。另外，人类活动的不断加剧，如世界许多伐木公司、矿业公司及各类垦殖者随意在森林中开辟道路、无节制采伐、焚烧开垦农田，都大大增加了发生森林火灾的可能性。发展中国家大量采伐薪材，扩大林产品的出口，还有烧荒垦田，不断扩大农耕面积，人们毁掉森林，种植水稻、大豆、香蕉等植物或作为牧场，也都是森林资源遭到破坏的原因。

森林是陆地生态系统的主体，对维持陆地生态平衡起着决定性的作用。但是，最近100多年来，人类对森林的破坏达到了十分惊人的程度。地球上的陆地面积大约是130亿公顷，8000年前地球上大约有61亿公顷森林，近1/2的陆地被森林覆盖；19世纪中期减少到56亿公顷。联合国粮农组织（FAO）近日发布的《2015年全球森林资源评估：世界森林变化情况》回顾了1990~2015年间的森林锐减情况。过去25年来，全球森林消失速度相较于20世纪90年代初期有所减缓，但是由于人口的增加、农业的开垦扩张、非法砍伐活动等仍然存在，全球森林面积仍在持续萎缩。1990年全世界共有41.28亿公顷的森林，到2015年面积已减少到39.99亿公顷，森林占全球陆地的面积由1990年的31.6%减少到2015年的30.6%。25年间，森林面积净损失为1.29亿公顷，相当于整个南非的国土面积。过去10年来，森林面积净损失速度为每年520万公顷，而20世纪90年代为830万公顷。2010~2015年，森林面积每年净减少330万公顷。2020年发布的《全球环境展望6》指出，截至2019年全球森林存量面积为38.25亿公顷，预计到2025年这个数值将降至38.15亿公顷。世界上每年都有1130~2000公顷的森林遭到无法挽救的破坏，特别是热带雨林。科学家称，由于大量森林被毁，已经使人类生存的地球出现了比任何问题都要难以对付的严重生态危机，它有可能取代核战争成为人类面临的最大威胁。

#### 1.3.5.3　森林锐减导致的全球生态危机

##### A　绿洲沦为荒漠

目前，全球荒漠化土地面积已经达到3600万平方千米，占陆地总面积的1/4，成为全球生态的“头号杀手”，而且每年仍以5万~7万平方千米的速度在扩展；全世界受荒漠化危害的国家达110多个，10亿人口受到直接威胁。这意味着，地球上已有1/4的土地基本失去了人类生存的条件，1/6的人口受到危害。

##### B　水土大量流失

水土流失是森林破坏导致的最直接、最严重的后果之一。林地土壤的渗透力强，一般一场暴雨可被森林完全吸收。但是，由于森林被严重破坏，全球水土流失日益加剧。目前，全世界有1/3的土地受到严重侵蚀，每年约有600亿吨肥沃的表土流失，其中耕地土壤流失250多亿吨。全球地力衰退和养分缺乏的耕地面积已达29.9亿公顷，占陆地总面积的23%。

##### C　干旱缺水严重

森林被誉为“绿色的海洋”“看不见的绿色水库”。据测定，每公顷森林可以涵蓄降水约1000$m^3$，1万公顷森林的蓄水量即相当于1000万立方米库容的水库。目前，60%的大陆面积淡水资源不足，100多个国家严重缺水，其中缺水十分严重的国家达40多个，20多亿人饮用水紧缺。预计今后30年内全球约有2/3的人口处于缺水状况。

##### D　洪涝灾害频发

破坏森林，必然导致无雨则旱，有雨则涝。大量事实说明，森林有很强的截留降水、调节径流和减轻涝灾的功能。森林凭借它庞大的林冠、深厚的枯枝落叶层和发达的根系，能够起到良好的调节降水的作用。森林的防洪作用主要表现在两个方面：一是截留和蓄存雨水；二是防止江、河、湖、库淤积。这两个作用削弱后，一遇暴雨必然洪水泛滥。

E 物种纷纷灭绝

科学家分析，一片森林面积减少10%，能继续在森林中生存的物种就将减少一半。地球上有500万~5000万种生物，其中一半以上在森林中栖息繁衍。由于全球森林的大量破坏，现有物种的灭绝速度是自然灭绝速度的1000倍。

F 温室效应加剧

森林有吸收二氧化碳并放出氧气的作用，每公顷森林每生产10t干物质，平均吸收16t二氧化碳，释放12t氧气。1997年度日本林业白皮书称，日本现有森林的年降碳量是2700万吨，相当于4500万辆家用小轿车排放的废气量。

从这六大生态危机可以看出，破坏森林的后果是极其严重的。科学家们断言，假如森林从地球上消失，陆地90%的生物将灭绝，全球90%的淡水将白白流入大海，生物固氮将减少90%，生物放氧将减少60%，许多地区的风速将增加60%~80%，同时将伴生许多生态问题和生产问题，人类将无法生存。目前，森林锐减导致的一系列生态危机已经构成了对人类的严重威胁，国际社会对此给予了前所未有的关注。

### 1.3.6 土地荒漠化

#### 1.3.6.1 土地荒漠化的概念

当今，荒漠化现象已成为一个全球性的环境和社会经济问题，受到世界各国的关注。从世界范围来看，在1994年通过的《联合国关于在发生严重干旱和/或荒漠化的国家特别是在非洲防治荒漠化的公约》中，将荒漠化定义为："荒漠化是指包括气候变异和人类活动在内的种种因素造成的干旱、半干旱和亚湿润干旱地区的土地退化。"该定义包含了三层含义：一是造成荒漠化的原因，即包含气候变异和人类活动在内的多种因素；二是荒漠化的范围，是发生在干旱、半干旱和亚湿润干旱地区，即指年降水量与潜在蒸发量之比在0.05~0.65之间的地区，但不包括极区和副极区；三是其表现形式为土地退化，土地退化是指由于使用土地或由于一种营力或数种营力结合致使干旱、半干旱和亚湿润干旱地区雨浇地、水浇地或草原、牧场、森林和林地的生物或经济生产力和复杂性下降或丧失，其中包括风蚀和水蚀致使土壤物质流失，土壤物理、化学和生物特性或经济特性退化及自然植被长期丧失。一般来说，沙漠化是指土地生产力减少25%，严重沙漠化是指土地生产力减少25%~50%，特别严重的沙漠化会使土地生产力减少50%以上乃至完全丧失。

#### 1.3.6.2 土地荒漠化现状

根据联合国环境规划署的数据资料，全球旱地占全球总面积的40%，约51亿公顷，有10亿多人口赖以生存和生活的资源受到了严重影响。荒漠化影响了70%的旱地，即36亿公顷或世界1/4土地受到了荒漠化的影响。据估算，世界30%灌溉农地、47%的雨养农地和73%的牧场发生荒漠化。人类文明的摇篮底格里斯河、幼发拉底河流域，由沃土变成荒漠。中国的黄河水土流失也十分严重。

全球范围内每年由于荒漠化影响造成的年收入减少达420亿美元，荒漠化造成的生态难民或粮食减产给周边地区带来了间接的社会和经济损失。25亿人口直接受到荒漠化的影响，约10亿人面临荒漠化的威胁，这些人口包括世界上最贫困人口。到2050年如果不采取预防的措施，经济损失将急剧上升，将有18亿人口受到影响。荒漠化土地治理和恢复的投资将远远大于预防的投资。

#### 1.3.6.3 土地荒漠化原因

土地荒漠化的形成是一个复杂过程，它是人类不合理经济活动和脆弱生态环境相互作用的结果。自然地理条件和气候变异为荒漠化形成、发展创造了条件，但其过程缓慢，人类活动激发和加速了荒漠化的进程，成为荒漠化的主要原因。

##### A 自然因素

自然因素主要是指异常的气候条件，特别是严重的干旱条件，容易造成植被退化，风蚀加快，引起荒漠化。干旱的气候条件在很大程度上决定了当地生态环境的脆弱性，因而干旱本身就包含着荒漠化的潜在威胁；气候异常可以使脆弱的生态环境失衡，是导致荒漠化的主要自然因素。当气候变干时，荒漠化就发展；气候变湿润时，荒漠化就逆转。全球变暖、北半球日益严重的干旱、半干旱化趋势等都造成荒漠化加剧。另外，如果地表物质以疏松沙质沉积物为主，地表植被稀疏，群落结构简单，降低了植被对地表的保护作用，也容易造成土地荒漠化。

##### B 人类活动

人口增长对土地的压力是土地荒漠化的直接原因。干旱土地的过度放牧、粗放经营、盲目垦荒、水资源的不合理利用、过度砍伐森林、不合理开矿等是人类活动加速荒漠化扩展的主要表现。乱挖中药材、毁林等更是直接形成土地荒漠化的人为活动。另外，不合理灌溉方式也造成了耕地次生盐渍化。就全世界而言，过度放牧和不适当的旱作农业是干旱和半干旱地区发生荒漠化的主要原因。同时，干旱和半干旱地区用水管理不善，引起大面积土地盐碱化，也是一个十分严重的问题。

#### 1.3.6.4 土地荒漠化危害

荒漠化是全球性的灾难，可直接破坏人类社会生存和发展基础，成为对人类最严重的危害之一，被公认为是“地球的癌症”，对人类社会、经济以及环境都造成极其严重的影响。

（1）对社会、经济的影响。荒漠化使土地退化，生产力下降，直接导致农产品和畜产品单位面积产量减少，破坏了当地农牧民的粮食生产基础，导致贫困、饥饿、疾病的发生，农牧民被迫“生态迁移”，造成当地人口减少甚至消失。风沙运动引发的沙丘列队整体移动、地表风蚀、沙割、沙埋和沙尘释放等，对农田、草地、工矿、重大交通设施以及自然文化遗产等造成严重危害，极大地加剧了土地荒漠化和沙尘暴等灾害性天气的发生，扰乱人类的生产生活秩序，甚至危害人类的健康。

（2）对环境的影响。荒漠化对环境的影响是多方面的，如表土流失、土壤养分流失、植被荒废、动物栖息地受到破坏等，生态系统、生物物种及遗传因子多样性受到威胁。小麦、大麦、玉米等世界主要作物因干旱地的荒漠化难于生长；野生物种的遗传因子是未来品种改良、药品开发的重要财产，一旦消失就会失去其潜在使用价值。由于荒漠化，出现了地表日光反射率增加，二氧化碳吸收受到影响。植被减少造成风速加大、土壤水分结构变化、沙尘等气候现象，致使地表面的水和热收支异常，又进一步促进了荒漠化。

对于受荒漠化威胁的人来说，荒漠化意味着他们将失去最基本的生存基础。在撒哈拉干旱荒漠区的21个国家中，20世纪80年代干旱高峰期有3500多万人受到影响，1000多万人背井离乡成为“生态难民”。荒漠化已经不再是一个单纯的生态问题，而是演变成经济和社会问题。荒漠化给人类带来贫困和社会动荡。

### 1.3.7 大气污染

#### 1.3.7.1 大气污染的概念

大气污染（或空气污染）是指大气中一些危害人体健康及周边环境的物质的浓度达到有害程度，以至破坏生态系统和人类正常生存和发展的条件，对人和物造成危害的现象。这些物质可能是气体、固体或液体悬浮物等。人们日常呼吸的空气由多种化学物质组成，最普遍的元素是氮，其次是氧。每种气体的成分并不是固定的，会有轻微的转变。当空气中的污染物数量少时，对人体和环境的影响比较轻微，但当这些污染物数量增加至危险的水平，就需要想办法把它们从空气中消除，以免对环境和人体健康造成危害。大气污染的形成有自然因素（如火山爆发、森林灾害、岩石风化等）和人为因素（如工业废气、汽车尾气和核爆炸等），人为因素是造成大气污染的主要原因。大气污染可以分为化学污染和生物污染两部分，也有人把噪声、热量、辐射和光的污染归入大气污染。

大气污染物是指由于人类活动或自然过程排入大气并对人或环境产生有害影响的那些物质。大气污染物按其存在状态可分为气溶胶状态污染物和气体状态污染物；按其形成过程可分为一次污染物和二次污染物。一次污染物是指直接从污染源排放的污染物质，二次污染物是由一次污染物经过化学反应或光化学反应形成的与一次污染物的物理化学性质完全不同的新的污染物，其毒性比一次污染物强。

#### 1.3.7.2 大气污染现状及危害

大气污染是全球人口面临的最紧迫的环境健康危害，据估计，大气污染每年导致700万人过早死亡。世界92%的人口呼吸有毒害的空气（世界卫生组织，2016年）。在发展中国家，98%的5岁以下儿童呼吸有毒害气体。因此，大气污染是15岁以下儿童死亡的主要原因，造成每年60万人死亡（世界卫生组织，2018年）。在财政方面，由于大气污染导致的过早死亡在全世界范围内造成大约5万亿美元的福利损失（世界银行，2016）。美国健康影响研究所发布的《2020年全球空气状况报告》，研究了全球空气质量的水平和趋势以及对人类健康的影响。报告首次研究了空气污染对新生儿健康的影响。数据表明，2019年约有47.6万名婴儿在出生后的第一个月内死于空气污染。当然，空气污染对成年人也有诸多危害。根据报告，2019年约有667万人的过早死亡与空气污染有关，表现在缺血性心脏病、肺癌、慢性阻塞性肺病、下呼吸道感染、中风和2型糖尿病等病症。这意味着空气污染仍然是全球范围内导致早期死亡的第四大危险因素，仅次于高血压、吸烟和不良饮食。

对人体健康危害最大的空气污染物为PM2.5，即大气中直径小于或等于2.5μm的污染物颗粒。PM2.5可以由硫和氮的氧化物转化而成，而这些气体污染物往往因人类燃烧化石燃料（煤、石油等）和垃圾而产生。在发展中国家，煤炭燃烧是家庭取暖和能源供应的主要方式。没有先进废气处理装置的柴油汽车也是颗粒物的来源。燃烧柴油的卡车的排放物中的杂质可导致颗粒物增多。在室内，二手烟是颗粒物最主要的来源，同样，金纸燃烧、焚香及燃烧蚊香亦可产生颗粒物。

PM2.5可进入肺部，导致长期健康问题，例如哮喘和慢性肺病等，危害很大。若空气中的PM2.5浓度超过35.5μg/m³，就会成为严重的健康问题。世界卫生组织（WHO）空气质量指南规定的年度平均PM2.5浓度为10μg/m³。按照世界卫生组织收集的城市空气污染数据看，世界上空气污染最严重的城市的PM2.5浓度是世界卫生组织年度指南标准的11~20倍。

2020年2月25日，瑞士空气质量技术公司IQAir发布《2019年世界空气质量报告》指出，2019年，西亚、东南亚和南亚地区的年均人口加权PM2.5浓度最高，在这些地区的355个城市中，只有6个城市的年均PM2.5浓度小于世界卫生组织年度指南标准。空气污染最严重的10大国家分别为孟加拉国（年均人口加权PM2.5浓度为83.3μg/m³）、巴基斯坦（65.8μg/m³）、蒙古（62.0μg/m³）、阿富汗（58.8μg/m³）、印度（58.1μg/m³）、印度尼西亚（51.7μg/m³）、巴林（46.8μg/m³）、尼泊尔（44.5μg/m³）、乌兹别克斯坦（41.2μg/m³）、伊拉克（39.6μg/m³）。中国大陆在大气污染最严重国家中排名第11位（39.1μg/m³）。波黑是欧洲PM2.5污染排名最高的国家，在大气污染最严重国家中排名第14位，仅比中国年均人口加权PM2.5浓度低4μg/m³。法国、日本、德国、英国和美国的年均人口加权PM2.5浓度分别为12.3μg/m³、11.4μg/m³、11.0μg/m³、10.5μg/m³和9.0μg/m³。

幸运的是，全球空气污染正在下降。《2020年全球空气状况报告》指出，过去10年来，全球家庭空气污染造成的疾病负担稳步下降，家庭空气污染造成的死亡总数下降了23.8%。2020年是一个不寻常的年份，源于Covid-19的封锁导致世界各地的空气质量有所改善。《2020年全球空气质量报告》和在线全球互动地图，汇总了来自106个国家和地区的PM2.5数据，揭示了疫情和人群行为变化对全球PM2.5水平的影响。报告指出，2020年，由于疫情封锁措施和人类行为的改变，全球空气总体上更加健康。与2019年相比，全球84%的国家（以城市人口为权重）、65%的城市的空气质量有所改善。特别是在第一次封锁期间，空气质量改善尤为显著。不过，这种初期的改善非常短暂。到2020年底，工业和运输业反弹，空气污染年均减少量依旧比较低。除了人类行为变化的影响之外，全球气候变化也是影响空气质量的关键因素。《2020年全球空气质量报告》显示，全球气候变化与高污染发生的频率及严重程度之间有相关性。2020年与2016年并列为有记录以来最热的一年。同年，气候相关的污染事件，比如山火和沙尘暴，导致美国加利福尼亚、南美、西伯利亚和澳大利亚的污染水平同样打破历史记录。报告指出，全球空气质量形势依旧严峻。在106个受监测国家中，只有24个国家在2020年达到了世界卫生组织的PM2.5年度指南标准。IQAir首席执行官Frank Hammes表示，2020年带来了意想不到的空气污染水平的下降，到2021年，人类活动可能会导致空气污染回升。虽然Covid-19的影响可能会在短短几周内出现，但空气污染对健康的影响可能需要数年时间才能以慢性疾病的形式显现出来。正如Covid-19危机表明需要采取多种策略来控制这种大流行一样，它也提供了一个意想不到的机会，让人类来了解可以做些什么以更好地解决空气污染问题。

### 1.3.8 水资源危机及水污染

水是生命之源，是包括无机化合、人类在内所有生命生存的重要资源，也是生物体最重要的组成部分。水资源不均衡的时空分布以及与经济社会发展的不匹配，使得世界上许多地区或水贵如油，或洪水泛滥，或者二者兼而有之，交替发生。在中东和北非，缺水已达到一种危机状态。江河湖泊是主要的淡水来源，维系着农业、工业和人类城乡居住区的存在和发展。但农业、工业和居住区的发展、扩大不仅过多地消耗水资源，而且排放的废物造成了水的污染，从而减少了可利用的水资源，并威胁人类自身的健康和生命。水资源短缺和水污染是当代世界最重大的资源环境问题之一，更是未来人类面临的最严峻挑战。

#### 1.3.8.1 水资源及水资源短缺现状

水是地球上最丰富的资源，覆盖地球表面约71%，地球水的总体积约为14亿立方千米。若让地球上的水均匀分布，整个地表的水深将达3000m，然而其中将近98%是咸水，既不能饮用，也不能灌溉。其余不足3%的淡水中，大部分（约87%）又被封冻在冰盖或冰川中，或者在大气、土壤和深层地下，实际上可供人类利用的淡水资源仅占全球水量的0.003%。

就是这不多的淡水资源在全世界范围内的分布也十分不均，除了欧洲因地理环境优越水资源较为丰富外，其他各洲都不同程度地存在着缺水问题，最为明显的是非洲撒哈拉以南的国家，那里几乎没有一个国家不存在严重的缺水问题；在亚洲也存在类似情况。另外，随着人口数量的剧增，工农业发展和生活水平的提高，人们的用水量不断增加。一个世纪以来，全球用水量增加了6倍，并仍在以每年1%的速度稳定增长，而这一速度在未来20年还将大幅加快。加上供水更加不稳定和不确定，全球气候变暖，热浪、极端强降雨、雷暴和风暴潮等极端事件的频率和强度的日益增加将加剧当前缺水地区的严峻形势，使其处境更加恶化，并对当今水资源依然充沛的地区造成水压力。

联合国提交的《2018年世界水资源开发》报告称，约有36亿人口，相当于将近一半的全球人口居住在缺水地区，即一年中至少有一个月的缺水时间，而这一人口数量到2050年可能增长到48亿~57亿人之多。《2020年联合国世界水发展报告：水与气候变化》指出，全球仍有42亿人（占世界人口的55%）没有合乎要求的卫生设施，有22亿人无法获得安全的饮用水。一年中全球70%人口都处于水资源紧张的情况。

#### 1.3.8.2 水污染概念及现状

世界上不少地区淡水资源除数量短缺外，还存在另一个重大问题——水质下降。水质降低的主要原因是污染。水污染，又称水体污染，是指各种有毒有害污染物进入水体，其数量超过水体自净能力，造成水的使用价值降低或丧失的现象。水体污染，致使淡水的可供量降低，淡水资源短缺加剧。水污染主要来自生活污水、工业废水、农田污水及工业废弃物和生活垃圾。目前水中污染物已达2000多种，主要为有机化学物、碳化物、金属物，其中自来水中有765种（190种对人体有害、20种致癌、23种疑癌、18种促癌、56种易致细胞突变形成肿瘤）。

全球工农业的生产发展和城市的兴起，使得工业废水、农田污水和生活污水的排放量急剧增加。2011年，全世界每年约有4200多亿立方米的污水排入江河湖海，污染了5.5万亿立方米的淡水，这相当于全球径流总量的14%以上。据联合国调查统计，全世界河流的稳定流量的大约40%受到污染。由于地下水污染严重，目前在印度市场上销售的12种软饮料有害残留物含量超标。有些软饮料中杀虫剂残留物含量超过欧洲标准10~70倍。污染导致水质下降，淡水物种和生态系统的多样性衰退，其退化速度往往快于陆地和海洋生态系统。水质差导致人们生活贫困和卫生状况不佳，世界卫生组织估计，全球平均每年有

84.2 万人死于腹泻，其中有 36.1 万名 5 岁以下的儿童是因为不安全饮水导致的腹泻。据联合国儿童基金会报道，全世界有 7.68 亿人在 2015 年无法得到安全的饮用水；每 6 人中就有 1 人无法满足联合国规定的每人每天 20~50L 淡水的最低标准。

### 1.3.9 海洋污染

在维持全球气候稳定和生态平衡方面，海洋环境和海洋生态系统起着极其重要的作用。相当长的时期内，海洋生物资源及海洋鱼类一直在为人类提供丰厚的食物。但随着海洋污染日趋严重和海洋生物资源过度利用，海洋环境质量逐渐下降，生产力渐渐衰退，同时，海产品中的重金属和一些有机污染物等有可能威胁人类的健康。

#### 1.3.9.1 海洋污染的概念

联合国教科文组织下属的政府间海洋学委员会对海洋污染明确定义为：由于人类活动，直接或间接地把物质或能量引入海洋环境，造成或可能造成损害海洋生物资源、危害人类健康、妨碍捕鱼和其他各种合法活动、损害海水的正常使用价值和降低海洋环境的质量等有害影响。

海洋的污染主要发生在靠近大陆的海湾。由于密集的人口和工业，大量的废水和固体废物倾入海水中，加上海岸曲折造成水流交换不畅，使得海水的温度、pH 值、含盐量、透明度、生物种类和数量等性状发生改变，对海洋的生态平衡造成危害。目前，海洋污染突出表现为石油污染、重金属以及放射性污染、赤潮和海洋垃圾等几个方面。

（1）石油污染。石油污染主要源于工业生产、突发性的海上油井管道泄漏以及海洋运输漏油事故。石油排入海洋之后，将会给海洋生物带来灭顶之灾。由于水面被油膜覆盖，大气与水面隔绝，导致进入海水的氧气量减少，使海洋生物因缺氧而大量死亡。幼鱼和鱼卵碰到油膜几乎都会死亡。油污还能使鱼类、贝类等海产品产生恶臭味，以及通过富集效应携带毒素，人类食用后将危及人类自身安全。石油污染还会致海鸟丧生，因为含油污水会增加海鸟的重量，迫使海鸟下潜，不断沉浮，有的海鸟会因误食石油而死亡。

（2）重金属以及放射性物质的危害。随着工农业发展，每年通过排放污水进入海洋的重金属逐年增加，例如汞、铜、锌等重金属。放射性物质来源于核武器、核泄漏、核废水、核动力船舶的排污等，由于各类海洋生物对重金属和放射性物质都有极大的富集能力，人类一旦食用这些海洋生物，将会中毒。

（3）赤潮。赤潮对水体有很大的危害。当含氮、磷等有机物的工农业污水排放进入海水，造成水体的富营养化，一旦外界环境适宜微生物或浮游植物生长时，水中的微生物或浮游植物就会大量繁殖，发生赤潮现象，致使海水里的鱼虾全部死亡，海水变得黏稠，并散发出腥臭的味道，给周围的渔业产生致命的打击，致使渔民们损失严重。

（4）海洋垃圾。海洋垃圾的来源是人为倾倒不能处理的垃圾，暴风雨将陆地上的垃圾吹入海洋，以及海洋事故。海洋垃圾不仅会导致视觉污染，还会造成水体污染，从而危及海洋生物的生命安全。一些生物因被塑料圈、尼龙绳网住，无法动弹而死亡。生物误食了海洋垃圾后，往往会被噎死，或者残留在肠胃无法消化和分解，最终引起死亡。美国曾发生过一件闻名世界的奥斯本轮胎暗礁事件。20 世纪 70 年代美国将 200 万个破废轮胎扔入海洋，40 年后，轮胎在海水的浸泡下分解出多种有毒物质，使得这片海域不存在任何海洋生物，慢慢被人们抛弃，导致这片海洋最终成为死海。海洋垃圾问题日益受到人们重视，如果再放任这个问题不管，海洋将会超过负荷，而人类的生存也将迎来困境。

1.3.9.2 海洋污染的现状

2003年，联合国环境规划署曾发起“海洋垃圾全球倡议”，2009年发布报告《海洋垃圾：一个全球挑战》。这是史上第一次跨越12个不同区域，衡量全球海洋垃圾状况的尝试。统计结果表明每年流入海洋的塑料垃圾大约是800万吨。2010年，192个沿海国家和地区一共产生了2.75亿吨塑料垃圾，最终有480万~1270万吨进入海洋，成为海洋生态环境的致命杀手。佐治亚大学的环境学教授Jenna Jambeck博士说，这相当于所研究的192个沿海国家和地区，每一英尺（30cm）的海岸线上堆有5个装满塑料的袋子。将800万吨塑料垃圾堆放一起，能让34个纽约曼哈顿地区的面积湮没在齐脚踝深的塑料垃圾中。2014年6月23日，联合国环境规划署在首届联合国环境大会上发布《联合国环境规划署2014年年鉴》和《评估塑料的价值》，指出海洋里大量的塑料垃圾日益威胁海洋生物的生存，保守估计每年由此造成的经济损失高达130亿美元，并将海洋塑料污染列为近10年中最值得关注的十大紧迫环境问题之一。2020年开始的新冠疫情期间，口罩成为人们每日外出的基本配备，但用完就丢的医疗级口罩对环境的伤害逐渐涌现。根据海洋保护组织OceansAsia发表的最新报告指出，2020年估算约有15.6亿个口罩被乱丢到海洋中，每个口罩大约重达3g或4g，若该情况保持不变，海洋中大约有6800t口罩，需要长达450年才能被分解成微塑料，将对海洋生物以及海洋生态系统造成负面影响。

根据世界资源研究所的一项最新研究显示，世界上51%的近海生态环境系统因受与开发有关活动导致环境污染和富营养化的影响而处于显著的退化危险之中，其中34%的沿海地区正处于潜在恶化的高度危险中，17%处于中等危险中。

### 1.3.10 危险废物越境转移

1.3.10.1 危险废物越境转移的概念

根据《控制危险废物越境转移及其处置巴塞尔公约》，废物是指处置或打算予以处置或按照国家法律规定必须加以处置的物质或物品。该公约将废物分为危险废物和其他废物两种，并在有关附件中做了具体规定。越境转移是指将危险废物或其他废物从一国的国家管辖地区直接转移到另一国的国家管辖地区或通过另一国的国家管辖地区的间接转移，或直接转移至不是任何国家的国家管辖地区，或通过不是任何国家的国家管辖地区的间接转移，但该转移须涉及至少两个国家。危险废物越境转移，包括有害废物的越境转移和有害化学品的国际贸易及异地生产两方面的问题。其中，有害化学品的国际贸易及异地生产是指发达国家将有害化学品的生产转移到发展中国家。

国际上还没有一个普遍认同的危险废物的定义。

美国将具有下列特征之一的废物称为危险废物。即“能引起或助长死亡率的上升或严重的不可逆疾病或可逆转但会造成残疾的疾病，或在对其操作、储存、运输、处置或其他管理不当时，会对人类健康和环境带来现实的或潜在的重大威胁的废物”。

《关于危险废物环境管理的准则和原则》对危险废物所下的定义为：“危险废物是指放射性废物以外的废物，因其化学反应、毒性、爆炸性、腐蚀性或其他特性，不论是单独存在还是与其他废物发生接触时，可对健康和环境造成威胁；在该国产生，或在该国处置，或通过该国运输时，在该国法律上被确定为危险废物。”

1.3.10.2 *危险废物越境转移现状*

20世纪80年代，随着发达国家国内环境标准的提高，其国内处理废物的成本大幅度增加。例如，在80年代末，1t危险废物的平均处置费用在非洲是2.5~50美元，而在经济合作和发展组织国家中则为100~2000美元不等。高昂的处置费使越来越多的发达国家将废物转移到处理成本较低、环境管理松懈的发展中国家。而发展中国家受经济困窘影响，即使不具备处理有害废物的技术，仍以接受有害废物来获得短时的经济效益。危险废物转移到发展中国家后，由于发展中国家的劳动力成本低廉，危险废物处理技术和工艺落后，往往仅是通过简单的工艺提取危险废物中很少部分的可用物质，把剩下的更加危险的废物就地堆放或简单处置，造成对大面积土壤、地下水、地表水以及空气的极大污染，有些污染甚至是不可逆的，给社会、环境造成的损失与破坏很大，很可能抵消了社会从产生这些有害废物的产品中获得的利润，并影响和威胁后代合理利用环境资源。发达国家间的有害废物转移可以称得上是一种“废物贸易”，所转移的废物能以相对安全的方式得到处理。但是，有害废物被转移到缺乏安全处理和监控手段的第三世界国家，则完全是一种废物转移或污染转嫁，导致污染扩散并造成更大的污染危害。1986~1988年有近350万吨危险废物由工业国家运往非洲、加勒比地区和拉丁美洲，同时也运往亚洲和南太平洋。除了在某些情况下根据法律合同第三世界国家的公司或政府从工业化国家的公司接受废物以换取现金外，工业国家将危险废物非法倾倒到第三世界国家的事件也层出不穷。1988年尼日利亚科科港的有害废物倾倒事件在国际上引起轩然大波。1988年6月初，尼日利亚媒体报道，意大利一家公司分5条船将大约3800t有害废物运进本德尔州的科科港，并以每月100美金的租金堆放在附近一家农民的土地上。这些有害废物散发出恶臭，并渗出脏水，经检验，发现其中含有一种致癌性极高的化学物质——聚氯丁烯苯基。这些有害废物造成很多码头工人及其家属瘫痪或被灼伤，有19人因食用被污染的米而中毒死亡。这类事件的披露引起国际社会的广泛重视，人们逐渐意识到危险废物和其他废物及其越境转移对人类和环境可能造成的损害，一时形成发展中国家与发达国家的对立局面。

1989年3月22日，在联合国环境规划署的主持下，《控制危险废物越境转移及其处置巴塞尔公约》签署，并于1992年5月5日生效，其总体目标是严格控制危险废物和其他废物的越境转移，从而保护人类健康，保障环境免遭危险废物和相关不良管理带来的影响。但有害废物越境转移的事件仍屡禁不止。如一家挪威企业从美国向几内亚出口1.5万吨有害废物并弃置，造成树林枯死事件；美国费城的1.4万吨有害焚灰，在加勒比海各国、非洲、地中海沿岸等地遭拒绝入境以后，在海上徘徊了2年之久，最后被认为投进印度洋的事件等。近年来也发生多起发达国家向中国沿海地区转移有害废物事件。

有害废物问题，是所有发达国家共同面临的问题。随着发展中国家的工业化和有害废物的越境转移，这一问题已开始在全世界各地引起重视。事实上，就连曾被认为与工业生产毫无瓜葛的北极白熊的体内，现查明已受到有机氯农药DDT、HCH、PCB、氯丹等的污染，南极企鹅也是如此。

## 1.4 中国环境问题

近年来，由于中国政府对环境问题的关注，环境法律日趋完善，执法力度加大，对环境污染治理的投入逐年有较大幅度的增加，中国环境问题已朝着好的方向发展。但是，仍存在一些问题，主要体现在环境污染问题，其中包括大气污染、水环境污染、固体废物污染、噪声污染；自然生态环境破坏问题，其中包括森林匮乏、草原退化，人均耕地面积减少，土地荒漠化现象严重，生物多样性减少，自然灾害频繁等。两类环境问题互相交叉、相互影响，交织在一起，使得中国面临的环境问题仍然十分严峻。2016 年，时任原环境保护部部长陈吉宁在中外媒体见面会上，将中国环境问题概括为环境污染严重、环境风险高、生态损失大。

### 1.4.1 环境污染问题

#### 1.4.1.1 大气污染

我国能源结构以煤为主，占一次能源消费总量的 75%，大气污染主要由燃煤造成，属于能源结构性的煤烟型污染。主要污染物是烟尘和二氧化硫（$SO_2$）。大气污染程度随能源消耗的增加而不断加重。另外，我国城市机动车辆数量迅速增长，在一些发达的大城市，汽车行驶总量常达上百万辆之多，因此交通污染也成为大气污染的原因之一，城市空气污染正由煤烟型污染向煤烟与机动车混合型污染转变，一些大中城市频繁出现灰霾天气。城市大气污染的主要来源是工业排放和机动车尾气排放，目前大气中的污染物主要是 $SO_2$、二氧化氮（$NO_2$）、臭氧（$O_3$）和可吸入颗粒物（PM10、PM2. 5）。大气中的 $SO_2$ 主要来源于工业排放气体，在工厂比较集中的地区 $SO_2$ 的浓度往往较高。排放到大气中的 $SO_2$ 在适当的气候条件下（如逆温、微风、日照等）极容易形成硫酸雾和酸雨，酸雨类型总体为硫酸型。

近年来，我国政府一直在积极地运用财政和行政手段治理大气污染，我国城市的空气质量总体上有了明显改善。自 2013 年实施《大气污染防治行动计划》以来，我国主要城市的 PM2. 5 水平已显著下降，尤其是北京。北京 PM2. 5 水平连续 7 年呈下降趋势，说明北京空气质量管理规划的成功和演变。与 2009 年相比，2019 年，PM2. 5 的年均浓度下降了一半以上。在共同努力控制空气污染的情况下，北京已退出全球污染最严重的 200 个城市之列。

2019 年，我国大陆有 48 个城市位于全球空气污染最严重的 100 个城市之列。全国有 337 个地级及以上城市 PM2. 5、PM10（直径在 10μm 以下的污染物颗粒）、$O_3$、$SO_2$、$NO_2$ 浓度分别为 $36\mu g/m^3$、$63\mu g/m^3$、$148\mu g/m^3$、$11\mu g/m^3$、$27\mu g/m^3$，与 2018 年相比，PM10 和 $SO_2$ 浓度下降，$O_3$ 浓度上升，其他污染物浓度持平；平均优良天数比例为 82. 0%；环境空气质量达标的城市占全部城市数的 46. 6%。

2019 年，我国酸雨区面积约 47. 4 万平方千米，占国土面积的 5. 0%，比 2018 年下降 0. 5%。主要分布在长江以南、云贵高原以东地区，主要包括浙江、上海的大部分地区，福建北部，江西中部，湖南中东部，广东中部和重庆南部。469 个监测降水的城市（区、县）中，酸雨频率平均为 10. 2%，比 2018 年下降 0. 3%；降水 pH 值年均值范围为 4. 22（江西吉安市）~8. 56（新疆库尔勒市），平均值为 5. 58；出现酸雨的城市比例为 33. 3%，比 2018 年下降 4. 3%。

虽然我国许多重点城市的空气质量正在改善，但仍面临重大挑战。一方面，我国能源结构中对煤炭过度依赖。煤炭燃烧是 PM2. 5 排放的主要来源，也是 $SO_2$ 和氮氧化物（在大气中形成 PM2. 5 的污染物）的主要来源。虽然我国是可再生能源增长速度最快的国家，但煤炭消费量仍占世界煤炭消费量的一半左右，并计划继续扩建新的燃煤电厂。另一方面，来自交通运输的柴油排放仍然是空气污染的重要制造者。此外，沙漠化和沙尘暴是造成我国西部和中东部空气质量差的主要原因之一。在气候变化的情况下，随着全球气温升高、沙漠化和风力模式加剧，我国北方地区未来发生沙尘暴事件可能会更加严重。

1.4.1.2　水环境污染

我国是缺水严重的国家，虽然水资源总量为世界总量的第六位，但人均淡水资源占有量只有 2300m$^3$，仅为世界平均水平 10000m$^3$ 的 1/4，其排位在世界 100~117 位之间，是世界缺水国之一。据资料统计，全国 600 多个城市半数以上缺水，其中严重缺水的城市有 108 个，日缺水量达 1600 万立方米，几百万人的生活用水紧张，污染性缺水的城市日益增多。从水资源质量看，我国的水环境局部有所改善。

A　淡水

地表水：2019 年，1931 个全国地表水监测断面中，Ⅰ~Ⅲ类水质断面占 74.9%，比 2018 年上升 3.9%；劣Ⅴ类占 3.4%，比 2018 年下降 3.3%。主要污染指标为化学需氧量、总磷和高锰酸盐指数。长江、黄河、珠江、松花江、淮河、海河、辽河七大流域和浙闽片河流、西北诸河、西南诸河监测的 1610 个水质断面中，Ⅰ~Ⅲ类水质断面占 79.1%，比 2018 年上升 4.8%；劣Ⅴ类占 3.0%，比 2018 年下降 3.9%。主要污染指标为化学需氧量、高锰酸盐指数和氨氮。西北诸河、浙闽片河流、西南诸河和长江流域水质为优，珠江流域水质良好，黄河流域、松花江流域、淮河流域、辽河流域和海河流域为轻度污染。图 1-8 所示为 2019 年七大流域和浙闽片河流、西北诸河、西南诸河水质状况。开展水质监测的 110 个重要湖泊（水库）中，Ⅰ~Ⅲ类湖泊（水库）占 69.1%，比 2018 年上升 2.4%；劣Ⅴ类占 7.3%，比 2018 年下降 0.8%。主要污染指标为总磷、化学需氧量和高锰酸盐指数。开展营养状态监测的 107 个重要湖泊（水库）中，贫营养状态湖泊（水库）占 9.3%，中营养状态占 62.6%，轻度富营养状态占 22.4%，中度富营养状态占 5.6%。太湖和巢湖为轻度污染、轻度富营养状态，主要污染指标为总磷；滇池为轻度污染、轻度富营养状态，主要污染指标为化学需氧量和总磷。

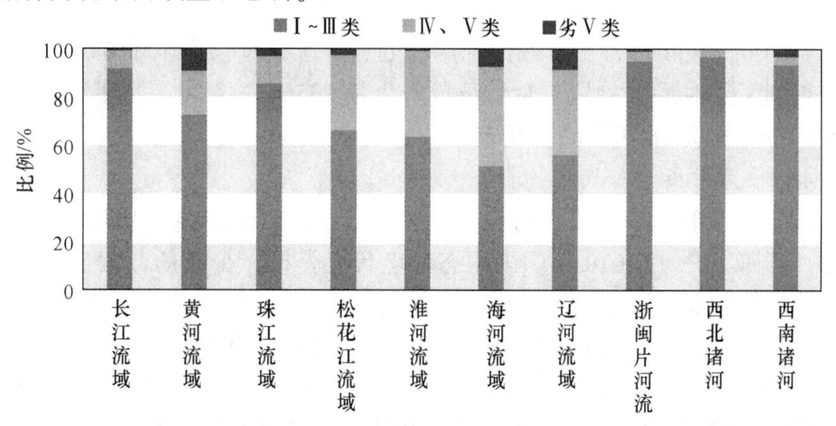


图 1-8　2019 年七大流域和浙闽片河流、西北诸河、西南诸河水质状况示意图

（Ⅰ、Ⅱ类水质可用于饮用水源一级保护区、珍稀水生生物栖息地、鱼虾类产卵场、仔稚幼鱼的索饵场等；
Ⅲ类水质可用于饮用水源二级保护区、鱼虾类越冬场、洄游通道、水产养殖区、游泳区；
Ⅳ类水质可用于一般工业用水和人体非直接接触的娱乐用水；Ⅴ类水质可用于农业用水及一般景观用水；
劣Ⅴ类水质除调节局部气候外，几乎无使用功能）

地级及以上城市集中式生活饮用水水源：监测的336个地级及以上城市的902个在用集中式生活饮用水水源断面（点位）中，830个全年均达标，占92.0%。其中地表水水源监测断面（点位）590个，565个全年均达标，占95.8%，主要超标指标为总磷、硫酸盐和高锰酸盐指数；地下水水源监测点位312个，265个全年均达标，占84.9%，主要超标指标为锰、铁和硫酸盐，主要是由于天然背景值较高所致。

B 海洋

管辖海域：Ⅰ类水质海域面积占管辖海域面积的97.0%，比2018年上升0.7%；劣Ⅳ类水质海域面积为28340km$^2$，比2018年减少4930km$^2$。主要污染指标为无机氮和活性磷酸盐。

近岸海域：全国近岸海域水质总体稳中向好，水质级别为一般，主要污染指标为无机氮和活性磷酸盐。优良（Ⅰ、Ⅱ类）水质海域面积比例为76.6%，比2018年上升5.3%；劣Ⅳ类为11.7%，比2018年下降1.8%。监测的190个主要入海河流水质断面中，Ⅱ类水质断面占19.5%，Ⅲ类占34.7%，Ⅳ类占32.6%，Ⅴ类占8.9%，劣Ⅴ类占4.2%。主要超标指标为化学需氧量、高锰酸盐指数、总磷、氨氮和五日生化需氧量。

1.4.1.3 固体废物污染

近年来，全国工业固体废物的产生量、排放量、累计堆存量一直呈上升趋势。据《2020年全国大、中城市固体废物污染环境防治年报》，2019年，196个大、中城市一般工业固体废物产生量达13.8亿吨，综合利用量8.5亿吨，处置量3.1亿吨，储存量3.6亿吨，倾倒丢弃量4.2万吨。一般工业固体废物综合利用量占利用处置及储存总量的55.9%，比2018年提高了14.2%；处置占20.4%，提高了1.5%；储存占23.6%，降低了15.7%。综合利用是处理一般工业固体废物的主要途径，部分城市对历史堆存的一般工业固体废物进行了有效的利用和处置。工业危险废物产生量达4498.9万吨，综合利用量2491.8万吨，处置量2027.8万吨，储存量756.1万吨。工业危险废物综合利用量占利用处置及储存总量的47.2%，比2018年提高了3.5%；处置量占38.5%，降低了7.4%；储存量占14.3%，提高了3.9%，综合利用和处置是处理工业危险废物的主要途径，部分城市对历史堆存的危险废物进行了有效的利用和处置。医疗废物产生量84.3万吨，产生的医疗废物都得到了及时妥善处置。生活垃圾产生量23560.2万吨，处理量23487.2万吨，处理率达99.7%，比2018年提高了0.3%。

1.4.1.4 噪声污染

我国城市噪声一般都处于高声级。近年来，由于城市车辆密度增加、城市路网密度大，交通噪声逐年上升。《2019年中国生态环境状况公报》公布的数据显示了2019年不同功能区的声环境状况。

区域声环境：321个地级及以上城市昼间平均等效声级为54.3dB。昼间区域声环境质量为一级的城市占2.5%，二级占67.0%，三级占28.7%，四级占1.9%，无五级城市[根据平均等效声级数值范围，将昼间区域环境噪声总体水平等级划分为5级：一级（不大于50.0dB）、二级（50.1~55.0dB）、三级（55.1~60.0dB）、四级（60.1~65.0dB）、五级（大于65.0dB）]。与2018年相比，区域声环境质量一级、三级和五级的城市比例分别下降了1.5%、2.0%、0.6%，二级和四级城市比例分别上升了3.5%和0.7%。与2009年比，区域声环境质量一级、二级的城市比例分别下降了1.0%和8.9%，三级和四级的城市比例分别上升了8.4%和1.6%。

道路交通声环境：322个地级及以上城市昼间平均等效声级为66.8dB。昼间道路交通声环境质量为一级的城市占68.6%，二级占26.1%，三级占4.7%，四级占0.6%，无五级城市［根据平均等效声级数值范围，将昼间道路交通噪声水平等级划分为5级：一级（不大于68.0dB）、二级（68.1~70.0dB）、三级（70.1~72.0dB）、四级（72.1~74.0dB）、五级（大于74.0dB）］。与2018年相比，道路交通声环境质量二级和四级城市比例分别下降了2.6%和0.3%，一级和三级城市比例分别上升了2.2%和0.7%，五级城市比例持平。与2009年比，区域声环境质量一级城市比例下降了6.4%，二级、三级和四级城市比例分别上升了3.0%、2.8%和0.6%，五级城市比例持平。

城市功能区声环境：311个地级及以上城市各类功能区昼间达标率为92.4%，夜间达标率为74.4%，比2018年分别提高了1.4%和4.8%。

### 1.4.2 生态环境破坏问题

#### 1.4.2.1 森林匮乏、草原退化

2009年公布的第7次全国森林资源清查结果显示，我国森林面积1.95亿公顷，森林覆盖率20.36%，森林蓄积量为137.21亿立方米。人工林保存面积0.62亿公顷，蓄积19.61亿立方米，人工林面积继续保持世界首位。

2019年公布的第9次全国森林资源清查结果显示，我国森林面积2.2亿公顷，森林覆盖率为22.96%，森林蓄积量为175.6亿立方米。比第7次全国森林资源清查的森林覆盖率提高了2.6%，意味着全国森林面积净增2475.16万公顷，比广西壮族自治区的面积还要大。我国森林覆盖率已从20世纪70年代的12.7%提高至22.96%。我国成为全球森林资源增长最多、最快的国家，生态状况得到了明显改善，森林资源保护和发展步入了良性发展的轨道。

《2005年中国环境状况公报》显示，2005年我国90%的可利用天然草场不同程度退化，全国草原生态环境“局部改善、总体恶化”的趋势未得到有效遏制。我国天然草原面积共有3.93亿公顷，约占国土总面积的41.7%，其中可利用草原面积为3.31亿公顷，占草原总面积的84.3%。2018年，全国草原综合植被覆盖度已达55.7%。

#### 1.4.2.2 人均耕地面积少

《2019年中国生态环境状况公报》农用地土壤污染状况详查结果显示，全国农用地土壤环境状况总体稳定，影响农用地土壤环境质量的主要污染物是重金属，其中镉为首要污染物。

2005年，全国耕地面积18.31亿亩[1]。人均耕地面积已由10年前的1.59亩和2004年的1.41亩，逐年减少到1.4亩。

2007年，全国耕地面积18.26亿亩，与2006年相比，耕地净减少61万亩。水土流失面积356万平方千米，占国土总面积的37.08%。其中，水蚀、风蚀面积分别为165万平方千米、191万平方千米，分别占国土总面积的17.18%、19.9%。耕地质量退化趋势加重，退化面积占耕地总面积的40%以上。土壤养分状况失衡，耕地缺磷面积达51%，缺钾

[1] 1亩=666.6$m^2$。

面积达60%。肥料施用总量中有机肥仅占25%。工矿企业“三废”对农田土壤造成的污染不容忽视。

2019年，全国耕地面积20.23亿亩，较2007年增加了8.03亿亩，但人均耕地面积仍较低，为1.45亩，不到世界人均耕地面积的一半。截至2019年底，全国耕地质量平均等级为4.76等（耕地质量等级划分为10个等级，一等地耕地质量最好，十等地耕地质量最差），较2014年提升了0.35个等级。其中，一~三等耕地面积为6.32亿亩，占耕地总面积的31.24%；四~六等为9.47亿亩，占46.81%；七~十等为4.44亿亩，占21.95%。

根据2018年水土流失动态监测结果，全国水土流失面积273.69万平方千米。其中，水力侵蚀面积115.09万平方千米，风力侵蚀面积158.60万平方千米，与第一次全国水利普查（2011年）相比，全国水土流失面积减少21.23万平方千米，较2007年全国水土流失面积减少82.31万平方千米。

总体上看，我国水土流失面积逐年减少，耕地面积稍有增加，但由于我国人口基数大，人均耕地面积不足，人多地少的矛盾还是比较严重。

1.4.2.3　土地荒漠化现象严重

我国是全球土地荒漠化严重的国家之一。

截至2009年底，全国荒漠化土地面积262.37万平方千米，沙化土地面积173.11万平方千米，分别占国土总面积的27.33%和18.03%。与2004年相比，5年间，全国荒漠化土地面积年均减少2491平方千米，沙化土地面积年均减少1717平方千米。

截至2014年，全国荒漠化土地面积261.16万平方千米，占国土面积的27.20%；沙化土地面积172.12万平方千米，占国土面积的17.93%；有明显沙化趋势的土地面积30.03万平方千米，占国土面积的3.12%。实际有效治理的沙化土地面积20.37万平方千米，占沙化土地面积的11.8%。5年间，全国荒漠化土地面积年均减少2420km$^2$，沙化土地面积年均减少1980km$^2$。

2019年2月，美国国家航天局研究结果表明，全球从2000~2017年新增的绿化面积中，约1/4来自我国，我国贡献比例居全球首位。截至2020年6月17日，全国沙化土地面积由1996年年均扩展2460km$^2$，转变为目前年均缩减1980km$^2$。

监测表明，我国土地荒漠化和沙化呈整体得到初步遏制，荒漠化、沙化土地持续净减少，局部地区仍在扩展。

1.4.2.4　生物物种减少

1990年生物多样性专家把我国生物多样性排在12个全球最丰富国家的第8位。在北半球国家中，我国是生物多样性最为丰富的国家。然而，由于森林减少、草原退化、农药杀虫剂的大量使用，尤其是人为的过度捕猎和捕捞，大量动植物的生存环境不断缩小，造成种群减少甚至消失。全国34450种已知高等植物的评估结果显示，需要重点关注和保护的高等植物10102种，占评估物种总数的29.3%，其中受威胁的3767种、近危等级的2723种、数据缺乏等级的3612种。4357种已知脊椎动物（除海洋鱼类）的评估结果显示，需要重点关注和保护的脊椎动物2471种，占评估物种总数的56.7%，其中受威胁的932种、近危等级的598种、数据缺乏等级的941种。9302种已知大型真菌的评估结果显示，需要重点关注和保护的大型真菌有6538种，占评估物种总数的70.3%，其中受威胁的97种、近危等级的101种、数据缺乏等级的6340种。

#### 1.4.2.5 自然灾害频繁

我国自然灾害频繁，而且种类较多，主要自然灾害有洪涝、干旱、地质灾害、地震、台风、冰雹、雪灾、暴风潮，还有生物灾害、森林草原火灾等，威胁我国人民的生命财产安全，造成严重经济损失以及生态破坏。

2012年，各类自然灾害共造成2.9亿人（次）受灾、1338人死亡（包含森林火灾死亡13人）、192人失踪、1109.6万人次紧急转移安置；农作物受灾面积2496.2万公顷，其中绝收182.6万公顷；房屋倒塌90.6万间，严重损坏145.5万间，一般损坏282.4万间；直接经济损失4185.5亿元（不含港澳台地区数据）。

2020年，各类自然灾害共造成1.38亿人（次）受灾，591人因灾死亡、失踪；农作物受灾面积1995.8万公顷，其中绝收270.6万公顷；直接经济损失3701.5亿元。与近5年均值相比，2020年全国因灾死亡失踪人数下降43%，其中因洪涝灾害死亡失踪279人，下降53%，均为历史新低。

通过上述对中国环境问题的分析可以看出，我国生态环境质量总体改善，环境空气质量改善成果进一步巩固，水环境质量持续改善，海洋环境状况稳中向好，土壤环境风险得到基本管控，生态系统格局整体稳定，环境风险态势保持稳定。因此，我们应继续采取有效措施，防治环境污染与破坏，正确处理经济建设与人口、资源、环境的关系，把控制人口增长、节约资源、保护环境纳入经济和社会发展战略之中，实现经济社会长期持续健康的发展，走可持续发展之路。

## 1.5 环境科学

### 1.5.1 环境科学的产生和发展

环境科学是在人们亟待解决环境问题的社会需要下迅速发展起来的一个由多学科到跨学科的庞大科学体系组成的新兴学科。在短短几十年内，随着环境保护实际工作的发展和环境科学理论研究的深入，环境科学的概念和内涵日益丰富和完善，它的形成和发展过程与传统的自然科学、社会科学和技术科学都有着十分密切的联系。

环境科学产生于1950~1960年代，全球性的环境污染与破坏引起人类思想的震动和反省。1962年，美国海洋生物学家R. Carson出版了《寂静的春天》，通俗地说明了杀虫剂的污染可造成严重的生态危害，是人类进行全面反省的信号，标志着近代环境科学的产生和发展。环境科学在短短几十年的发展过程中，出现了两个重要的历史阶段，第一阶段是直接运用地学、生物学、化学、物理学、公共卫生学、工程技术科学的原理和方法，阐明环境污染的程度、危害和机理，探索相应的治理措施和方法，由此发展出环境地学、环境生物学、环境化学、环境物理学、环境医学、环境工程学等一系列新的边缘性分支学科。污染防治的实践活动表明，有效的环境保护还依赖于人类活动及社会关系的科学认识与合理调节，因此，环境科学又涉及社会科学的知识领域，相应地产生了环境经济学、环境管理学、环境法学等。这些自然科学、社会科学、技术科学新分支学科的出现和汇聚标志着环境科学的诞生。在此基础上发展、具有独立意义的是环境质量学，包括环境中污染物质迁移转化规律、环境污染的生态效应和社会效应、环境质量标准和评价等科学内容。这一阶段的方法论是运用系统的分析方法寻求区域环境污染的综合防治方法，寻求局部范围内既有利于经济发展又有利于环境质量改善的优化方案。因此，这一阶段把环境科学定义为有关于环境质量及其保护与改善的科学。由于环境问题实质上是人类社会行为失误造成的复杂的全球性问题，要从根本上解决环境问题，必须寻求人类活动、社会物质系统的发展与环境演化三者之间的统一。由此，环境科学发展到更高一级的新阶段，即把社会与环境的直接演化作为研究对象，综合考虑人口、经济、资源与环境等主要因素之间的制约，从多层次乃至最高层次上探讨人与环境协调演化发展的具体途径。它涉及科学技术发展方向的调整、社会经济模式的改变、人类生活方式和价值观念的变化等。至此，环境科学可定义为“一门研究人类社会发展活动与环境演化规律之间相互作用关系，寻求人类社会与环境协同演化、持续发展途径与方法的科学”。

### 1.5.2 环境科学研究的对象和任务

#### 1.5.2.1 环境科学研究的对象

环境科学的研究对象是“人类与环境”这对矛盾之间的关系，其目的是通过调整人类的社会行为，保护、发展和建设环境，从而使环境永远为人类社会持续、协调、稳定的发展提供良好的支持和保证，促使环境朝着有利于人类的方向演化。

环境科学研究环境在人类活动强烈干预下发生的变化，以及为了保持这个系统的稳定性所应采取的对策与措施。宏观上，它研究人类与环境之间相互作用、相互促进、相互制约的统一关系，揭示社会经济发展和环境保护协调发展的基本规律；微观上，它研究环境中的物质，尤其是人类排放的污染物在有机体内迁移、转化和积累的过程与运动规律，探索其对生命的影响及作用机理等。

#### 1.5.2.2 环境科学的任务

环境科学的任务是揭示“人类与环境”这一矛盾的实质，研究二者之间的对立统一关系，充分认识二者之间的作用与反作用，掌握其发展规律，调控二者之间物质、能量与信息的交换过程，寻求解决矛盾的途径和方法，以改善环境质量，保护生态环境，促进人类-环境系统的协调和持续发展。环境科学的主要任务包括以下几方面。

（1）探索全球范围内环境系统演化的规律，了解人类环境变化的过程、环境的基本特性、环境结构和演化机理等，以便应用这些知识使环境质量和生态环境向有利于人类的方向发展，避免对人类不利的变化。

（2）揭示人类活动同自然环境之间的关系，以便协调社会经济发展与环境保护的关系，使人类社会和环境协调发展。

（3）探索环境变化对人类生存的影响，发挥环境科学的社会功能，探索污染物对人体健康危害的机理及环境毒理学研究，为人类正常、健康的生活服务。

（4）研究区域环境污染和生态破坏综合防治的技术措施和管理措施。

### 1.5.3 环境科学的研究内容和分科

#### 1.5.3.1 环境科学研究的主要内容

环境科学研究的是“人类-环境”的相互关系，这就决定了环境科学是一个跨学科的科学体系，是介于自然科学、社会科学、技术科学之间的边缘学科。环境科学研究的主要内容包括以下四个方面。

（1）环境质量的基础理论。包括环境质量状况的综合评价，污染物质在环境中的迁移、转化、增大和消失的规律，环境自净能力的研究，环境的污染破坏对生态环境的影响等。

（2）环境质量的控制与防治。包括改革生产工艺，加强综合利用，尽量减少或不产生污染物质以及净化处理技术；合理利用和保护自然资源；搞好环境区域规划和综合防治等。

（3）环境监测分析技术，环境质量预报技术。

（4）环境污染与人体健康的关系，特别是环境污染所引起的致癌、致畸和致突变的研究及防治。

1.5.3.2 环境科学的分科

环境科学是综合性的新兴学科，已逐步形成多种学科相互交叉渗透的庞大的科学体系。但当前对环境科学的分科体系还没有成熟一致的看法。不同的学者从不同的角度提出了各种不同的分科方法，图 1-9 所示为其中的一种分科体系。

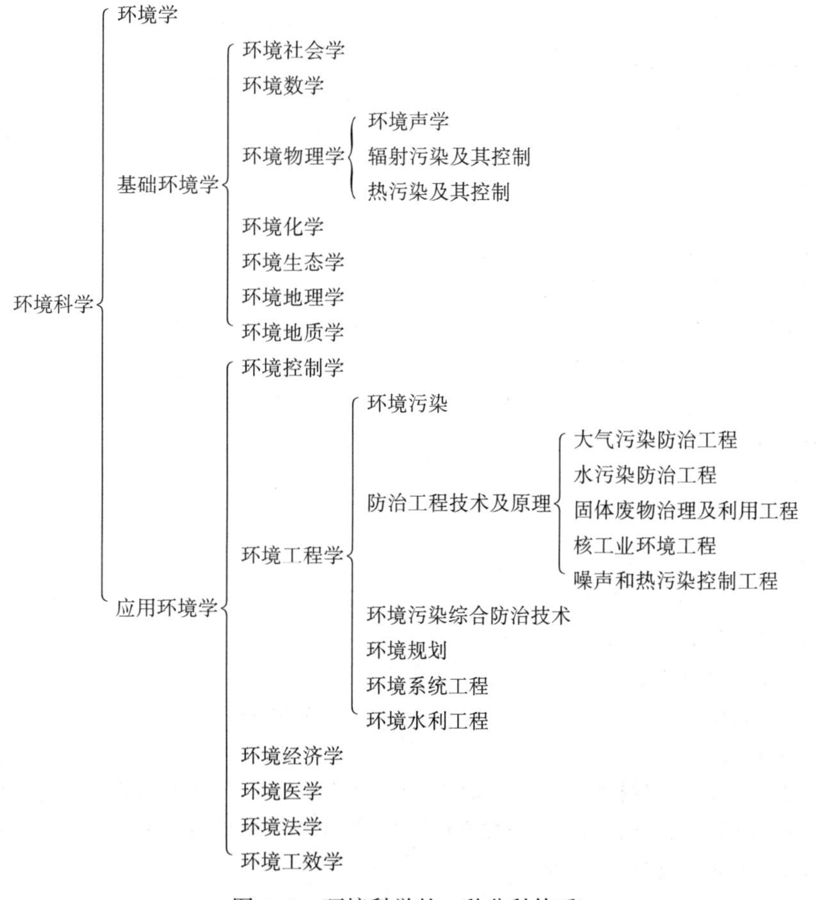


图 1-9 环境科学的一种分科体系

## 复习思考题

1-1 按照环境要素不同，可把环境分为________环境和________环境两大类。

1-2 下列对于环境的功能叙述不正确的是______。

A. 整体性和区域性　　B. 变动性和稳定性

C. 资源性和价值性　　D. 长期性和协调性

1-3 环境问题的本质是______。

A. 环境伦理观问题　　B. 发展问题

C. 生态破坏问题　　D. 环境污染问题

1-4 关于环境和环境问题的叙述，正确的是______。

A. 发达国家的环境问题比发展中国家严重

B. 水土流失和酸雨危害在许多国家都存在，是全球性的环境问题

C. 天然水体具有一定的自净能力，湖泊水量大故自净能力强

D. 水体富营养化的主要污染物质是含有氮、磷的化合物

1-5 下列不属于全球环境问题的是______。

A. 全球气候变暖　　B. 人口迅速增加

C. 生物多样性锐减　　D. 臭氧层的损耗与破坏

1-6 大气中 $CO_2$ 浓度增加的主要原因是______。

A. 矿物燃料的大量使用　　B. 太阳黑子增多

C. 温带森林破坏严重　　D. 地球温度升高，海水中 $CO_2$ 溢出

1-7 全球变暖引起的后果有______。

A. 蒸发强烈，海平面下降　　B. 陆地面积增加

C. 中纬度地区更加湿润，粮食产量增加　　D. 高温、干旱天气导致大火出现

1-8 观测表明，近百年来全球海平面上升了10~20cm，其主要原因是______。

A. 全球年降水量不断增加　　B. 厄尔尼诺现象的结果

C. 地壳下降运动　　D. 二氧化碳的温室效应

1-9 2004年，“联合国亚洲及太平洋经济社会委员会”在上海召开了太平洋发展中岛国特别机构会议，参加会议的岛国目前面临最大的环境问题是______。

A. 火山地震　　B. 大气污染

C. 水体污染　　D. 海平面上升

1-10 下列地理现象中，可能影响全球环境的是______。

A. 黄土高原水土流失　　B. 东太平洋赤道附近表层海水温度异常

C. 中南半岛湄公河水质污染　　D. 华北平原土壤次生盐渍化

1-11 全球气候变化会对粮食生产产生较大影响，其主要原因是______。

A. 作物的产量均大幅下降　　B. 旱涝灾害增多

C. 某些物种灭绝　　D. 土壤肥力下降

材料：近些年来由于环保措施得到有效的执行，南极洲上空的臭氧空洞正在不断缩小，预计到2050年之前，这个“臭名昭著”的巨大空洞就可以完全被“填补”上了。据此材料，回答1-12题和1-13题。

1-12 有关臭氧层破坏的说法正确的是______。

A. 人类使用电冰箱、空调释放大量的硫氧化物和氮氧化物所致

B. 臭氧主要分布在近地面的对流层，容易被人类活动所破坏

C. 臭氧层空洞的出现，使世界各地区降水和干湿状况将发生变化

D. 保护臭氧层的主要措施是逐步淘汰破坏臭氧层物质的排放

1-13 “南极臭氧空洞不断缩小”这一现象说明______。

A. 大气对人类排放的有害气体的自净能力增强

B. 人类已经不必关心臭氧空洞等环境问题

C. 环境与发展问题得到国际社会的普遍关注

D. 50 年后，全求变暖等大气环境问题都将得到解决

1-14 破坏臭氧层的主要污染源是______。

A. 工厂、家用炉灶燃烧矿物能源　　B. 汽车尾气

C. 有色金属冶炼工业排放废气　　D. 工业、家庭广泛使用冰柜和冰箱

1-15 形成酸雨危害的主要污染物之一是______。

A. 二氧化碳　　B. 二氧化硅　　C. 氮氧化物　　D. 氟氯烃

1-16 下面各项措施中，能有效防治酸雨的是______。

A. 禁止排放氟氯烃，研制新的制冷系统　　B. 植树造林，扩大森林覆盖率

C. 减少硫氧化物和氮氧化物的排放　　D. 发展煤炭生产

1-17 日本派专家帮助中国防治酸雨，韩国公民自发组织到北京西郊植树，这说明了：______。

①环境问题可能会影响到周边国家和地区

②污染物质具有残留性

③发达国家将污染工业转移到发展中国家

④解决环境问题需要国际协作

A. ①②　　B. ②③

C. ③④　　D. ①④

1-18 有关水资源危机的叙述，不正确的是______。

A. 水资源污染　　B. 全球降水量减少

C. 可利用的水资源总量减少　　D. 水资源时空分布不均

1-19 目前人类比较容易利用的淡水资源是______。

A. 河水，浅层地下水，深层地下水　　B. 河水，冰川水，浅层地下水

C. 河水，浅层地下水，淡水湖泊水　　D. 冰川水，浅层地下水，淡水湖泊水

1-20 酸雨及臭氧减少造成危害的共同点是______。

A. 都不危害人体健康　　B. 都会使土壤酸化

C. 都会对植被造成危害　　D. 对建筑物都有腐蚀作用

1-21 下列叙述，正确的是______。

A. 全球变暖，会使降水增加，农作物增产

B. 保护大气环境，需要独自努力

C. 保护热带森林，是减少 $CO_2$ 含量的有效措施

D. 我国远离南极，可不参与臭氧层保护

1-22 环境科学的主要任务不包括______。

A. 探索全球范围内环境系统演化的规律　　B. 揭示人类活动同自然环境之间的关系

C. 探索环境变化对人类生存的影响　　D. 研究人在环境中的作用

1-23 试述当前世界关注的全球环境问题及其成因和危害。

# 2 生态系统与生态破坏

## 2.1 生 态 系 统

### 2.1.1 生态系统的定义和特征

2.1.1.1 生态系统的定义

生态系统是指一定空间范围内，生物群落与其所处的环境所形成的相互作用的统一体，是生态学的基本功能单位。

在生态系统中，各生物彼此之间以及生物与非生物的环境因素之间相互作用、关系密切，而且不断进行着物质循环和能量流动。如果把地球上所有生物和周围环境条件看作一个整体，那么这个整体被称为生物圈。目前，人类所生活的生物圈内有无数大小不同的生态系统。

根据生态系统的定义，一个生态系统在空间边界上是模糊的，其空间范围在很大程度上是由人们所研究的对象、内容、目的或地理条件等地理因素确定的，它可以被划分为若干个子系统，也可以和周围的其他系统组成一个更大的系统。从结构和功能完整性角度看，它既可以是一滴含有藻类的水、一条小沟、一个池塘、一块草地、一片森林，也可以是整个生物圈。小的生态系统联合成大的生态系统，简单的生态系统组合成复杂的生态系统，而最大、最复杂的生态系统就是生物圈。

除了上述自然生态系统外，还存在许多由人类的活动产生的生态系统，即人工生态系统，它包括城市、农田、果园等生态系统。人工生态系统还包括一些特殊的微系统，如宇宙飞船和用于生态学试验的美国“生物圈一号”等各种封闭系统。

2.1.1.2 生态系统的特征

任何生态系统，包括自然生态系统和人工生态系统，都具有下列共同特征。

(1) 生态系统是生态学上的一个主要结构和功能单位，属于生态学研究的最高层次。

(2) 生态系统具有能量流动、物质循环和信息传递三大功能。生态系统内能量的流动通常是单向的，不可逆转的；物质的流动是循环式的；信息传递包括物理信息、化学信息、营养信息和行为信息，构成一个复杂的信息网。

(3) 生态系统内部具有自我调节能力。生态系统受到外力的胁迫或破坏，在一定范围内可以自行调节和恢复。只有在外界条件变化过大或系统内部结构严重破损时，生态系统的自我调节功能才会下降或丧失，造成生态平衡破坏。系统内物种数越多，结构越复杂，则自我调节能力越强。

(4) 生态系统营养级的数目因生产者固定能值所限及能流过程中能量的损失，一般不超过5~6个。

（5）生态系统是一种动态系统。任何生态系统都有其发生和发展的过程，会经历一个从简单到复杂、从不成熟到成熟的发展过程。

### 2.1.2 生态系统的组成

生态系统的组成成分是指系统内所包括的若干类相互联系的各种要素。地球上的一切物质都可能是生态系统的组成部分。地球上生态系统类型多种多样，各自的组成成分也存在差异。然而，从总体来看，任何生态系统都是由两大部分、4个基本成分组成（图2-1）。两大部分是生物（或生命系统）和非生物环境（或环境系统、生命支持系统）。4个基本成分是非生物环境、生产者、消费者、分解者。作为一个生态系统，非生物环境和生物缺一不可。若没有非生物环境，生物就没有生存的场所和空间，也得不到物质和能量，难以生存与发展；相反，仅有非生物环境而没有生物成分也不是生态系统。

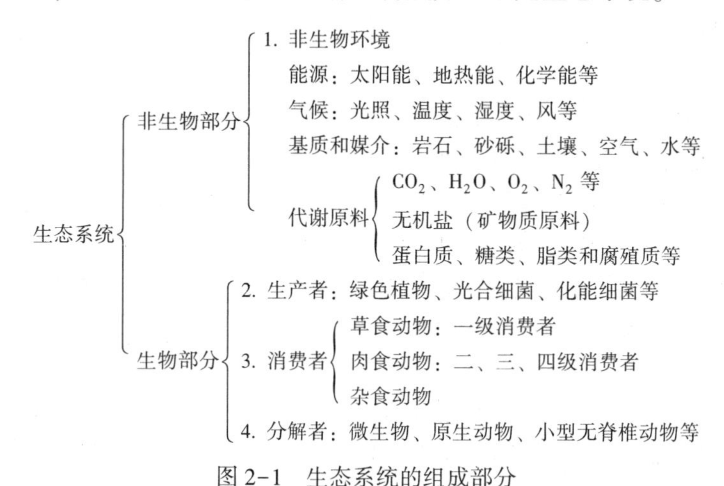


图2-1 生态系统的组成部分

#### 2.1.2.1 非生物环境

非生物环境是生态系统中生物赖以生存的物质、能量及其活动的场所，是除了生物以外的所有环境要素的总和。包括维持整个生态系统运转的能源和热量等气候因子，生物生长的基质和媒介，生物生长代谢的材料。

（1）驱动整个生态系统运转的能源主要是太阳能，太阳能是所有生态系统运转直至整个地球气候系统变化的最重要的能源，为生物生长发育提供必需的热量，此外，还有地热能和化学能等其他形式的能量。气候因子还包括风、温度、湿度等。

（2）生物生长的基质和媒介包括岩石、砂砾、土壤、空气和水等，构成了生物生长和活动的空间。

（3）生物生长代谢的材料包括 $CO_2$、$O_2$、无机盐和水等参加物质循环的无机元素和化合物、联系生物和非生物成分的有机物质（如蛋白质、糖类、脂类和腐殖质等，主要来源于生物残体、排泄物及植物根系分泌物），为生物生存提供了必要的能量和物质条件。

#### 2.1.2.2 生物成分

生态系统的生物成分是指生态系统中的动物、植物、微生物等，按照生物在生态系统中对物质循环和能量转化所起的作用，以及它们获得营养方式的不同，可以分为生产者、消费者和分解者。

A 生产者

生产者是自养型生物，主要是指绿色植物，包括一切能进行光合作用的高等植物、藻类和地衣等。它们可通过光合作用固定太阳能，把从环境摄取的水、$CO_2$等无机物质转化为糖类、脂肪和蛋白质等有机物质，并将吸收的太阳能转化为生物化学能，储存在有机物中。还有能利用太阳能或化学能把无机物转化为有机物的微生物，以及一些能利用化学能将无机物转化为有机物的细菌，如硝化细菌等，虽然它们合成的有机物量不大，但对物质的自然循环具有重要意义。生产者不仅为自身的生存、生长和繁殖提供营养物质和能量，其制造的有机物质也是消费者和分解者唯一的能量来源。生态系统中的消费者和分解者是直接或间接依赖生产者为生的，没有生产者就不会有消费者和分解者。这种首次将能量和物质输入生态系统的同化过程称为初级生产，这类以简单无机物为原料制造有机物的自养者被称为初级生产者，其在生态系统的构成中起主导作用，直接影响生态系统的存在和发展。所有自我维持的生态系统都必须具有从事生产的生物，其中最重要的就是绿色植物。

B 消费者

消费者是指不能用无机物制造有机物的生物，它们直接或间接利用生产者制造的有机物质作为食物和能量来源，属于异养生物，主要是动物，也包括某些寄生的菌类和病毒等，在生态系统中它不仅可以起到传递物质和能量的作用，而且还可以进行物质再生产。根据食性的不同，可分为植食动物、肉食动物、杂食动物。

（1）植食动物：又称为草食动物，是直接以植物为食的动物。植食动物是初级消费者（或一级消费者），例如，反刍动物中的牛、羊、骆驼，啮齿类中的田鼠，昆虫类中的菜青虫、蝉等。

（2）肉食动物：是以植食动物或其他动物为食的动物。例如，池塘中某些以浮游动物为食的鱼类，在草地上以植食动物为食的捕食性鸟兽等。以植食动物为食的肉食动物，称为二级消费者或次级消费者。以一级肉食动物为食的肉食动物，称为三级消费者。有的系统还有四级、五级消费者。

（3）杂食动物：既吃植物又吃动物。例如，有些鱼类，它们既吃水藻、水草，也吃水生无脊椎动物；有些动物的食性随着季节和年龄而变化，麻雀在秋季和冬季以吃植物为主，但到了夏季生殖季节以吃昆虫为主。

C 分解者

分解者又称为还原者，主要为细菌、真菌、放线菌等微生物，也包括某些原生动物和腐食动物，如蚯蚓、白蚁和一些软体动物，也属于异养生物。分解者以动植物的残体和排泄物中的有机物质为维持生命活动的食物和能量来源，把复杂的有机物分解为简单的无机物释放到环境中，供生产者重新吸收利用。它们在生态系统的物质循环和能量流动中，具有重要的意义，是生态系统中不可缺少的组成成分。大约90%的初级生产量都必须经过分解者的分解作用归还大地，再经过传递作用输送给绿色植物进行光合作用。如果生态系统中没有分解者，动植物尸体和残遗有机物将会堆积成灾，物质不能循环，生态系统中的各种营养物质会发生短缺并导致整个生态系统瓦解和崩溃。分解作用不是一类生物所能完成的，往往有一系列的复杂过程，各个阶段由不同的生物完成。

分解者的分解作用可分为以下3个阶段。

（1）物理的或生物的作用阶段，分解者把动植物残体分解成颗粒状的碎屑。

(2) 腐生生物的作用阶段，分解者将碎屑再分解成腐殖酸或其他可溶性的有机酸。

(3) 腐殖酸的矿化作用阶段。

从广义角度来讲，参与这三阶段的各种生物都应属于分解者。例如，池塘中的分解者有两类，一类是细菌和真菌，另一类是蟹、软体动物等无脊椎动物；草地中也有生活在枯枝落叶和土壤上层的细菌和真菌，还有蚯蚓、螨等无脊椎动物，它们也进行分解作用。

由于自然生态系统纷繁复杂，生态系统中生物成员的划分也不是绝对的，有时甚至难以区分，植物也可以吃动物，例如，捕蝇草专吃昆虫，有些鞭毛虫既是自养生物又是异养生物。

### 2.1.3 生态系统的结构

生态系统中，生物群落处于核心地位，代表系统的生产能力、物质和能量流动强度以及外貌景观等，非生物环境既是生命活动的空间条件和资源，也是生物与环境相互作用的结果，它们形成了一个统一的整体。

构成生态系统的各组成部分只有通过一定的方式组成一个完整的、可以实现一定功能的系统时，才能称为完整的生态系统。生态系统的结构包括形态结构和营养结构。

#### 2.1.3.1 形态结构

生态系统中生物的种类、数量及其空间配置（水平分布、垂直分布）的时间变化（发育、季相）以及地形、地貌等环境因素，构成了生态系统的形态结构。其中，群落中植物的种类、数量及其空间位置是生态系统的骨架，是各个生态系统形态结构的主要标志。形态结构的一种表现是空间变化，例如，一个森林生态系统，其中植物、动物和微生物的种类与数量基本上是稳定的，而它们在空间上具有明显的分层现象，呈现明显的垂直分布。在地上部分，自上而下有乔木、灌木、草本植物和苔藓地衣；在地下部分，有浅根系、深根系及根际微生物。动物亦是如此，鸟类在树上营巢，动物在地面筑窝，鼠类在地下掘洞。在水平分布上，林缘、林内植物和动物的分布也会呈现明显的不同。

形态结构的另一种表现是时间变化。同一个生态系统，在不同的时期或不同季节存在着有规律的时间变化。例如，长白山森林生态系统，冬季满山白雪覆盖；春季冰雪融化，绿草如茵；夏季鲜花遍野，五彩缤纷；秋季果实累累，气象万千。不仅在不同季节有不同的季相变化，就是昼夜之间，其形态结构也会表现出明显差异。

#### 2.1.3.2 营养结构

生态系统的营养结构是指生态系统中的无机环境与生物群落之间，生产者、消费者与分解者之间建立起来的营养关系，它是生态系统中物质循环和能量流动的基础。在一个生态系统中，一种生物以另一种生物为食，而另一种生物又以第三种生物为食……，这些生物彼此间通过食物联系起来的关系称为食物链（食物链的每一个营养链节称为一个营养级）。在生态系统中，食物关系往往很复杂，各种食物链有时相互交错，形成食物网。生态系统中各种组成成分之间的营养联系是通过食物链和食物网来实现的。

A 食物链

被生产者固定的能量和物质，通过一系列取食和被食的关系在生态系统中传递的，生物之间（包括植物、动物和微生物）因取食与被食的关系连接起来的一环套一环的链状营养关系称为食物链。生态系统中，各生物有机体之间存在的营养关系的实质就是食物关系。食物链是生态系统内生物之间相互关联的一种主要形式，是能量流动和物质循环的主要路径，是生态系统营养结构的基本单元。食物链把生物与非生物、生产者与消费者、消费者与消费者连成一个整体，即系统中的物质和能量从植物开始，一级一级地转移到大型食肉动物。如在稻田生态系统中，稻飞虱吃水稻，青蛙吃稻飞虱，蛇吃青蛙，老鹰吃蛇，构成了“水稻→稻飞虱→青蛙→蛇→老鹰”的食物链。

根据能流发端、生物成员取食方式及食性的不同，可将生态系统中的食物链分为以下几种类型：

（1）捕食食物链，又称为草牧食物链或生食食物链。这种食物链从植物开始，到植食动物，再到肉食动物，以活有机体为营养，生物间关系为捕食关系。例如：

牧草→蝗虫→百灵→沙狐

浮游植物→浮游动物→小鱼→大鱼

食物链上的成员呈现自小到大，从弱到强的趋势。

（2）腐食食物链，也称为残渣食物链、碎屑食物链或分解链。这种食物链从动植物尸体及其排泄物开始，到微生物、原生动物或腐食动物，再到吃这些动物的捕食者，生物间关系为捕食关系。例如：

动植物残体→蚯蚓→线虫→节肢动物

粪便→蚯蚓→鸡→蛇

（3）寄生食物链，以活的动植物开始，生物间关系为寄生关系。例如：

绿色植物→菟丝子

马→马蛔虫→马蛔虫原生动物

寄生食物链往往是由较大生物开始再到较小生物，个体数量也有由少到多的趋势。

以上三种类型中，前两种是最基本的，也是作用最显著的。此外，世界上还有约500种能捕食动物的植物，如瓶子草、猪笼草、捕蝇草等。它们能捕食小甲虫、蛾、蜂，甚至青蛙等。被诱捕的动物被植物分泌物分解，产生氨基酸供植物吸收，这是一种特殊的食物链。

生态系统的食物链不是固定不变的，它不仅在进化历史上发生改变，在短时间内也会因动物食性的变化而改变。只有在生物群落组成中成为核心的、数量上占优势的生物种类所组成的食物链才是相对稳定的。

B 食物网

在一个生态系统中，常常有许多条食物链，这些食物链并不是相互孤立存在的。一种消费者常常不只吃一种食物，而同一种食物又常常被不同消费者食用。例如，食虫鸟不仅捕食瓢虫，还捕食蝶、蛾等多种无脊椎动物，而食虫鸟本身既可以被鹰隼捕食，又是猫头鹰的捕食对象，其卵常常成为鼠类或其他动物的食物。因此，在生态系统中，各种生物之间通过取食关系存在错综复杂的联系，这就使得多条食物链彼此相互交结、相互联系，形成一个网状结构，称为食物网（图2-2）。

生态系统中各生物成分间通过食物网发生直接或间接的联系，从而保持着生态系统结构和功能的相对稳定性。生态系统内部营养结构不是固定不变的，而是不断发生着变化的。食物网中某一条食物链发生了障碍，可以通过其他的食物链来进行调整和补偿。例如，若草原上的野鼠因为流行鼠疫而大量死亡，原本以捕鼠为食的猫头鹰并不会因鼠类减

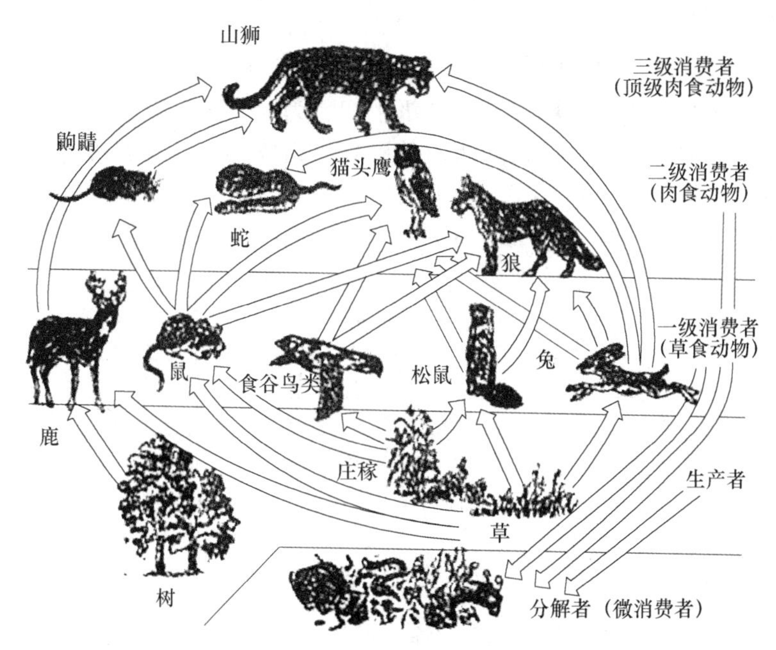


图 2-2　一个陆地生态系统的部分食物网

少而发生食物危机，原因是鼠类的减少会使草类大量繁殖，给野兔生长繁育提供良好的环境，野兔数量增多，猫头鹰就开始以捕食野兔为生。因此，一般生态系统中的食物网越复杂，生态系统抵抗外力干扰的能力就越强，其中一种生物的消失不致引起整个系统的失调；生态系统的食物网越简单，生态系统就越容易发生波动和毁灭，尤其是在生态系统功能上起关键作用的物种一旦消失或严重受损，就可能引起整个系统的剧烈波动甚至毁灭。也就是说，一个复杂的食物网是使生态系统保持稳定的重要条件。

在一个具有复杂食物网的生态系统中，一般不会因一种生物的消失而引起整个生态系统的失调。但是，任何一种生物的灭绝都会不同程度地使生态系统的稳定性下降。当一个生态系统的食物网非常简单，任何外力（环境的改变）都可能引起生态系统的破坏。

C　营养级

食物链上的每一个环节称为营养级，是指处于食物链某一环节上的所有生物种的总和，是处在某一营养层次上的生物和另一营养层次上的生物的相互关系。例如，所有绿色植物和自养生物均为生产者，处于食物链的第一环节，构成第一营养级；所有以生产者为食的动物属于第二营养级，又称为植食动物营养级；所有以第二营养级动物为食的肉食动物属于第三营养级；往下还有第四营养级（以第三营养级动物为食）和第五营养级（以第四营养级动物为食）等。由于食物关系的复杂性，同一生物可能隶属于不同的营养级。低位营养级是高位营养级的营养和能量的供应者，生态系统中的物质和能量就这样通过营养级向上传递。

简单的食物链只有 2 个营养级，最常见的食物链由 3~4 个营养级组成，一般不会超过 5 个，原因是能量沿着食物链的营养级逐级流动时不断减少。当能量流经 5~6 个营养级后，所剩的能量已经少到不足以再维持下一营养级的生命了。

D 生态金字塔

生态金字塔是反映食物链中营养级之间生物数量、重量及能量比例关系的一个图解模型。根据生态系统营养级的顺序，以初级生产者为底层，一级消费者为第二层，二级消费者为第三层，以此类推，各营养级由低到高排列成图，各营养级的生物数量、重量与能量比例通常是基部宽、顶部尖，类似金字塔形状，所以形象地称为生态金字塔，也称为生态锥体。生态金字塔有数量金字塔、生物量金字塔和能量金字塔三种基本类型(图 2-3)。

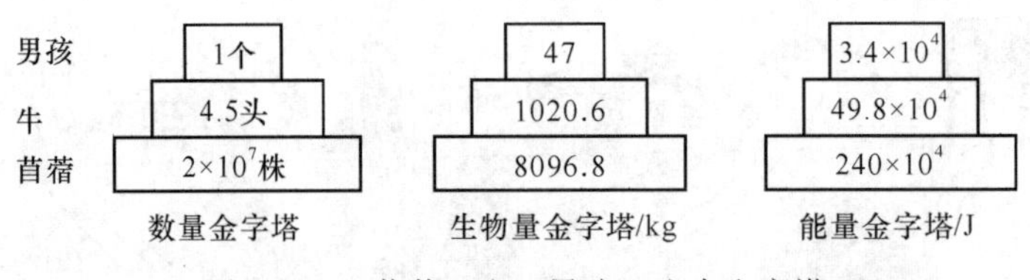


图 2-3 “苜蓿→牛→男孩” 生态金字塔

a 数量金字塔

数量金字塔是以某一时刻生态系统中各个营养级生物的个体数量来表示的金字塔，可用个数/$m^2$ 表示。能量沿营养级顺序向上逐渐递减，有机体数量沿营养级顺序也呈向上减少的趋势。例如，一块草地上可能有百万株草，数十万个蚱蜢、蚜虫，数千个肉食动物蜘蛛，而只有数只鹰。但是数量金字塔忽视了生物量的因素，从而有两点不足。一是有时植食动物比生产者数量多，例如，森林中昆虫的数量常常大于树木数量；二是个体大小有很大差别。同是植食动物，一只大象和一只老鼠相差许多倍，故而，用数量金字塔来说明问题具有局限性，不能正确地表达实际情况，并有可能出现“倒金字塔”现象。

b 生物量金字塔

生物量金字塔是以某一时刻生态系统中各营养级生物的质量来表示的金字塔，可用 kg/$m^2$ 表示。生物量指生物所含的有机物，常用生物干重表示。这种描述方法克服了数量金字塔中因个体大小的差异造成的塔形颠倒现象。但是，当下一营养级比上一营养级的生物个体小、寿命短、代谢旺盛时，则会出现下一营养级的生物量少于上一营养级的生物量，生态金字塔仍然会出现颠倒现象。例如，1959 年 E. P. Odum 所作的海洋生态金字塔，由于生产者层次的生物个体较小，故它们快速的代谢率和较高的周转率达到了较大的输出，但生物量却较少，因而出现了生物量金字塔颠倒。

c 能量金字塔

能量金字塔，以一段时间内生态系统中各营养级生物所固定的能量来表示的金字塔，可用 kJ/($m^2$·d) 或 kJ/($m^2$·a) 表示。这种金字塔较直观地表明了营养级之间的依赖关系，比前两种金字塔具有更重要的意义。因为它不受个体大小、组成成分和代谢速度的影响，因此可以较准确地说明能量传递的效率和系统的功能特点。

从 6 种初级消费者种群密度、生物量和能量可以看出（表 2-1)，处在同一营养级上的消费者的密度相差 15 个数量级，生物量相差 5 个数量级，能量相差 1 个数量级。故从能量角度可更好地说明这 6 个种群生活在同一个营养级，而从种群密度和生物量的角度则很难说明这一点。

表 2-1 6 种初级消费者种群密度、生物量和能量

| 初级消费者 | 种群密度/个 · $m^{-2}$ | 生物量/g · $m^{-2}$ | 能量/J · $(m^2 \cdot d)^{-1}$ |
| --- | --- | --- | --- |
| 土壤细菌 | $10^{12}$ | 0.001 | $4.18\times10^3$ |
| 海洋桡足类 | $10^5$ | 2.1 | $10.46\times10^3$ |
| 潮间带蜗牛 | 200 | 10.0 | $4.18\times10^3$ |
| 盐沼地蚱蜢 | 10 | 1.0 | $1.67\times10^3$ |
| 草甸田鼠 | $10^{-2}$ | 0.6 | $2.93\times10^3$ |
| 鹿 | $10^{-3}$ | 1.1 | $2.09\times10^3$ |

研究生态金字塔对提高生态系统每一营养级的转化效率和改善食物链上的营养结构，获得更多生物产品具有指导意义。塔的层次与能量的消耗程度密切相关，层次越高，能量消耗越大，储存的能量越少；塔基越宽，生态系统越稳定，但若塔基过宽，能量转化效率低，能量浪费大。生态金字塔直观地解释了各种生物的多少和比例关系。例如，为什么大型食肉动物（如老虎之类）的数量不可能很多；人类要想以肉类为食，则一定土地面积养活的人数不能太多。若将以谷物为食品改为以植食动物的肉为食品，按植食动物 10%的转化率计算，那么每人所需要的耕地面积就要扩大 10 倍。

### 2.1.4 生态系统的功能

生态系统的基本功能包括生物生产、能量流动、物质循环和信息传递 4 个方面。

#### 2.1.4.1 生物生产

生物生产是生态系统重要的功能之一。生态系统中的生物，不断地吸收环境中的物质能量，转化成新的物质能量形式，从而实现物质和能量的积累，保证生命的延续和增长，这个过程称为生物生产。包括初级生产和次级生产两个过程。

A 初级生产

生态系统中绿色植物通过光合作用吸收和固定太阳能，将无机物合成、转化成复杂的有机物的过程称为初级生产，或称为第一性生产，它是生态系统能量储存的基础阶段。初级生产可以用化学方程式概括为

$$6CO_2+12H_2O \xrightarrow[\text{叶绿素}]{\text{光照}} C_6H_{12}O_6+6O_2+6H_2O$$

式中，$CO_2$ 和 $H_2O$ 为原料；$C_6H_{12}O_6$ 为光合产物，如蔗糖、淀粉和纤维素等。光合作用是自然界最重要的化学反应，也是最复杂的反应。

尽管绿色植物对太阳能的利用率还很低（自然植被低于 0.2%～0.5%，平均只有 0.14%），但被它们聚集的能量仍然是相当可观的，每年地球通过光合作用产生的有机干物质总量约为 $162.1\times10^9$t（其中海洋为 $55.3\times10^9$t），相当于 $2.874\times10^{18}$kJ 能量。

生态学中，将单位时间内、单位面积上的植物通过光合作用合成的有机物质总量称为总初级生产量（*GPP*），常用单位 $J/(m^2 \cdot a)$ 或 $g_{干重}/(m^2 \cdot a)$ 表示。由于植物在其生活过程中本身要消耗一部分能量，余下的才用于形成植物体各组织器官。因此，从总初级生产量中减去植物呼吸消耗的部分（*R*），剩下的这部分生产量才是植物的净初级生产量（*NPP*），即生态系统内其他生物可以利用的有机物的量。总初级生产量与净初级生产量之间的关系可表示为：

$$GPP=NPP+R$$

绿色植物所固定的太阳能或所制造的有机物质的量在不同系统中因其在生长、呼吸消耗和繁殖上的差异而存在差异。因此，不同类型的生态系统的净初级生产量差异很大，陆地生态系统的净初级生产量从热带雨林向温带常绿林、落叶林、北方针叶林以至草原、荒漠依次减少；海洋生态系统由河口向浅海、远洋逐渐减少。

B 次级生产

次级生产是指生态系统初级生产以外的生物有机体的生产，即消费者或分解者利用初级生产所制造的有机物以及储存在其中的能量进行新陈代谢，经过同化作用转化形成自身物质和能量的过程。如牧草被牛羊取食，同化后增加牛羊重量，牛羊产奶、繁殖后代等过程都是次级生产。动物的肉、蛋、奶、体壁、骨骼等都是次级生产的产物。初级生产是自养生物有机体生产和制造有机物的过程，次级生产是异养生物有机体再利用、再加工有机物的过程。显然从理论上讲绿色植物的净初级生产量可全部被异养生物所利用并转化为次级生产量；然而，任何一个生态系统中的净初级生产量总是不能全部转化为次级生产量，而是有很大一部分能量在转化过程中被损耗掉，只有一小部分用于异养生物自身的储存。而这部分能量又会很快通过食物链转移到下一个营养级去，直至损耗殆尽。造成这一情况的原因有很多，如不可食用或因种群密度过低而不易采食；已经摄食的，还有一些不被消化的部分；另外，呼吸代谢也要消耗一大部分能量，次级生产的过程如图 2-4 所示。因此，各级消费者所利用的能量仅仅是被食用者生产量中的一部分，次级生产是以现存的有机物为基础的，初级生产的质和量对次级生产具有直接或间接的影响。在各类生态系统中，次级生产量比初级生产量少得多。海洋生态系统中的植食动物有着高的摄食效率，约相当于陆地动植物利用植物效率的 5 倍。因此，尽管海洋的初级生产量仅为陆地初级生产量的 1/3，但海洋次级生产量总和却比陆地高得多。

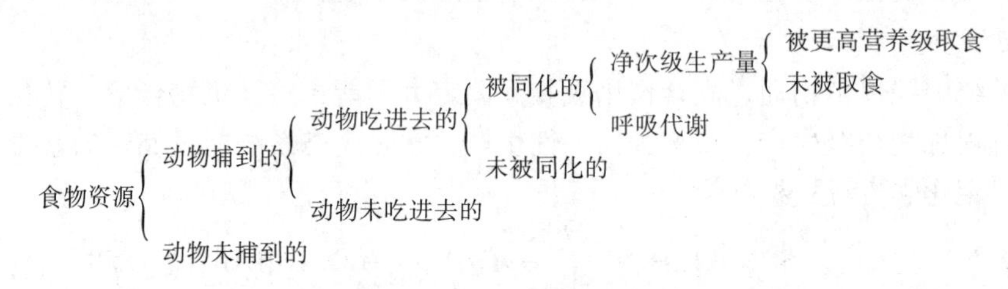


图 2-4 次级生产过程模式

2.1.4.2 能量流动

能量流动是指太阳辐射能由生态系统中的生产者通过光合作用将光能转化为储存在有机物中的化学能，然后通过取食关系沿食物链从一个营养级到另一个营养级逐级利用，先转移给植食动物，再转移给肉食动物，从小肉食动物转移到大肉食动物，最后生产者及各级消费者的残体及代谢物通过分解者的作用，将残体和代谢物中的能量释放于环境之中的能量动态的全过程。能量流动是生态系统的重要功能，在生态系统中，生物与环境、生物与生物间的密切联系，可以通过能量流动来实现，能量流动是一切生命活动的基础。

能量在生态系统内的传递和转化服从热力学第一定律和热力学第二定律。热力学第一定律又称为能量守恒定律，是指在自然发生的所有现象中，能量既不能消失也不能凭空产生，它只能从一个物体传递到另一个物体，或者从一种形式转化为另一种形式，在传递和转化的过程中能量的总和保持不变。所以，进入一个系统的全部能量最终要释放出去或储存在该系统之内。总的能量收支是平衡的，但能量形式可以转化。生态系统也是如此，绿色植物能够吸收太阳的光能，通过光合作用将太阳能转化为化学能输入到生态系统，表现为生态系统对太阳能的固定；萤火虫能够吸收化学能，并把它转变为光能；电鳗则把化学能转变为电能。

热力学第二定律是对能量传递和转化的一个重要概括：在封闭系统中，一切过程都伴随着能量的改变，在能量的传递和转化过程中，除了一部分可以继续传递和做功外，总有一部分不能继续传递和做功，而是以热的形式消散，使系统的熵和无序性增加。对生态系统来说，当能量以食物的形式在生物之间传递时，食物中相当一部分能量转化为热而消散掉，其余则用于合成新的组织而作为潜能储存下来。也就是说，动物在利用食物中的潜能时把大部分能量转化成了热，只把一小部分转化为新的潜能。因此，能量在生物之间每传递一次，就会有一大部分能量转化为热而损失掉，这就是为什么食物链的环节和营养级数一般不会多于 5~6 个以及能量金字塔必定呈尖塔形的热力学解释。

生态系统中能量流动的两个显著特点为单向流动、逐级递减。

（1）生态系统中的能量流动是单方向的沿着食物链营养级由低级向高级流动，且具有不可逆性和非循环性。能量以光能的状态进入生态系统后，就不能再以光的形式存在，而是以化学潜能的形式在生态系统中流动，很大一部分被各个营养级的生物利用，剩下的则通过呼吸作用以热的形式散失，散失到空间的热能不能再回到生态系统中参与流动。

能量的单向流动主要表现在 3 个方面：1）太阳的辐射能以光能的形式进入生态系统，通过光合作用被植物固定之后，就不能再以光能的形式返回；2）自养生物被异养生物摄食后，能量就只能由自养生物流到异养生物体内，不能再返回给自养生物；3）从总的能量流动途径而言，能量是一次性流经生态系统，是不可逆的。

（2）生态系统中能量沿食物链逐渐减少。一般来说，下面营养级中储存的能量仅有大约 10%能够被其上一营养级的生物利用，其余大部分能量用于维持该营养级生物的呼吸代谢活动并转变为热量释放到环境中，这就是生态学上的 10%定律或 1/10 律。即输入到一个营养级的能量不能百分之百地流入下一个营养级，能量在沿食物链流动的过程中逐级减少（图 2-5）。

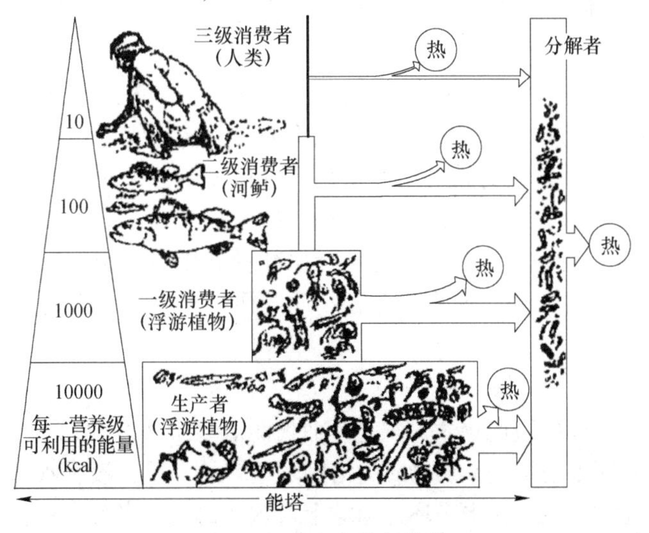


图 2-5 某食物链的能塔

2.1.4.3 物质循环

在生态系统中，生物为了生存不仅需要能量，也需要物质。物质在生态系统中起着双重作用，它既是维持生命活动的物质基础，又是能量的载体。若没有物质，有机体就不能生长发育，生命就会停止；若没有物质，能量就不能沿着食物链进行传递。因此，生态系统中的物质循环和能量流动是紧密联系的，它们是生态系统的两个基本功能。

物质循环是指生命有机体所必需的营养物质在不同层次、不同大小的生态系统内，乃至整个生物圈，沿着特定的途径从环境到生物体，再被其他生物重复利用，最后再回归于环境，又称为生物地球化学循环。物质循环包括生态系统层次的生物小循环和生物圈层次的生物地化大循环。生物小循环是指环境中的元素经生物体吸收，在生态系统中被多层次利用，然后经过分解者的作用，再为生产者吸收利用。生物小循环的时间短、范围小，是开放式的循环。生物地化大循环是指物质或元素经生物体的吸收，从环境进入生物有机体，然后生物有机体以死体、残体或排泄物形式将其返回环境，进入大气、水、岩石、土壤和生物五大自然圈层的循环，完成营养元素在生物之间、生态系统之间，以及大气圈、水圈、岩石圈之间的流动。生物地化大循环的时间长、范围广，是闭合式的循环。生物小循环与生物地化大循环相互联系、相互制约，小循环寓于大循环中，大循环离不开小循环，两者相辅相成，构成整个生物地球化学循环。

生态系统中的物质循环和能量流动是相互依存、相互制约、密不可分的。能量是生态系统中一切过程的驱动力，也是其物质循环前进的驱动力。物质循环是能量流动的载体。能量的生物固定、转化和耗散，亦即生态系统的生产、消费和分解过程同时就是物质由简单形态变为复杂的有机结合形态，再回到简单形态的循环再生过程。

物质循环可分为三种类型，水循环、气体型循环和沉积型循环：

(1) 水循环：生态系统中所有的物质循环都是在水循环的推动下完成的。没有水的循环，就没有物质的循环，也就没有生态系统的功能，生命也将难以维持。

(2) 气体型循环：气体型循环的储存库主要是大气和海洋，气体循环与大气和海洋密切相关，其循环性能完善，具有明显的全球性。气体型循环物质的分子或某些化合物常以气体的形式参与循环过程。属于这一类循环的物质有碳、氮和氧等。气体型循环速度比较快，物质来源充沛。

(3) 沉积型循环：沉积型循环的储存库主要是岩石、沉积物和土壤，沉积型循环物质的分子或化合物主要是通过岩石的风化和沉积物的溶解转变成可供生态系统利用的营养物质，最终又沉积在海底，转化为新的岩石。循环过程缓慢，是非全球性的。属于这一类循环的物质有磷、硫、钠、钾、钙、镁、铁、铜、硅等。

气体型循环和沉积型循环虽然各有特点，但都受能流的驱动，并都依赖于水循环。

生物圈中水、碳、氮、磷以及有毒有害物质的循环对生命活动具有重要意义，下面分别予以介绍。

A 水循环

水是一切生命有机体的组成物质，既是生命代谢活动所必需的物质，又是人类进行生产活动的重要资源，水还是地球上一切物质的溶剂和运转的介质。没有水循环，生态系统就无法运行，生命就会死亡。因此，水循环是地球上最重要的物质循环之一，它不仅可以实现全球水量的转移，而且推动着全球能量交换和物质循环，并为人类提供不断再生的淡水资源。

水循环的主要作用表现在3个方面。(1) 水是所有营养物质的介质，营养物质的循环和水循环不可分割地联系在一起。地球上水的运动把陆地生态系统和水域生态系统连接起来，从而使局部的生态系统与整个生物圈连成一个整体。(2) 水是物质很好的溶剂，在生态系统中起着能量传递和利用的作用。绝大多数物质溶于水，随水发生迁移。(3) 水是地质变化的动因之一，其他物质的循环都是结合水循环进行的，生态系统中矿质元素的流失和沉积都是通过水循环来完成的。

地球表面的各种水体，通过蒸发、水汽运移、降水、地表径流和下渗等水文过程紧密联系、相互转换，构成全球水循环。水在生物圈中的循环运动是靠太阳能和重力推动的。在太阳能的驱动下，海洋和陆地上的水分通过蒸发和植被的蒸腾作用形成水汽进入大气，在大气环流运动作用下，在全球范围内重新分配，然后以雨、雪、雾等形式又重新返回到地球表面，一部分直接进入海洋、湖泊、河流等水域中，一部分落到陆地上，在地表形成径流，流入海洋、湖泊、河流或渗入地下，供植物根系吸收。这样，在水分上升和下降的共同作用下，水分川流不息，形成了水的全球循环。地球上水的循环如图2-6所示。

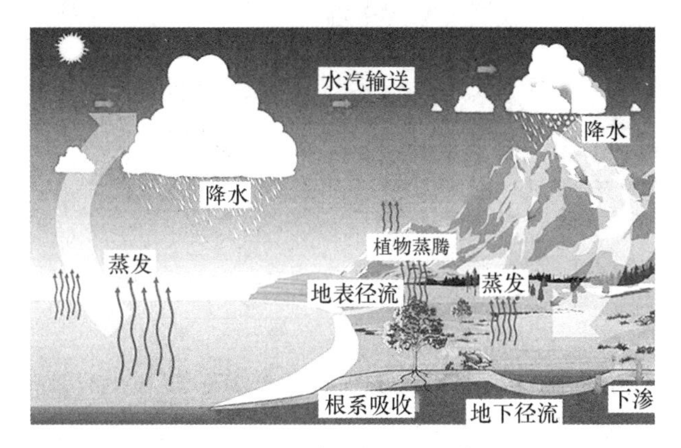


图2-6 地球上水循环示意图

B 碳循环

碳是构成生物体的主要元素，是一切有机物的基本成分，约占生物体干重的49%，是有机化合物的“骨架”，没有碳就没有生命。碳在无机环境与生物群落之间是以$CO_2$的形式进行循环的。地球上绝大多数碳是以碳酸盐的形式存在于岩石圈中，其次是储存在化石燃料石油和煤中。这是地球上两个最大的碳储存库，约占碳总量的99.9%。此外，水圈和大气圈是两个碳交换库，在生物学上有积极作用。在大气圈中，碳以$CO_2$和CO的形式存在，在水圈中碳以多种形式存在。生物所需要的碳主要来自$CO_2$，其存在于大气中或溶解于水中。

生态系统中碳循环的主要形式是伴随着光合作用和能量流动过程进行的。绿色植物通过光合作用，将大气中的$CO_2$固定在有机物（包括合成多糖、脂肪、蛋白质）中，储存在植物体内。植物固定的碳经食物链转入动物及微生物体内；植物、动物和微生物又通过呼吸作用及残体分解释放出$CO_2$，再返回到大气中，被植物重新利用。同样，海洋中的浮游植物将海水中的$CO_2$固定转化为糖类，经海洋食物链转移，最后又通过海洋动植物的呼吸作用及残体分解将$CO_2$释放到环境中。不管是陆地还是海洋中合成的有机物，总有一部分可能以化石有机物质（如煤、石油等化石燃料）形式暂时离开循环。经人类开采后，通过燃烧放出 $CO_2$ 重新回到大气中，再被绿色植物重新吸收，又开始新的循环。岩石圈中的碳，通过岩石风化、溶解作用和火山喷发等重返大气圈。碳的循环如图 2-7 所示。

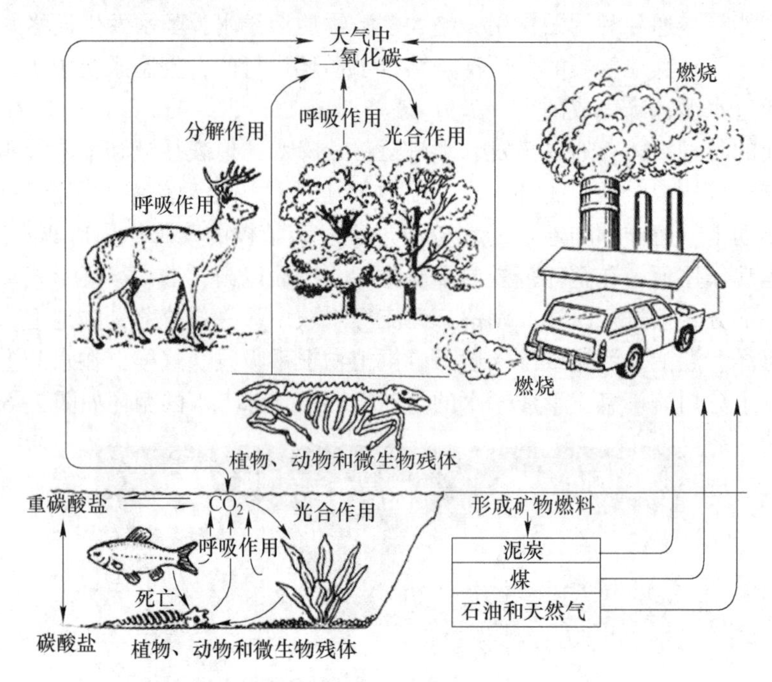

图 2-7 碳循环示意图

在生态系统中，碳循环的速度是很快的，最快几分钟或几小时就能够返回大气，一般多为几周或几个月。一般来说，大气中 $CO_2$ 的浓度基本上是恒定的，但是近百年来，人类活动对碳循环产生了一定的影响，一方面大量砍伐树木，另一方面大量燃烧化石燃料，使得大气中 $CO_2$ 的浓度不断增加，对世界气候产生影响，对人类造成危害。

C 氮循环

氮是形成蛋白质、氨基酸和核酸的主要成分，是构成一切生命体的重要元素之一。氮存在于生物体、大气和矿物质中。氮的主要储存库是大气。大气中含量丰富的氮绝大部分不能被生物直接利用。大气中的氮进入生物有机体主要是通过固氮作用，主要途径有：（1）生物固氮，即根瘤菌和固氮蓝藻等固氮生物可以固定大气中的氮气，使氮进入有机体；（2）工业固氮，通过工业手段将大气中的氮气合成氨或铵盐，供植物利用；（3）岩浆固氮（火山活动）、大气固氮（闪电、宇宙线作用）都可以使氮转化为植物可利用的形态。其中，只有生物固氮能使大气中的氮直接进入生物有机体，其他途径则以氮肥的形式或随雨水间接地进入生物有机体。

土壤中的氨经硝化细菌的硝化作用转变为亚硝酸盐或硝酸盐，被植物吸收后合成蛋白质、核酸等有机氮化合物，动物直接或间接以植物为食，从中摄取蛋白质作为自己的氮来源。动植物在新陈代谢过程中将一部分蛋白质分解，以尿素、尿酸、氨的形式排入土壤；动植物死亡后体内的有机态氮经土壤微生物的分解作用转化为无机态氮，形成硝酸盐重新被植物所利用，继续参与循环，也可经反硝化细菌的反硝化作用形成氮气，返回到大气中。这样氮又从生命系统中回到无机环境中去。

硝酸盐的另一循环途径是在土壤中淋溶，然后经过河流、湖泊，最后到达海洋，并在海洋中沉积。在向海洋的迁移过程中，氮还会参与生物循环，或部分发生沉积，暂时离开循环。这部分氮可通过火山喷发等重新释放到大气中。氮的循环如图 2-8 所示。

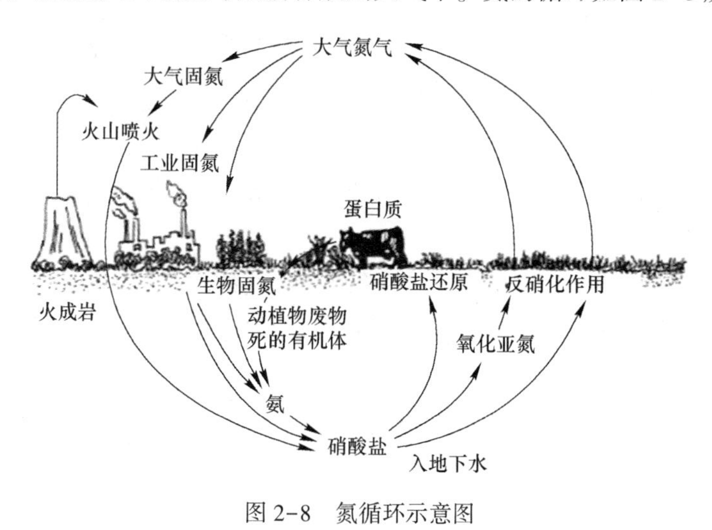


图 2-8 氮循环示意图

D 磷循环

磷是生物有机体不可缺少的重要元素，主要以磷酸盐（$PO_4^{3-}$ 和 $HPO_4^{2-}$）的形式存在。磷是携带遗传信息核酸的组成元素，是动物骨骼、牙齿和贝壳的重要成分，也是细胞代谢中高能中间产物三磷酸腺苷（ATP）和辅酶的成分。

磷主要有岩石态和溶盐态两种存在形态。磷循环始于岩石的风化，终于水中的沉积，是典型的沉积型循环。岩石和沉积物中的磷酸盐通过风化、侵蚀和人工开采进入水或土壤，成为可溶性磷酸盐（$PO_4^{3-}$）。植物吸收可溶性磷酸盐，合成自身原生质，然后通过动物在生态系统中循环，再经动物排泄物和动植物残体的分解又重新回到环境中，再被植物吸收。溶解的磷酸盐也可随着水流进入江河、湖泊和海洋，被海洋生物利用，其中一部分磷经海洋食物链中吃鱼的鸟类和人类的捕捞活动带回陆地；而另一部分最终形成磷酸盐沉入海底，除非地质活动或深海水上升将沉淀物带到陆地，否则这些磷将长期沉积下来，离开循环。磷的循环如图 2-9 所示。所以，磷循环是不完全的循环。很多磷进入海底沉积起来，重新返回陆地的磷不足以补偿从岩石中溶解出来的以及从肥料中淋洗出来的磷，使陆地的磷损失越来越大。

E 有毒有害物质循环

有毒有害物质循环是指那些对有机体有毒有害的物质进入生态系统，通过食物链富集或被分解的过程。随着工农业的迅速发展，人类向环境中投入的化学物质与日俱增，这些物质一旦进入生态系统，便立即参与生态系统的物质循环。它们在食物链上进行循环流动，但大多数有毒物质，尤其是人工合成的难降解的大分子有机化合物和不可分解的重金属元素，在生物体内具有富集、浓缩现象，在代谢过程中不但不能被排除，而且被生物同化，长期停留在生物体内，造成有机体中毒、死亡。食物链的富集作用又称为生物放大作

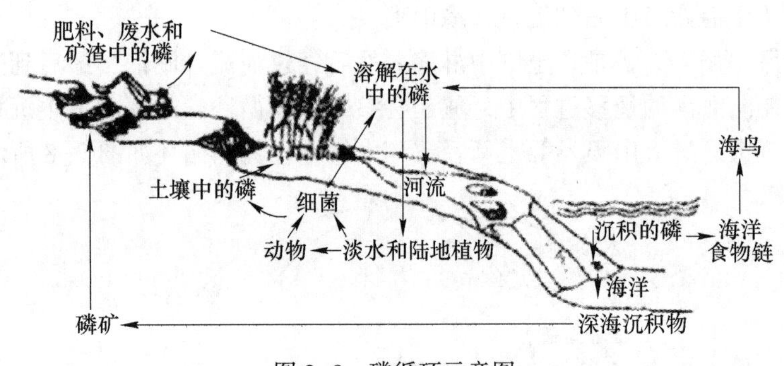


图 2-9　磷循环示意图

用，是指有毒物质沿食物链各营养级传递时在生物体内的残留浓度不断增大，越是上面的营养级生物体内有毒物质的残留浓度越高的现象（图 2-10）。

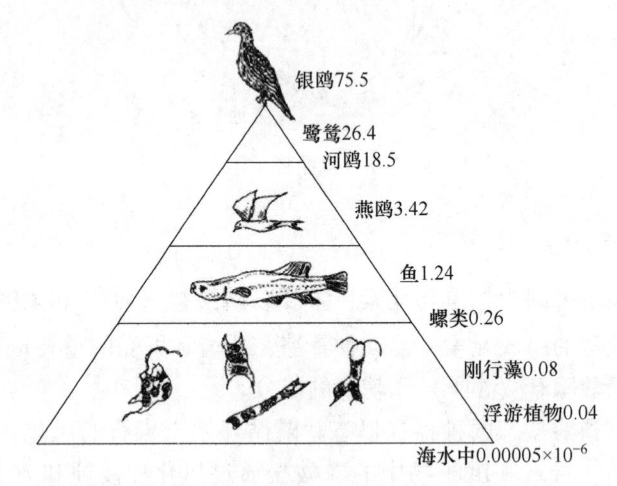


图 2-10　有机氯杀虫剂在生态系统中的富集作用

有毒物质包括无机和有机两大类，有机有毒物质主要有酚类、有机氯农药等；无机有毒物质主要有重金属、氟化物和氰化物等。

有机氯农药在生态系统中的循环过程包括迁移、扩散、降解和生物富集等重要过程。它们进入环境后，发生一系列化学、光化学和生物化学降解作用，使残留量降低。在使用化学农药时，能黏附在作物上的只有约 10%，其余约 90%则通过各种方式扩散出去，或落于土壤或飞散于大气，或溶解、悬浮于水体，流入江河、湖泊，从而在土壤、水体和生物中进行迁移、转化。一些农药进入环境后，其残留化合物的化学性质稳定，脂溶性强，或与酶、蛋白质有较高的亲和力，不易被生物消化与分解而积累在生物体的一定部位，并沿食物链转移逐级积累浓缩。食物链越复杂，逐级积累的浓度就越高。

重金属污染物在环境中不能被微生物降解，但其各种形态之间可发生相互转化，在环境中还会分散和富集。例如，重金属汞通过火山爆发、岩石风化、岩熔等自然运动和开采、冶炼、农药使用等人类活动进入生态系统。大部分汞被固定在土壤中，环境中的可溶性汞含量很低。部分可溶性汞经植物吸收后进入食物链或进入水体，进入食物链的汞经由动物的排泄系统或生物分解返回到非生物环境，参与再循环。进入水体的汞可随水的流动而运动，或沉降于水底并吸附在底泥中。在微生物的作用下，金属汞和二价汞离子等无机汞会转化成甲基汞和二甲基汞，即汞的生物甲基化作用。二甲基汞具有挥发性，易逸散到大气中，分解成甲烷、乙烷和汞，其中元素汞又沉降到土壤或水域中。甲基汞是水溶性的，易被生物吸收而进入食物链，逐渐富集。有机汞易溶于脂类中，被人体吸收，其毒性比无机汞高很多，并且在生物体内不易分解，危害性较大。

#### 2.1.4.4 信息流动

生态系统的功能除了体现在生物生产、能量流动和物质循环外，还表现在系统中各组成部分之间存在着信息传递。信息是调节生态系统中生物之间、生物与环境、环境因子之间的相互联系、相互作用的重要组成成分。信息流支配着能量流动的方向和物质循环过程；同时，信息流又寓于能量和物质的流动之中，以能量流和物质流为载体而起作用。信息流与能量流、物质流相比有其自身的特点，它不像能量流那样是单向的、不可逆的，也不像物质流那样是循环的，而是有来有往、双向运行的，既有从输入到输出的信息传递，又有从输出到输入的信息反馈。正是有了这种信息流，才使一个自然生态系统在一定范围内的自动调节机制得以实现。从生态学的角度看，物质构成了生命有机体的宏观和微观结构；能量维持着生命活动的正常进行；信息则推动着生命从低级到高级、从简单到复杂的演化。

信息传递使生态系统连成统一的整体，并推动物质流动、能量传递。生态系统中传递的信息形式主要有物理信息、化学信息、营养信息与行为信息。

##### A 物理信息及其传递

生态系统中生物通过光、声音、电、磁等物理过程向同类或异类传达的信息构成了物理信息，通过物理信息可表达安全、警告、恫吓、危险、求偶等多方面信息。例如，有些候鸟的迁徙，在夜间是靠天空星座确定方位的，这就是借用了其他恒星所发出的光信息；动物更多的是靠声信息确定食物的位置或者发现敌害；动物对电很敏感，特别是鱼类、两栖类，其皮肤有很强的导电性，鳗鱼、鲤鱼等能按照洋流形成的电流来选择方向和路线，有些鱼还能察觉海浪电信号的变化，预感风暴的来临，及时潜入海底；动物能通过感知电磁场的变化确定自己所处方位和运动方向，这就是信鸽能够千里传书的原因。

##### B 化学信息及其传递

生态系统的各个层次的生物代谢产生的化学物质，尤其是各种腺体分泌的各类激素等，在生物种群或个体之间参与传递信息、协调功能，就构成了化学信息，传递信息的化学物质称为信息素。化学信息是生态系统中信息流的重要组成部分。这些信息或对释放者本身有利，或有益于信号接受者。它们影响着生物生长、健康或物种生物特征。下面举例说明植物之间、植物与动物之间、动物之间的化学信息。

a 植物之间的化学信息

在植物群落中，一种植物通过分泌和排泄某些化学物质而影响另一种植物的生长甚至生存的现象是很普遍的，如风信子、丁香、洋槐花等能分泌芳香物质，抑制相邻植物的生长。但也有一些信息有利于其他植物的生长，如皂角分泌物促进七里香的生长。

b 植物与动物之间的化学信息

不同动物对植物气味有不同的反应，如蜜蜂取食和传粉，除与植物花的香味、花粉和蜜的营养价值紧密相关以外，还与许多花蕊中含有的昆虫的性信息素成分有关。

c 动物之间的化学信息

动物向体外分泌某些携带着特定信息的信息素，通过气流或水流流动，被其他个体嗅到或接触到，立即产生某些行为反应。动物之间的化学信息素主要有：(1) 种群信息素，动物可利用信息素作为种群间、个体间的识别信号，不同动物释放不同气味，群居动物通过群体气味与其他群体相区别，一些动物通过气味识别异性个体；(2) 报警信息素，动物可利用信息素发出警告，某些高等动物以及社会性及群居性昆虫，在遇到危险时会释放出报警信息素，以警告种群内其他个体危险来临；(3) 聚集信息素，动物可利用信息素召唤同伴，小囊虫在发现榆树或松树的寄生植物时会释放聚集信息素，以召唤同类来共同取食；(4) 踪迹信息素，很多动物可在行进中分泌信息素，使种群内其他个体循迹前进；(5) 性信息素，动物可用信息素刺激性成熟或调节生殖率。

C 行为信息及其传递

有些生物可以通过异常表现或特殊的行为方式向同伴或其他生物发出识别、挑战等信息，这种信息传达方式称为行为信息。许多同种动物，不同个体相遇时，时常会表现出有趣的行为。例如，蜜蜂发现蜜源时用舞蹈动作告诉其他蜜蜂去采蜜。

D 营养信息及其传递

通过营养关系，把信息从一个种群传递给另一个种群，或从一个个体传递给另一个个体，即为营养信息。在生态系统中，生物的食物链、食物网就是生物的营养信息系统，各种生物通过营养信息关系构成一个相互依存和相互制约的整体。食物链中的各级生物要求一定的比例关系，即生态金字塔规律，养活一只植食动物需要几倍于它的植物，养活一只肉食动物需要几倍数量的植食动物。前一营养级的生物数量反映出后一营养级的生物数量。在草原牧区，草原的载畜量必须根据牧草的生长量而定，使牲畜数量与牧草产量相适应。如果不顾牧草提供的营养信息，超载过牧，就必定会因牧草饲料不足而使牲畜生长不良和引起草原退化。

### 2.1.5 生态系统的类型

地球表面由于气候、土壤、水文、地貌及动植物区系不同，形成了多种多样的生态系统。根据生态系统的环境性质与形态特征，可将生态系统分为水生生态系统和陆地生态系统。根据其生物组成特点、地理状况、物理环境特点等，水生生态系统又可分为淡水生态系统和海洋生态系统，而淡水生态系统又可分为静水生态系统与流水生态系统；海洋生态系统又可分为海岸生态系统与远洋生态系统等。陆地生态系统类型更是多样，可进一步分为荒漠生态系统、草原生态系统、森林生态系统、稀树干草原生态系统、农业生态系统和城市生态系统等。有的生态系统还兼有水生与陆地生态系统的特性，如岛屿生态系统。

根据生态系统形成的原动力及人类对其影响程度，生态系统分为自然生态系统、半自然生态系统和人工生态系统。凡是未受到人类的影响与干预，依靠系统内生物与环境本身的自我调节能力来维持系统相对平衡与稳定的生态系统称为自然生态系统，如极地、冻原、原始森林等生态系统；而按人类的需求建立起来，受人类活动强烈干预的生态系统称为人工生态系统，如城市生态系统、农田生态系统等；介于两者之间的生态系统为半自然生态系统，如天然放牧的草原、人类经营和管理的天然林等。生物圈主要生态系统划分如图 2-11 所示。

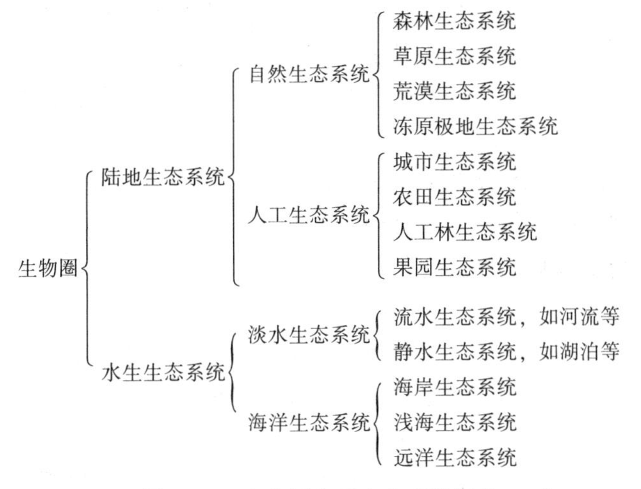


图 2-11　生物圈主要生态系统划分

总之，生物圈是一个巨大而又极其复杂的生态系统，由无数个大小不等的各类生态系统组成。各类生态系统在结构和功能上都有其各自特点，发挥着不同的作用，共同维持着生物圈的正常功能。

## 2.2　生 态 平 衡

生态平衡揭示了生态系统内部的组成关系，以及生态系统遭受外界影响的程度。生态平衡是动态的，维护生态平衡不只是保持其原初稳定状态。生态系统可以在人为有益的影响下建立新的平衡，达到更合理的结构、更高效的功能和更好的生态效益。生态平衡的原理对于我们利用自然、改造自然具有重要作用。

### 2.2.1　生态平衡的概念

#### 2.2.1.1　生态平衡的定义

生态平衡是指在一定时间内生态系统中的生物和环境之间、生物各个种群之间，通过能量流动、物质循环和信息传递，达到高度适应、协调和统一的状态。即当生态系统处于平衡状态时，系统内生物种类组成及数量保持一定的比例关系，能量和物质的输入与输出在较长时间内趋于相等，结构和功能长期处于相对稳定状态，在遇到外来干扰时，能通过自我调节恢复到原初的稳定状态。

生态系统具有负反馈的自我调节机制，所以在通常情况下，生态系统会保持自身的生态平衡。生态平衡是动态的、相对的、发展的，是运动着的平衡状态。原因是生态系统中的能量流动和物质循环总在不间断地进行，生物个体也在不断地进行更新。在自然界中，一个正常运转的生态系统其能量和物质的输入和输出总是自动趋于平衡的，从整体看，生产者、消费者、分解者构成完整的营养结构，动植物的种类和数量保持相对恒定。其实，在生态系统中没有任何组分是持久不变的，人类观测到的情况只是某一时刻或某一段时期生态系统的状态。生态系统的组成成分越多样，能量流动和物质循环的途径越复杂，其调节能力越强；相反，其成分越单纯，结构越简单，其调节能力也越小。在自然条件下，生态系统总是按照一定规律朝着种类多样化、结构复杂化和功能完善化方向发展，直到使生态系统达到成熟的最稳定状态为止。但是，一个生态系统的调节能力再强，生态系统再成熟，也是有一定限度的，一旦超出了这个限度，调节机制便不再起作用，生态平衡就会遭到破坏。

#### 2.2.1.2 生态系统平衡的主要标志

在生态系统朝着生态平衡的发育过程中，其结构和功能等方面发生了一系列的变化。下列指标是生态系统平衡的主要标志。

A 生态能量学指标

幼年期生态系统，其群落的初级生产量（$P$）超过其呼吸消耗量（$R$），能量的储存大于消耗，$P/R$ 比值大于1；发展到成熟期，群落的呼吸消耗增加，$P/R$ 比值接近于1。在生态研究中，$P/R$ 比值常作为判断生态系统发育状况的功能性指标。幼年期和成熟期的生态系统，能流渠道的复杂程度也有差别。幼年期生态系统中食物链大多比较简单，常呈直链状并以捕食食物链为主；成熟期生态系统中食物网络关系复杂，在陆生森林生态系统中，大部分能量通过腐生食物链传递。

B 营养物质循环特征

成熟期生态系统的营养物质循环更趋近于“闭环式”，即系统内部自我循环能力强。

C 生物群落的结构特征

平衡时期的生态系统，生物群落结构多样性增大，包括物种多样性、有机物的多样性和垂直分层导致的小生境多样化等。

D 稳态

平衡时期的生态系统自身调节能力很强。系统内部生物的种内和种间关系复杂，共生关系发达，抵抗干扰能力强，信息量多、熵值低。这是平衡的生态系统在结构和功能上高度发展与协调的结果。

E 选择能力

当生态系统达到平衡时，生态条件比较稳定，不利于高生殖潜力的选择者，相反，却有利于高竞争力的选择者。

#### 2.2.1.3 生态平衡的调节机制

当生态系统达到动态平衡的最稳定状态时，它能够自我调节和维持自己的正常功能，并能在很大程度上克服和消除外来的干扰，保持自身的稳定性。生态系统平衡的调节主要是通过系统的反馈机制、抵抗力和恢复力实现的。

A 反馈机制

生态系统通过反馈机制实现其自我调控以维持相对的稳定。反馈是指通过一定通道，将系统的输出返回到输入端，并以某种方式改变输入，进而影响系统功能的过程。反馈机制的存在使系统变成了可控制系统。要使反馈系统能起到控制作用，系统应具有某个理想的状态或位置点，系统围绕该位置点进行调节。

反馈分为正反馈和负反馈，两者的作用是相反的。对任何系统而言，要使其达到或保持平衡或稳态，只有通过负反馈机制，就是系统的输出变成了决定系统未来功能的输入，其结果是抑制或减弱最初发生变化的那种成分的变化。种群数量调节中，密度制约作用是负反馈机制的体现。负反馈调节作用的意义在于通过自身的功能减缓系统内的压力以维持系统的稳定。例如，某一森林生态系统中食叶昆虫松毛虫数量增多（信号），林木受害。这种信号传递给食虫鸟类灰喜鹊，促使其大量繁殖，捕食松毛虫，使其数量得到控制，使森林生态系统的生态平衡逐渐恢复。

负反馈控制可使生态系统保持稳定，而正反馈可加剧系统偏离。正反馈是指系统中某一成分的变化所引起的其他一系列变化，反过来加速最初发生变化的成分所发生的变化，使生态系统远离平衡状态或稳态。例如，在生物生长过程中个体越来越大，在种群持续增长过程中，种群数量不断上升。正反馈也是有机体生长和存活所必需的。但是，正反馈不能维持稳态，原因是地球和生物圈是一个有限的系统，其空间、资源都是有限的，不可能维持生物的无限制生长。应该考虑用负反馈来管理生物圈及其资源，使其成为能持久为人类谋福利的系统。

B　抵抗力

抵抗力是指生态系统抵抗外界干扰并维持系统结构和功能原状的能力，是维持生态系统平衡的重要途径之一。抵抗力与系统的发育阶段状况有关，发育越成熟，结构越复杂，抵抗外界干扰的能力就越强。例如，我国长白山红松针阔混交林生态系统，生物群落垂直层次明显、结构复杂，系统自身储存了大量的物质和能量，这类生态系统抵抗干旱和虫害的能力要远远超过结构单一的农田生态系统。环境容量、自净作用等是系统抵抗力的表现形式。

C　恢复力

恢复力是指生态系统遭受外界干扰破坏后，系统恢复到原状的能力。如污染水域切断污染源后，生物群落的恢复就是系统恢复力的表现。生态系统恢复能力是由生命成分的基本属性决定的，即由生物顽强的生命力和种群世代延续的基本特征决定的。所以，恢复力强的生态系统，生物的生活世代短、结构比较简单，如杂草生态系统遭受破坏后其恢复速度要比森林生态系统快得多。生物成分（主要是初级生产者层次）生活世代越长、结构越复杂的生态系统，一旦遭到破坏则难以恢复。但就抵抗力的比较而言，两者的情况却完全相反，恢复力越强的生态系统，其抵抗力一般比较低；反之亦然。

生态系统对外界干扰具有调节能力，使之能够保持相对的稳定，但是这种调节能力是有限度的。生态平衡失调就是外界干扰大于生态系统自身调节能力的结果和标志。不使生态系统丧失调节能力或未超过其恢复力的外界干扰及破坏作用的强度称为“生态平衡阈值”。阈值的大小既与生态系统的类型有关，还与外界干扰因素的性质、方式及其作用持续时间等因素密切相关。生态平衡阈值的确定是自然生态系统资源开发利用的重要参量，也是人工生态系统规划与管理的理论依据之一。

### 2.2.2　破坏生态平衡的因素

#### 2.2.2.1　生态系统失衡

生态系统失衡是由于人类不合理地开发和利用自然资源，其干预程度超过生态系统的阈值范围，破坏了原有的生态平衡状态，而对生态环境带来不良影响的一种生态现象。例如，乱砍滥伐或毁林开荒，采伐速度大大超过其再生能力，造成资源衰竭、生态失衡，从而导致气候变劣、水土流失，引起生态系统的报复。

经过上亿年的优胜劣汰、适者生存的斗争，自然界中的动植物群落和非生物的自然条件逐渐达到一种动态平衡，各种因素（相互排斥的生物种和自然条件）通过相互制约、转化补偿、交换等作用达到一个相对稳定的平衡阶段。此时，地球上的生物群落和地理环境等非生物条件相互作用，形成一个生态系统，这个系统能够自动调节达到平衡。然而，外界过多的干预（自然或人为）会使得生态系统自动调节能力降低甚至消失，从而导致生态平衡遭到破坏，甚至造成生态系统崩溃。生态平衡失调可以从结构和功能两个标志上来度量。

A 结构标志

生态平衡失调从结构上讲就是生态系统出现了缺损或变异导致某一级结构不完整。生态系统的结构可分为两级结构水平：一级结构水平是指生态系统4个基本成分中的生物成分，即生产者、消费者、分解者；而把生物的种类组成、种群和群落层次及其变化特征看作二级结构。当外界干扰巨大时，可造成生态系统一个或几个组分缺损而出现一级结构不完整。例如大面积毁林开荒，使原来森林生态系统的主要生产者消失，各级消费者因栖息地的破坏和食物短缺而被迫迁徙或死亡，分解者随水土流失而被冲走，最后导致岩石或母质裸露、沙化或石漠化，森林生态系统崩溃。当外界干扰不严重时，如择伐、轻度污染的水体等，虽然不会引起一级结构的缺损，但可引起二级结构中物种组成比例、种群数量和群落垂直分层结构等的变化，从而引起营养关系的改变或破坏，致使生态系统功能的改变或受阻。如草原过度放牧使高草群落退化为矮草群落。

B 功能标志

生态平衡失调从功能上讲就是能量流动在系统内的某一个营养层次上受阻、物质循环正常途径中断或信息传递受到干扰。能量流动受阻表现为初级生产者生产力下降和能量转化效率降低或“无效能”增加，如水域生态系统中悬浮物的增加，可影响水体藻类的光合作用，使其产量降低。物质循环中断使得生物的连续生产过程中断，使得生态系统中各个组分（植物、动物、大气、土壤和水体等）之间的输入与输出的比例失调，如部分地区长期以秸秆、畜粪作燃料，导致土壤肥力下降，农作物生长不良。某些化学物质导致某些昆虫对性外激素的分辨能力混淆或下降，导致昆虫不育，从而影响到整条食物链的稳定；城市的灯光也使得大量的趋光性昆虫死亡。

2.2.2.2 破坏生态平衡的因素

生态平衡的破坏因素一般分为自然因素与人为因素。

A 自然因素

自然因素主要是指自然界发生的异常变化或自然界本来就存在的对人类和生物的有害因素，如火山喷发、山崩、海啸、水涝灾害、地震、台风以及流行病等，这些因素都可使生态平衡遭到破坏。例如，秘鲁海域每隔6~7年就会发生一次异常的海洋现象，即厄尔尼诺现象，导致一种来自寒流系的鳀鱼大量死亡，鱼类的死亡又使得摄取该鱼类的海鸟失去食物来源而无法生存。海鸟饿死，又引起以鸟粪为肥料的当地农田因缺肥而减产，使秘鲁经济大受影响。近年来，厄尔尼诺现象在世界各地引起的气候异常，使得干旱和洪灾在不同地区相继发生。自然因素可使生态系统在短时间内受到严重破坏甚至毁灭。但这类因素通常是局部的，并具有突发性的特点，出现的频率并不高。

B 人为因素

人为因素泛指由于人类对自然界规律认识不足，为了眼前的利益，对自然资源进行不合理的开发利用以及工农业生产排放大量污染物质，使得生态系统结构与功能发生了很大改变，导致环境问题的发生。例如，人类为追求经济增长，掠夺式地开发土地、森林、矿产、水资源、能源等自然资源，工业“三废”的大量排放等行为，超出了生态系统的自我调节与净化能力，致使生态平衡遭到严重破坏。当前，世界范围内广泛存在的植被破坏(森林破坏、草场退化)、水土流失、土地荒漠化、生物多样性锐减等都是人类不合理利用自然资源引起生态平衡破坏的表现。生态平衡对外界的干扰或影响极为敏感。一般来讲，人为因素引起的生态平衡破坏，主要有下列两种情况。

a 生物种类的改变引起生态平衡的破坏

在人类生产和生活过程中，常常会有意或无意地使生态系统中某一种生物物种消失或引进某一种生物物种，这可能对整个生态系统造成影响。例如，澳大利亚本没有兔子，后来为了生产肉和皮毛以及娱乐，1859 年从欧洲引进野兔。引进后，由于草场肥沃，没有天敌适当限制，兔子在短时间内大量繁殖，以致草皮、树木被啃光，田野一片光秃，土壤无植物保护，受雨水侵蚀，造成生态系统破坏，澳大利亚人“谈兔色变”。虽耗大量人力、物力捕杀，但收效甚微，最后，澳大利亚政府不得不从巴西引进兔子的流行病毒，才控制住了这场危机。另外，19 世纪末俄国西伯利亚地区，因滥猎滥捕鸟类供商业出口羽毛，造成益鸟灭绝，虫害严重，造成了农业灾荒；第二次世界大战后，一支探险队登上南非马里恩岛并无意带入老鼠，老鼠迅速繁殖猖狂一时，为了消灭老鼠，探险队又运来猫，结果猫迅速繁殖，大量捕食岛上鸟类，破坏了马里恩岛的生态平衡，以及南美洲引入的非洲蜂因逃逸后繁殖形成的杀人蜂事件都说明物种的人为改变，会造成区域性的生态系统失衡。

b 污染物的排放引起生态平衡的破坏

随着当代工业生产的迅速发展和农业生产的不断进步，大量污染物排入环境。这些有毒有害的物质造成的危害主要有：(1) 毒害甚至毁灭某些种群，导致食物链断裂，破坏系统内部的物质循环和能量流动，使生态系统的功能减弱以至丧失。(2) 改变生态系统的环境因素，例如，化学、金属冶炼等工业生产排放出大量 $SO_2$、$CO_2$、氮氧化物、碳氢化合物、氧化物以及烟尘等有害物质，造成大气、水体的严重污染；制冷剂排入环境中引起臭氧层变薄；除草剂、杀虫剂和化学肥料的使用导致土质的恶化等。这些环境因素的变化，都有可能改变生产者、消费者和分解者的种类和数量，从而破坏生态系统的平衡。(3) 改变信息系统，信息传递是生态系统的基本功能之一，信息通道堵塞，正常信息传递受阻，就会引起生态系统的改变，破坏生态系统的平衡。许多生物在生存的过程中，都会释放某种信息素，以驱赶天敌，排斥异种，取得直接或间接的联系以繁衍后代等。例如，某些昆虫在交配期，雌性个体会分泌性激素，引诱雄性昆虫与之交配。如果人类排放到环境中的某些污染物与这种性激素发生化学反应，使性激素失去了引诱雄性昆虫的作用，昆虫的繁殖受到影响，则种群数量会下降，甚至消失。总之，只要污染物质破坏了生态系统中的信息系统，就会有因功能变化而引起结构改变的效应产生，从而破坏系统结构和整个生态的平衡。人为因素对生态平衡的影响往往是渐进的、长效应的，破坏程度与作用时间、作用强度紧密相关。

## 2.3 生态学在环境保护中的应用

### 2.3.1 环境生态学概念

环境生态学是环境科学与生态学的交叉学科，是生态学的重要应用学科之一。环境生态学是研究在人为干扰下生态系统内在的变化机理、规律和对人类的反效应，寻求对受损生态系统恢复、重建和保护对策的科学，即运用生态学理论，保护与合理利用自然资源，治理被污染和破坏的生态环境，恢复和重建生态系统，以满足人类生存发展的需求，阐明人与环境间的相互作用及解决环境问题的生态途径。环境生态学既不同于以研究生物与其生存环境之间相互关系为主的经典生态学，也不同于只研究污染物在生态系统中的行为规律和危害的污染生态学，还不同于研究社会生态系统结构、功能、演化机制以及人的个体和组织与周围自然、社会环境相互作用的社会生态学，它是解决环境污染和生态破坏这两类环境问题的学科。

### 2.3.2 环境生态学的研究内容

进入21世纪后，环境生态学的研究内容也在不断丰富，目前环境生态学主要研究内容涉及以下几方面。

#### 2.3.2.1 人为干扰下生态系统的内在变化机理和规律

环境生态学研究的对象是受人类干扰的生态系统。人类对生态系统的干扰主要表现在对环境的污染和生态的破坏上。自然生态系统在受到人为的外界干扰后，将会产生一系列的反应和变化。在这一变化过程中的内在规律，干扰效应在系统内不同组分间的相互作用，产生的生态效应及其对人类的影响，污染物在不同生态系统中的行为变化规律和危害方式等，都是环境生态学研究的主要内容。

#### 2.3.2.2 生态系统受损程度及危害性的判断

准确和量化评价受损后的生态系统在结构和功能上的变化、退化特征，以及这些退化现象的生态学效应和性质、危害性程度。物理、化学、生态学和系统理论是环境质量评价和预测常用的4个最基本的手段，并且这几种方法相结合才可做出科学的评价。生态学判断所需的大量信息来自生态监测。生态监测就是利用生态系统生物群落各组分对干扰效应的应答来分析环境变化的效应、程度和范围，包括人为干扰下生物的生理反应、种群动态和群落演替过程等。

#### 2.3.2.3 生态系统退化的机理及其修复

在人类干扰和其他因素的影响下，大量的生态系统处于不良状态，承载着超负荷的人口和环境压力，表现出脆弱、低效和衰退的特征。因此，应重点研究人类活动造成这些生态系统退化的机理及其恢复途径，人类活动对生态系统干扰效应的生态监测技术，防止人类活动造成环境失调的措施，发展生态农业的途径。另外，还要研究自然资源综合利用以及污染物的处理技术，使这类生态系统恢复成为健康的系统，研究对脆弱生态系统的恢复机理，研究石油、煤炭、矿山等在开发过程中或开发后土地生产力的恢复、重建问题等。

2.3.2.4　各类生态系统的功能和保护措施

各类生态系统在生物圈中发挥着不同的功能，它们是人类生存的基础。当前，各类生态系统正遭受损害和破坏，出现了生态危机。环境生态学要研究各类生态系统的结构、功能、保护和合理利用的途径与对策，探索不同生态系统的演变规律和调节技术，为防治人类活动对自然生态系统的干扰、有效保护自然资源、合理利用资源提供科学依据。

2.3.2.5　解决环境问题的生态对策

依据生态学的理论，结合环境问题的特点，采取适当的生态学对策并辅之以其他方法或工程技术来改善环境质量，恢复和重建受损的生态系统是环境生态学的重要研究内容，包括各种废物的处理和资源化的生态工程技术，以及对生态系统实施科学的管理。

2.3.2.6　全球性环境生态问题

全球性的生态环境变化的根本原因是人类对大自然的不合理开发和破坏，如人类活动改变了大气中温室气体的浓度、颠覆了自然界的氮素循环过程和土地覆盖特征等。因此，要在监测全球生态系统变化的基础上，研究全球变化对生态系统的影响，探寻生存环境的历史演变规律，了解敏感地带和生态系统对环境变化的响应情况，模拟全球环境变化及其与生态系统的相互作用，建立适应全球变化的生态系统发展模型，提出减缓全球变化中自然资源合理利用和环境污染控制的对策和措施等。

综上可以看出，维护生物圈的正常功能、改善人类生存环境并使两者之间得到协调发展，是环境生态学的根本目的。运用生态学理论，保护和合理利用自然资源，防止和治理环境污染与生态破坏，恢复和重建受损的生态系统，实现保护环境与发展经济的协调，以满足人类生存发展的需要，是环境生态学的核心研究内容。

## 复习思考题

2-1　生态系统是由生命系统和非生物环境两部分组成的。其中，生命系统包括________、________和________。

2-2　生态系统物质循环和能量流动的总渠道是________或________。

2-3　生态系统能量流动的特点是____________，____________。

2-4　生态系统的功能不包括______。

A. 生物进化　　B. 物质循环　　C. 信息流动　　D. 能量流动

2-5　下列生物不属于分解者的是______。

A. 细菌　　B. 真菌　　C. 蚯蚓　　D. 蟑螂

2-6　下列哪一项不能称做一个生态系统______。

A. 三峡库区　　B. 香山红叶林

C. 野生植物园　　D. 海洋里所有的鱼

2-7　在下列实例中，通过食物链引起生态危机的是______。

A. 酸雨　　B. 汞、镉等有毒物质的积累和浓缩

C. 温室效应　　D. 臭氧减少，臭氧层出现空洞

2-8　在地球上，最大的生态系统是______。

A. 森林生态系统　　B. 草原生态系统

C. 海洋生态系统　　D. 生物圈

2-9　在一个草原生态系统中，数量最多的是______。

A. 羊　　B. 禾本科植物　　C. 狼　　D. 鼠

2-10　下列选项中能在生态系统食物链中发生生物富集的是______。(多选)

A. 重金属　　B. 热量　　C. 碳水化合物　　D. 氯代烃类杀虫剂

2-11　人类释放到自然界的DDT，一旦进入到生物体内，在处于最高营养级的动物体内，浓度会扩大100000倍，这在生态学上被称作______。

A. 分解　　B. 生物富集　　C. 放大　　D. 再循环

2-12　大气中二氧化碳的浓度在距今4亿年前的泥盆纪末期急剧地减少。从大气中分离出的碳______。

A. 沉积成为煤和碳酸盐的岩石　　B. 储存在极地冰盖的二氧化碳气泡中

C. 储存在海洋溶解的二氧化碳中　　D. 逐渐发散到太空中

2-13　下列关于碳循环的说法中不正确的是______。

A. 碳循环属于气体型循环

B. 全球气候变暖与地球上碳的收支不平衡有关

C. 植物光合作用和生物死亡分解是碳循环的一部分

D. 地球上最大量的碳存在于大气圈中

2-14　植物从土壤吸收硝酸盐合成下述物质，唯独例外的是______。

A. 氨基酸　　B. 蛋白质　　C. 磷脂　　D. 核酸

2-15　下列有关碳、氮、磷、硫物质循环的叙述，正确的是______。

A. 硫以含硫酸盐的蛋白质形式为植物体吸收

B. 磷主要源自细菌分解生物体后的产物

C. 氮以固氮后的盐类形式被植物体吸收

D. 碳以有机物质形式被生物体利用

2-16　下面有关磷循环的说法中正确的是______。

A. 磷很容易随着水由陆地到海洋而很难从海洋返回陆地，因此磷循环是不完全循环

B. 磷在陆地上主要以有机磷形式储存在植物体内

C. 海鸟捕食鱼虾可以使得海洋中的磷返回陆地，由于海鸟大量减少使之成为不完全循环

D. 海洋中磷被软体动物以钙盐形式形成贝壳而保留，因此称沉积型循环

2-17　某湖泊生态系统中，湖水中的DDT相对浓度为$0.5\times10^{-8}$，现发现各生物体内均有不同浓度的DDT，检测结果如下：

| 检测对象 | A | B | C | D | E |
|---|---|---|---|---|---|
| DDT浓度/$\times10^{-6}$ | 0.005 | 2.0 | 0.5 | 75.5 | 0.04 |

据上表所列检测结果分析：

(1) 5种生物的食物链关系可能是______________。

(2) 从表中可以看出，生物体中DDT浓度的积累是通过_________这条途径来实现的，受害最严重的生物是_______。

2-18　下表为几种不同生物体内一种难以分解的有毒物质DDT的含量，生物A~D代表的是藻类植物、以藻类植物为食的小动物、以小动物为食的鱼类和较大型肉食性鱼类中的一种。

| 生物种类 | A | B | C | D |
|---|---|---|---|---|
| DDT 的积累/g · $m^{-3}$ | $10\times10^{-6}$ | $0.015\times10^{-6}$ | $5\times10^{-6}$ | $25\times10^{-6}$ |

（1）生物 A～D 分别代表的是________、________、________、________。

（2）用 A～D 写出该食物链________________。

（3）从（2）中可以看出，DDT 通过________积累，因而营养级越高，DDT 的积累量也越______________。

2-19　在以植物→美洲兔→加拿大猞猁为食物链的生态系统中，美洲兔和猞猁的数量变化曲线如下图，请据图回答：

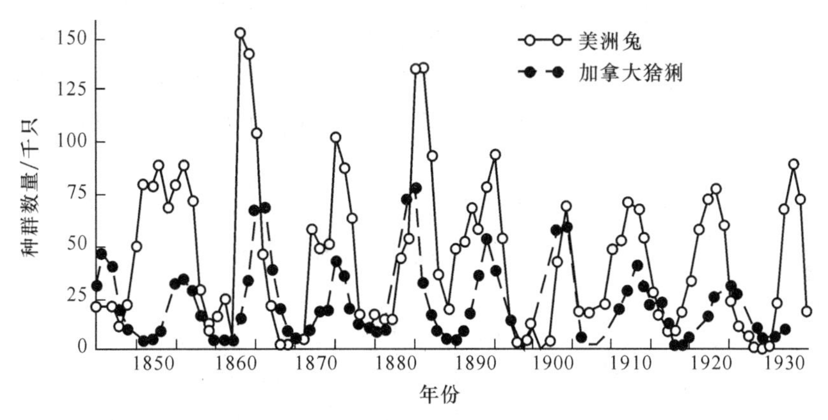


（1）这个生态系统出现的状态是______。

A. 永不平衡　　B. 永远平衡　　C. 短暂动态平衡　　D. 较长时间的动态平衡

（2）图中曲线表明猞猁与美洲兔的关系是______。

A. 寄生　　B. 共生　　C. 捕食　　D. 竞争

（3）猞猁被大量捕杀后，美洲兔的数量变化曲线会出现______。

A. 先上升后下降　　B. 先下降后上升　　C. 不断上升　　D. 不受影响

（4）猞猁被大量捕杀后，美洲兔的平均奔跑速度将会______。

A. 升高　　B. 降低　　C. 不变　　D. 无法估计

（5）图中所示的数量变化曲线可以说明，生态系统内部具有一定程度的____________能力，如果向某一生态系统内部引入或引出一个或几个物种，受影响的将是____________。

# 3 人口和资源

纵观人类起源到各个历史阶段发展的历程，都是一部人口不断增长，人类不断开发、利用和破坏自然资源以及改造、破坏生态环境的历史。以《增长的极限》为代表的研究报告，实际上是把人口、资源、环境综合为一个系统，研究与人类发展的关系，其研究结论对人类发展提出了警告。虽然报告内容受到很多责难与质疑，但研究学者们也指出了人口、资源、环境对人类社会发展的制约以及发展应采取可持续的理念，相关思想也被国际社会有识之士所接受，并体现在联合国和国际会议提出的许多口号以及国际公约、宣言和行动计划上。

## 3.1 人　　口

在人类影响环境的诸多因素中，人口是主要的、最根本的因素。人口问题是一个复杂的社会问题，也是人类生态学的一个基本问题。人口与资源问题、环境与发展问题均是当前世界各国共同关注的热点问题。控制人口数量，提高人口素质也是中国必须长期坚持的一项基本任务，是实现可持续发展的基本条件。

### 3.1.1 人口与人口过程

人口是社会生产和生活的主体，它的活动与社会、经济、环境诸多方面具有密切的关系。人口是生活在特定社会、特定地域，具有一定数量和质量，并在自然环境和社会环境中同各种自然因素与社会因素组成复杂关系的人的总称。

人口过程是人口在时空上的发展和演变过程，它大致包括自然变动、机械变动和社会变动。人口自然变动是指人口的出生和死亡，变动的结果是人口数量的增加或减少；人口机械变动是指人口在空间上的变化，即人口的迁入迁出，变化的结果是人口密度和人口分布的改变；人口社会变动是指人口社会结构的改变（如职业结构、民族结构、文化结构、行业结构等）。人口过程反映了人口与社会、人口与环境的相互关系。

描述人口过程的主要初级参数有人口出生率、人口死亡率、人口迁移率，次级参数有自然增长率、预期寿命、年龄结构和性别比等指标。

人口出生率（crude birth rate，CBR）指某地在一个时期之内（通常指一年）出生人数与平均总人口数之比，它反映出人口的出生水平，用千分数表示。其表达式为：

$$人口出生率=(年内出生人数/年内总人口数)\times 1000‰$$

总和生育率（total fertility rate，TFR），也称为总生育率，是指该国家或地区的妇女在育龄期间，每个妇女平均的生育子女数。这种生育率计算方式，并非建立在真正一组生育妇女的数据上，因为这涉及等待完成生育的时间。此外，这种计算模式并不代表妇女们一生生育的子女数，而是基于妇女的育龄期，国际传统上一般以 14 岁至 44 岁或 49 岁为准。

一般对于发达国家来说，总和生育率 2.1 是人口可持续发展的标准值，也称为世代更替水平。如果总和生育率大于 2.1，会有人口膨胀压力；如果小于 2.1，会出现人口减少趋势。世界总和生育率的历史与预测（1950~2050 年）见表 3-1。

**表 3-1 1950~2050 年世界总和生育率的历史与预测**

| 时间/年 | 总和生育率（TFR） | 时间/年 | 总和生育率（TFR） |
|---|---|---|---|
| 1950~1955 | 4.92 | 2000~2005 | 2.67 |
| 1955~1960 | 4.81 | 2005~2010 | 2.56 |
| 1960~1965 | 4.91 | 2010~2015 | 2.49 |
| 1965~1970 | 4.78 | 2015~2020 | 2.40 |
| 1970~1975 | 4.32 | 2020~2025 | 2.30 |
| 1975~1980 | 3.83 | 2025~2030 | 2.21 |
| 1980~1985 | 3.61 | 2030~2035 | 2.15 |
| 1985~1990 | 3.43 | 2035~2040 | 2.10 |
| 1990~1995 | 3.08 | 2040~2045 | 2.15 |
| 1995~2000 | 2.82 | 2045~2050 | 2.02 |

人口死亡率是在某一地区一段时间内（通常为一年）的死亡人数与该时期平均总人数之比率。是用来衡量一部分人口中、一定规模的人口、每单位时间的死亡数目（整体或归因于指定因素）。死亡率通常以每年每 1000 人为单位来表示，如死亡率为 9.5 的 10 万人口中，表示这一人口数中每年死去 950 人。该指标在一定程度上可以反映一个国家或者地区的医疗水平和居民健康水平的高低。其表达式为：

$$人口死亡率=(年内死亡人口数/年内总人口数)\times1000‰$$

人口迁移率是一定时期人口在地理空间上位置变更的强度，指一定时期、一定地区人口迁入、迁出的绝对量与该时期、该地区平均人口数之比。它会导致地区间在人口数量、构成和地区经济发展方面发生变化。

人口自然增长率指在一定时期内（通常为一年）人口自然增加数（出生人数减去死亡人数）与同期平均总人口数之比，用千分数表述。它是反映人口自然增长的趋势和速度的指标。其表达式为：

$$人口自然增长率=出生率-死亡率$$

预期寿命（life expectancy），指假若当前的年龄死亡率保持不变，同一时期出生人口预期能继续生存的平均年数，是生物群体中衡量单一生命存活平均长度的统计量，是一个假定的指标；是衡量一个国家、民族和地区居民健康水平的指标之一。随着经济的迅速发展、医疗水平的显著提高、人民物质生活水平的改善，人口平均寿命有较大幅度的提高。

年龄结构是不同年龄组的个体所占人口的比例和配置情况，是指一定时间、一定地区各年龄组人口在总人口中的比重或百分比，又称人口年龄构成。人口年龄结构包括现有人口中育龄人口与非育龄人口比例、劳动年龄人口与非劳动年龄人口比例、少年儿童人口与老年人口比例等。它不仅对未来人口发展的类型、速度和趋势有重大影响，而且对今后的社会经济发展也将产生一定的作用。人口老龄化指的是一个国家或地区 60 岁以上人口占总人口的 10%，或 65 岁以上人口占总人口的百分比达到 7%。

性别比是一个国家或地区男女人口数量的一种比率，以每 100 位女性所对应的男性数目为计算标准。

年龄结构和性别比对研究人口动态和进行人口预测具有重要价值，如图 3-1 所示。

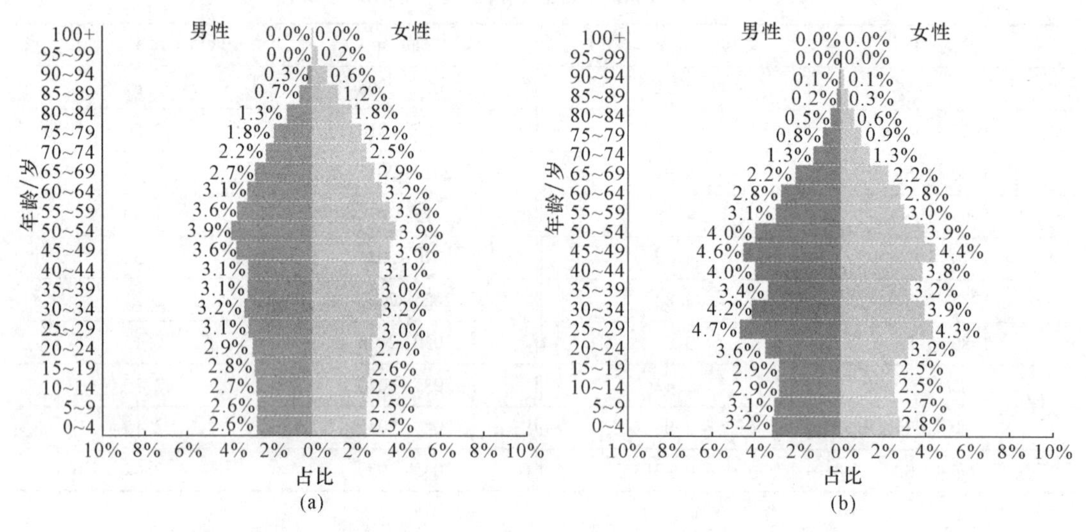


图 3-1　2017 年西欧人口和中国人口年龄金字塔（占比均小于 10%）

（a）西欧人口占比；（b）中国人口占比

### 3.1.2　人口发展历程与发展趋势

世界人口的发展大体可分为三个阶段：

（1）高出生率、高死亡率、低增长率。从人类诞生到工业革命以前，世界人口发展绝大部分处于这个阶段。据估算，此阶段人口总数很少，每 200km$^2$ 少于 1 人，平均每千年增长 20‰。

（2）高出生率、低死亡率、高增长率。工业革命之后，人类社会的生产力水平迅速提高，人们生活和医疗卫生水平也有显著改善，世界人口于公元 1600 年达到 5 亿人。到 1800 年，经过 200 年人口达到 10 亿人。1939 年第二次世界大战后，世界人口增长达到历史高峰，出现了人口爆炸的局面，以至与 1600 年比较，在 300 年来人口增加了约 10 倍。

（3）低出生率、低死亡率、低增长率。由于多种原因，欧美发达国家中人口的自然增长率呈现了下降的趋势，有些国家出现了人口零增长甚至负增长现象，发展中国家的人口依然继续增长，但人口增长速度开始减缓，目前全世界每年增加近 1 亿人。

据联合国人口活动基金会《世界人口白皮书》的数据可知，世界人口在 1918～1927 年期间达到 20 亿人，直到 1960 年世界人口才超过 30 亿人，14 年后的 1974 年达到了 40 亿人，又过了 13 年突破了 50 亿人大关，1999 年突破 60 亿人，2011 年世界人口达到 70 亿人，据推算第 80 亿人口将出现在 2025 年。联合国《2017 年世界人口展望》数据显示，经过 20 世纪的人口高速增长，目前世界人口的增长速度已经放缓，以大约每年 8300 万人口（11.0‰）的速度递增。

世界人口不断增长，其主要因素可以归结为以下三大方面：

（1）经济因素。经济因素可从物质上决定人口的增殖条件和生存条件，从而通过改变人口的出生率和死亡率来影响人口的自然增长率。

（2）文化因素。人们科学文化水平越高，表明人们接受教育年限越长，平均婚龄也相应推延；表明人们的生理、育儿、保健知识更加丰富，婴儿死亡率降低；表明人们更加注意自身及其后代各项素质的提高，做到少生优育。

（3）医疗卫生因素。医学的进步和医疗卫生事业的发展对人口出生率和死亡率有着直接影响。首先，它使得因各种疾病致死的死亡率下降，从而降低人口死亡率，延长人口平均寿命；其次，它对控制生育和实行优生优育有着积极的作用。

世界人口发展呈现出五大基本趋势：

（1）全球人口总量继续增长，但增速放缓。图 3-2 所示为世界人口增长及预测图，2019 年全球人口为 77 亿人，预计 2030 年为 85 亿人，2050 年增至 97 亿人。全球人口增长速度比 1950 年以来任何时期都要慢。预测 2020 年之后全球人口自然增长率开始低于 10‰，2050 年将降低到 5.3‰，人口进入低增长时代。届时，人口过 3 亿人的大国依次是印度（17.05 亿人）、中国（14.04 亿人）、尼日利亚（3.99 亿人）、美国（3.89 亿人）、印度尼西亚（3.22 亿人）和巴基斯坦（3.10 亿人）。

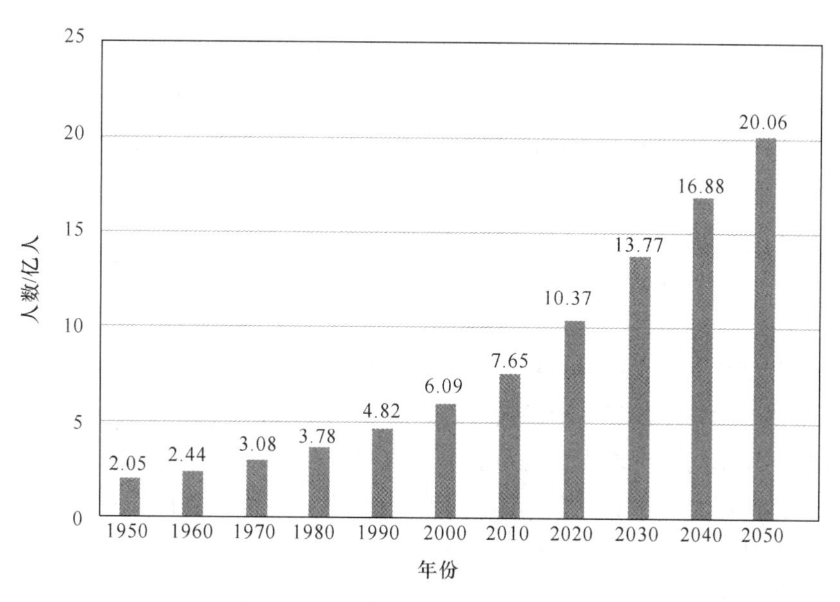


图 3-2　世界人口增长及预测

（2）人口预期寿命继续延长。图 3-3 所示为人类平均寿命变化图，2019 年全球人均寿命为 72.6 岁，比 1990 年提高了 8 岁，预计 2050 年将提高为 77.1 岁，但最贫穷国家仍比全球平均水平少 7 年。中国将从 2015 年的 76.34 岁提升到 2050 年的 83.01 岁。

（3）总和生育率继续下降。目前近一半人口生活在低生育水平（总和生育率小于或等于 2.1）的国家。世界总和生育率 2015 年为 2.49，到 2050 年将下降至 2.23。但欧洲总和生育率将从 2015 年的 1.62 增加到 2050 年的 1.80，北美从 1.86 增加到 1.90。亚洲平均

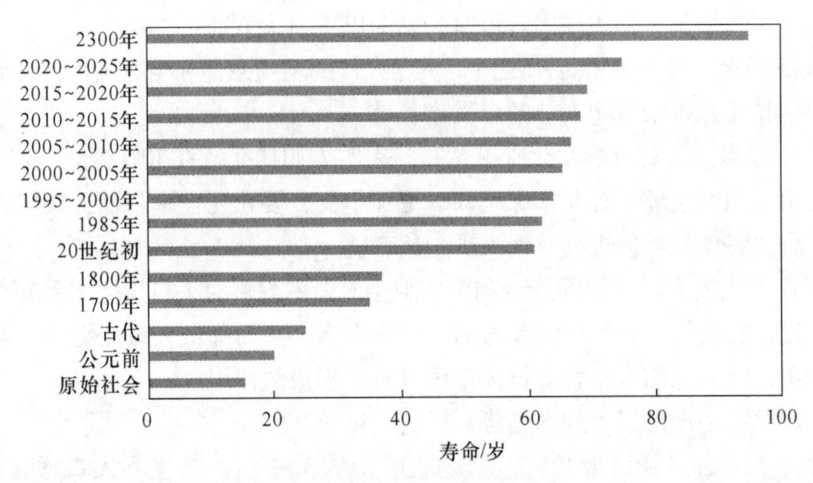


图 3-3 人类平均寿命变化图

总生育率从 2015 年到 2050 年将下降 0.03，但中国届时会增加 0.26。

（4）人口结构继续加速老化。2019 年，65 岁及以上的老年人占全球人口的 1/11，2050 年将提高到 1/6。世界人口老龄化率从 2015 年的 8.3%将上升到 2050 年的 20.1%。增幅最大的是东亚，从 11.0%增到 28.4%，其中，中国将从 10.6%增到 28.1%，日本从 26.3%增到 36.3%。欧洲老龄化依然在加速，2015~2050 年将增加 10 个百分点。

（5）越来越多的人生活在城市。2014 年，全世界的城市居民已达到 54%。北美拥有 82%的城镇居民，是世界上城市化最高的地区；其次是拉丁美洲和加勒比地区（80%）、欧洲（73%）；非洲和亚洲城镇化率分别只有 40%和 48%，预计到 2050 年可增至 56%和 64%，而全球将会有 66%的人口居住在城市。

### 3.1.3 世界人口分布特征

随着世界各国的人口自然增长和人口迁移，使得当今世界人口分布格局出现了新的变化。由于人口持续增长，世界各地的人口密度有了大幅度上升；但由于自然地理环境的限制和经济发展的不平衡，全球人口分布非常不均衡，人口呈现高度聚集的特征。

世界人口的 90%居住在占地球陆地面积约 10%的土地上，除了水面大部分陆地地区也无人居住，这些地区主要是沙漠、高寒地区、热带丛林和积水地区。从水平分布来看，约 80%的人口居住在北纬 20°~60°之间；从垂直分布特征看，近 60%的人口居住在海拔 20m 以下的低平地区；从沿海分布来看，世界人口有一半以上居住在距海岸带 200km 以内的地区。

目前，世界人口分布最密集的地区有四大块：亚洲东部、南亚次大陆、欧洲以及北美洲东部，世界人口分布有集中态势。表 3-2 是世界人口在不同大洲之间的分布变化情况，可以看出短短的 200 年间，世界人口分布格局在各大洲间发生了很大变化，欧洲人口比例在 20 世纪不断下降，非洲、亚洲和拉丁美洲的人口比例在 20 世纪都有了不同程度的提高。目前的人口分布现状还将继续影响未来世界人口分布的格局。

表 3-2 世界人口分布变化数据（1800~2050 年）　（%）

| 年份 | 1800 | 1900 | 2000 | 2050 |
|---|---|---|---|---|
| 非洲 | 10.9 | 8.1 | 12.9 | 19.8 |
| 亚洲 | 64.9 | 57.4 | 60.8 | 59.1 |
| 欧洲 | 20.8 | 24.7 | 12.0 | 7.0 |
| 北美洲 | 0.7 | 5.0 | 5.1 | 4.4 |
| 拉丁美洲 | 2.5 | 4.5 | 8.6 | 9.1 |
| 大洋洲 | 0.2 | 0.4 | 0.5 | 0.5 |

城市化是工业革命带来的另一个显著变化。目前发达国家的城市化过程早已完成，发展中国家的城市化过程正在加速阶段。1950 年世界人口居住在城市的比例还不到 30%，中国在 1949 年新中国成立时城市化水平只有 10.2%。2008 年对于世界人口来说是一个分水岭，世界人口有一半已经居住在城市地区。发达国家是 74%，而发展中国家是 44%。在居住于城市的一半世界人口中，52%的人口居住在人口为 50 万人以下的中小城市，10%的人口居住在人口为 50 万~100 万人的大城市，22%的人口居住在人口为 100 万~500 万人的特大城市，另外还有近 18%的人口居住在人口在 500 万人以上的超大城市。

### 3.1.4 中国人口发展的特点

#### 3.1.4.1 人口总量平稳增加

虽然近年来我国人口出生率和自然增长率已经降到较低的水平，进入了人口平衡增长期，但因总量巨大，每年净增长的人口数仍在 1000 万人上下，相当于加拿大人口数量的 1/3。根据经济学家的计算，人口增长 1%，需要国民生产总值增长 3%左右才能维持原有的生活水平。我国每年新增消费基金中有 58%用来满足新增人口的需要，只有 42%用于提高人民的生活水平。可见，人口总量大、净增长量高，阻碍了人均国民生产总值的提高，制约了人民生活水平的迅速提高。

国家统计局公布的第七次全国人口普查数据显示，2020 年全国总人口为 14.1 亿人，与 2010 年的 13.4 亿人相比，增加了 7206 万人，增长 5.38%，年平均增长率为 0.53%，比 2000 年到 2010 年的年平均增长率 0.57%下降 0.04 个百分点。数据表明，我国人口 10 年来继续保持低速增长态势，预测到 21 世纪中期我国人口将达到 16 亿人。人口学家普遍认为，这是中国人口的极限，即中国土地可负荷和供养的最大人口数，此后我国人口数会略有回落，并在某一时期到达最佳人口数而稳定下来。

#### 3.1.4.2 人口素质有待提高

人口素质包括身体素质、科学文化素质和思想道德素质等方面。身体素质是人口的自然属性，科学文化素质和思想道德素质是人口素质的社会属性。新中国成立后，中国人口素质的改善是在一个较低的水平上开始的。随着我国社会经济的迅速发展，人民物质文化生活水平的不断提高，中国人口的身体素质和科学文化素质都有了明显提高。

身体素质方面，虽然我国人口的预期寿命有了很大的提高，由 1949 年以前的 35 岁提高到 2019 年的 76.1 岁，但与一些发达国家相比，仍有较大差距。身体素质低还表现在残疾人口多、劳动者的耐力与精力不足、不能坚持较长时间的连续工作、劳动中的紧张程度不够、散漫松弛、精力集中程度不够等方面。

科学文化素质方面，我国大力发展高等教育以及扫除青壮年文盲等措施取得了积极成效，人口素质不断提高。根据第七次人口普查数据显示，我国具有大学文化程度的人口为2.2亿人。与2010年相比，每10万人中具有大学文化程度的由8930人上升为15467人，15岁的以上人口的平均受教育年限由9.08年提高至9.91年，文盲率由4.08%下降2.67%。科学文化素质不高，难以适应知识经济和信息社会的要求。在发达国家和地区，知识水平的提高对经济增长的贡献率已经超过2/3，说明知识在经济增长中的作用已经超过了物质资本和劳动力投入的作用。

思想素质方面，我国大多数人口的思想素质基本上停留在自然、半自然经济体制阶段，对新的市场经济体制尚难适应，商品观念、市场经济观念、必要劳动时间观念、竞争观念、劳动生产率观念也很薄弱。

没有人口素质的提高，就不可能带来知识的积累，就不能将知识转化为有效的生产力。依靠知识的经济发展，不但能加快经济增长速度，更重要的是，这种发展模式会提高自然资源的利用效率，有利于环境保护。

#### 3.1.4.3 人口结构失衡

人口结构包括人口自然结构和人口经济结构两个方面。

##### A 人口自然结构

人口自然结构是人口的自然属性，包括性别结构和年龄结构等方面。

总人口性别结构的平衡区间为96~106，性别比107是国际上公认的警戒线。根据我国第七次人口普查结果显示，男性人口为7.2亿人，占51.2%；女性人口为6.9亿人，占48.8%。总人口性别比（以女性为100，男性对女性的比例）为105.1，与2010年的105.2基本持平，略有降低。出生人口性别比为111.3，较2010年下降6.8。我国人口的性别结构持续改善。

在年龄结构方面，随着我国经济社会加快发展，人民生活水平和医疗卫生保健事业的改善，生育率持续较低水平，老龄化进程逐步加快。我国第七次人口普查数据显示，0~14岁人口为2.5亿人，占18.0%；15~59岁人口为8.9亿人，占63.4%；60岁及以上人口为2.6亿人，占18.7（其中，65岁及以上人口为1.9亿人，占13.5%）。与2010年相比，0~14岁、5~59岁、60岁及以上人口的比重分别上升1.35个百分点、下降6.79个百分点、上升5.44个百分点。我国少儿人口的比重回升，生育政策调整取得了积极成效。同时，人口老龄化程度进一步加深，未来一段时期将持续面临人口长期均衡发展的压力。据社科院权威预测，2011年以后的30年里，中国人口老龄化将呈现加速发展态势，到2030年，中国65岁以上人口占比将超过日本，成为全球人口老龄化程度最高的国家，到2050年，社会将进入深度老龄化阶段。

##### B 人口经济结构

人口经济结构主要包括产业结构、职业结构、城乡结构等方面。

在产业结构方面，我国第一、第二产业比重偏高，第三产业比重明显偏低。2019年的数据显示，中国第一产业就业人员占25.1%，第二产业就业人员占27.5%，第三产业就业人员占47.4%，比2015年上升了5个百分点。而美国第三产业人口比重达到了79.1%，加拿大为79%，中国和发达国家相比还有一定差距。

人口的职业结构取决于国家或地区的生产力水平、经济实力和教育事业发展水平。据2015年数据统计，我国从事农林牧渔业人员占总人口的55.2%，从事商业服务的人员占13.1%，从事专业技术和管理的人员占11.9%，而美国智力型职业人口占比为48.9%。数据显示，我国智力型职业的人口占比较低，从事与农业有关部门的各种职业人口占比较高。

在城乡结构方面，1990年人口普查时我国城镇人口占26%，2000年上升至36.09%，2010年上升至49.68%，2020年上升至61.4%，最近10年间增长了11.72%。2020年全世界城镇人口比重为56.2%，我国现在的城镇人口比例已高于世界平均水平。

3.1.4.4　人口分布不均

我国是世界上人口密度较大的国家，土地面积占世界陆地面积的7%，人口却占世界的22%，人口密度高达118人/$km^2$，约为世界平均值的3倍。我国人口的地域分布很不均衡，从东南沿海向西北内陆人口逐渐稀少；平原区人口密集，由平原向周围的丘陵、高原和山地，随地势增高存在人口递减的规律；全国40%的人口分布在乡村，东部地区农村人口密集，全国范围乡村人口呈面状散布特点。

### 3.1.5　人口增长对自然环境的影响

人口增长不仅对社会、经济产生重要影响，更为重要的表现在人口增长的生态和环境效应，是人口增长和资源、环境、发展等方面的不平衡。随着人口增长和技术进步，人类对自然利用的广度和深度在不断扩展，加速了对自然资源的耗竭，对生态环境的干扰。人口增加对自然环境带来的影响，具体体现在以下几个方面。

3.1.5.1　对土地资源的压力

土地资源是人类赖以生存的物质基础，是获取资源、生产粮食的主要基地，是人类生存的主要环境，人口激增直接的后果是人均土地资源越来越少，使土地受到的压力越来越大。在人类生存所需的食物来源中，耕地上的农作物占88%，草原和牧区占10%，海洋占2%。由于非农用地增加、土地荒漠化、水土流失、土壤污染等原因，使人口增加与土地资源减少之间的矛盾越来越尖锐。据联合国粮食及农业组织统计，全球约有5亿人口处于超土地承载力的状态。目前世界粮食增长率高于人口增长率，但许多发展中国家粮食供应日趋紧张，特别是撒哈拉以南非洲等国。由于世界粮食生产与人口分布不均衡，发达国家与发展中国家人口分别占1/4和3/4，但粮食生产各占世界1/2。

人口膨胀对耕地的需求导致大量森林、草地被毁，人口的增长给全球土地利用与覆盖带来了很大的变化。在耕地减少的情况下，为了解决粮食问题就必须提高耕地单位面积产量，因此，只能靠施用化肥和农药，但无节制地大量施用化肥、农药造成土壤板结和污染、有机质含量下降、肥力衰退等，使土地资源遭到破坏。大量新增人口住房、交通、公共设施等都要占用土地，也给土地资源带来沉重的压力。

3.1.5.2　对水资源的压力

世界人口急剧增加，人类活动日益频繁、规模日益扩大，加重了地球有限的淡水资源的潜在危机，特别是加重了国际流域淡水资源的潜在冲突，使共享淡水资源成为一种跨境战略性资源，在一些地区成为影响区域和平、稳定或制约区域可持续发展的关键因素。

世界水资源极为丰富，但淡水只占2.7%，淡水不但占的比例小，而且大部分存在于地球南北两极的冰川、冰盖中，能被人类利用的淡水只占地球总水量的不足1%，而且它们的分布极不均匀。随着人口不断增加和现代工业的发展，人类用水量越来越大。据联合国统计，全世界用水量平均每年递增 4%，城市用水量增长更快。现在陆地一半以上地区缺水，已有几十个国家（多是发展中国家）发生水荒，灌溉和生活用水都发生了困难。据估计，1975~2000 年间世界提取水量至少增加 200%~300%，增长最大的是灌溉，森林大面积砍伐，更加剧了水荒的发展。

随着人口的增加，城市污水和工业废水的排放量也大量增加，使许多城市地面水和地下水都受到污染，更加剧了水资源的不足。我国首都北京及北方几十座城市和大片土地都出现缺水问题，原因主要是工业、农业用水不当，这些都直接或间接与人口问题有关。

3.1.5.3 对森林资源的压力

森林具有多方面的功能，是人类生存和发展的重要屏障，森林覆盖率的高低在很大程度上对一个地区或一个国家的农业、牧业发展具有决定性的意义，同样它还决定着环境的质量，森林是构成自然生态良性循环的主体。

随着人口增加，人类的需求也不断增加。为了满足衣、食、住、行的要求，人们不断进行掠夺式开发，如毁林造田、毁林建房、乱砍滥伐等，使森林资源大量减少。砍伐森林严重破坏了生态平衡，引起水土流失、洪水、土壤侵蚀、土地荒漠化等一系列问题，并导致许多动、植物物种灭绝，破坏了生物多样性，给人类生存发展带来深远的不利影响。遗传性资源和生物多样性的消失所造成的经济和社会影响将是全球性的。

联合国公布的一份研究报告指出，世界人口的持续增长和经济活动的不断扩展给地球生态系统造成了巨大压力。人类活动已给地球上 60%的草地、森林、农耕地、河流和湖泊带来了消极影响，使地球上 1/5 的珊瑚和 1/3 的红树林遭到破坏，动物和植物多样性迅速降低，1/3 的物种濒临灭绝。

3.1.5.4 对物种的压力

野生生物为人们提供食物、生活和工业原料，人类食物的 4/5 就是靠 24 种动植物提供的。在衣着方面，近代工业生产合成纤维可代替部分野生植物纤维，但人们还是离不开棉布。中药中的人参、天麻、田七，野生的比栽培的效用高。许多新品种源自野生动植物。

农业、林业、畜牧业、渔业的发展要求不断培育出更多富有营养、高产、有抗病虫害能力并能满足人类多方面需要的新品种，所以野生动植物在医疗、科研、经济方面都有极其重要的价值，它们还是生态系统的组成成分，对生态系统稳定性起着主导的作用。但是目前世界上生存的 300 万~1000 万种生物处于不断在灭绝之中，20 世纪以来，已有 110 个种和亚种的动物以及 139 种禽类从地球上消失了。

另外，由于过度捕捞鱼类，造成了很多鱼类种群数量的下降和某些物种的灭绝，这也是人口和收入增长引起的需求拉动的一个结果。

3.1.5.5 对城市环境的压力

城市是工业和人口最集中的地区，随着人口增加和经济发展，使污染物的总量增大。大量工、农业废弃物和生活垃圾排放到环境中，影响了自然环境的纳污量以及对有毒、有害物质的降解能力，使环境污染加剧，严重影响人类的健康。

城市人口急剧增加和高度集中给环境造成了很大压力，带来严重的环境问题。环境质量日趋恶化，大气污染，江河、湖泊、地下水质变坏，饮用水质不断下降，噪声污染，垃圾堆积，居住环境差，人口急剧增长，公共服务设施的压力越来越大。人口增加，建筑密度越来越大，树木草地面积减少，影响环境美化、绿化、净化，对人体健康不利。

3.1.5.6 对能源的压力

随着人口增加和经济发展，人类对能源的需求量越来越大。据统计，1850～1950年100年间，世界能源消耗年均增长率为2%；而20世纪60年代以后，发达国家能源消耗年均增长率为4%～10%，出现能源危机现象。当前使用的能源多属于不可再生资源，储量有限，而世界能源消耗增长是必然趋势。现在，能源危机已经成为一个世界性的问题，为了满足人口和经济增长对能源的需求，加快了煤、石油、天然气等化石燃料的耗竭时间，造成能源供应紧张。除了矿物燃料，木材、秸秆、粪便等都成了能源，会释放出大量的$CO_2$，引起温室效应和全球气候变化，危害地球生态环境的健康发展，给生态环境也带来了巨大的压力。

## 3.2 自 然 资 源

### 3.2.1 自然资源的相关概念

《辞海》一书将自然资源定义为“一般天然存在的（不包括人类加工制造的原材料）并有利用价值的自然物，如土地、矿藏、水利、生物、气候、海洋等资源，是生产的原料来源和布局场所”。联合国环境规划署的定义自然资源为“在一定的时间和技术条件下，能够产生经济价值，以提高人类当前和未来福利的自然环境因素的总称，包括土地、水体、动植物、森林、矿产、海洋、阳光、空气等”（1972年）。《中国大百科全书》认为，自然资源作为生产资料和生活资料的来源，一般包括土地、水、生物、气候、旅游等。

自然资源是人类社会赖以生存和发展的物质基础和保障，从一定意义上讲，人类社会的发展史就是人类社会开发资源、利用资源、保护资源和争夺资源的历史。随着社会生产的发展和科学技术水平的提高，过去被视为不能利用的自然环境要素，将来可能变为有一定经济利用价值的自然资源。

### 3.2.2 自然资源的特点

3.2.2.1 有限性

有限性是自然资源最本质的特征，其指大多数资源在数量上都是有限的，与人类社会不断增长的需求相矛盾，故必须强调资源的合理开发利用与保护。有限性表现为，在一定时间和空间内，自然资源可供人类开发和利用的数量是可计量的，是有限的；在一定技术水平下，人类利用资源的能力、范围和种类是有限的；自然资源虽有多功能性，但仍有它的局限性，在某种情况下只能利用其中一个方面，在另一种情况下只能利用其另一方面。

资源的有限性要求人类在开发利用自然资源时必须从长计议，珍惜一切自然资源，注意合理开发利用与保护，决不能只顾眼前利益，掠夺式开发资源，甚至肆意破坏资源。

3.2.2.2 区域性

区域性是指资源分布的不平衡，自然资源在数量或质量上存在着显著的地域差异，并有其特殊分布规律。自然资源的地域分布受太阳辐射、大气环流、地质构造和地表形态结构等因素的影响，其种类特性、数量多寡、质量优劣都具有明显的区域差异。由于影响自然资源地域分布的因素是恒定的，在一定条件下必定会形成存在相应的自然资源区域，所以自然资源的区域分布也有一定的规律性。如我国的天然气、煤和石油等资源主要分布在北方，南方则蕴藏丰富的水资源。

自然资源区域性的差异制约着经济的布局、规模和发展。如矿产资源状况对采矿业、冶炼业、机械制造业、石油化工业等都会有显著影响。而生物资源状况对种植业、养殖业和轻纺工业等有很大的制约作用。因此，在自然资源开发过程中，应按自然资源区域性特点和当地经济条件，对资源的分布、数量、质量等情况进行调查和评价，因地制宜地安排各业生产，有效发挥区域自然资源优势，使资源优势成为经济优势。

3.2.2.3 整体性

整体性是指自然资源是一个相互联系、相互作用、相互依存的整体，各种资源以及各单项资源要素都存在着生态上的密切联系，形成一个整体，触动其中一个要素，可能引起一连串的连锁反应，从而影响整个自然资源系统的变化。这种整体性在再生资源中表现得尤其突出。如森林资源除经济效益外，还具有涵养水分、保持水土等生态效益，如果森林资源遭到破坏，不仅会导致河流含沙量的增加，引起洪水泛滥，而且会使土壤肥力下降。土壤肥力的下降，又进一步促使植被退化，甚至沙漠化，从而又使动物和微生物大量减少。

由于自然资源具有整体性的特点，因此对自然资源的开发利用必须持整体的观点，应统筹规划、合理安排，以保持生态系统的平衡；否则将顾此失彼，不仅使生态与环境遭到破坏，经济也难以得到发展。

3.2.2.4 多用性

多用性是指任何一种自然资源都有多种用途，如土地资源既可用于农业，也可以用于工业、交通、旅游以及改善居民生活环境等；森林资源既可以提供木材和各种林产品，又作为自然生态环境的一部分，具有涵养水源，调节气候，保护野生动植物等功能，还能为旅游提供必要的场地。

自然资源的多用性只是为人类利用资源提供了不同用途的可能性，具体采取何种方式进行利用则是由社会、经济、科学技术以及环境保护等诸多因素决定的。多用性也要求人们在对资源进行开发利用时应物尽其用、综合开发，必须根据其可供利用的广度和深度，从生态效益、社会效益、经济效益等各方面进行综合研究，从而制定出最优方案实施开发利用，做到物尽其用，取得最佳效益。

### 3.2.3 自然资源的分类

按照不同的目的和要求，可将自然资源进行多种分类。但目前大多按照自然资源的有限性，将自然资源分为耗竭性资源和非耗竭性资源，如图 3-4 所示。

耗竭性资源又称为有限资源。这类资源是在地球演化过程中特定阶段形成的，质与量有限，空间分布不均。耗竭性资源按其能否更新又可分为可更新（再生）资源和不可更新（不可再生）资源两大类。

可更新（再生）资源是指被人类开发利用后，能够依靠生态系统自身的运行力量得到

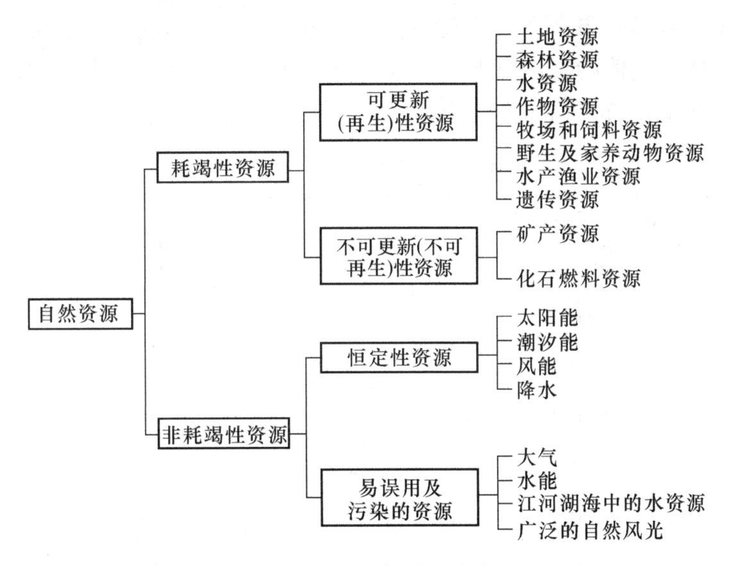


图 3-4 自然资源的分类

恢复或再生的资源，如生物资源、土地资源、水资源等。这类资源可借助自然循环和生物自身的生长繁殖而不断更新，保持一定的储量。如果做到科学管理和合理利用，消耗速度小于恢复速度，这类资源是可以被人类永续利用的。但各种可更新资源的恢复速度不尽相同，如岩石自然风化形成 1cm 厚的土壤层大约需要 300～600 年，森林的恢复需要数十年至百余年。因此不合理的开发利用，就会使这些可更新自然资源变成不可更新自然资源，甚至耗竭。

不可更新（不可再生）资源基本上没有更新的能力，是由古代生物或非生物经过漫长的地质年代形成的，它们的储量是固定的，被人类开发利用后，会逐渐减少直至枯竭，无法持续利用，如各种矿产资源等。当然其中有些可借助于再循环而被回收，得到重新利用，包括金属矿物和多数非金属矿物。

非耗竭性资源又称为无限资源。这类资源随着地球形成及其运动而存在，基本上是持续稳定产生的，其供给稳定、数量丰富，几乎不受人类活动的影响，也不会因人类利用而枯竭。如太阳能、风能、潮汐能等。

### 3.2.4 世界自然资源的现状与问题

#### 3.2.4.1 水资源

水资源是世界上分布最广、数量最大、开发利用最多的资源。水覆盖着地球表面 70% 以上的面积，总储量约 13.7 亿立方千米，但不能直接被人类利用的海水、苦咸水等占 97.5%。淡水的总量仅为 3500 万立方千米，占地球总水量的 2.5%。其中 68.9%分布在南北两极地带及高山高原，以冰川和永久冰盖状态存在，很难被利用；30.8%以地下水形式存在，其中 2/3 深埋于地下深处；能直接取用的湖泊与河流淡水仅占淡水总量的 0.3%，还不到全球水总储量的 1/10000。可见，地球上可供人类直接利用的淡水资源是极为珍贵、十分有限的。

淡水资源不仅数量有限，而且分布不均，见表 3-3。年降水量以南美洲最多，其降水量和径流量为全球平均值的二倍以上；欧洲、亚洲和北美洲处于世界平均值；非洲虽然降水量与世界平均水平相近，但蒸发量大，径流量很小，是最干旱的地区之一。

**表 3-3 世界各大洲水资源分布**

| 名称 | 面积/万平方千米 | 降水量/mm · $a^{-1}$ | 径流量/mm · $a^{-1}$ | 径流系数 |
|---|---|---|---|---|
| 亚洲 | 4347.5 | 742 | 332 | 0.45 |
| 欧洲 | 1050.0 | 789 | 306 | 0.39 |
| 非洲 | 3012.0 | 742 | 151 | 0.2 |
| 北美洲 | 2420.0 | 756 | 339 | 0.45 |
| 南美洲 | 1780.0 | 1600 | 660 | 0.41 |
| 大洋洲 | 133.5 | 2700 | 1560 | 0.58 |
| 南极洲 | 1398.0 | 165 | 165 | 1.0 |

从淡水资源分布和人口资源分布对比来看，拥有全世界约 60%人口的亚洲只拥有世界水资源的 36%，拥有全世界约 13%人口的欧洲只拥有世界水资源的 8%。从淡水资源的国家分布来看，世界淡水资源总量的 50%集中在 8 个国家，占世界人口约 40%的 80 个国家水资源短缺。据统计，过去 300 年人类用水量增加了 35 倍，近些年取水量每年递增 4%~8%，增幅最大的多为发展中国家，亚洲用水量最多，达 3.2 万亿立方米/a，其次为北美洲、欧洲、南美洲等，很多地区和国家水资源的供需矛盾日渐突出。联合国一项研究报告指出：预计到 2025 年，缺水形势将会进一步恶化，缺水人口将达到 28 亿~33 亿人。

由于地下水资源丰富、供应稳定、水质良好，因此成为各国的主要水源之一。近年来，由于地下水资源的过度开发，引起地下水位下降、水质恶化、水量减少、地面沉降，造成生态环境不断恶化，地表河川径流量不断减少，严重威胁人类的生存。在发展中国家，污水、废水未经处理即排入水体；农业区肥料和农药的使用，造成水体氮、磷污染和水体富营养化；垃圾、污水、石油等废弃物中的有毒物质也进入地下水和地表水。目前，全球 18%的人口喝不上安全的饮用水，40%的人口缺乏基本的卫生设施。

水资源短缺还制约经济的发展。世界上缺水的 26 个国家中有 11 个位于非洲，水资源的匮乏导致粮食生产不能满足其需要，严重制约了非洲地区的经济发展。联合国预计，按此现状发展，到 2025 年工业用水将会翻番，有 2/3 的人口面临严重缺水的局面。联合国粮食及农业组织预计，以目前的 70 亿人且在不断增长的世界人口数量而论，到 2050 年，农业生产将需要增加 70%。由于农业消耗了大部分人类用水，伴随着气候变化不断改变温度、降水量及降水模式，因此水资源将面临更大的压力。

#### 3.2.4.2 海洋资源

海洋是生命的摇篮，资源种类繁多、储量巨大，包括可以被人类利用的物质、能量和空间。海水蕴藏着丰富的化学资源，包括 11 种元素、80 多种化学物质。海水资源的开发利用是解决淡水危机和资源短缺问题的重要措施。

海水淡化是开发新水源、解决沿海地区淡水资源紧缺的重要途径。海水直接利用是以海水直接代替淡水作为工业用水和生活用水等相关技术的总称，包括海水冷却、海水脱硫、海水回注采油、消防、制冰等。海洋能源包括潮汐发电、海浪发电、温差发电、海流发电、海水浓差发电和海水压力差的能量利用等。海洋中也蕴藏着极为丰富的生物资源，许多门类是海洋特有的，它们功能各异，在独特的物理、化学和生态环境中，在微弱的光照条件下形成了极为独特的生物结构、代谢机制，产生了特殊的生物活性物质，在全球生物多样性中占有重要地位。随着世界人口迅速增长，陆地空间越来越拥挤，海洋空间的开发利用引起人们的关注，海洋可利用空间包括海上、海中、海底三个部分。

总之，海洋为人类的生存提供了极为丰富的宝贵资源，只要能合理地开发利用，它将“取之不尽，用之不竭”，成为人类未来重要的资源供应地。

海洋中蕴藏着极为丰富的矿产资源。海底矿产目前人们已经发现的有以下六大类。

（1）石油、天然气。据推算，海底石油约有1350亿吨，占世界可开采石油储量的45%；世界天然气储量255亿~280亿立方米，海洋储量140亿立方米，海洋天然气占世界可开采量的50%。但分布极不均衡，技术要求复杂，建设投资高、风险大。

（2）煤、铁等固体矿产。世界许多近岸海底分布有煤、铁矿藏等。日本海底煤矿开采量占其总产量的30%；亚洲一些国家还发现许多海底锡矿，已发现的海底固体矿产有20多种，中国大陆架浅海区广泛分布有铜、煤、硫、磷、石灰石等矿。

（3）海滨砂矿。海滨砂矿中的贵重矿物包括含有发射火箭用的固体燃料钛的金红石，火箭、飞机外壳用的铌和反应堆及微电路用的钽的独居石；含有核潜艇和核反应堆用的耐高温和耐腐蚀的锆铁矿、锆英石；某些海区还有黄金、白金和银等。

（4）多金属结核矿。海底有大量的金属结核矿，含有锰、铁、镍、钴、铜等几十种元素。在3500~6000m深的洋底储藏的多金属结核约有3万亿吨，相当于陆地上储量的40~1000倍，其中锰的产量可供世界用18000年，镍可用25000年。

（5）热液矿藏。它由海水侵入海底裂缝，受地壳深处热源加热，溶解地壳内的多种金属化合物，再从洋底喷出，呈烟雾状的高温岩浆冷却沉积形成，其含有大量金属的硫化物，是富含铜、锌、铅、金、银等多种元素的重要矿产资源。

（6）可燃冰。可燃冰是一种被称为天然气水合物的新能源，在低温、高压条件下由碳氢化合物与水分子组成的冰态固体物质。其能量密度高，燃烧后无污染，其矿层厚、规模大、分布广。据估计，全球可燃冰的存储量是现有石油天然气储量的2倍。

海洋是各种资源的供给源，随着生产力的发展，人类开始大规模开发海洋资源。但在海洋资源开发利用过程中会造成海洋生物资源的枯竭、海洋污染及赤潮等严重问题。

#### 3.2.4.3 土地资源

从地球的南北半球划分来看，2/3的陆地集中在北半球，仅1/3分布在南半球。各大洲中除南极洲外，亚洲的土地资源最多，其次是非洲，欧洲居第三位，大洋洲的土地资源较少，见表3-4。全世界200多个国家或地区中，俄罗斯的国土面积最大，其次是加拿大，中国国土面积居世界第三位，见表3-5。

**表 3-4 世界土地资源及人均占有量**

| 地区 | 面积/万平方千米 | 人口/亿人 | 人口密度/人·$km^{-2}$ | 耕地面积/万公顷 | 人均耕地面积/公顷·人$^{-1}$ |
|---|---|---|---|---|---|
| 亚洲 | 3187.0 | 38.2 | 120 | 51170 | 0.134 |
| 非洲 | 3031.0 | 8.51 | 28 | 18491 | 0.152 |
| 欧洲 | 2297.6 | 7.26 | 32 | 28722 | 0.395 |
| 北美洲 | 2272.5 | 5.07 | 22 | 25727 | 0.508 |
| 南美洲 | 1783.4 | 3.62 | 20 | 11264 | 0.311 |
| 大洋洲 | 856.4 | 0.32 | 4 | 5039 | 1.563 |
| 世界 | 13427.9 | 63.01 | 47 | 140413 | 0.223 |

资料来源：中华人民共和国国家统计局，2006 年。

注：1 公顷 = 10000$m^2$。

**表 3-5 世界部分国家土地面积、耕地面积和人口**

| 国家 | 面积/万平方千米 | 人口/万人 | 人口密度/人·$km^{-2}$ | 耕地面积/万公顷 | 人均耕地面积/公顷·人$^{-1}$ |
|---|---|---|---|---|---|
| 俄罗斯 | 1707.5 | 14325 | 8 | 12347 | 0.862 |
| 加拿大 | 997.1 | 3151 | 3 | 4566 | 1.449 |
| 美国 | 936.4 | 29404 | 31 | 17602 | 0.599 |
| 中国 | 960.1 | 129227 | 137 | 13004 | 0.101 |
| 印度 | 328.7 | 106246 | 324 | 16172 | 0.152 |
| 日本 | 37.8 | 12765 | 338 | 442 | 0.035 |
| 法国 | 55.2 | 6014 | 109 | 1845 | 0.307 |
| 德国 | 35.7 | 8248 | 231 | 1179 | 0.143 |
| 英国 | 24.3 | 5974 | 245 | 575 | 0.097 |
| 南非 | 121.9 | 4503 | 37 | 1475 | 0.328 |
| 巴西 | 851.5 | 17847 | 21 | 5898 | 0.330 |
| 澳大利亚 | 774.1 | 1973 | 3 | 4830 | 2.448 |

资料来源：中华人民共和国国家统计局，2006 年。

世界各洲、各国的地形、气候等自然因素的差异以及人口数量、经济发展水平的不同，使得可利用的土地资源在世界各地分布极不均衡。亚洲人口密度最高，占世界总人口的 56%，但可耕地只占 11%，土地资源最紧张；大洋洲的人口密度最低，大洋洲只占世界人口的 0.5%，而可耕地占 6%，其中 86%尚未开垦，人少地多，土地资源相对丰富。人口密度最低的国家是澳大利亚，人口密度超过 300 人/$km^2$ 的有日本和印度等国家。由于世界人口的急剧增长，人均耕地日益减少，地球的土地资源承载能力，也已成为关注的热点，并且世界土地资源利用中还存在很多问题。

（1）耕地增长趋于稳定，人均耕地日益减少。世界人口从 1950 年全球人口的 25 亿人增长到 2021 年全球人口的 70 亿人。1914 年美国拥有 3.67 亿公顷耕地，目前只剩下 1.97 亿公顷。日本人均耕地由 1950 年的 0.061 公顷，下降到 2016 年的 0.05 公顷。

（2）森林砍伐、草原破坏和沼泽滩涂的围垦。人们主要靠扩大耕地面积满足粮食的需求，耕地面积的增加往往是以损失草原、湿地、森林为代价的。人们围垦沼泽和滩涂，使湿地生态系统被破坏，使许多水禽和鱼类减少，甚至灭绝，全世界沼泽地已丧失25%~50%。

（3）土地资源退化。根据2008年联合国粮农组织的研究报告，世界许多地方的土地资源退化正在加剧，20%以上的耕地、30%的森林和10%的草原发生了退化，约有15亿人口受影响。这是由于利用不当或自然影响造成的土地质量下降，主要包括以下3个方面。

1）水土流失。自然因素是水土流失的潜在条件，滥垦、滥伐、广种薄收、刀耕火种等不合理的土地利用方式加剧了水土流失的过程。水土流失不仅使土地肥力下降，生态破坏，而且造成下游河道和水库淤积，严重影响沿河生产的发展和人类生命财产安全。

2）土壤盐渍化。盐渍土的形成是各种可溶性盐类在土壤表层或土体中逐渐积聚的过程。人类不正确的灌溉（如灌水量过大、灌溉水质不好等）可导致潜水位提高，引起土壤盐渍化。盐渍化严重时，一般植物都很难成活，土地就成了不毛之地。

3）土地沙漠化。人类的毁林开荒、滥垦过牧导致土地沙漠化。据联合国专家估计，沙漠已吞没约40%的耕地，现在每年沙化的耕地仍多达600万公顷。

（4）土壤污染和环境恶化。随着工业的快速发展，“三废”的排放、化肥和农药在农业中的大量投入，使土地污染问题日趋严重。

3.2.4.4 森林资源❶

世界森林资源的分布极不均衡。目前全球森林面积共40.6亿公顷，占陆地总面积的31%，人均森林面积0.52公顷。其中欧洲占25%，南美占21%，北美和中美占19%，非洲占16%，亚洲占15%，大洋洲占5%。俄罗斯、巴西、加拿大、美国和中国的森林面积之和占到全球的54%，如图3-5所示。另外，目前世界上有10个国家或地区已经完全没有森林，有合计20亿人口的64个国家森林面积不到其国土总面积的10%。

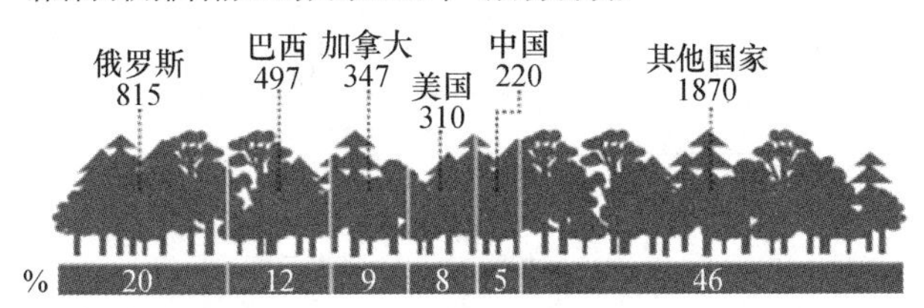

图3-5 世界森林资源的分布

世界森林净损失下降速度放缓。自1990年以来，全球森林面积持续缩小，净损失达1.78亿公顷，但森林净损失率大幅下降，森林消失的速度已显著放缓。由于森林扩张的速度减缓，森林净损失率从1990~2000年的780万公顷/年下降到2000~2010年的520万公顷/年和2010~2020年的470万公顷/年，如图3-6所示。森林砍伐仍在继续，但砍伐速度也有所放缓。自1990年以来，全世界因毁林而损失的森林估计有4.2亿公顷，但森林损失的速度已大幅下降。2015~2020年，估计每年的森林砍伐率为1000万公顷，低于2010~2015年的1200万公顷，如图3-7所示。

世界森林生长量正在下降。由于森林面积净减少，全球树木总生长蓄积量从1990年的

❶ 联合国粮农组织2020年6月发布《2020年全球森林资源评估》报告。

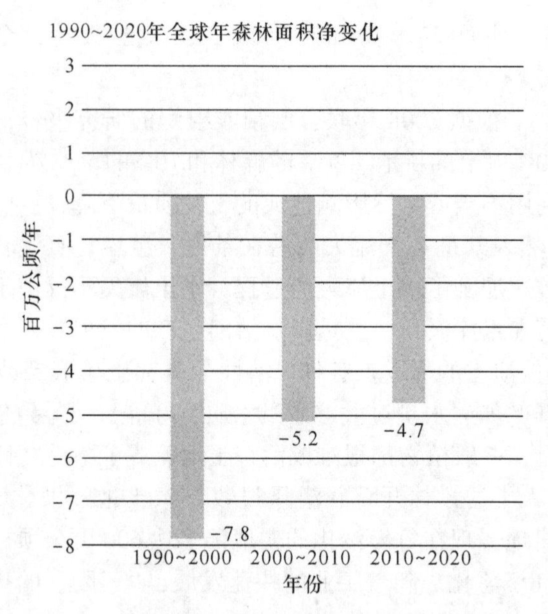


图 3-6 世界森林每十年变化量（1990~2020 年）

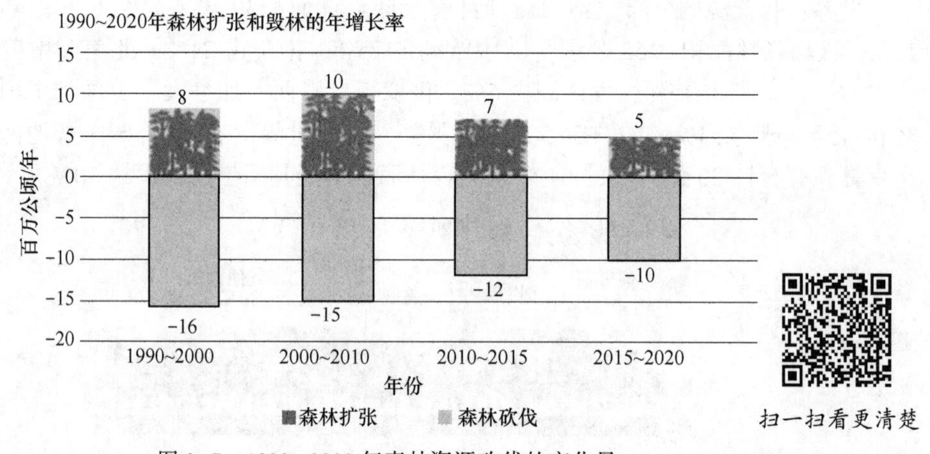


图 3-7 1990~2020 年森林资源砍伐的变化量

5600 亿立方米下降到 2020 年的 5570 亿立方米。但森林储量从 1990 年每公顷的 $132m^3$ 增加到 2020 年的 $137m^3$，单位面积蓄积量增加最为突出的是南美洲、中美洲及西非和中非地区。

森林总碳储量正在减少。大多数森林碳存在于活体生物质（44%）和土壤有机质（45%）中，其余存在于枯木和垃圾中。森林总碳储量从 1990 年的每公顷 6. 68 亿吨减少到 2020 年的 6. 62 亿吨，同期碳密度略有增加，从 159t 增加到 163t。如图 3-8 所示。

世界上 90%以上的森林是自然再生的。全世界 93%（37. 5 亿公顷）的森林面积是由自然再生森林组成的，7%（2. 9 亿公顷）是人工种植的。自 1990 年以来，自然再生森林的面积减少了，但人工造林的面积增加了 1. 23 亿公顷，如图 3-9 所示。南美洲人工林资源最为丰富，占其整个森林面积的 2%；欧洲人工林占比最低，占整个森林面积的 0. 4%。

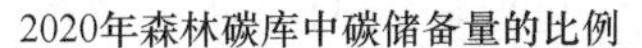


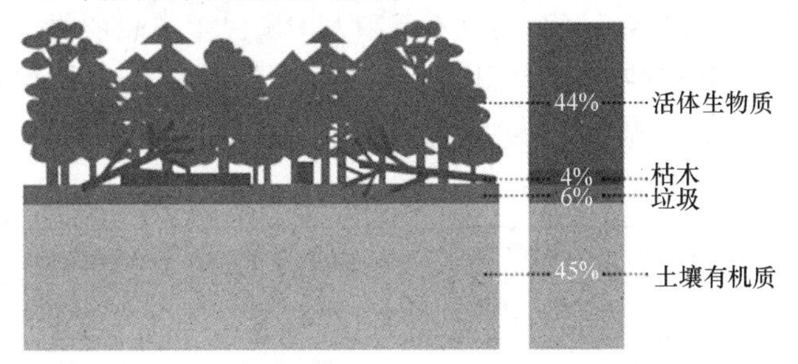

扫一扫看更清楚

图 3-8　2020 年森林资源总碳储量占比

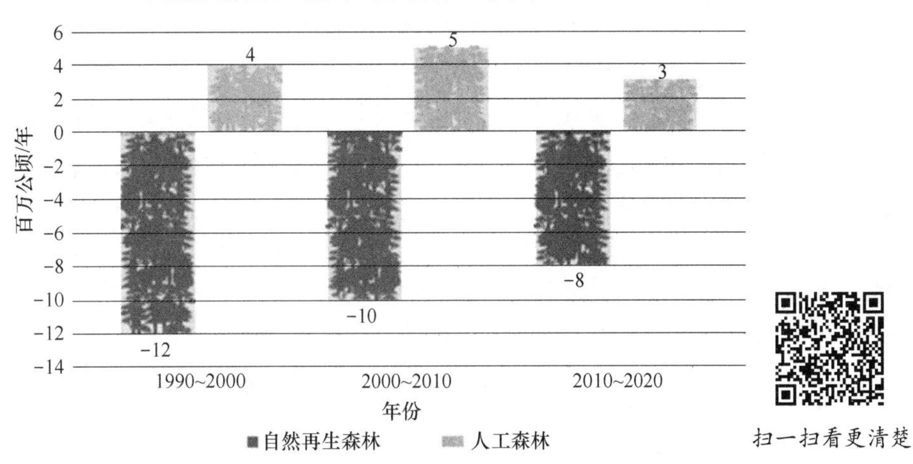


扫一扫看更清楚

图 3-9　1990~2020 年森林资源再生的变化量

原始森林覆盖面积超过 10 亿公顷。世界上至少还存在 11.1 亿公顷的原始森林，即由本地物种组成的森林，其中没有明显的人类活动迹象，生态过程也没有受到明显的干扰。其中巴西、加拿大和俄罗斯拥有 61%的世界原始森林。自 1990 年以来，中国原始森林面积减少了 8100 万公顷，但 2010~2020 年损失速度比前 10 年减少了一半以上。

森林资源功能种类繁多。全球大约 30%的森林为产品林，约 11.5 亿公顷可用来生产木材和非木材产品。大约 10%的森林为生物多样性保护林，总面积为 4.24 亿公顷。以涵养水土为主的森林面积不断增加，总面积估计有 3.98 亿公顷。全球约 1.86 亿公顷的森林被用于社会性服务，如娱乐、旅游、教育和宗教场所等。

森林病虫害、自然灾害和入侵物种使森林资源受到严重破坏。火是热带地区一种常见的森林干扰因素。在 2015 年，大约有 9800 万公顷的森林受到火灾的影响，占整个森林面积的 4%，其中 2/3 在非洲和南美洲。同年，虫害、疾病和恶劣天气破坏的森林约 4000 万公顷，主要在温带和北方地区。

### 3.2.5　中国自然资源的特征

我国自然资源丰富、种类繁多，其总量综合排序在世界上 144 个国家中居第八位。我国地表水资源居世界第六位，矿产资源按45种重要矿产的潜在价值计算，居世界第三位，见表3-6。但由于我国人口多、资源相对不足和人均国民生产总值仍居世界后列，所以以资源高消耗来发展生产和单纯追求经济增长的传统发展模式，正在严重地威胁着自然资源的可持续利用。我国自然资源的特征具体表现为以下几方面。

**表3-6 中国自然资源情况**

| 资源类型 | 占有量/$km^2$ | 世界排名 | 资源类型 | 占有量/$km^2$ | 世界排名 |
|---|---|---|---|---|---|
| 陆地面积 | $9.6\times10^6$ | 3 | 海域面积 | $4.73\times10^6$ | |
| 耕地面积 | $1.3\times10^5$ | 4 | 地表水资源 | $2.8\times10^{12}$ | 6 |
| 森林面积 | $1.2\times10^4$ | 6 | 水利能 | | 1 |
| 草地面积 | $4.0\times10^6$ | 2 | 太阳能 | | 2 |
| 矿产资源 | 45种重要矿产 | 3 | 煤炭 | | 3 |

3.2.5.1 资源总量大，人均占有量少

由于我国人口众多，主要资源的人均占有量普遍偏少。例如，我国2012年的人均耕地面积有0.100公顷（1.497亩），2017年全国人均耕地0.097公顷（1.46亩），为世界人均水平的一半。我国是一个缺林少绿、生态脆弱的国家，截止到2020年全国森林覆盖率为22.96%，远低于全球31%的平均水平，人均森林面积仅为世界人均水平的1/4，人均森林蓄积只有世界人均水平的1/7。我国人均水资源量为2700$m^3$，不及世界平均值的1/4。我国人均资源占有量在世界上144个国家的排序见表3-7。

**表3-7 中国人均自然资源情况**

| 资源类型 | 世界排名 |
|---|---|
| 土地面积 | 110位以后 |
| 耕地面积 | 130位 |
| 草地面积 | 76位以后 |
| 森林面积 | 107位以后 |
| 淡水资源量 | 55位以后 |
| 45种矿产潜在价值 | 80位以后 |

3.2.5.2 资源种类多、类型齐全

我国疆域辽阔，就全国而言，呈现以农为主，农、林、牧、渔各业并举的格局。在工业资源方面，除了农业为轻纺工业提供各种原料外，能源、冶金、化工、建材都有广泛的资源基础。世界上中国、美国、加拿大、巴西等是资源组合状况最好的国家。

3.2.5.3 资源的地域分布不均衡

由于地理、地质、生物和气候的作用，我国资源的分布存在相对富集和相对贫乏的现象，如我国水资源东多西少、南多北少。南方耕地面积占36.1%，河川径流却占82.8%；北方耕地面积占63.9%，河川径流仅占17.2%；而西北地区土地面积占30%，耕地却不到10%，水资源不足8%。矿产资源的80%分布于西北部，石油和煤炭的75%以上分布在长江以北，而工业却集中在东部沿海，能源消费集中在东南部。资源分布不平衡是一个客观

规律，这种空间分布的不平衡性，一方面有利于进行集中重点开发，建设强大的生产基地；但另一方面也造成煤炭、石油、矿石、木材等资源的开发利用受到交通运输条件的制约，给交通运输等基础设施建设带来巨大压力。

3.2.5.4　资源质量不够理想，优质资源所占的比重很少

资源质量不够理想，优质资源所占的比重很少，这种现象在耕地、天然草地和一部分矿产中尤为突出。例如，难以利用的土地面积比例较高，土地利用率较低。我国一等耕地约占全部耕地的40%，中下等耕地和有限制的耕地约占60%，耕地总体质量不算好，在全国耕地中，单位面积产量可以相差几倍到几十倍。矿产资源除煤以外，贫矿多富矿少，复杂难利用的矿产多，简单易利用的矿产少。

## 3.3 能　源

能源是人类进行生产、发展经济的重要物质基础和动力来源，是人类赖以生存不可缺少的重要资源，是经济发展的战略重点之一。现代化工业生产是建立在机械化、电气化、自动化基础上的高效生产，所有这些过程都要消耗大量能源；现代农业的机械化、水利化、化学化和电气化也要消耗大量能源，而且现代化程度越高，对能源质量和数量的要求也就越高。然而，当人类大量使用和消耗能源时，却带来了许多环境问题，如温室效应、酸雨、臭氧层破坏和热污染等。此外，由于能源消费量与日俱增，地球上目前所拥有的能源到底能维持供应多久，是当前人类所关心的问题。

### 3.3.1　能源的定义

目前关于能源的定义有多种。《科学技术百科全书》认为："能源是可从其获得热、光和动力之类能量的资源。"《大英百科全书》认为：能源是一个包括所有燃料、流水、阳光和风的术语，人类用适当的转换手段便可让它为自己提供所需的能量。《日本大百科全书》认为："在各种生产活动中，利用热能、机械能、光能、电能等来做功，可用来作为这些能量源泉的自然界中的各种载体，称为能源。"我国的《能源百科全书》认为："能源是可以直接或经转换提供人类所需的光、热、动力等任一形式能量的载能体资源。"可见，能源是一种呈多种形式的且可以相互转换的能量的源泉。确切而简单地说，能源是自然界中能为人类提供某种形式能量的物质资源。

### 3.3.2　能源的分类

能源种类繁多，根据不同的划分方式，有以下分类形式。

3.3.2.1　按来源划分

（1）来自地球以外的太阳能。太阳能除直接辐射被人类利用外，还能为风能、水能、生物能和矿物能源等的产生提供基础。人类所需能量的绝大部分都直接或间接来自太阳。各种植物通过光合作用把太阳能转变成化学能在植物体内储存下来。煤炭、石油、天然气等化石燃料也是由远古动植物经过漫长的地质年代形成的。

（2）地球自身蕴藏的能量。主要是指地热能资源以及原子核能燃料等。据估算，地球以地下热水和地热蒸汽形式储存的能量，是煤储能的1.7亿倍。地热能是地球内放射性元

素衰变辐射的粒子或射线所携带的能量。地球上的核裂变燃料（铀、钍）和核聚变燃料（氢、氘）是原子能的储能体。

（3）地球和其他天体引力相互作用而产生的能量。主要是指地球和太阳、月球等天体间有规律运动而形成的潮汐能。潮汐能蕴藏着极大的机械能，是雄厚的发电原动力。

3.3.2.2 按产生方式划分

按能源的产生方式划分能源可分为一次能源（天然能源）和二次能源（人工能源）。一次能源是指自然界中以天然形式存在并没有经过加工或转换的能量资源，如煤炭、石油、天然气、风能、地热能等。由一次能源经过加工转换成另一种形态的能源产品称为二次能源，如电力、焦炭、煤气、蒸汽、石油制品和沼气等能源都属于二次能源。大部分一次能源都转换成容易输送、分配和使用的二次能源，以适应消费者的需要。二次能源经过输送和分配，可在各种设备中使用，变成有效能源。

3.3.2.3 按性质划分

按能源性质划分能源可分为燃料型能源和非燃料型能源。属于燃料型能源的有矿物燃料（如煤炭、石油、天然气）、生物燃料（如柴薪、沼气、有机废物等）、化工燃料（如甲醇、酒精、丙烷以及可燃原料铝、镁等）、核燃料（如铀、钍、氘）四类。非燃料型能源多数具有机械能，如水能、风能等；有的具有热能，如地热能、海洋热能等；有的具有光能，如太阳能、激光等。

3.3.2.4 按产物污染程度划分

根据能源消耗后能否造成污染划分能源可分为污染型能源和清洁型能源，污染型能源包括煤炭、石油等，清洁型能源包括水力、电力、太阳能、风能等。

3.3.2.5 按再生性质划分

按能源能否再生划分能源可分为可再生能源和不可再生能源两大类。可再生能源是指能够不断再生并有规律地得到补充的能源，如太阳能、水能、生物能、风能、潮汐能和地热能等；它们可以循环再生，不会因长期使用而减少。不可再生能源是须经地质年代后才能形成而短期内无法再生的一次能源，如煤炭、石油、天然气等。它们随着大规模开采利用储量越来越少，总有枯竭之时。

3.3.2.6 按使用历史划分

根据能源使用的历史划分能源可分为常规能源和新能源。常规能源是指已经大规模生产和广泛使用的能源，如煤炭、石油、天然气、水能和核能等；新能源是指正处在开发利用中的能源，如太阳能、风能、海洋能、地热能、生物质能等。新能源大部分是天然和可再生的，是未来世界持久能源系统的基础。目前，人类仍主要依靠煤炭、石油、天然气和水力等一些常规能源。随着科学和技术的进步，新能源（如太阳能、风能、地热能、生物质能等）将不同程度地替代一部分常规能源。氢能及核聚变能等将逐步得到发展和利用。

### 3.3.3 能源利用现状和问题

3.3.3.1 我国能源特点

我国目前是世界上第二位能源生产国和消费国，能源资源主要有以下 7 个特点：

（1）能源资源总量比较丰富。2019 年数据统计，我国原煤产量为 38.46 亿吨，居世界第一位，占全球总产量的 47.3%；原油产量达到 1.91 亿吨，居世界第五位；天然气产量为 1761.7 亿立方米，居世界第六位；发电量 75034 亿千瓦·时，居世界第一位。

（2）人均能源资源拥有量较低。虽然我国的能源资源总量大，但由于人口众多，人均能源资源拥有量在世界上处于较低水平。我国煤炭和水力资源人均拥有量相当于世界平均水平的 50%，石油、天然气人均资源量仅为世界平均水平的 7%。耕地资源不足世界人均水平的 30%，制约了生物质能源的开发。

（3）能源资源赋存分布不均衡。我国能源资源分布广泛但不均衡。煤炭资源主要赋存在华北、西北地区，水力资源主要分布在西南地区，石油、天然气资源主要赋存在东、中、西部地区和海域。我国主要的能源消费地区集中在东南沿海经济发达地区，资源赋存与能源消费地域存在明显差别。

（4）能源结构以煤为主。在我国的能源消耗中，煤炭仍然占有主要地位，煤炭的消费量在一次能源消费总量中所占的比重约为 58%；石油和天然气分别占 20%和 7%。洁净能源的迅速发展、优质能源比重的提高，为提高能源利用效率和改善大气环境发挥了重要的作用。

（5）能源资源开发难度较大。与世界其他国家相比，我国煤炭资源地质开采条件较差，大部分储量需要井工开采，极少量可供露天开采。石油天然气资源地质条件复杂、埋藏深、勘探开发技术要求较高。未开发的水力资源多集中在西南部的高山深谷，远离负荷中心，开发难度和成本较大。非常规能源资源勘探程度低、经济性较差、缺乏竞争力。

（6）工业部门消耗能源占有很大的比重。与发达国家相比，我国工业部门耗能比重很高，而交通运输和商业民用的消耗较低。我国的能耗比例关系反映了我国工业生产中的工艺设备落后，能源管理水平低。

（7）农村能源短缺，以生物质能为主。我国农村使用的能源以生物质能为主，占总体能源的 40%。目前，一年所生产的农作物秸秆只有 7 亿吨，除去作为饲料、工业原料和未被利用的，仅有 3 亿吨可作为生物质能使用，折合标准煤为 1 亿~5 亿吨。

#### 3.3.3.2 我国能源存在的问题

我国能源存在的问题突出表现在以下 3 个方面：

（1）约束突出，能源效率偏低。我国优质能源资源相对不足，制约了供应能力的提高；能源资源分布不均，也增加了持续供应的难度；经济增长方式粗放、能源结构不合理、能源技术装备水平低和管理水平相对落后，导致单位国内生产总值能耗和主要耗能产品能耗高于主要能源消费国家平均水平，进一步加剧了能源供需矛盾。

（2）能源消费以煤为主，环境压力加大。煤炭是我国的主要能源，以煤为主的能源结构在未来相当长时期内难以改变。相对落后的煤炭生产方式和消费方式，加大了环境保护的压力。煤炭消费是造成煤烟型大气污染的主要原因，也是温室气体排放的主要来源。据历年资料估算，我国燃煤排放的二氧化硫占各类污染源排放的 87%，颗粒物占 60%，氮氧化物占 67%。

（3）市场体系不完善，应急能力有待加强。我国能源市场体系不健全，能源价格机制未能完全反映资源稀缺程度、供求关系和环境成本。能源资源勘探开发秩序有待进一步规范，能源监管体制尚待健全。

自 1993 年起，我国由能源净出口国变成净进口国，能源总消费已大于总供给，能源需求的对外依存度迅速增大。煤炭、电力、石油和天然气等能源在我国都存在缺口，其中，石油需求量的大增以及由其引起的结构性矛盾日益成为我国能源安全面临的最大难题。

初步核算的我国2019年主要能源产品产量及增长速度见表3-8。2019年能源消费总量❶48.6亿吨标准煤，比2018年增长3.3%。其中，煤炭消费量增长1.0%，原油消费量增长6.8%，天然气消费量增长8.6%，电力消费量增长4.5%❷。煤炭消费量占能源消费总量的57.7%，比2018年下降1.5个百分点；天然气、水电、核电、风电等清洁能源消费量占能源消费总量的23.4%，比2018年上升1.3个百分点。万元国内生产总值能耗❸比2018年下降2.6%。

**表3-8 2019年主要能源产品产量及增长速度**

| 产品名称 | 单位 | 产量 | 比2018年增长/% |
|---|---|---|---|
| 一次能源生产总量 | 亿吨（标准煤） | 39.7 | 5.1 |
| 原煤 | 亿吨 | 38.5 | 4.0 |
| 原油 | 万吨 | 19101.4 | 0.9 |
| 天然气 | 亿立方米 | 1761.7 | 10.0 |
| 发电量 | 亿千瓦·时 | 75034.3 | 4.7 |
| 其中：火电 | 亿千瓦·时 | 52201.5 | 2.4 |
| 水电 | 亿千瓦·时 | 13044.4 | 5.9 |
| 核电 | 亿千瓦·时 | 3483.5 | 18.3 |

#### 3.3.3.3 清洁能源

清洁能源是指不排放污染物、能够直接用于生产生活的能源，是对能源清洁、高效、系统化应用的技术体系。其含义包括以下三点：

（1）清洁能源不是对能源的简单分类，而是指能源利用的技术体系。

（2）清洁能源不但强调清洁性，同时也强调经济性。

（3）清洁能源的清洁性指的是符合一定的排放标准。

我国目前发展的较为广泛的清洁能源包括洁净煤技术、核电、太阳能、生物质能、水能、风能等。

##### A 洁净煤技术

传统的洁净煤技术主要是指煤炭的净化技术及一些加工转换技术，即煤炭的洗选、配煤、型煤以及粉煤灰的综合利用技术。而目前洁净煤技术是指高技术含量的洁净煤技术，发展的主要方向是煤炭的气化、液化，煤炭高效燃烧与发电技术等。它是旨在减少污染和提高效率的煤炭加工、燃烧、转换和污染控制新技术的总称，是当前世界各国解决环境问题的主导技术之一，也是高新技术国际竞争的一个重要领域。

洁净煤技术工艺包括以下两个方面。

（1）直接烧煤洁净技术：此技术包括燃烧前、燃烧中、燃烧后煤洁净技术。

---

❶ 根据第四次全国经济普查结果，对能源消费总量等相关指标历史数据进行了修订。

❷ 数据来源于中国电力企业联合会。

❸ 万元国内生产总值能耗按2015年价格计算，根据第四次全国经济普查结果对历史数据进行了修订。

燃烧前的净化加工技术主要是洗选、型煤加工和水煤浆技术。原煤洗选采用筛分、物理选煤、化学选煤和细菌脱硫等方法可以除去或减少灰分、矸石、硫等杂质；型煤加工是把散煤加工成型煤，由于成型时加入石灰固硫剂，可减少二氧化硫排放，减少烟尘；水煤浆用优质低灰原煤制成，可以代替石油。

燃烧中的净化燃烧技术主要是流化床燃烧技术和先进燃烧器技术。流化床技术由于燃烧温度低可减少氮氧化物排放量，煤中添加石灰可减少二氧化硫排放量，炉渣可以综合利用，能烧劣质煤，这些都是它的优点；先进燃烧器技术是指改进锅炉、窑炉结构与燃烧工艺，减少二氧化硫和氮氧化物排放的技术。

燃烧后的净化处理技术主要是消烟除尘和脱硫脱氮技术。消烟除尘技术很多，静电除尘器效率最高，可达99%以上，应用较广。脱硫有氨水吸收法，其脱硫效率可达93%~97%。

（2）煤转化为洁净燃料技术：主要包括煤的气化技术、煤的液化技术、煤气化联合循环发电技术。

煤的气化技术是在常压或加压条件下，保持一定温度，通过气化剂（空气、氧气和蒸汽）与煤炭反应生成煤气，煤气中主要成分是一氧化碳、氢气、甲烷等可燃气体。煤在气化中可脱硫除氮，排去灰渣，因此，煤气就是洁净燃料了。

煤的液化技术。有间接液化和直接液化两种。间接液化是先将煤气化，然后再把煤气液化，如煤制甲醇，可替代汽油；直接液化是把煤直接转化成液体燃料，如直接加氢将煤转化成液体燃料，或煤炭与渣油混合成油煤浆反应生成液体燃料。

煤气化联合循环发电技术。先把煤制成煤气，再用燃气轮机发电，排出高温废气烧锅炉，再用蒸汽轮机发电，整个发电效率可达45%。

B 核能

核能俗称原子能，它是通过核反应从原子核释放的能力。核能分为两类：一类叫裂变能，另一类叫聚变能。

核能有巨大威力。1kg铀原子核全部裂变释放出来的能量约等于2700t标准煤燃烧时放出的化学能。一座100万千瓦的核电站，每年只需25~30t低浓度铀核燃料，运送这些核燃料只需10辆货车；而相同功率的煤电站，每年需要超过300万吨原煤，运输这些煤炭要1000列火车。核聚变反应释放的能量更大。据测算1kg煤只能使一列火车开动8m；1kg核裂变原料可使一列火车开动4万千米；而1kg核聚变原料可以使一列火车行驶40万千米，相当于地球到月球的距离。

C 太阳能

太阳能是一种清洁的可再生的能源，取之不尽，用之不竭。太阳能的利用有光热利用、太阳能发电、光化学利用和光生物利用4种类型。

（1）光热利用基本原理是将太阳辐射能收集起来，通过与物质的相互作用转换成热能加以利用。目前使用最多的太阳能收集装置，主要有平板型集热器、真空管集热器和聚焦集热器等。如太阳能热水器、太阳能干燥器、太阳灶、太阳炉就属于光热利用。

（2）太阳能发电主要有两种方式：热发电和光发电。太阳热发电技术是利用太阳能产生热能，再转换成机械能与电能。太阳热发电系统由集热系统、热传输系统、蓄热器热交换系统以及汽轮机、发电机系统组成。与一般火力发电站相比，太阳能发电站只是把锅炉换成太阳能集热系统。太阳光发电就是利用光电效应将光能有效地转换成电能，它的基本装置是太阳能电池。如单晶硅电池、多晶硅电池、硅化锡电池等。

(3) 光化学利用是一种利用太阳辐射能直接分解水制氢的光-化学转换方式。它包括光电化学作用、光敏化学作用及光分解反应。

(4) 光生物利用通过植物的光合作用来实现将太阳能转换成为生物质能的过程。目前主要有速生植物(如薪炭林)、油料作物和巨型海藻等。

D 水能

水能作为一种可再生的清洁能源,是指水体的动能、势能和压力能等能量资源。水能主要用于水力发电,其优点是成本低、可连续再生、无污染,其缺点是分布受水文、气候、地貌等自然条件的限制大。

水力发电是利用水的高度位差冲击水轮机,使之旋转,从而将水能转化为机械能,然后再由水轮机带动发电机旋转,切割磁力线产生交流电,因此需要建设水坝拦截水,以保证一定的水位差用以发电。水坝的建设有利和弊双重特性。其有利的方面是:调控水位,防止洪涝和干旱;利用水位差发电以供应廉价的电能。其不利方面是:建设水坝将阻断河流内动物的回游路线,影响河流生态平衡;大水坝建设可能对地质产生影响,使地震发生率增加;水电站对上游的流沙如何疏导也是一个较大的技术问题。因此,人类如何合理、有效地开发利用水力发电而又不至于破坏生态平衡,是亟待解决的问题。

E 风能

风能来自太阳能。太阳照射到地球表面,地球表面各处受热不同产生温差,从而产生大气的对流运动,风能是地球表面大量空气流动所产生的动能。

风能的利用主要是风力发电和以风能作动力两种形式,其中又以风力发电为主。以风能为资源的电力开发对环境的影响很小,在风能转换成电能的过程中,只降低了气流速度,没有给大气造成任何污染,因此风能是典型的清洁能源。在四级风区(20~21.4km/h),与同规模的热电厂相比,一座750kW的风力发电机,可每年平均减少热电厂1179t的$CO_2$、6.9t的$SO_2$排放。以风能作动力,就是利用风来直接带动各种机械装置,如带动水泵提水等,这种风力发动机的优点是投资少、工效高、经济耐用。

F 生物质能

生物质能是自然界中有生命的植物提供的能量,这些植物以生物质作为媒介储有太阳能,在各种可再生能源中,生物质是独特的,它是被储存的太阳能,更是一种唯一可再生的碳源,可转化成常规的固态、液态和气态燃料。

生物质能具有以下四个特点:

(1) 可再生性。生物质能属可再生资源,生物质能由于通过植物的光合作用可以再生,因此资源丰富,可以保证能源的永续利用。

(2) 低污染性。生物质的硫含量、氮含量低、燃烧过程中生成的$SO_x$、$NO_x$较少;生物质作为燃料时,由于它在生长时需要的$CO_2$相当于它排放的$CO_2$的量,因而对大气的$CO_2$净排放量近似于零,可有效地减轻温室效应。

(3) 广泛分布性。缺乏煤炭的地域,可充分利用生物质能。

(4) 生物质燃料总量十分丰富。生物质能是世界第四大能源,仅次于煤炭、石油和天然气。根据生物学家估算,地球陆地每年生产1000亿~1250亿吨生物质;海洋每年生产500亿吨生物质。

### 3.3.3.4 世界的能源需求和发展趋势

目前全球能源结构中石油仍居主导地位。国际能源委员会发布的2005年世界能源统计报告表明，石油占能源消费总量的36.8%，煤炭占27.2%，天然气占23.7%，有三足鼎立之势，核能与水电分别仅占6.1%和6.2%。人类社会要用清洁能源和可再生能源取代传统能源，还需经历漫长的过程。

据美国能源信息署（EIA）的《2019年国际能源展望》中指出，2018年至2050年期间世界能源消费量将增长近50%。该增长的大部分来自非经合组织国家，特别是在亚洲。可再生能源是2018年至2050年间增长最快的能源来源，在参考案例中，超过石油和其他液体能源成为最常用的能源来源。该期间天然气消费量将增加40%。全球液体燃料消费量将增加超过20%；经合组织国的能源需求相对稳定，但非经合组织国家的能源需求增长约45%。

世界能源发展呈现如下4个趋势：

（1）多元化。世界能源结构先后经历了以薪柴、以煤和以石油为主的时代，现在正在向以天然气为主转变，同时，清洁能源也正得到更广泛的利用。可持续发展、环境保护、能源供应成本和供应能源的结构变化，决定了全球能源多样化发展的格局。在欧盟2013年可再生能源发展规划中，风电要达到4500万千瓦·时，水电要达到13亿千瓦·时。英国的可再生能源发电量占英国发电总量的比例由2010年的10%提高到2020年的20%。

（2）清洁化。随着世界能源新技术的进步及环境保护标准的日益严格，未来世界能源将进一步向清洁化的方向发展，清洁能源在能源总消费中的比例也将逐步增大。在世界消费能源结构中，煤炭所占的比例将由目前的26.47%下降到2025年的21.72%，而天然气将由目前的23.94%上升到2025年的28.40%，石油的比例将维持在37.60%~37.90%的水平。同时，煤炭和薪柴、秸秆、粪便等传统能源的利用将向清洁化方面发展，洁净煤技术、沼气技术、生物质能技术等将取得突破并得到广泛应用。一些国家（如法国、奥地利、比利时、荷兰等）已经关闭其国内的所有煤矿而发展核电，以解决温室气体排放问题。

（3）高效化。世界能源加工和消费的效率差别较大，能源利用效率提高的潜力巨大。随着世界能源新技术的进步，未来世界能源利用效率将日趋提高，能源强度将逐步降低。如2001年世界的能源强度为3.121t油当量/万美元，2010年降为2.759t油当量/万美元，预计2025年将降为2.375t油当量/万美元。但是世界各地区能源强度差异较大，如2001年世界发达国家的能源强度仅为2.109t油当量/万美元，2001~2025年发展中国家的能源强度预计是发达国家的2.3~3.2倍，可见世界的节能潜力巨大。

（4）全球化。由于世界能源资源分布及需求分布的非均衡性，世界各个国家和地区已经越来越难以依靠本国的资源来满足其国内的需求。以石油贸易为例，世界石油贸易量由1985年的12.2亿吨增加到2003年的21.8亿吨，年均增长率约为3.46%。初步估计，世界石油净进口量将逐渐增加，预计2020年日进口量将达4080万桶，2025年日进口量将达到4850万桶。世界能源供应与消费的全球化进程将加快，世界主要能源生产国和能源消费国将积极加入到能源供需市场的全球化进程中。

总之，世界能源总的发展趋势是从高碳走向低碳，从低效走向高效，从不清洁走向清洁，从不可持续走向可持续。

## 复习思考题

3-1 关于人类对环境影响的叙述，正确是______。

A. 人类可以通过植树造林来恢复被砍伐林区原有的生态环境

B. 生态环境遭到破坏后，人工措施无法恢复其原貌

C. 人类活动不能改变干洁空气的成分

D. 人类进行任何生产和生活活动都会对环境造成伤害

3-2 关于环境和环境问题的叙述，正确的是______。

A. 发达国家的环境问题比发展中国家严重

B. 水土流失和酸雨危害在许多国家都存在，是全球性的环境问题

C. 天然水体具有一定的自净能力，湖泊水量大故自净能力强

D. 水体富营养化的主要污染物质是含有氮、磷的化合物

3-3 目前在我国实现“低碳经济”的主要途径是______。

①产业转移　②推行清洁生产，提倡绿色消费

③控制人口增长，减轻环境压力　④加快产业升级步伐，淘汰落后产业

A. ②④　B. ③④　C. ①③　D. ①②

3-4 用煤来发电与水力发电的主要不同是______。

A. 火电站建设周期短，运转时投资少

B. 火电站污染空气，水电站不会破坏生态环境

C. 水电站综合效益高，运转成本低

D. 水电站建设周期短、投资少

3-5 综合我国能源生产和消费的实际情况，下列利用方式中，具有战略前景的是______。

A. 煤发电　B. 煤气化　C. 煤洗净　D. 煤变油

3-6 下列生产方式中不符合循环经济模式的是______。

A. 广西贵港建立我国第一个生态工业示范园

B. 杭州研制成功节水生态型“泡沫公厕”

C. 不可降解包装材料在我国部分地区使用

D. 海尔集团研制成功不用洗衣粉的洗衣机

3-7 “一个地球，一个家庭”表达的协调人类发展与环境关系的主题是______。

A. 大力发展经济，解决贫困问题　B. 颁布保护环境的法律，建立环保机构

C. 加强全球合作，共同保护环境　D. 进行国土规划，搞好国土整治

3-8 可持续发展思想源远流长，下列诗句能反映该种思想的有______。

①“竭泽而渔，岂不获得？而明年无渔。焚薮而田，岂不获得？而明年无兽。”

②“斩伐养长不失其时，故山林不童。而百姓有余材也。”

③“为人君而不能谨守其山林菹泽草莱，不可以立为天下王。”

④“稻花香里说丰年，听取蛙声一片。”

⑤“起来望南山，山火烧山田。”

A. ①②④　B. ②③⑤　C. ①②③　D. ③④⑤

3-9 根据近些年的探测，海底“可燃冰”（天然气水合物）储量极为丰富，其开发技术亦日趋成熟。利用“可燃冰”可产生的环境效益有______。

①可取代一些核电站，减少核废料的污染 ②无 $CO_2$ 排放，减缓全球变暖速度

③可取代水电站，改善大气质量 ④部分替代煤和石油，减轻对大气的污染

A. ①② B. ①③ C. ①④ D. ②④

3-10 下列言行有利于可持续发展的是______。

①“保护长江万里行”活动

②中国要建立“绿色 GDP 为核心指标的经济发展模式和国民核算新体系”

③“盛世滋丁，永不加赋”

④提倡塑料袋购物

A. ①② B. ②③ C. ③④ D. ②④

3-11 中国已经成为石油净进口国。下列措施中，从“开源”方面能有效保证我国石油安全的是______。

①在海外大力投资石油的开发和经营 ②加速国内石油资源的勘探与开发

③建立国家石油战略储备库 ④建立多元化的石油进口渠道

A. ①②③ B. ①②④ C. ①③④ D. ②③④

3-12 我国矿产资源利用中存在的主要问题有哪些？

3-13 如何对矿产资源进行合理的利用及保护？

3-14 如何对海洋资源进行合理开发与利用？

3-15 中国能源资源有哪些特点？

# 4 环境污染及其防治

## 4.1 环境污染和环境污染物

### 4.1.1 人与环境的关系

环境是人类赖以生存的场所，人类在地球环境中生活、发展，人和环境也惊人的相似。在地球表面，氢、碳、氧、氮这 4 种元素最多，在人的身体里也是同样，这 4 种元素在人体里占的比例最多的，占人体质量的 90% 以上，此外，人体内还含有铁、铜、锌、锰、钴、氟、碘等微量元素，其质量不到人体的 1%。人体通过新陈代谢和周围环境进行物质交换。总之，人体化学元素组成与环境的化学元素组成具有很高的统一性（图 4-1），这说明人与自然环境的关系密切，是化学元素将环境与人体联系在一起。自然界是不断变化的，人体也总是会通过内部调节来适应不断变化的外界物质，以保持与环境物质的相对平衡。

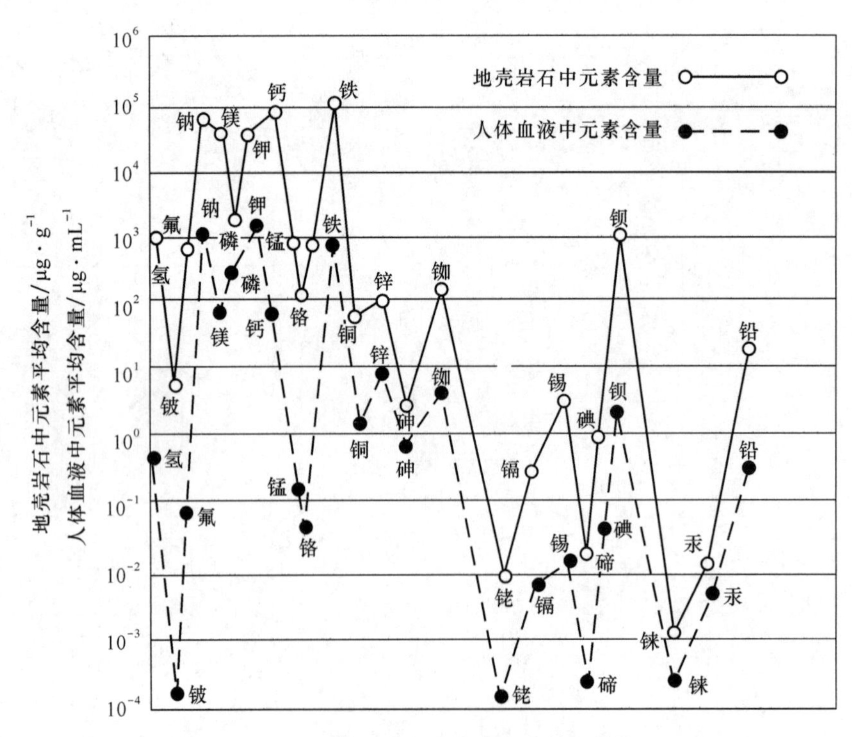


图 4-1 人体血液与地壳中元素的相关性

在正常环境中，人与环境之间保持着动态的平衡关系，使人类得以正常地生长、发育，人体各系统和器官之间是密切联系的统一体。人体各种生理功能在某种程度上对环境的变化是适应的。比如人体通过解毒和代谢功能来维持人体与环境的统一。但是这些功能是有一定限度的，当环境受到污染导致其中某些物质或化学元素（如重金属和难降解有机物）增多，就会通过食物链或食物网等途径侵入人体并在人体内累积，当积累到超过人体的耐受限度时就会破坏人体内的平衡，从而导致疾病和死亡，甚至通过遗传危害子孙后代的健康。现代人体内大多数元素的含量高于古代人，而其中许多元素对人体的健康构成危害。大多数元素在人体中有隐藏毒性，当高于某一阈值时，人体就会发生中毒，严重会死亡。例如，碘是人体必需的微量元素，它对人类的生长发育起着重要的作用，不仅能够促进物质（如糖类、脂肪、蛋白质）的代谢，还能促进发育期儿童身高、体重、骨骼、肌肉的增长和性发育，增进食欲，维持垂体和性腺活动的平衡等。但人体长期摄入过多的碘，会造成高碘性甲状腺机能亢进或甲状腺肿、影响智力和性功能等危害；而长期碘摄入不足会对发育（包括脑发育和骨骼发育）和体能造成影响。某些元素在自然界的含量过高或过低，都会造成一些带有地域特点的地方性疾病，例如低硒地域是克山病的多发地区。

人类环境的任何异常变化都会不同程度地影响人体的正常生理功能。人类在长期发展进化的过程中形成了可以通过调节自己的生理功能来适应不断变化着的环境的能力（免疫能力）。如果环境的异常变化不超过一定限度，人体是可以适应的。如人体可以通过体温调节来适应环境中温度条件的变化；通过调整红细胞数量和血红蛋白含量来适应环境中氧气含量的变化等。但是如果环境的异常变化超出人体正常生理调节的限度，就可能引起人体某些功能和结构的异常，甚至造成病理性变化。这种能使人体发生病理性变化的环境因素称为环境致病因素。实际上，人类的疾病大部分是与生物、化学和物理的环境致病因素有关。而在环境致病因素中，环境污染又占有非常重要的位置。

疾病是有机体在致病因素作用下，功能、代谢及形态上发生病理变化的一个过程，这些变化达到一定程度才表现出疾病的特殊临床症状和体征。人体对致病因素引起的功能损害有一定的代偿能力，在疾病发展过程中，有些变化是属于代偿性的，有些变化属于损伤，二者同时存在。当代偿过程较强时，机体可以保持相对稳定，暂不出现疾病的临床症状，这时如果致病因素停止作用，机体便向恢复健康的方向发展。但代偿能力是有限的，如果致病因素继续作用，代偿功能逐渐减弱，机体则以病理变化的形式表现出各种疾病所特有的临床症状和体征，人体对环境致病因素的反应过程如图 4-2 所示。

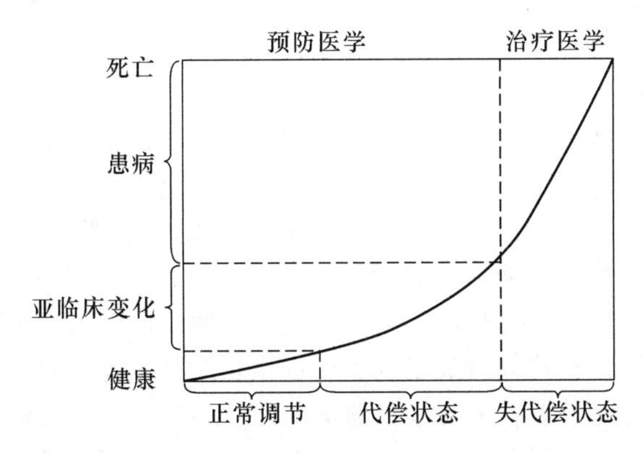


图 4-2　人体对环境致病因素的反应过程

疾病的发生发展一般可分为潜伏期（无临床表现）、前驱期（有轻微的、一般不适）、临床症状明显期（出现某疾病的典型症状）、转归期（恢复健康或恶化死亡）。在急性中毒的情况下，疾病的前两期可能很短，而会很快出现明显的临床症状和体征。在微量致病因素（如某些化学物质）长期作用下，疾病的前两期可能相当长，病人没有明显的临床症状和体征，但是在致病因素继续作用下终将出现明显的临床症状和体征，而且这种人对其他致病因素（如细菌、病毒等）的抵抗能力减弱，其实是处于潜伏期或处于代偿状态。医学上认为，疾病的早期属临床前期或亚临床状态。一般说来，机体对毒物的反应大致有四个阶段：机能失调的初期阶段、生理性适应阶段、有代偿机能的亚临床变化阶段、丧失代偿机能的病态阶段。当环境污染物作用于人群时，并不是所有人都出现同样的毒性反应，由于个体身体素质的差异，抵抗能力的不同反应也不同（见图 4-3），受污染人群比例呈金字塔形分布。因此，从预防医学的观点来看，不能以人体是否出现疾病的临床症状和体征来评价有无环境污染及其污染程度，而应当观察多种环境因素对人体正常生理及生化功能的作用，及早地发现临床前期的变化。所以，在评价环境污染对人体健康的影响时，必须同时从是否引起急、慢性中毒，有无致癌、致畸及致突变作用，是否引起寿命的缩短，以及是否引起生理、生化的变化等几个方面来综合考虑。

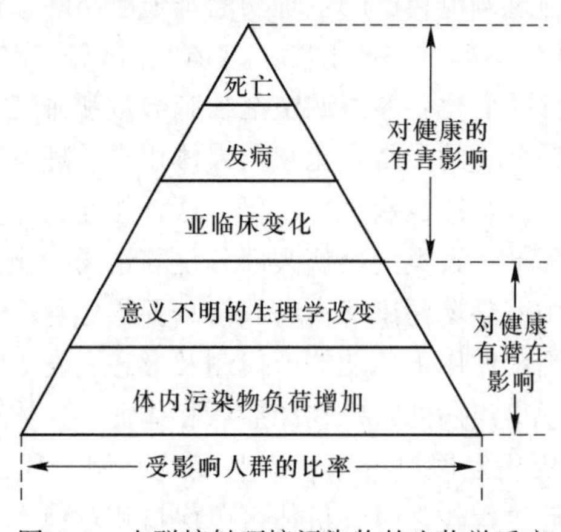


图 4-3　人群接触环境污染物的生物学反应

### 4.1.2　环境污染物

环境污染物是指人们在生产、生活过程中，排入大气、水和土壤中，并引起环境污染或导致环境破坏的物质。

环境污染物进入生物机体后能使体液和组织发生生物化学的变化，干扰或破坏机体的正常生理功能，并引起暂时性或持久性的病理损害，甚至危及生命。

环境污染物可以按照不同的方式分类。如按其来源可将环境污染物分为生产性污染物、生活性污染物和放射性污染物。其中，生产性污染物主要指工业生产所形成的废物，未经处理或处理不当，其所含的有毒化学物质经过各种途径进入环境，以及农业生产中长期使用的农药（杀虫剂、杀菌剂、除草剂、植物生长调节剂等）造成农作物、畜产品及野生生物中农药残留，空气、水、土壤也受到不同程度的污染。生活性污染物是指粪便、垃圾、污水等生活废弃物处理不当，它也是污染空气、水、土壤及滋生蚊蝇的重要原因，而且随着人口增长和消费水平的不断提高，生活垃圾的数量不断上升，垃圾的性质也发生了变化，这些都增大了其无害化处理的难度。放射性污染物是指对环境造成放射性的人为污染源，主要是核能工业排放的放射性废弃物、医用及工农业用放射源、核武器生产及试验排放出来的废弃物和飘尘，其中医用放射源占人为污染源的很大一部分，必须注意加以控制。如果放射性物质的污染波及空气、河流或海洋水域、土壤以及食品等，可通过各种途径进入人体，形成内照射源；医用放射源或工农业生产中应用的放射源还可使人体处于局部的或全身的外照射中。按环境污染物的性质可将其分为化学性污染物、物理性污染因素和生物性污染物。其中化学性污染物的种类最多，威胁最大，特别是有机污染物。随着科技的进步和人类社会的发展，目前已知结构的化学物质正以每天 1000 种的速度递增，这将对生态环境造成极大的压力，也对人类健康构成极大的威胁。物理性污染因素包括噪声、热污染、电磁辐射和放射性等，其中噪声污染已成为一种当今世界公认的危害人类环境的公害。生物性污染物包括细菌、霉菌、病毒、毒蘑菇、蛇毒、寄生虫等，其中对于人类而言，最大的环境威胁是病原体（致病）生物，尽管人们认为心血管疾病、癌症、伤害和其他现代生活疾病是人类健康的最主要杀手，但其实传染病每年至少导致 2200 万人死亡，相当于由各种疾病导致死亡人数的 43%，而且随着各种致病生物的不断进化和变异，其对人类健康的破坏有愈演愈烈的趋势，从 2020 年初开始肆虐全世界的新冠病毒就是最好的例子。

### 4.1.3 环境污染物在人体内的归转

环境污染对人体健康的影响是极其复杂的。对常见的化学污染物而言，其在人体内的转归大致可概括为污染物的侵入和吸收、污染物的分布和蓄积、污染物的生物转化和有毒物的排泄四步。

环境污染物通过呼吸道、消化道、黏膜、皮肤等途径侵入人体，其中呼吸道是主要途径。空气中的气态毒物或悬浮的颗粒物质进入呼吸道后，部分由支气管的上皮把沉积的粉尘颗粒带到喉部被咳出或咽下，部分进入肺部并很快通过肺泡壁进入血液循环系统而被运送到全身。水和土壤中的有毒物质主要是通过饮水和食物经消化道被人体吸收。整个消化道都有吸收作用，但以小肠作用最大；苯、有机磷酸酯类、农药，以及能与皮肤的脂肪组织相结合的毒物，如汞、砷等均可经皮肤被人体吸收。

经上述途径被人体吸收后的污染物，再由血液分布到人体各组织，由于不同的毒物在人体各器官组织的分布情况不同，毒物大多相对集中于某些部位并逐渐积累，这种现象称为蓄积，毒物的蓄积会对其蓄积部位产生毒害作用，它也是发生慢性中毒的根源。

接下来蓄积污染物会发生生物转化。除了少部分相对分子质量极小、水溶性强的毒物可以以原形被排出体外，绝大部分毒物都要经过酶的代谢作用，经过水解、氧化、还原等化学过程改变其毒性，增强其水溶性而使其易于排泄，此过程称为生物转化。肝脏、肾脏、胃、肠等器官对各种毒物都具有生物转化功能，其中以肝脏最为重要。生物转化过程分两步进行：先是污染物在酶的催化作用下发生氧化、还原和水解反应，生成一级代谢产物；然后，进入肝脏的一级代谢产物与脂肪酸、激素、维生素、甘氨酸等内源性物质在混合功能酶的作用下结合，生成酸性的二级代谢产物。这些代谢产物在生理 pH 值条件下电离，适合从肾脏或胆汁中排出。实际上，生物转化作用有两种作用效果：一种是降解，使污染物质变为低毒或无毒的惰性物质，从体内排出；二是激活，使污染物质的毒性更强，变成致突变物或致癌物。

而毒物的排泄途径主要经过肾脏、消化道和呼吸道，少量可随汗液、乳汁、唾液等各种分泌液排出，也有的在皮肤的新陈代谢过程中到达毛发而离开机体。

环境污染物对人体的危害性质和程度，主要取决于摄入量、作用时间、多种因素联合作用和个体敏感性4个因素。

（1）摄入量。环境污染物能否对人体产生危害及危害的程度，主要取决于污染物进入人体的量。以化学性污染为例，进入人体的量和人体的反应有以下几种情况。

1）人体非必需元素。有些非必需微量元素在人体内缺乏或处于一定浓度范围并不影响人体健康，超过了一定限度会产生毒害作用；而有些元素，如砷、汞、铅等即使在体内含量很低，仍有毒害作用，甚至进一步发展成疾病。对于这一类元素主要是研究制定其最高允许限量的问题（环境中的最高允许浓度、人体的最高允许负荷量等）。

2）人体必需的元素。人体必需元素的摄入量与反应的关系较为复杂。一方面，当环境中这种必需元素的含量过少，不能满足人体的生理需要时，会使人体的某些功能发生障碍，形成一系列病理变化；另一方面，如果因某种原因使环境中这类元素的含量过多，也会作用于人体，引起不同程度的中毒性病变。例如，锌是人体必需元素之一，人体缺锌会带来许多疾病，如糖尿病、高血压、生殖器官及第二性征发育不全、男性不育等，但摄入过量的锌也有不利的影响。据报道，当饮用水中锌浓度为30.8mg/L时，曾发生引起恶心和昏迷的病例；对小动物的长期观察证明，水中锌浓度为5~20mg/L时，可能引发癌症。摄入含有过量锌的食物和饮料会引起锌中毒。又如饮水中含氟量大于2μg/g时，斑釉齿的发病率升高，如含氟量达8μg/g，就可造成地方性氟病（慢性氟中毒）的流行；但如果饮水中含氟量在0.5μg/g以下，则龋齿的发病率显著升高。因此，对这类元素不仅要研究环境中的最高允许浓度，而且还要研究最低供应量的问题。

（2）作用时间。进入人体的污染物质达到一定量，引起器官异常反应并发展成疾病，这一量值可作为人体最高容许限量，也称中毒阈值。很多环境污染物在机体内具有蓄积性，随着作用时间的延长，蓄积量将增大，当蓄积达到中毒阈值时，就会产生危害。污染物在体内的蓄积受摄入量、污染物的生物半衰期和作用时间三个因素影响。

（3）多种因素联合作用。当环境受到污染时，污染物通常不是单一存在的，几种污染物同时作用于人体时，必须考虑这些因素的联合作用和综合影响。一种物质可能干扰另一种物质的吸收、代谢或排泄，这种干扰可能是相互减弱，也可能是相互加强。因此，应当认真考察多种因素同时存在时对人体的综合影响。

（4）个体敏感性。人的健康状况、生理状态、是否患有其他疾病、遗传因素等均可影响人体对环境异常变化的反应。如1952年伦敦烟雾事件的死亡人数中，80%是原来就患有心肺疾患的人。其他如性别、年龄等因素对人体对环境异常变化的反应也有影响。

### 4.1.4 环境污染的特征和危害

从影响人体健康的角度来看，环境污染一般具有以下一些特征：

（1）污染范围广，接触人群多。环境污染涉及的地区广，受影响的人群可能非常广泛，甚至涉及整个人类。环境中每个人都有机会接触到有害因子，特别是敏感人群（老、弱、病、残、幼，以及胎儿，他们是抵抗力最弱、最容易受到有害因子伤害的人群）和高危险人群（接触有害因子机会比其他人群多、强度大，摄入量比普通人群要高得多的人群）。

（2）污染物浓度低，但作用时间长。污染物进入环境后，受到大气、水体稀释，一般浓度较低，多在 $10^{-6}$、$10^{-9}$、$10^{-12}$水平，接触者长时间不断暴露于污染环境中，有些甚至终生接触。

（3）污染物种类多，接触途径多，危害多样。由于环境中存在的污染物种类多，因此人类可以从各途径中接触到环境污染物，如图 4-4 所示。污染物不但可通过理化或生物作用发生转化、降解和富集而改变其原有的性状和浓度，产生不同的危害作用，而且多种污染物同时作用于人体，往往产生复杂的联合作用。

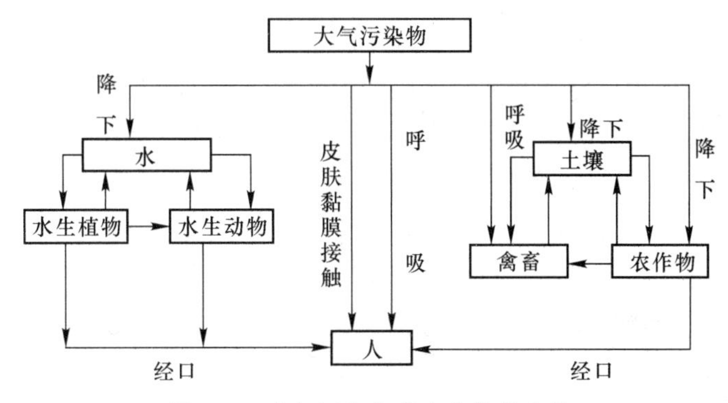


图 4-4　大气污染物进入人体的途径

（4）污染物之间以及污染物与环境因素之间具有联合毒害作用。在实际环境中往往同时存在着多种污染物质，它们对机体同时产生的毒性有别于其中任一单个污染物质对机体引起的毒性。两种或两种以上的毒物，同时作用于机体所产生的综合毒性称为毒物的联合作用，通常有四类。

1）协同作用：毒性大于其中各毒物成分单独作用毒性的总和，即其中某一毒物成分能促进机体对其他毒物成分的吸收加强、降解受阻、排泄迟缓、蓄积增多或产生高毒代谢物等，使混合物毒性增加。CO 与 $H_2S$ 可相互促进其毒性，比两者单一污染对人体的危害更大。其协同作用的死亡率为 $M>M_1+M_2$。

2）相加作用：联合作用的毒性等于其中各毒物成分单独作用毒性的总和，即其中各毒物成分之间均可按比例取代另一毒物成分，而混合物毒性均无改变。当各毒物成分的化学结构相近、性质相似、对机体作用的部位及机理相同时，其联合的结果往往呈现毒性相加作用。其相加作用的死亡率为 $M=M_1+M_2$。

3）独立作用：各毒物对机体的侵入途径、作用部位、作用机理等均不相同，因而在其联合作用中各毒物生物学效应彼此无关、互不影响，即独立作用的毒性低于相加作用，但高于其中单项毒物的毒性。其独立作用的死亡率为 $M=M_1+M_2(1-M_1)$。

4）拮抗作用：联合作用的毒性小于其中各毒物成分单独作用毒性的总和。其中某一毒物成分能促进机体对其他毒物成分的降解加速、排泄加快、吸收减少或产生低毒代谢物等，使混合物毒性降低。其拮抗作用的死亡率为 $M<M_1+M_2$。

（5）污染容易，消除困难。被污染的环境，要想恢复原状，不但费力大、代价高，而且难以奏效，甚至有重新污染的可能。有些污染物，如重金属和难以降解的有机氯农药，在污染土壤后能在土壤中长期残留，治理十分困难。环境污染对人体健康的危害，是一个十分复杂的问题。当污染物在短期内通过空气、水、食物链等多种介质侵入人体或几种污染物同时大量侵入人体时，往往造成急性危害。如果小剂量污染物持续不断侵入人体，则要经过较长时间才显露出对人体的危害。这些危害甚至会影响到子孙后代的健康。所以，环境污染对人体健康的危害包括急性危害、慢性危害和远期危害。

## 4.2 大气污染及其防治

### 4.2.1 大气的结构与组成

#### 4.2.1.1 大气圈及其结构

由于地心引力而随地球旋转的大气层叫做大气圈。大气圈的厚度大约有 $1\times10^4$km。大气圈中的空气分布是不均匀的。海平面上部的空气密度最大，近地层的空气密度则随高度上升而逐渐减小。温度随高度而变化是地球大气最显著的特征。

根据大气圈在垂直高度上温度的变化、大气组成及其运动状态，可将大气由下至上划分为对流层、平流层、中间层、热层和外层五层，具体如图 4-5 所示。

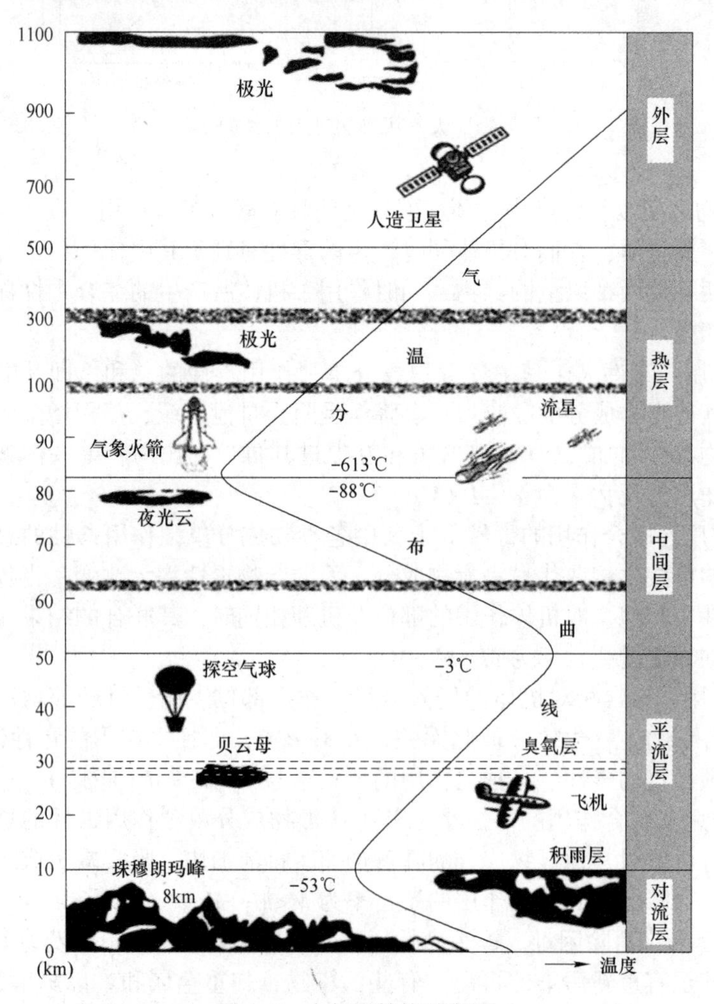


图 4-5 大气层结构示意图

A　对流层

对流层是大气圈的最低一层，其厚度平均约12km（两极薄、赤道厚），质量占整个大气圈质量的75%左右，特点是温度随高度的增加而下降，一般每升高1km气温下降6℃，上冷下热使空气形成对流。在此层中，尘埃多，又集中了几乎全部的水蒸气，因而形成云雾、雨、雪等各种自然现象。这一层大气对人类的影响最大，通常所谓空气（大气）污染就是指这一层。特别是厚度在2km以内的大气，受到地形和生物的影响，局部空气更是复杂多变。

B　平流层

平流层是自对流层层顶到50~55km的大气层。平流层下部气温几乎不随高度变化，为一个等温层，等温层上部距地面20~40km。平流层上部的温度随高度增加而上升，这个温度分布的特点是由于15~35km处臭氧层作用引起的。臭氧层能吸收波长小于300nm的太阳辐射，使平流层温度由-50℃增至-3℃以上。由于下冷上热，气流上下运动微弱，只有水平方向流动，故污染物一旦进入平流层滞留时间可长达数年，易造成大范围以至全球性影响。

C　中间层

中间层位于平流层之上，层顶高度为80~85km，在这一层里有强烈的垂直对流运动（又称高空对流层），气温随高度增加而下降，中间层顶部温度可降至-83~-113℃。

D　热层

热层位于中间层的上部，上边缘距地球表面超过500km，该层的空气密度很小，气体在宇宙射线作用下处于电离状态，又称为电离层。由于电离后的氧能强烈吸收太阳的短波辐射，使空气迅速升温，因此，热层中气体的温度是随高度增加而迅速上升的。电离层能将电磁波发射回地球，使全球性无线电通信得以实现。

E　外层（逸散层）

这是大气圈的最外层，处于热层的上部，空气极为稀薄，气温高，地球引力小，是从大气圈逐步过渡到星际空间的大气层。

4.2.1.2　大气组成

大气由恒定、可变和不定组分三种类型组成。其中氧、氮及微量的惰性气体含量基本保持不变，是恒定组分，其中氮、氧、氩三种气体共占大气总体积的99.96%。大气中$CO_2$、水蒸气的含量会受地区、季节、气象及人类活动等因素的影响而有所变化，所以是可变组分。一般情况下，水蒸气的含量为0~4%，$CO_2$含量近年在0.036%。另外，由于自然界的火山爆发、森林火灾、海啸、地震等暂时性灾害产生的尘埃、硫、硫化氢、硫氧化物、碳氧化物及恶臭气体，是不定组分。此外，由人类生产、生活活动所产生的废气也是大气中的不定成分。

### 4.2.2　大气污染及其发生类型

4.2.2.1　大气污染及其分类

大气污染是指进入大气层的污染物的浓度超过环境所能允许的极限，使大气质量恶化，从而危害生物的生活环境，影响人体健康，给正常的工农业带来不良后果的大气状况。大气污染根据其影响所及的范围可分为四类：局部性污染、地区性污染、广域性污染和全球性污染；根据能源性质和大气污染物的组成和反应，可划分为煤炭型污染、石油型污染、混合型污染和特殊型污染；根据污染物的化学性质及其存在的大气环境状况，可划分为还原型污染和氧化型污染。

4.2.2.2　大气污染源

大气污染源分为自然源和人工源两大类，自然源指火山喷发、森林火灾、土壤风化等自然原因产生的沙尘、二氧化硫、一氧化碳等，这种污染多为暂时的、局部的。人工源是指任何向大气排放一次污染物的工厂、设备、车辆或行为等。由人类活动造成的这种污染通常是经常性的、大范围的，一般所说的大气污染问题多是人为因素造成的。人为造成大气污染的污染源较多，根据不同的研究目的以及污染源的特点，污染源的类型有五种划分方法：

(1) 按污染源存在形式划分为固定污染源（排放污染物的装置、处所位置固定，如火力发电厂、烟囱等）和移动污染源（排放污染物的装置、所处位置可移动，如汽车、轮船等）。

(2) 按污染物排放的形式划分为面源（在大范围内排放污染物）、线源（沿一条线排放污染物）和点源（可看作是一点或集中于一点的小范围排放污染物）。

(3) 按污染物排放的时间划分为连续源（如火电厂的烟囱）、间断源（间歇排放污染物）、瞬时源（无规律地短时间排放污染物，如事故）。

(4) 按污染物产生的类型可划分为生活污染源、工业污染源、交通污染源、农业污染源。

(5) 按污染物排放的空间可划分为高架源（在距地面一定高度上排放污染物）和地面源（在地面排放污染物）。

4.2.2.3　主要大气污染物及其发生机制

由于人类活动或自然过程排入大气的、对人和环境产生有害影响的物质，称为大气污染物。排入大气中的污染物种类很多，按照不同的原则，可将其进行分类。

按照污染物存在的形态，可将其分为颗粒污染物和气态污染物；按照与污染源的关系，可将其分为一次污染物和二次污染物。若大气污染物是从污染源直接排放的原始物质，进入大气后其性质没有发生变化，则称其为一次污染物；若由污染源排出的一次污染物与大气中原有成分或几种污染物之间发生了一系列的化学反应或光化学反应，形成了与原污染物性质不同的新污染物，则把这种新污染物称为二次污染物，它常比一次污染物对环境和人体的危害更为严重。世界主要大气污染物年排放量见表4-1。

**表4-1　世界主要大气污染物年排放量**

| 污染物 | 污染源 | 排放量/$10^8$t | 占总排放量比例/% |
|---|---|---|---|
| 颗粒物 | 燃煤设备 | 5.00 | 46.7 |
| $SO_2$ | 燃油、燃煤设备、有色冶金废气 | 1.70 | 15.9 |
| CO | 工厂设备、汽车燃烧不完全时的废气 | 2.50 | 23.3 |
| $NO_2$ | 工厂设备、汽车在高温燃烧时的废气 | 0.53 | 5.0 |
| 碳氢化合物 | 燃煤、燃油设备，汽车和化工设备的废气 | 0.90 | 8.4 |

续表 4-1

| 污 染 物 | 污 染 源 | 排放量/$10^8$t | 占总排放量比例/% |
|---|---|---|---|
| $H_2S$ | 化工设备废气 | 0.03 | 0.3 |
| $NH_3$ | 工厂废气 | 0.04 | 0.4 |
| 合计 | | 10.70 | 100.0 |

A 颗粒污染物

进入大气的固体粒子和溶液粒子均属于颗粒污染物。颗粒污染物可分为以下几类。

（1）尘粒。粒径大于 75μm 的颗粒物。这类颗粒物由于粒径较大，在气体分散介质中具有一定的沉降速度，因而易于沉降到地面。

（2）粉尘。在固体物料的输送、粉碎、分级、研磨、装卸等机械过程中产生的颗粒物，或由于岩石、土壤的风化等自然过程中产生的颗粒物，悬浮于大气中称为粉尘，其粒径一般小于 75μm。粉尘可以根据许多特征进行分类，在大气污染控制中，根据大气中粉尘微粒的大小可分为：

1）细颗粒物（PM2.5）：环境空气中空气动力学当量直径小于或等于 2.5μm 的颗粒物。

2）飘尘或可吸入颗粒物（PM10）：大气中粒径小于 10μm 的固体微粒，它能较长期地在大气中飘浮，有时也称为浮游粉尘。

3）降尘：大气中粒径大于 10μm 的固体微粒，在重力作用下，它可在较短的时间内沉降到地面。

4）总悬浮颗粒物（TSP）：大气中粒径小于 100μm 的所有固体微粒。

（3）烟尘。在燃料的燃烧、高温熔融和化学反应等过程中形成的颗粒物，飘浮于大气中称为烟尘。烟尘粒子粒径很小，一般均小于 1μm。它包括了因升华、焙烧、氧化等过程形成的烟气，也包括燃料不完全燃烧造成的黑烟以及由于蒸汽的凝结形成的烟雾。

（4）雾尘。小液体粒子悬浮于大气中的悬浮物的总称。这种小液体粒子一般是在蒸汽的凝结，液体的喷雾、雾化以及化学反应过程中形成的，粒子粒径小于 100μm。水雾、酸雾、碱雾、油雾等都属于雾尘。

（5）煤尘。煤在燃烧过程中未被完全燃烧的粉尘，大、中型煤码头的煤扬尘以及露天煤矿的煤扬尘等，一般指粒径在 1~20μm 的粉尘。

B 气态污染物

已知的大气污染物质有 100 多种，其中既有由污染源直接排入大气的一次污染物，也有由一次污染物经过化学或光化学反应生成的二次污染物。表 4-2 为主要气态污染物及其所产生的二次污染物。

**表 4-2 主要气体状态的大气污染物**

| 污染物 | 含硫化物 | 碳的氧化物 | 含氮氧化物 | 碳氢化合物 | 卤素化合物 |
|---|---|---|---|---|---|
| 一次污染物 | $SO_2$、$H_2S$ | CO、$CO_2$ | NO、$NH_3$ | $C_mH_n$ | HF、HCl |
| 二次污染物 | $SO_3$、$H_2SO_4$、$MSO_4$ | 无 | $NO_2$、$HNO_3$、$MNO_3$、$O_3$ | 醛、酮、过氧乙酰硝酸酯 | 无 |

（1）含硫化合物。主要是指 $SO_2$、$SO_3$ 和 $H_2S$ 等。硫以多种形式进入大气，特别是作为 $SO_2$ 和 $H_2S$ 气体，但也有以亚硫酸以及硫酸盐微粒形式进入大气的。整个大气中的硫约有 2/3 来自天然源，其中以细菌活动产生的 $H_2S$ 为主。大气中的 $H_2S$ 是不稳定的硫化物，在有颗粒物存在时可迅速地被氧化成为 $SO_2$。人类释放到大气中的 S 以 $SO_2$ 为主，主要是由燃烧含硫煤和石油等燃料、有色金属冶炼、硫酸的生产等过程产生。单体硫和含硫化合物在燃烧时主要生成 $SO_2$，而其中又会有极少量的 $SO_2$ 被进一步氧化为 $SO_3$。大气中硫氧化物和氮氧化物是形成酸雨或酸沉降的主要前提物。现在，世界酸雨区主要集中于欧洲、北美和中国等地区和国家。

（2）碳的氧化物。主要是 CO 和 $CO_2$。CO 是大气的主要污染物之一，主要是由于燃料燃烧不完全产生的。

（3）含氮氧化物。含氮氧化物种类很多，包括 NO、$N_2O$、$NO_2$、$N_2O_3$、$N_2O_4$、$N_2O_5$ 等。造成大气污染的含氮氧化物主要有 NO 和 $NO_2$，大气中的含氮氧化物主要是由人为污染源产生的。人为污染源大气排放中含氮氧化物约为 5200 万吨/年，主要来源于化石燃料的燃烧、硝酸的生产或使用、氮肥厂、有机中间体厂、有色及黑色金属冶炼厂等的生产过程。燃料燃烧生成的含氮氧化物主要是 NO。

（4）碳氢化合物。一般是指可挥发的所有碳氢化合物（$C_1 \sim C_8$），属于有机烃类。每年向大气释放的碳氢化合物量见表 4-3。

**表 4-3 地球上每年碳氢化合物的发生量**

| 发生源 | | 发生量/$10^6$t |
|---|---|---|
| 煤 | 火力发电 | 0.2 |
| | 工业 | 0.7 |
| | 居民、商业 | 2.0 |
| 石油 | 石油炼制 | 6.3 |
| | 汽油 | 34 |
| | 柴油 | 0.1 |
| | 重油 | 0.2 |
| | 油品蒸发或运转的损失 | 7.8 |
| | 溶剂 | 10 |
| | 垃圾焚烧厂 | 25 |
| | 木柴燃烧 | 0.7 |
| | 森林火灾 | 1.2 |
| 小　计 | | 88.2 |
| 天然源 | 甲烷：水田 | 210 |
| | 沼泽地 | 630 |
| | 热带湿地 | 672 |
| | 矿山及其他 | 88 |
| | 萜烯：针叶树林 | 50 |
| | 阔叶树林、耕地、温带草原 | 50 |
| | 有机物的叶绿素分解 | 70 |
| 小　计 | | 1770 |
| 总　计 | | 1858.2 |

（5）氟氯烃化合物。随着人类生活质量的提高，各种制冷设备（空调、冰箱等）得到了广泛应用。目前大量生产、使用的制冷剂是氟氯烃化合物，如 $CFCl_3$（氟利昂 11）、$CF_2Cl_2$（氟利昂 12）等，这些物质还被用来制造灭火剂、发泡剂等。氟利昂在低层大气中比较稳定，但一到高空大气中（如平流层）就会分解，产生氯原子。氯原子可与臭氧分子发生反应，把其中的一个氧夺过来，使臭氧层被破坏。可怕的是，氯原子在与臭氧分子发生反应时，其本身并不受影响，所以它能连续不断地与臭氧发生反应。

$$Cl+O_3 \longrightarrow ClO+O_2 \tag{4-1}$$

$$ClO+O \longrightarrow Cl+O_2 \tag{4-2}$$

$$O_3+O \longrightarrow O_2+O_2 \tag{4-3}$$

#### 4.2.2.4 二次污染物

二次污染物危害最大，已受到人们普遍重视的是化学烟雾。

（1）光化学烟雾（洛杉矶型）。光化学烟雾最早发生在美国洛杉矶市，随后在墨西哥城、日本的东京市以及我国的兰州市也相继发生过光化学烟雾事件。其表现是城市上空笼罩着白色烟雾（有时带有紫色或黄色），大气能见度降低，具有特殊气味和强氧化性，刺激眼睛和喉黏膜，造成呼吸困难，使橡胶制品开裂，植物叶片受害、变黄甚至枯萎。烟雾一般发生在相对湿度低的夏季晴天，高峰出现在中午，夜间消失。

美国加利福尼亚大学哈根·斯密特博士提出的光化学烟雾理论认为光化学烟雾是大气中 $NO_x$、HC 及 CO 等污染物在强太阳光作用下发生光化学反应形成的，如图 4-6 所示。

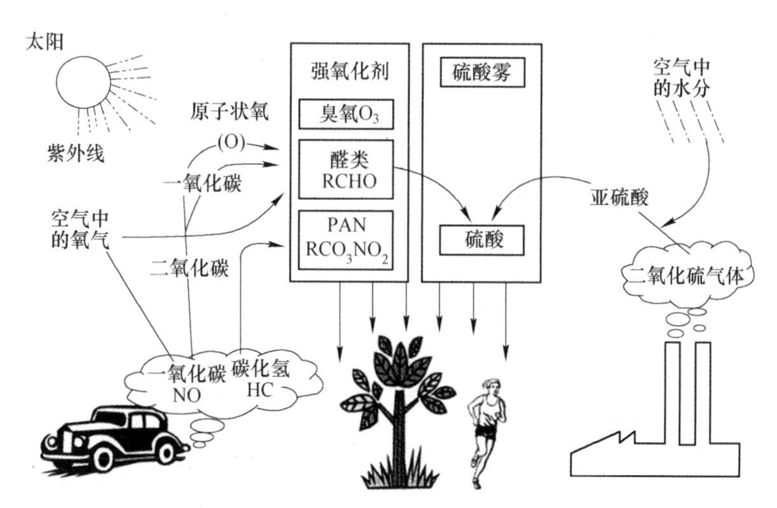


图 4-6 化学烟雾形成示意图

引起光化学烟雾的 $NO_2$ 气体可吸收 290~700nm 波长的光。在波长 290~430nm 紫外光照射时，可使 $NO_2$ 按式（4-4）进行光离解。

$$NO_2 + h\nu(290 \sim 430\text{nm}) \longrightarrow NO + O(^3P) \tag{4-4}$$

生成的基态原子 $O(^3P)$ 很快又与大气中的氧分子反应生成臭氧（$O_3$），即其中 M 为其他分子。

$$O(^3P)+O_2+M \longrightarrow O_3+M \tag{4-5}$$

生成的 $O_3$ 与大气中 NO 碰撞接触，按式（4-6）反应生成 $NO_2$ 和 $O_2$：

$$O_3+NO \longrightarrow NO_2+O_2 \tag{4-6}$$

（2）硫酸烟雾（伦敦型）。当大气的相对湿度比较高、气温比较低，并有颗粒气溶胶存在时，$SO_2$ 就容易形成硫酸烟雾。大气中颗粒气溶胶具有凝聚大气中水分吸收 $SO_2$ 与氧气的能力，在颗粒气溶胶表面上发生 $SO_2$ 的催化氧化反应，生成亚硫酸和硫酸，即 $SO_2$ 溶解于水滴时发生的化学反应为：

$$SO_2+H_2O \longrightarrow H+HSO_3^- \tag{4-7}$$

生成的亚硫酸在颗粒气溶胶中的 Fe、Mn 等催化作用下，继续被氧化成硫酸，生成硫酸烟雾。硫酸烟雾是强氧化剂，对人和动植物有极大的危害。自 19 世纪中叶以来，英国曾多次发生这类烟雾事件，最严重的一次硫酸烟雾事件发生在 1962 年 12 月 5 日，历时 5 天，死亡 4000 多人。

### 4.2.3 大气污染的危害

大气是最宝贵的自然资源之一，一旦受到污染，就会给人类健康、动植物的生长发育、工农业生产及全球环境造成危害，给社会造成巨大的经济损失。表 4-4 是世界银行关于 20 世纪 90 年代中期中国大气污染对人体健康的影响以及经济损失计算结果。

**表 4-4 世界银行关于 20 世纪 90 年代中期中国大气污染的经济损失估算**

| 1. 城市大气污染 | | 人数 | 损失财富/亿美元 |
|---|---|---|---|
| （1）污染引起的死亡损失 | | 6.9 万~12.7 万人 | 4.8~51.0 |
| （2）污染引起的患病损失 | 呼吸道疾病住院 | 20.7 万例 | 1.39 |
| | 急诊 | 393.96 万例 | 0.91 |
| | 不能正常工作与休息时间 | 9.62 亿天 | 22.32 |
| | 下呼吸道与儿童哮喘 | 63.99 万例 | 0.08 |
| | 哮喘 | 4.54 万例 | 1.82 |
| | 慢性支气管炎 | 102.32 万例 | 81.86 |
| | 呼吸系统病变 | 306.13 万例 | 18.37 |
| 小计 | | | 126.74 |
| （3）室内大气污染引起的死亡损失 | | 13 万~26 万人 | 9.1~104.0 |
| （4）室内大气污染引起的患病损失 | 呼吸道疾病住院 | 29.55 万例 | 2.05 |
| | 急诊 | 579.58 万例 | 1.33 |
| | 不能正常工作与休息时间 | 141.57 亿天 | 32.84 |
| | 下呼吸道与儿童哮喘 | 56.51 万例 | 0.07 |
| | 哮喘 | 4.01 万例 | 1.60 |
| | 慢性支气管炎 | 150.68 万例 | 120.54 |
| | 呼吸系统病变 | 1137.10 万例 | 68.23 |
| 小计 | | | 226.68 |

续表 4-4

| 1. 城市大气污染 | | 人数 | 损失财富/亿美元 |
|---|---|---|---|
| （5）铅污染引起的儿童健康损失 | 医疗费 | | 0.45 |
| | 补习费用 | | 1.15 |
| | 收入损失 | | 12.14 |
| | 婴儿死亡 | | 2.74 |
| | 新生儿治疗 | | 0.16 |
| 小　　计 | | | 16.65 |
| 合　　计 | | | 525.07 |
| 相当于 GDP 的比例/% | | | 7.44 |
| 2. 酸雨对农业及森林的破坏 | | | 43.60 |
| 总　　计 | | | 568.67 |
| 相当于 GDP 的比例/% | | | 8.12 |

#### 4.2.3.1 大气污染物对人体健康的危害

大气污染物侵入人体的主要途径有呼吸道吸入、随食物和饮水摄入以及与体表接触侵入等，如图 4-4 所示。

A　颗粒污染物对人体健康的危害

大气中颗粒污染物的粒径分布较广，从 $10^{-3}$ ~ 100μm 都有。降尘（粒径大于 10μm 的颗粒物）几乎都可以被鼻腔和咽喉所阻隔而不进入肺泡。对人体健康危害最大的是 10μm 以下的悬浮颗粒——飘尘，飘尘经过呼吸道沉积于肺泡的沉积率与飘尘颗粒直径有很大的关系。粒径为 0.1 ~ 10μm 的颗粒物有 90%沉积于呼吸道和肺泡上，其中粒径为 0.5 ~ 5μm 的颗粒物沉积率随着粒径的减小而逐渐减少。0.5μm 颗粒物的沉积率为 20% ~ 30%，粒径为 2 ~ 4μm 的颗粒物在肺泡内沉积率为最大。粒径为 0.4μm 以下的颗粒物沉积率随着粒径的减小而增大。粒径为 0.4μm 的颗粒物在呼吸道和肺泡膜内沉积率最低，可自由地进出于肺部。粒径大于 0.4μm 的粒子在呼吸道和肺泡内沉积率又逐渐增大。

沉积在肺部的污染物如果被溶解，就会直接侵入血液，造成血液中毒；未被溶解的污染物有可能被细胞吸收，造成细胞破坏，侵入肺组织或淋巴结可引起尘肺（煤矿工人吸入煤灰形成煤肺，玻璃厂或石粉加工工人吸入硅酸盐粉尘形成砂肺，石棉厂工人多患有石棉肺等）。

B　二氧化硫对人体健康的危害

$SO_2$ 是无色且有恶臭的刺激性气体，对人体的主要影响是造成呼吸道内径狭窄。当其吸入浓度为 5mL/$m^3$ 时，鼻腔和呼吸道黏膜都会出现刺激感。如果吸入浓度超过 10mL/$m^3$，会引发鼻腔出血、呼吸受阻等现象。

$SO_2$ 在被污染的大气中，常常与多种污染物共存。吸入含有多种污染物的大气对人体产生的危害往往比它们各自作用之和要大得多，这就是污染物的协同效应。特别是在 $SO_2$ 与颗粒物共存时，对人体产生的危害更为严重。这是因为飘尘气溶胶粒子把 $SO_2$ 带入呼吸道和肺泡中，其毒性可增大 3 ~ 4 倍。若飘尘为重金属粒子，由于其催化作用可使 $SO_2$ 氧化为硫酸雾，其刺激作用比单独 $SO_2$ 要强 10 倍。$SO_2$ 还可增强致癌物苯并芘的致癌作用。

C 氮氧化物对人体健康的危害

$NO_x$ 主要是指 NO 和 $NO_2$。NO 与血红蛋白（Hb）亲和力强，比 CO 大几百倍，使血液运送氧的功能下降。$NO_2$ 是腐蚀剂，并且有生理刺激作用和毒性，其毒性比 NO 还大 5 倍，在 $NO_2$ 污染的环境里工作，肺功能会受到损害，严重时可出现肺水肿或肺纤维化。某些中毒病例中还表现出全身性的症状，如血压降低、血管扩张、血液中生成变性血红素，及对神经系统有一定的麻醉作用等。$NO_2$ 的浮游微粒最容易侵入肺部，沉积率很高，可导致呼吸道及肺部病变，甚至肺癌。$NO_2$ 对人体的影响还与其他污染物的存在有关。$NO_2$ 与 $SO_2$ 和浮游粒状物共存时，表现出污染物的协同作用。其对人体的影响不仅比单独 $NO_2$ 对人体的影响严重得多，而且也大于各自污染物的影响之和。

D 光化学氧化剂对人体健康的危害

光化学氧化剂对人体的影响类似 $NO_x$，但比 $NO_x$ 的影响更强。光化学氧化剂有臭氧和过氧化乙酰基硝酸酯等多种物质。

E CO 对人体健康的危害

CO 是无色、无嗅的气体。由呼吸道吸入的 CO 容易与血红蛋白（Hb）相结合，形成一氧化碳合血红蛋白。CO 与 Hb 的结合力是 $O_2$ 与 Hb 结合力的 200 倍，形成的碳氧血红蛋白（HbCO）会使血红蛋白失去运输氧气的能力。当人与浓度为 900mL/$m^3$ 的 CO 接触 1h，就会发生中枢神经系统机能和酶活性中毒，出现头痛、眼睛发直等症状；当 CO 浓度大于 1200mL/$m^3$ 时，可使神经麻痹，甚至发生生命危险。

F 碳氢化合物对人体健康的危害

碳氢化合物的种类很多，有挥发性烃、多环芳烃等，它们与氮氧化物一样是形成光化学烟雾的主要物质。光化学反应产生的衍生物丙烯醛、甲醛等都对眼睛有刺激作用。多环芳烃中也有不少是致癌物质，如苯并芘就是公认的强致癌物，它是有机物燃烧、分解过程中的产物。

#### 4.2.3.2 大气污染对植物的危害

大气污染对植物的危害如下：

（1）损害植物酶的功能组织。

（2）影响植物新陈代谢的功能。

（3）破坏原生质的完整性和细胞膜。

此外，还会损害根系生长及其功能，减弱输送作用与导致生物产量减少。

#### 4.2.3.3 大气污染对材料的危害

大气污染可使建筑物、桥梁、文物古迹和暴露在空气中的金属制品及皮革、纺织等物品发生性质的变化，造成直接和间接的经济损失。

#### 4.2.3.4 大气污染对大气环境的危害

大气污染会导致降水的变化，它对降水的影响表现在酸性化合物的输入，即出现酸雨。大气污染还会产生全球性的影响，如大气中 $CO_2$ 等温室气体浓度增加导致全球变暖、人们大量生产氟氯烃化合物等导致臭氧层耗竭等。

### 4.2.4　控制大气污染的基本原则和措施

控制污染源是控制大气污染的关键所在。控制大气污染应以合理利用资源为基点，以预防为主、防治结合、标本兼治为原则。控制大气污染主要有以下几个方面措施。

（1）加强规划管理。从现实出发，以技术可行性和经济合理性为原则，对不同地区确定相应的大气污染控制目标，并对污染源集中地区实施总量排放标准控制。按工业分散布局的原则规划新城镇的工业布局和调整老城镇的工业布局，完善城市绿化系统，加强城市大质量管理。

（2）推行清洁生产，改善能源结构。清洁生产即用清洁的能源和原材料，通过清洁的生产过程，制造出清洁的产品，把综合预防的环境策略应用于生产及产品中，减少排放废物对人类和环境的危害，提高资源利用率，降低成本并降低处理费用，是减少排污，实现污染物总量控制目标，促进经济增长方式转变的重要手段。我国的能源结构是以煤为主，能耗大、浪费多、污染严重，必须改革能源结构并大力发展节能减排。

1）改变燃料构成。改变城市居民燃料构成是城市大气污染综合防治的一项有效措施。用清洁的气体或液体燃料来代替燃煤，可使大气中的粉尘降低。这是一种根本性控制和防治大气污染的方法，它对改善城市大气环境质量、节约能源、方便人民生活等方面都有重大意义。

2）对燃料进行预处理。如燃料脱硫、煤的气化和液化、普及民用型煤，既节煤，又可减少污染物排放量。

3）进行技术生产工艺改革，综合利用废气。通过改革工艺，力争把某一生产过程中产生的废气作为另一生产中的原料加以利用，这样就可以取得减少污染的排放和变废为宝的双重经济效益。

4）采用集中供热和联片供暖。集中供热比分散供热可节约30.5%～35%的燃煤，且便于采取除尘和脱硫措施。

5）积极开发清洁能源。防治能源型大气污染的主要措施之一就是开发使用清洁能源，在大力节能的同时，应因地制宜地开发水电、地热、风能、海洋能、核电及太阳能等。

（3）综合防治汽车尾气及扬尘污染。随着经济的持续高速发展，我国汽车持有量急剧增加，汽车尾气的污染危害也日益明显。综合治理汽车尾气、普及无铅汽油、开发环保汽车、减少城市裸地，是对大气环境保护的重要措施。

### 4.2.5　大气污染物的治理

#### 4.2.5.1　烟尘治理技术

由燃料及其他物质燃烧或以电能为热源的加热过程产生的烟尘，以及对固体物料破碎、筛分和输送等机械过程所产生的粉尘，都以固态或液态的粒子存在于气体中。从废气中除去或收集这些固态或液态粒子的设备，称为除尘（集尘）装置，有时也叫除尘（集尘）器。

除尘器种类繁多，根据不同的原理，可对除尘器进行不同的分类。

（1）依照除尘器除尘的主要机制可将其分为机械式除尘器、过滤式除尘器、湿式除尘器、静电除尘器等四类。

（2）根据在除尘过程中是否使用水或其他液体可分为湿式除尘器、干式除尘器。

（3）根据除尘过程中粒子分离原理，除尘装置分为重力除尘装置、惯性力除尘装置、离心力除尘装置、洗涤式除尘装置、过滤式除尘装置、电除尘装置和声波除尘装置。

#### 4.2.5.2 主要气体污染物的治理技术

A 从排烟中去除 $SO_2$ 的技术

从排烟中去除 $SO_2$ 的技术简称“排烟脱硫”。目前常用的脱除 $SO_2$ 的方法有抛弃法和回收法。抛弃法是将脱硫的生成物作为固体废物抛弃掉，方法简单，费用低廉；回收法是将 $SO_2$ 转变成有用的物质予以回收，成本高，存在副产品应用及销路问题，但对环境保护有利。

排烟脱硫的方法可分为湿法和干法两种。用水或水溶液作吸收剂吸收烟气中 $SO_2$ 的方法，称为湿法脱硫；用固体吸收剂吸收或用吸附剂吸收吸附烟气中 $SO_2$ 的方法，称为干法脱硫。目前工业上已应用的主要为湿法脱硫，其次是干法脱硫。下面简略介绍湿法排烟脱硫和干法排烟脱硫的过程。

a 湿法排烟脱硫

湿法排烟脱硫按使用的吸收剂不同主要分为氨法、钠法、石灰-石膏法、镁法以及催化氧化法等。

氨法：即用氨水（$NH_3 \cdot H_2O$）吸收烟气中的 $SO_2$，其中间产物为亚硫酸铵（$(NH_4)_2SO_3$）和亚硫酸氢铵（$NH_4HSO_3$）：

$$2NH_3 \cdot H_2O + SO_2 \longrightarrow (NH_4)_2SO_3 + H_2O \tag{4-8}$$

$$(NH_4)_2SO_3 + SO_2 + H_2O \longrightarrow 2NH_4HSO_3 \tag{4-9}$$

采用不同的方法处理中间产物，可回收硫酸铵、石膏和单体硫等副产物。

钠法：此法是用氢氧化钠、碳酸钠或亚硫酸钠水溶液为吸收剂吸收烟气中的 $SO_2$，因为该法具有对 $SO_2$ 吸收速度快、管路和设备不容易堵塞等优点，所以应用比较广泛。

$$2NaOH + SO_2 \longrightarrow Na_2SO_3 + H_2O \tag{4-10}$$

$$NaCO_3 + SO_2 \longrightarrow Na_2SO_3 + CO_2 \tag{4-11}$$

$$Na_2SO_3 + SO_2 + H_2O \longrightarrow 2NaHSO_3 \tag{4-12}$$

生成 $Na_2SO_3$ 和 $NaHSO_3$ 后的吸收液，可以经过无害化处理后弃去或经适当方法处理后获得副产品。

钙法：此法又称为石灰-石膏法，是指用石灰石、生石灰（CaO）或消石灰（$Ca(OH)_2$）的乳浊液为吸收剂吸收烟气中的 $SO_2$。吸收过程中生成的亚硫酸钙（$CaSO_3$）经空气氧化后可得到石膏。此法所用的吸收剂低廉易得，回收的大量石膏可作建筑材料，因此被国内外广泛采用。

镁法：此法具有代表性的工艺有德国 WilhlmGrillo 公司发明的基里洛（Grillo）法（即用 $Mg_xMnO_y$ 吸收烟气中的 $SO_2$）和美国 Chemical Construction Co 发明的凯米克（Chemical）法（即用 MgO 溶液吸收烟气中的 $SO_2$）。

b 干法排烟脱硫

干法排烟脱硫主要有活性炭法、活性氧化锰吸收法、接触氧化法以及还原法等。以活性炭法为例来介绍。

活性炭法：是利用活性炭的活性和较大的表面面积使烟气中的 $SO_2$ 在活性炭表面上与

氧及水蒸气反应生成硫酸的方法，即：

$$SO_2+\frac{1}{2}O_2+H_2O \xrightarrow{\text{活性炭}} H_2SO_4 \tag{4-13}$$

活性炭吸附法虽不耗酸、碱等原料，又无污水排出，但由于活性炭吸附容量有限，需要不断再生吸附剂，故操作麻烦。为保证吸附效率，烟气通过吸附装置的速度不宜过快，处理大量气体时吸收装置体积必须足够大才能满足要求，因此不适于大量烟气的处理。

B　从排烟中去除 $NO_x$ 的技术

从燃烧装置排出的氮氧化物主要以 NO 形式存在。NO 比较稳定，在一般条件下，它的氧化还原速度比较慢。从排烟中去除 $NO_x$ 的过程简称“排烟脱氮”。它与“排烟脱硫”相似，也需要应用液态或固态的吸收剂吸收或吸附剂吸附 $NO_x$ 来脱氮。$NO_x$ 不与水反应，几乎不会被水或氨所吸收。如 NO 和 $NO_2$ 以等摩尔存在时（相当于无水亚硝酸 $N_2O_3$）。既容易被碱液吸收，也可被硫酸吸收生成亚硝酰硫酸（$NOHSO_4$）。

目前，“排烟脱氮”可采用非选择性催化还原法、选择性催化还原法、吸收法等。

C　氟化物的治理

随着炼铝工业、磷肥工业、硅酸盐工业及氟化学工业的发展，氟化物的污染越来越严重，由于氟化物易溶于水和碱性水溶液中，因此去除气体中的氟化物一般多采用湿法。但湿法的工艺流程及设备较为复杂，又出现了用干法从烟气中回收氟化物的新工艺。此外，还有用水吸收氟化物后再用石灰乳中和的方法、用硫酸钠（$Na_2SO_4$）水溶液为吸收剂的吸收法、用氟硅酸溶液吸收烟气中氟化氢和氟化硅的方法等。

## 4.3　水环境污染及其防治

### 4.3.1　水环境的概述

水是地球上一切生命赖以生存、人类生活和生产不可缺少的基本物质之一。生命就是从水中发源的，而且依赖于水分才能维持。人体的65%是水，成年人身体中平均含水40~50kg，而且每天要消耗和补充2.5kg水，失水12%以上就会死亡。人类的生活与生产无处不消耗水，表4-5列举了生活用水和某些生产项目用水的数量。

**表4-5　生活用水和某些生产项目用水的数量**

| 用　途 | 用水量/$m^3$ |
|---|---|
| 饮水/每人每天 | 0.001~0.002 |
| 冲厕所/每次 | 0.005~0.015 |
| 生产：1t 糖 | 110 |
| 1t 小麦 | 300~500 |
| 1t 大米 | 1500~2000 |
| 1t 牛奶 | 20000~50000 |
| 提取 1t 石油 | 20~50 |
| 制造一辆汽车 | 250 |
| 发射一枚洲际导弹 | 2000 |

4.3.1.1 天然水资源分布

地球总储水量约为 $1.4\times10^9km^3$，其中近 97.5%是海水、2.5%是淡水。淡水中的绝大部分是两极的雪山冰川和距地表 750m 以下的地下水，而能够被人们开发利用的仅仅是河流湖泊等地表水和地下水，仅占淡水总量的 0.34%。因此，就全球而言，人类可利用的水资源是有限的。地球上水的分布如图 4-7 所示。

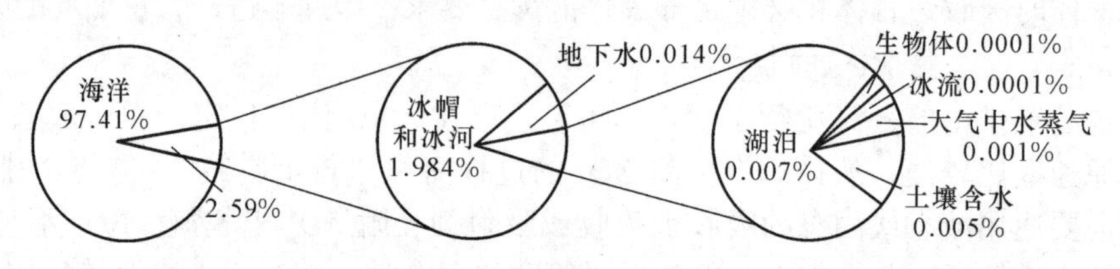


图 4-7 地球上水的分布

4.3.1.2 天然水在环境中的循环

水属于可更新自然资源，处在不断的循环之中。水从海洋与陆地表面蒸发、蒸腾变成水蒸气，又冷凝为液态或固态水降落到海面和地面，落在陆地的部分再汇流到河流和湖泊中，最后重新回归海洋，如此循环不已。图 4-8 所示为全球的水分循环图，图中还标明各部分水的储藏量和迁移量。从图 4-8 中可以看出：全球每年水分的总蒸发量与总降水量相等，均为 $5.0\times10^5km^3$；全球海洋的总蒸发量为 $4.3\times10^5km^3$，海洋总降水量为 $3.9\times10^5km^3$，两者差值为 $4\times10^4km^3$，以水蒸气的形式移向陆地；地上的降水量（$1.1\times10^5km^3$）比蒸发量（$7.0\times10^4km^3$）多 $4\times10^4km^3$，其中，一部分渗入地下补给地下水，一部分暂存于湖泊中，还有一部分被植物吸收，多余部分最后以河川径流的形式回归海洋，从而完成了海陆之间的水量平衡。

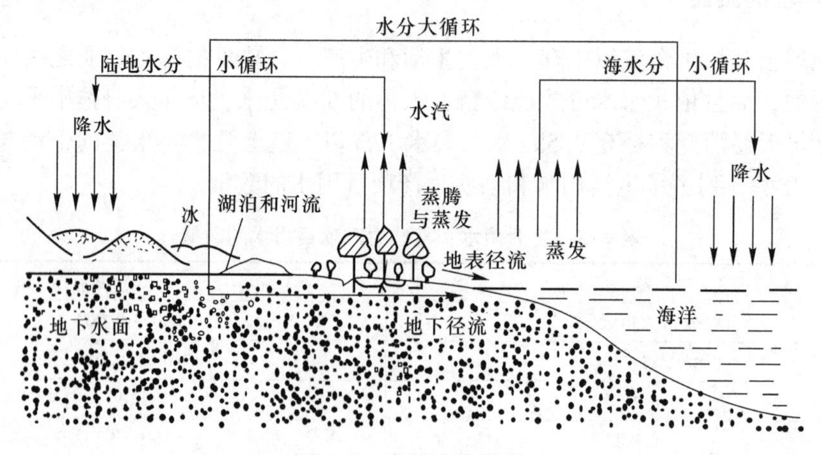


图 4-8 全球水分循环

水是人类生存和发展不可缺少的重要资源。人类习惯于把水看成是取之不尽、用之不竭的最廉价的自然资源。随着人口的膨胀和经济的发展，人类不仅对水资源的需求日益增加，而且在利用过程中对水体造成了污染，使水资源短缺的现象在许多地区相继出现。水污染引发了一系列环境问题，例如水生生物死亡、有害水生生物滋生、人体健康受到危害等。据世界卫生组织统计，80%的已知疾病与水体污染有关。因此，切实防治水污染，保护水环境已成为当今人类的迫切任务。

### 4.3.2 水体与水体污染

#### 4.3.2.1 水体

A 水体的概念

水体又称水域，是海洋、河流、湖泊、水库、沼泽、冰川、地下水等地表与地下水体的总称。在环境科学领域中，水体不仅包括水，而且也包括水中的悬浮物、底泥及水中生物，它是完整的生态系统或自然综合体。按水体所处的位置可将其分为地面水水体、地下水水体和海洋三类。这三种水体中的水是可以互相转化的。

在环境污染研究中，区分“水”和“水体”的概念十分重要。如重金属污染物易于从水中转移到底泥中（生成沉淀，或被吸附和螯合），水中重金属的含量一般不同，仅从水着眼，似乎水并未受到污染；可就整个水体看，则可能受到较严重的污染。重金属污染由水转向底泥可称为水的自净作用，但从整个水体来看，沉积在底泥中的重金属将成为该水体的一个长期次生污染源，很难治理，它们将逐渐向下游移动，扩大污染面。

天然水是在特定的自然条件下形成的，含有许多溶解性物质和非溶解性物质，其组成很复杂。这些物质可以是固态的、液态的和气态的。水中溶解性固体主要有 $Cl^-$、$SO_4^{2-}$、$HCO^{3-}$、$CO_3^{2-}$、$Na^+$、$K^+$、$Ca^{2+}$、$Mg^{2+}$等 8 种离子，此外还有一些微量元素，如 Br、I、Cu、Ni、F、Fe、Ra 等。溶解于水中的气体主要是 $O_2$、$CO_2$，还有少量 $N_2$ 和 $H_2S$ 等。

B 水体污染

水体污染指排入水体的污染物在数量上超过该物质在水体中的本底含量和水体的环境容量，从而导致水体的物理特征、化学特征和生物特征发生不良变化，破坏了水中固有的生态系统，破坏了水体的功能及其在经济发展和人们生活中的作用。

C 水体污染源

水体污染源是指造成水体污染的污染物的发生源，通常是指向水体排入污染物或对水体产生有害影响的场所、设备和装置。

根据污染物来源的不同，水体污染源可分为天然污染源和人为污染源两大类。诸如岩石和矿物的风化和水解、火山喷发、水流冲蚀地表、大气降尘的降水淋洗、生物释放的物质都属于天然污染物的来源。例如，在含有萤石（$CaF_2$）、氟磷灰石（$Ca_5(PO_4)_3F$）等的矿区，可能引起地下水或地表水中氟含量增高，造成水体的氟污染。人为污染源是指由人类活动形成的污染源，是水污染防治的主要对象。人为污染源按人类活动方式可分为工业、农业、交通、生活等污染源；按排放污染物种类不同，可分为有机、无机、放射性、重金属、病原体、热污染等污染源。其中，人为污染源是环境保护研究和水污染防治中的主要对象。

污染源按污染物排放的空间分布方式可将污染源分为点污染源和面污染源。引起水体污染的主要污染源有工业废水、矿山废水和生活污水等，这些废水常通过排水管道集中排出，又被称为点污染源。面污染源指农田排水及地表径流分散、成片地排入水体，其中往往含有化肥、农药、石油及其他杂质，在某些地区污染的形成上正起着越来越重要的作用。

#### 4.3.2.2 水体污染物和水体污染的类型

A 水体污染物

造成水体的水质、底质、生物质等的质量恶化或形成水体污染的各种物质或能量均可成为水体污染物。从环境保护角度出发，可以认为任何物质若以不恰当的数量、浓度、速率、排放方式排放水体，均可造成水体污染，因而就可能成为水体污染物。

B 水体污染类型

由于排入水体中的污染物种类繁杂，所以它们对水体的污染作用也是千差万别的。根据水体污染的特点与危害，可将水体污染分成以下几种类型。

a 感官性状污染

（1）色泽变化。天然水是无色透明的。水体受污染后水色可能发生变化，从而影响感官。如印染废水污染往往使水色变红，炼油废水污染可使水色黑褐等。水色变化不仅影响感官，破坏景观，有时还很难处理。

（2）浊度变化。水体中含有泥沙、有机质、微生物以及无机物质的悬浮物和胶体物，受污染后可产生混浊现象，以致降低水的透明度，影响感官甚至影响水生生物的生活。

（3）泡状物。许多污染物排入水中会产生泡沫，如洗涤剂等。漂浮于水面的泡沫，不仅影响感官，还可在其孔隙中栖存细菌，并造成生活用水污染。

（4）臭味。水体发生臭味是一种常见的污染现象。水体恶臭多为有机质在厌氧状态下腐败发臭，属综合性恶臭。恶臭的危害是使人憋气、恶心、水产品无法食用、水体失去观赏功能等。

b 有机污染

有机污染指由城市污水、食品工业和造纸工业等排放含有大量有机物的废水所造成的污染。其中主要是耗氧有机物，如碳水化合物、蛋白质、脂肪等。这些污染物在水中进行生物氧化分解时，需消耗大量溶解氧，一旦水体中氧气供应不足，则氧化作用停止，并引起有机物的厌氧发酵，分解出 $CH_4$、$H_2S$、$NH_3$ 等气体，散发出恶臭，污染环境，毒害水生生物。当水体中溶解氧降低至 4mg/L 以下时，鱼类和水生生物将不能在水中生存。

耗氧有机物种类繁多、组成复杂，因而难以分别对其进行定量、定性分析。因此，一般不对它们进行单项定量测定，而是利用其共性，如它们比较易于氧化，故可用某种指标间接地反映其总量或分类含量。氧化方式有化学氧化、生物氧化和燃烧氧化等，都是以有机物在氧化过程中所消耗的氧或氧化剂的数量来代表有机物的数量。在实际工作中，常用化学需氧量（COD）、生化需氧量（BOD）来表示水中有机物的含量。

（1）化学需氧量（COD）。COD 是以化学方法测量水样中需要被氧化的还原性物质的量。即水样在一定条件下，以氧化 1L 水样中还原性物质所消耗的氧化剂的量为指标，折算成每升水样全部被氧化后，需要氧的毫克数，以 mg/L 表示。水中的还原性物质有各种有机物、亚硝酸盐、硫化物、亚铁盐等，但主要还是有机物。因此，化学需氧量（COD）又往往作为衡量水中有机物质含量多少的指标。化学需氧量越大，说明水体受有机物的污染越严重。

（2）生化需氧量（BOD）。BOD 是指在一定期间内，微生物分解一定体积水中的某些可被氧化物质，特别是有机物质所消耗的溶解氧的数量。以 mg/L 或百分率、$\times 10^{-6}$表示。它是反映水中有机污染物含量的一个综合指标。如果进行生物氧化的时间为 5 天就称为五日生化需氧量（$BOD_5$），相应地还有 $BOD_{10}$、$BOD_{20}$。它说明水中有机物在微生物的生化作用下进行氧化分解，使之无机化或气体化时所消耗水中溶解氧的总数量。其值越大，说明水中有机污染物质越多，污染也就越严重。

c 无机污染

酸、碱和无机盐类对水体的污染，首先是使水的 pH 值发生变化，破坏其自然缓冲作用，抑制微生物生长，阻碍水体自净作用；同时，还会增大水中无机盐类和水的硬度，给工业和生活用水带来不利影响。

d 有毒物质污染

有毒物质包括无机有毒物质和有机有毒物质，如酚类、氰化物，汞、镉、铅、砷、铬等重金属和有机农药等，进入水体后，在高浓度时会杀死水中生物；在低浓度时可在生物体内富集，并通过食物链逐级浓缩，最后影响到人体。特别是重金属，排放于天然水体后不可能减少或消失，却可以通过沉淀、吸附及食物链而不断富集，达到对生态环境及人体健康有害的浓度。各种有机农药、有机染料及多环芳烃、芳香胺等往往对人体及生物体具有毒性，有的能引起急性中毒，有的能导致慢性病，有的已被证明是致病、致畸形、致突变物质。

e 营养物质污染

营养物质污染又称富营养污染。生活污水和某些工业废水中常含有一定数量的氮、磷等营养物质，农田径流中也常挟带大量残留的氮肥、磷肥。这类营养物质排入湖泊、水库、港湾、内海等水流缓慢的水体，会造成藻类大量繁殖，这种现象被称为“富营养化”。大量藻类的生长覆盖了大片水面，减少了鱼类的生存空间，藻类死亡腐败后会消耗溶解氧，并释放出更多的营养物质。如此周而复始，恶性循环，最终将导致水质恶化、鱼类死亡、水草丛生、湖泊衰亡。

f 油污染

石油开发、油轮运输、炼油工业废水排放等，会使水体受到油污染。油污染不仅有害于水的利用，而且当油在水面形成油膜后，会影响氧气进入水体，对生物造成危害。此外，油污染还会破坏海滩休养地、风景区的景观与鸟类的生存环境。

g 热污染

热污染主要来源于工矿企业向江河排放的冷却水，当高温废水排入水体时会使水温升高，物理性质发生变化，危害水生动、植物的繁殖与生长。造成的后果主要有：引起水体水温升高，溶解氧含量下降，造成水生生物的窒息死亡；导致水中化学反应速度加快，引发水体物理化学性质的急剧变化，臭味加剧；加速水体中细菌和藻类的繁殖；某些有毒物质的毒性作用增加等。

h 生物性污染

生物性污染指可导致病菌及病毒的污染。生活污水，特别是医院污水和某些生物制品工业废水排入水体后，往往带有大量病原菌、寄生虫卵和病毒等。某些原来存在于人畜肠道的病原细菌，如伤寒、副伤寒、霍乱、细菌性痢疾的病原菌等都可以通过人畜粪便的污染进入水体，随水流动而传播；一些病毒，如肝炎病毒等也常在污水中被发现；某些病毒寄生虫病（如阿米巴痢疾、血吸虫、钩端螺旋体病等）也可通过污水进行传播。这些污水流入水体后，将对人类健康及生命安全造成极大威胁。

i 放射性污染

放射性污染主要来源于原子能工业和反应堆设施的废水、核武器制造和核武器的污染、放射性同位素应用产生的废水、天然铀矿开采和选矿、精炼厂的废水等。对人体有重要影响的放射性物质有$^{90}Sr$、$^{137}Cs$、$^{131}I$等。

#### 4.3.2.3 水体自净作用和水环境容量

##### A 水体自净作用

各类天然水都有一定的自净能力。污染物质进入天然水体后，通过一系列物理、化学和生物因素的共同作用，可使排入的污染物质浓度和毒性自然降低，这种现象称为水体的自净。但是在一定的时间和空间范围内，如果污染物质大量排入天然水体并超过了水体的自净能力，就会造成水体污染。

a 按净化机制分类

（1）物理净化。天然水通过稀释、扩散、沉淀和挥发等作用使污染物质的浓度降低。

（2）化学净化。天然水体通过氧化、还原、酸碱反应、分解、凝聚、中和等作用，使污染物质的存在形态发生变化，并且浓度降低。

（3）生物净化。天然水体中的生物活动过程使污染物质的浓度降低，特别重要的是水中微生物对有机物的氧化分解作用。

b 按发生场所分类

（1）水中的自净作用。污染物质在天然水中的稀释、扩散、氧化、还原或生物化学分解等。

（2）水与大气间的自净作用。天然水中某些有害气体的挥发、释放和氧气溶入等。

（3）水与底质间的自净作用。天然水中悬浮物质的沉淀和污染物被底质吸附等。

（4）底质中的自净作用。底质中微生物的作用使底质中有机污染物发生分解等。

天然水体的自净作用包含十分广泛的内容，任何水体的自净作用经常是相互交织在一起的，物理过程、化学和物理化学过程及生物化学过程3个过程经常是同时存在、同时发生并相互影响的，其中通常以生物自净过程为主。

水体污染恶化过程和水体自净过程是同时产生和存在的，但在某一水体的部分区域或一定的时间内，这两种过程总有一种过程是相对主要的过程，它决定着水体污染的总特征。这两种过程的主次地位在一定的条件下可相互转化。

##### B 水环境容量

水体所具有的自净能力就是水环境接纳一定量污染物的能力。一定水体所能容纳污染物的最大负荷被称为水环境容量，即某水域所能承担外加某种污染物的最大允许负荷量。它与水体所处的自净条件（如流量、流速等）、水体中的生物类群组成、污染物本身的性质等有关。一般情况下，污染物的物理化学性质越稳定，其环境容量越小；耗氧性有机物的水环境容量比难降解有机物的水环境容量大得多；而重金属污染物的水环境容量则很小。

水环境容量与水体的用途和功能有十分密切的关系。水体功能越强，对其要求的水质目标越高，其水环境容量必将越小；反之，当水体的水质目标不甚严格时，水环境容量可能会大一些。正确认识和利用水环境容量对水污染的控制有着重要的意义。

4.3.2.4 水质与水质指标

A 水质

水质指水与其中所含杂质共同表现出来的物理学、化学和生物学的综合特性。

B 水质指标

水质的好坏可用水的物理学、化学和生物学特性来描述。水的物理性水质指标主要包括感官物理性状指标（温度、色度、嗅和味、浑浊度、透明度等）和总固体、悬浮固体、溶解固体、可沉固体、电导率（电阻率）等；水的化学性水质指标主要包括一般化学性指标（pH 值、碱度、硬度、各种阳离子、各种阴离子、总含盐量、一般有机物质等）、有毒的化学性指标（重金属、氰化物、多环芳烃、各种农药等）和有关氧平衡的水质指标溶解氧（DO）、化学需氧量（COD）、生化需氧量（BOD）、总需氧量（TOD）等；水的生物学指标包括细菌总数、总大肠菌群数、各种病原细菌、病毒含量等。

C 水环境标准

为了保障天然水的水质，不能随意向水体排放污水，在排放前一定要进行无害化处理，以降低或消除其对水环境的不利影响。因此，各国政府都制定了有关的水环境标准。我国有关部门与地方也制定了较详细的水环境标准，供规划、设计、管理、监测部门遵循。

a 水环境质量标准及用水水质标准

我国已颁布的有关标准主要有：《地表水环境质量标准》（GB 3838—2002）、《生活饮用水卫生标准》（GB 5749—2006）、《农田灌溉水质标准》（GB 5084—2005）、《渔业水质标准》（GB 11607—1989）、《海水水质标准》（GB 3097—1997）。以上各标准详细说明了各类水中污染物允许的最高浓度，以保证水环境及用水质量。

b 污水排放标准

根据我国的具体自然条件、经济发展水平和科技发展水平，综合平衡、全面规划，充分考虑可持续发展的需要，有重点、有步骤地控制污染源，保护水环境质量，并为此制定了污水的各种排放标准。可分为一般排放标准和行业排放标准两大类。

一般排放标准主要有《污水综合排放标准》（GB 8978—2002）、《农用污泥中污染物控制标准》（GB 4284—1984）等。我国的造纸、纺织、钢铁、肉类加工等行业也都制定了相应的行业排放标准。

### 4.3.3 污染物在水体中的扩散与转化

4.3.3.1 水中污染物的迁移和转化模式

进入水环境中的污染物可以分为两大类：保守物质和非保守物质。

保守物质进入水环境以后，随着水流的运动不断变换所处的空间位置，并由于分散作用不断向周围扩散而降低其初始浓度，但不会因此而改变总量。重金属、很多高分子有机化合物都属于保守物质。对于那些对生态系统有害，或暂时无害但能在水环境中积累、从长远来看是有害的保守物质，要严格控制排放，因为水环境对它们没有净化能力。非保守性物质进入水环境以后，除了随着水流流动改变位置，并不断扩散而降低浓度外，还会因污染物自身的衰减而加速浓度的下降。非保守性质的衰减有两种方式：一种是由其自身的运动变化规律决定的；另一种是在水环境因素的作用下，由于化学的或生物的反应而不断衰减，如可以生化降解的有机物在水体中微生物作用下的氧化分解过程。

试验和实际观测数据都证明，污染物在水环境中的衰减过程基本上符合一级反应动力学规律，即：

$$dc/dt = -Kc \tag{4-14}$$

式中 $c$——污染物浓度，mg/L；

$t$——反应物时间，s；

$K$——反应物速度常数。

#### 4.3.3.2 常见水体污染的转化

##### A 耗氧污染物的分解

水体中的耗氧有机物主要指动、植物残体和生活污水，以及某些工业废水中的碳水化合物、脂肪、蛋白质等易分解的有机物，它们在分解过程中要消耗水中的溶解氧，使水质恶化。这三类物质的生物降解作用有共同特点：首先在细胞体外发生水解，复杂的化合物分解成较简单的化合物，然后再透入细胞内部进一步发生分解。分解产物有两方面的作用：一是被合成为细胞材料；二是变成能量释放，供细菌生长繁殖。

需氧有机污染物的生物降解过程比较复杂，根据各类化合物在有氧或无氧条件下进行反应的共性，可归纳出大致的降解步骤和最终产物。例如图 4-9 为碳水化合物生物降解步骤和最终产物。

多糖 —(细胞外，酶)→ 二糖 —(细胞外(内)，酶)→ 单糖 —(有$O_2$或无$O_2$)→ 丙酮酸（糖解过程）

丙酮酸 —(有$O_2$)→ $H_2O$，$CO_2$

丙酮酸 —(无$O_2$)→ 有机酸、醇、酮（发酵过程）

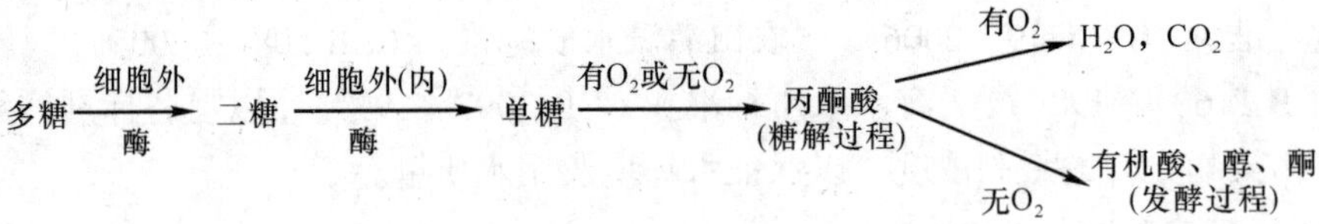

图 4-9 碳水化合物生物降解步骤和最终产物

图 4-10 为蛋白质的生物降解步骤和最终产物。

蛋白质 —(酶)→ 氨基酸 —(有$O_2$，无$O_2$，氨化作用)→ 氨 —(亚硝化细菌，硝化细菌，硝化作用)→ 亚硝酸 ——→ 硝酸

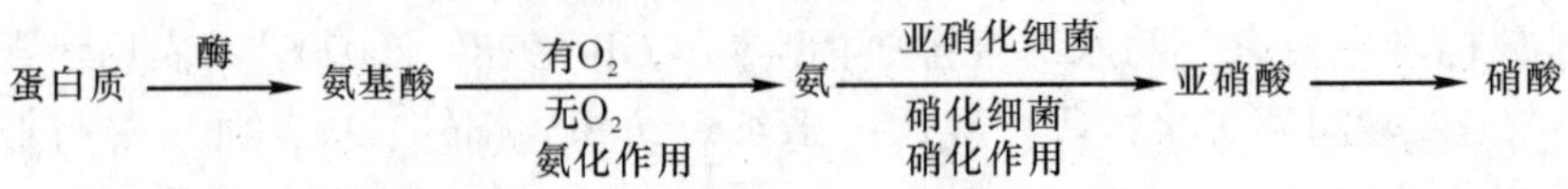

图 4-10 蛋白质的生物降解步骤和最终产物

图 4-11 为脂肪和油类的生物降解步骤和最终产物。

##### B 需氧有机污染物降解与溶解氧平衡

需氧有机污染物的降解过程制约着水体中溶解氧（DO）的变化过程，图 4-12 所示为被生活污水污染的河流中 BOD 与溶解氧相互关系的模式图。

由图 4-12 可以看出在被污染的河流中 BOD 与 DO 之间沿程变化的曲线和根据 BOD 与 DO 变化曲线划分出该河段的水功能区（清洁水区、水质恶化区、恢复水区和清洁水区）。

在污染河流中耗氧作用和复氧作用影响着水体中溶解氧的含量。耗氧作用指有机物分解和

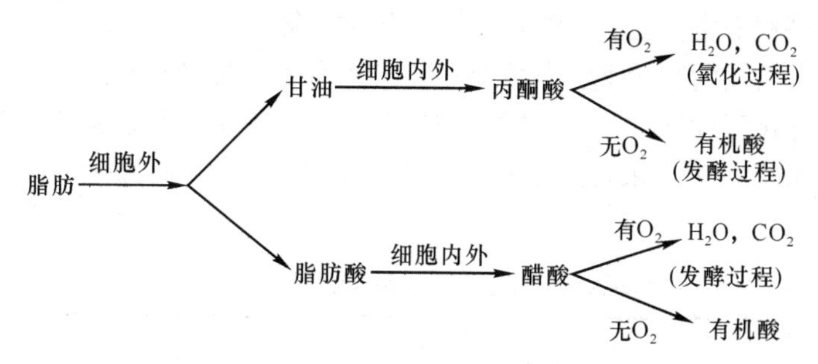


图 4-11 脂肪和油类的生物降解步骤和最终产物

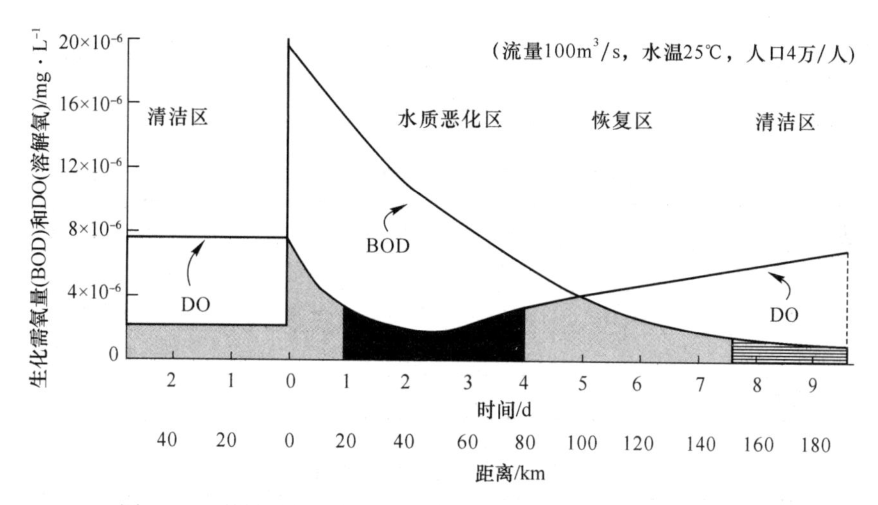


图 4-12 某被城镇生活污水污染了的河流中 BOD 与 DO 的关系

有机体呼吸时耗氧，使水中溶解氧降低；复氧作用指空气中的氧溶解于水和水生植物光合作用放出氧，使水中溶解氧增加。耗氧作用和复氧作用的综合结果决定着水中氧的实际含量。

由溶解氧曲线可以看出，溶解氧与 BOD 有着非常密切的关系。在污水注入前，河水中溶解氧很高，污水注入后因分解作用耗氧，溶解氧从 0 点开始向下游逐渐降低，至 2.5 日降至最低点。以后又回升，最后恢复到近于污水注入前的状态。在污染河流中溶解氧曲线呈下垂状，称为溶解氧下垂曲线。

如果流入的污水量和浓度全年无大变化，河流的流量也大致不变，则溶解氧曲线的最低点位置便主要取决于水温。水温高时溶解氧降低，所以夏季溶解氧的最低点出现在图 4-12 中最低点的左方，而冬季溶解氧的最低点则出现在图 4-12 中最低点的右方。

C 植物营养物在水中的转化

(1) 水体富营养化。富营养化是指湖泊等水体接纳过量的氮、磷等营养物质，使藻类及其他浮游生物迅速繁殖，引起水体透明度和溶解氧的变化，造成水质恶化，加速湖泊老化，从而导致湖泊生态系统和水功能的破坏。

实际上，富营养化是湖泊在自然演变过程中的一种自然现象。随着时间的推移，湖泊中的氮、磷等营养物质逐渐累积，由营养物质少的贫营养湖泊向营养物质多的富营养湖泊演变，最后发展成为沼泽和干地。不过，在自然条件下，在自然物质的正常循环过程中，这种湖泊演变的进程非常缓慢，通常以地质年代来计算。

然而，在人类活动的影响下，营养物过量排入水体，必将大大加速湖泊等水体富营养化的进程。富营养化程度通常分为三类，即贫营养、中等营养和富营养。不同学者提出了相似而又不完全相同的划分标准，见表4-6和表4-7。贫营养化湖泊和富营养化湖泊的区别见表4-8。

**表4-6　水体富营养化程度划分**（托马斯）

| 富营养程度 | 总磷/mg·$m^{-3}$ | 无机氮/mg·$m^{-3}$ |
|---|---|---|
| 极贫 | <5 | <200 |
| 贫—中 | 5~10 | 200~400 |
| 中 | 10~30 | 300~650 |
| 中—富 | 30~100 | 50~1500 |
| 富 | >100 | >1500 |

**表4-7　水体富营养化程度划分**（坂本）

| 富营养程度 | 总磷/mg·$m^{-3}$ | 无机氮/mg·$m^{-3}$ |
|---|---|---|
| 贫营养 | 2~20 | 20~200 |
| 中营养 | 10~30 | 100~700 |
| 富营养 | 10~90 | 500~1300 |
| 流动水 | 2~230 | 50~1100 |

**表4-8　贫营养湖泊与富营养湖泊特征比较**

| 贫营养湖泊 | 富营养湖泊 |
|---|---|
| 营养物质贫乏 | 营养物质丰富 |
| 浮游藻类稀少 | 浮游藻类较多 |
| 有根植物稀疏 | 有根植物茂盛 |
| 湖盆通常较深 | 湖盆通常较浅 |
| 湖底常为沙石、沙砾 | 湖底多为淤泥沉积物 |
| 水质清澈透亮 | 水质混浊发暗 |
| 湖水温度较低（冷水） | 湖水温度较高（温水） |
| 特征性鱼类：鲑鱼等 | 特征性鱼类：鲤鱼、草鱼、鲢鱼等 |

（2）N、P化合物在水中的转化：水体中氮、磷营养物质过多，是水体发生富营养化的直接原因。进入湖泊的氮、磷加入生态系统的物质循环，构成水生生物个体和群落，并经由自养生物、异养生物和微生物组成的营养级依次转化迁移。氮在生态系统中具有气、液、固三相循环，被称为“完全循环”，而磷只存在液、固相形式的循环，被称为“底质循环”，如图4-13所示。

D　重金属在水体中的迁移转化

重金属元素是无机毒物的主要成分，是最受瞩目的具有潜在危害的一类环境污染物。汞、镉、铅及非金属砷是毒性显著的几种元素。铜、锌、镍、钒、钼、铁、锰、硒是人体

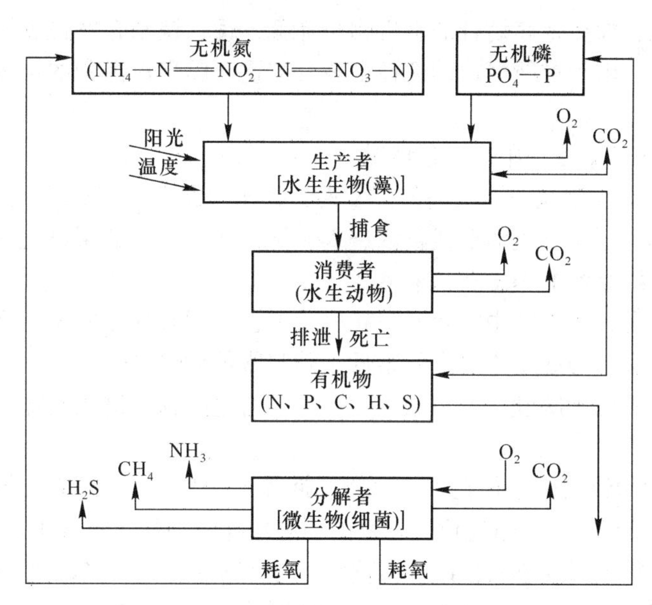


图 4-13　氮、磷的生物化学循环

必需的微量元素，但含量超过一定浓度时，也会显示出毒性。

重金属元素进入水体后，可参与多方面的化学反应，表现出多种形态，使金属元素在水体中发生转化，主要表现为以下三个方面的特征。

毒性效应：一般重金属产生毒性效应的浓度范围大致在 1~10mg/L，汞和镉的毒性浓度范围在 0.001~0.01mg/L。

生物富集放大作用：金属毒物可以通过食物链的富集作用进入人体，逐渐累积，引起慢性中毒。

转化作用：某些重金属可在微生物的作用下，转化为毒性更大的金属化合物，如金属汞在微生物作用下转化为毒性更大的甲基汞。

a　重金属在水体中迁移转化的主要表现形式

（1）水解、配合、沉淀。重金属元素大多以水合配离子的形式存在，在适宜的 pH 值条件下可发生水解反应生成金属氢氧化物沉淀。高价金属离子如 $Fe^{3+}$、$Cr^{3+}$、$Al^{3+}$可强烈水解，二价金属离子 $Cu^{2+}$、$Pb^{2+}$、$Zn^{2+}$、$Cd^{2+}$、$Hg^{2+}$、$Ni^{2+}$都可水解。

（2）氧化还原。重金属可以多种不同价态在不同条件下存在，其迁移转化趋势和污染效应与价态密切相关；其价态变化是通过氧化还原来实现的。水体表面具有氧化性，而水体底部则具有还原性。

（3）胶体化学效应。不论是无机胶体矿物微粒吸附还是有机高分子螯合，都与金属离子强烈结合，使金属离子在一定程度上失去独立的活动能力。

我国天然河流大多属于浑浊水类型，尤其是黄河、长江水系，含有大量的泥沙矿物，其胶体化学行为必然影响各污染物的迁移转化和污染效应，这是一个重要的水化学过程。各河流的入海口由于含盐量增加，胶体被破坏，形成大量的沉积物。重金属进入水体底部沉积物后，在条件变化时，还可重新释放出来，再次产生污染。例如，水体氯化物增多，腐殖质增加，某些有机工业废水的排入，都可能使重金属形成配合物或螯合物重新进入水体。底质条件变化，如重金属结合的有机物被降解，锰、铁水合物被还原溶解，重金属也会被重新释放出来。由于重新释放的途径很多，被重金属严重污染的水体底质仍是危险的二次污染源。

b 主要重金属离子在水中的迁移情况

（1）汞。汞单质在常温下有很高的挥发性，在水中最常见的形态是 $Hg^{2+}$ 和 Hg。汞除了存在于水体中外，还以蒸气的形式扩散进入大气，参与全球的汞蒸气循环。在含硫的还原环境中，汞主要以难溶的 HgS 形式存在。

存在于水体底泥、悬浮物中的无机与有机胶体，对汞有强烈的表面吸附和离子交换作用，使汞转入固体中，因此水中的含量很低。汞与水体中的 $Cl^-$、$SO_4^{2-}$、$HCO^{3-}$、$OH^-$ 形成配位化合物可提高汞的溶解度。汞在微生物作用下通过食物链进入人体，如发生在日本的水俣病。

（2）镉。水中的镉大部分存在于悬浮物和底泥中，与水中的 $Cl^-$、$OH^-$、$SO_4^{2-}$ 形成配位化合物，随 pH 值不同，形成配位化合物的稳定性也有差异。世界卫生组织（WHO）提出饮水中镉含量不得超过 0.01mg/L。可溶性氯化镉毒性更大，其浓度为 0.001mg/L 时对鱼类和其他水生生物就能产生致死作用。镉还能影响水的色、嗅、味等性状。镉在汽车和飞机制造业中用于金属表面处理，在蓄电池工业及合成染料中也用到镉。

（3）铬。主要来源于铬矿的采矿场、电镀厂、机械厂等工业部门排出的废水和烟尘。所有铬的化合物都有毒性，且以六价铬的毒性最为厉害。

（4）砷。在水中以砷酸、亚砷酸的形式存在。由于它们能与黏土生成沉淀和共沉淀，因而在溶解氧较多的水体中以砷酸铁的形式存在。亚砷酸也被氧化铁吸附为共沉淀。

### 4.3.4 水环境污染的危害

#### 4.3.4.1 水污染严重影响人的健康

据我国 1988 年全国饮用水调查资料显示，全国有 82%的人饮用浅井水和江河水。饮用受有机物严重污染的饮水人口约 1.6 亿。不清洁的饮用水，正在威胁着我国许多地区居民的健康。污染水对人体的危害一般有两类：一类是污水中的致病微生物、病毒等引起传染性疾病；另一类是污水中含有的有毒物质（如重金属）和致癌物质导致人中毒或死亡。据 1992 年联合国环境与发展会议估计，发展中国家有 80%的疾病和 1/3 的死亡与饮用污染水有关。

#### 4.3.4.2 水污染造成水生态系统破坏

水环境恶化会破坏水体的水生生态环境，导致水生生物资源减少、中毒，以致灭绝。据统计，全国鱼虾绝迹的河流约达 2400km。

水污染会使湖泊和水库的渔业资源受到威胁。如辽宁省参窝水库，总库容 $7.91\times10^8m^3$，水面面积约为 $1.67\times10^6m^2$，由于长期接纳本溪市的工业废水和生活污水，水库水域污染严重。1988~1989 年，据现场测定，鱼体内检测出酚、砷、汞、镉、铜、铅、锌等 7 种有毒物质。其中，酚超标率为 33.33%，砷超标率为 16.66%，锌超标率为 25.00%。大多数鱼类均有异味，无法食用，高龄鱼体内残毒含量尤高。

水污染恶化了水域原有的清洁的自然生态环境。水质恶化使许多江河湖泊水体浑浊，气味变臭，尤其是富营养化加速了湖泊衰亡。全国面积在 $1km^2$ 以上的湖泊数量在 30 年间减少了543个。我国众多人口居住在江湖沿岸地区，特别是许多大中城市位于江湖岸旁，江湖的水体污染严重损害了人的生存环境。城市水域的污染还使水域景观恶化，降低了这些城市的旅游开发价值。

4.3.4.3 水污染加剧了缺水状况

我国是一个缺水的国家，人均占有水资源仅为2330m$^3$，相当于世界人均拥有量的1/4。随着经济发展和人口的增加，对水的需求将更为迫切。水污染实际上减少了可用水资源量，使我国面临的缺水问题更为严峻。在城市地区，这一问题尤为突出，如北京人均水资源占有率仅为我国人均量的1/6。目前，我国缺水城市有300多个，全国城市日缺水量达$1.6\times10^7m^3$。南方城市因水污染导致的缺水占这些城市总缺水量的60%~70%。北方和沿海城市缺水更为严重。显然，如果对水污染趋势不加以控制，我国今后的缺水状况将更加严重。

4.3.4.4 水污染对农作物的危害

我国是农业大国，农业灌溉用水量超过全国总用水量的3/4。目前，引用污染水灌溉农田而危害农作物的情况不容忽视。如果灌溉水中的污染物质浓度过高会杀死农作物；而有些污染物又会引起农作物变种，如只开花不结果，或者只长杆不结籽等，结果引起减产或绝收。如1986年，黄河水系蟒河水严重污染，造成了用污染水灌溉的上千亩农田减产或绝收。另外，污染物滞留在土壤中还会恶化土壤，积聚在农作物中的有害成分会危及人的健康。

4.3.4.5 水污染造成了较大的经济损失

我国由于缺水和水污染造成的经济损失是比较大的，虽然目前尚无确切的统计数据，但估计每年经济损失至少在百亿元人民币以上。有关部门曾做过粗略测算，每年因水污染造成的经济损失约300亿~600亿元人民币。据欧共体的统计，因污染造成的经济损失通常占国民经济总值的3%~5%。与国外相比，我国生产管理和技术水平相对落后，单位产值排污量大、处理效率低，污染造成的经济损失会更高。

### 4.3.5 水环境污染防治

4.3.5.1 水污染防治的原则

进行水污染防治，根本的原则是将“防”“治”“管”三者结合起来。

“防”是指对污染源的控制，通过有效控制使污染源排放的污染物减到最少量。对工业污染源，最有效的控制方法是推行清洁生产。以无毒无害的原料和产品代替有毒有害的原料和产品；改革生产工艺，减少对原料、水及能源的消耗；采用循环用水系统，减少废水排放量；回收利用废水中的有用成分，使废水浓度降低等。对生活污染源，也可以通过有效措施减少其排放量。如推广使用节水用具，提高民众的节水意识，降低用水量，从而减少生活污水排放量。为了有效控制面污染源，更必须从“防”做起。提倡农田的科学施肥和农药的合理使用，以大大减少农田中残留的化肥和农药，进而减少农田径流中所含的氮、磷和农药量。

“治”是水污染防治中不可缺少的一环。通过各种预防措施，污染源可以得到一定程度的控制，但目前仍不可能完全实现“零排放”，如生活污水的排放就不可避免。因此，必须对污（废）水进行妥善的处理，确保在排入水体前达到国家或地方规定的排放标准。应十分注意工业废水处理与城市污水处理的关系。对含有酸碱、有毒物质、重金属或其他特殊污染物的工业废水，一般应在厂内就地进行局部处理，使其能满足排放至水体的标准或排放至城市下水道的水质标准。那些在性质上与城市生活污水相近的工业废水则可优先考虑排入城市下水道与城市污水共同处理，单独对其设置污水处理设施不仅没有必要，而且不经济。城市废水收集系统和处理厂的设计，不仅应考虑水污染防治的需要，同时应考虑到缓解资源矛盾的需要。在水资源紧缺的地区，处理后的城市污水可以回用于农业、工业或市政，成为稳定的水资源。为了适应废水回用的需要，其收集系统和处理厂不宜过分集中，而应与回收目标相接近。

“管”是指对污染源、水体及处理设施的管理。“管”在水污染防治中也占据着十分重要的地位。科学的管理包括对污染源的经常监测和管理，以及对水体卫生特征的监测和管理。

#### 4.3.5.2　污水处理技术概述

污水处理的目的就是将污水中的污染物以某种方法分离出来，或将其分解转化为无害稳定物质，从而使污水得到净化。一般要达到防止毒害和病菌传播，除掉异臭和恶感才能满足不同要求。

污水处理技术按其作用原理可分为物理处理法、化学处理法和生物处理法，处理方法的选择必须考虑到污水的水质和水量、用途或排放去向等。

##### A　污水处理方法分类

###### a　物理法

物理法指通过物理作用分离、回收污水中不溶解的、呈悬浮状的污染物质（包括油膜和油珠），在处理过程中不改变其化学性质。物理法操作简单、经济，经常采用的有重力分离法、过滤法、气浮（浮选法）、离心分离法、蒸发法和结晶法等。

（1）重力分离法。利用污水中呈悬浮状的污染物与水密度不同的原理，借重力沉降作用或上浮作用，使水中悬浮物分离出来。所用设备有沉降池、沉淀池和隔油池等。在污水处理与利用方法中，沉淀法与上浮法常作为其他处理方法前的预处理。如用生物处理法处理污水时，一般需事先经过预沉池去除大部分悬浮物质以减少生化处理时的负荷，经生物处理后的出水仍要经过二次沉淀池的处理，进行泥水分离以保证出水水质。

（2）过滤法。利用过滤介质截留污水中的悬浮物。过滤介质有筛网、纱布、微孔管等，常用的过滤设备有隔栅、栅网、微滤机等。

（3）气浮（浮选）法。将空气通入污水中，并以微小气泡形式从水中析出成为载体，使污水中相对密度接近于水的微小颗粒状污染物质（如乳化油等）黏附在气泡上，并随气泡上升到水面，从而使污水中的污染物质得以从污水中分离出来。根据空气打入方式的不同，气浮处理方法有加压溶气气浮法、叶轮气浮法和射流气浮法等。有时为了提高气浮效率，需向污水中加入混凝剂。

（4）离心分离法。含有悬浮污染物质的污水在高速旋转时利用悬浮颗粒（如乳化油）和污水受到的离心力不同而达到分离目的的方法。常用设备有旋流分离器和离心分离器等。

###### b　化学法

化学法是向污水中投加化学试剂，利用化学反应来分离、回收污水中的污染物质，或将污染物质转化为无害物质。常用的化学方法有沉淀法、混凝法、中和法和氧化还原法等。

(1) 沉淀法。向污水中加入化学物质，使其与污水中的溶解性物质发生反应，生成难溶于水的沉淀物以降低污水中溶解性物质的方法。该方法适用于含重金属、氰化物等工业污水的处理。沉淀法可分为石灰法、硫化物法和钡盐法等。

(2) 混凝法。向污水中投加混凝剂，使污水中的胶体颗粒失去稳定性，凝聚成大颗粒而下沉的方法。通过混凝法可去除污水中分散的固体颗粒、乳状油及胶体物质等。混凝法可降低污水的浊度和色度，去除多种高分子物质、有机物、重金属物质和放射性物质等，也可以去除能够导致富营养化的物质（如磷）等可溶性无机物，还可以改善污泥的脱水性能。混凝法在工业废水处理中既可以作为独立的处理方法，也可以与其他方法配合使用，作为预处理、中间处理或最后处理的辅助方法。常用的混凝剂有硫酸铝、碱式硫酸铝和铁盐（硫酸亚铁、三氯化铁、硫酸铁）等。

(3) 中和法。向酸性废水中加入碱性物质（如石灰）或向碱性废水中加入酸性物质（如 $CO_2$）使废水变为中性的方法。

(4) 氧化还原法。利用高锰酸钾、液氯、臭氧等强氧化剂或电极的阳极反应，将废水中的有害物质氧化分解为无害物质，或利用铁粉等还原剂或电极的阴极反应，将废水中的有害物质还原为无害物质的方法。采用臭氧氧化法对污水进行脱色、杀菌和除臭处理，采用空气氧化法可处理含硫废水，采用还原法处理含铬电镀废水等都是氧化还原法处理废水的实例。

c 物理化学法

物理化学法是利用萃取、吸附、离子交换、膜分离技术、气提等原理，处理或回收工业废水的方法。利用物理化学法处理工业废水前，一般要经过预处理，以减少废水中的悬浮物、油类、有害气体等杂质，或调整废水的 pH 值，以提高回收效率、减少损耗。

(1) 液-液萃取法。将与水不混溶的溶剂投入到废水中，使废水中的溶质溶于溶剂中，利用溶剂与水的密度差将溶剂分离出来；再利用溶质与溶剂的沸点差将溶质蒸馏回收，再生后的溶剂可循环使用。常用的萃取设备有脉冲筛板塔、离心萃取机等。

(2) 吸附法。利用多孔性的固体材料吸附污水中的一种或多种污染物质。如利用活性炭可吸附废水中的酚、汞、镉、氰等剧毒物质，且具有脱色、除臭等作用。吸附法目前多用于污水的深度处理。可分为静态吸附和动态吸附两种方法。即在污水分别处于静态和动态时进行吸附处理。常用的吸附设备有固定床、移动床和流动床等。

(3) 离子交换法。利用离子交换剂的离子交换作用置换污水中的离子态污染物质的方法。如用阳离子交换剂回收电镀废水中的铜、镍、金、银等贵重金属。常用的离子交换剂有无机离子交换剂和有机离子交换剂两类。

(4) 膜分离技术（电渗析法）。在外加直流电场的作用下，阴、阳离子交换膜对水中离子有选择透过性，可使一部分溶液中的离子迁移到另一部分溶液中去，从而达到浓缩、纯化、分离的目的。膜分离技术是在离子交换技术基础上发展起来的新方法，除用于污水处理外，还可用于海水除盐、制备去离子水等。

(5) 反渗透法。利用半透膜，在一定的外加压力下，使水分子透过膜，而水中的污染物质（溶质）被膜截留，达到处理污水的目的。反渗透法已用于含重金属废水的处理、污水的深度处理及海水淡化等。常用的膜材料有醋酸纤维素、磺化聚苯醚等高聚物。

d 生物法

生物法是利用微生物的新陈代谢功能，使溶解于污水中或处于胶体状态的有机污染物被降解并转化为无害物质，从而使废水得以净化的方法。

(1) 好氧生物处理法。在有氧的条件下，借助于好氧菌的作用来处理污水的方法。根据好氧微生物在处理系统中所呈的状态，可分为活性污泥法和生物膜法。

活性污泥法是目前使用最广泛的一种生物处理法。该方法是将空气连续鼓入曝气池中，经过一段时间后，在水中形成繁殖有大量好氧微生物的絮凝体——活性污泥，它能够吸附水中的有机物，生活在活性污泥中的微生物以水体污染物——有机物为食物，获得能量并不断生长繁殖。从曝气池流出的污水和活性污泥混合液经沉淀池沉淀分离后，澄清的水被排放，污泥作为种泥回流到曝气池，继续运作。污水在曝气池中停留 4~6h，可去除约 90%的 $BOD_5$。

生物膜法是污水连续流经碎石、煤渣或塑料填料，微生物在填料上大量繁殖形成污泥状的生物膜，生物膜上的微生物起到和活性污泥同样的净化作用，吸附并降解水中的有机污染物，从填料上脱落的衰老微生物膜随处理后的污水流入沉淀池，经过沉淀池沉淀分离后，使污水得以净化的方法。

(2) 厌氧生物处理法。在无氧的条件下，利用厌氧微生物的作用分解污水中的有机物，达到净化水的目的的方法。近年来，世界性的能源紧张，使污水处理向节能和实现能源化的方向发展，从而促进了厌氧微生物处理方法的发展。一大批高效新型厌氧生物反应器相继出现，包括厌氧生物滤池、升流式厌氧污泥床、厌氧流化床等。它们的共同特点是反应器中生物固体浓度很高、污泥龄很长，因而处理能力大大提高，从而使厌氧生物处理法具有的能耗小、可回收能源、剩余污泥量少、生成的污泥稳定而易处理、对高浓度有机废水处理效率高等优点得到充分体现。厌氧生物处理法经过多年的发展，现已成为污水处理的主要方法之一。目前，厌氧生物处理法不但可用于处理高浓度和中等浓度的有机废水，还可以用于低浓度有机废水的处理。

B 污水处理流程

污水中的污染物质是多种多样的，不能预期只用一种方法就能够把污水中所有的污染质去除干净，一种污水往往需要通过几种方法组成的处理系统才能够达到处理要求的程度。

按污水处理的程度划分，污水处理可分为一级、二级和三级（深度）处理。一级处理主要是去除污水中呈悬浮状态的固体污染物质，大部分用物理处理方法。经一级处理后的污水，生化需氧量（BOD）只能去除 30%左右，仍不宜排放，还必须进行二级处理。二级处理的主要任务是大幅度地去除污水中呈胶体和溶解状态的有机污染物质，常采用生物法，去除生化需氧量（BOD）可达 90%以上，处理后水的 $BOD_5$ 含量可降至 20~30mg/L，一般均能达到排放标准。图 4-14 所示为活性污泥法二级处理的工艺流程。

经二级处理后的污水中仍残留有微生物无法降解的有机污染物和氮、磷等无机盐。深度处理往往是以污水回收、再次复用为目的而在二级处理工艺后增设的处理工艺或系统，其目的是进一步去除污水中的悬浮物质、无机盐类及其他污染物质。污水复用的范围很

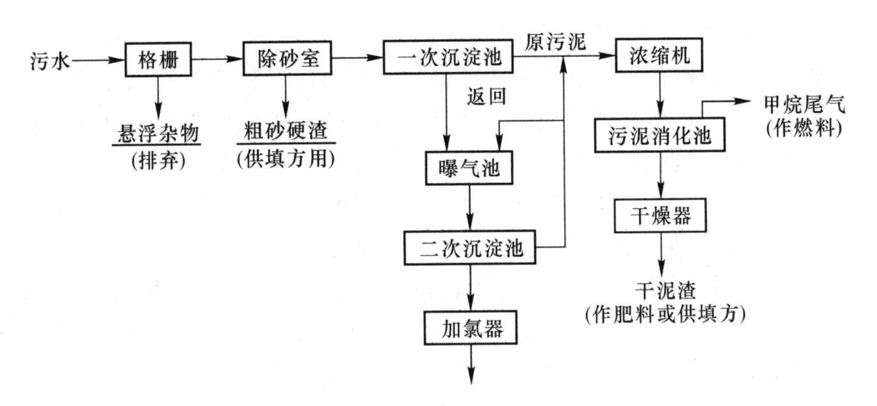


图 4-14 活性污泥法污水二级处理工艺流程

广，从工业上的复用到用作饮用水，对复用水的水质要求也不尽相同，一般要结合水的复用用途来组合三级处理工艺，常用的有生物脱氮法、混凝沉淀法、活性炭过滤、离子交换及反渗透和电渗析法等。

污水处理流程的组合一般应遵循先易后难、先简后繁的规律，即首先去除大块垃圾及悬浮物质，然后再依次去除悬浮固体、胶体物质及溶解性物质。亦即首先使用物理法，然后再使用化学法和生物法。

城市废水处理的典型流程以去除污水中的 BOD 物质为主要目的，一般其处理系统的核心是生物处理设备，处理流程如图 4-15 所示。

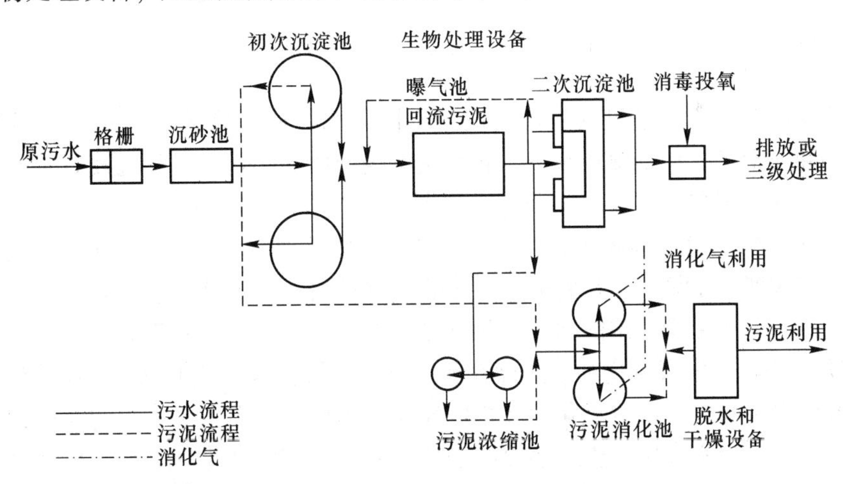


图 4-15 城市废水处理流程

污水先经隔栅、沉沙池，除去较大的悬浮物质及沙粒杂质，然后进入初次沉淀池，去除呈悬浮状的污染物后进入生物处理构筑物（或采用活性污泥曝气池，或采用生物膜构筑物）处理，使污水中的有机污染物在好氧微生物的作用下氧化分解，生物处理构筑物的出水进入二次沉淀池进行泥水分离，澄清的水排入二次沉降池后再经消毒直接排放，二次沉降池排除的剩余污泥再经浓缩、污泥消化、脱水后进行污泥综合利用；污泥消化过程中产生的沼气可回收利用，用作热源能源或沼气发电。

C 污泥处理、利用与处置

污泥是污水处理的副产品，也是必然产物。在城市污水和工业废水处理过程中会产生很多沉淀物与漂浮物，有的是从污水中直接分离出来的（如沉砂池中的沉渣、初沉池中的沉淀物等），有的是在处理过程中产生的（如化学沉淀污泥与生物化学法产生的活性污泥或生物膜）。一座二级污水处理厂产生的污泥量占处理污水量的0.3%~5%（含水率以97%计）。如进行深度处理，污泥量还将增加0.3~1倍。污泥的成分非常复杂，不仅含有很多有毒物质（如病原微生物、寄生虫卵和重金属离子等），也可能含有可利用的物质（如植物营养素、氮、磷、钾、有机物等）。这些污泥若不加以妥善处理，就会造成二次污染。所以污泥在排入环境之前必须进行处理，以使有毒物质得到及时处理、有用物质得到充分利用。一般污泥处理费用占整个污水处理厂运行费用的20%~50%。所以，对污泥的处理必须予以充分的重视。

## 4.4 土壤污染及其防治

### 4.4.1 土壤概述

4.4.1.1 土壤及其组成

土壤是由固体、液体和气体三类物质组成的。固体物质包括土壤矿物质、有机质和微生物等。液体物质主要指土壤水分。气体是存在于土壤孔隙中的空气。土壤中这三类物质构成了一个矛盾的统一体。它们互相联系、互相制约，为作物提供必需的生活条件，是土壤肥力的物质基础。

A 土壤矿物质

土壤矿物质是岩石经过风化作用形成的不同大小的矿物颗粒（砂粒、土粒和胶粒）。土壤矿物质种类很多，化学组成复杂，它直接影响土壤的物理、化学性质，是作物养分的重要来源，按成因可分为原生矿物和次生矿物。

（1）原生矿物。直接来源于岩石受到不同程度的物理风化作用的碎屑，其化学成分和结晶构造未有改变。土壤原生矿物的种类主要有硅酸岩和铝酸盐类、氧化物类、硫化物和磷酸盐类，以及某些特别稳定的原生矿物（如石英、石膏、方解石等）。

（2）次生矿物。岩石风化和成土过程新生成的矿物，其化学组成和晶体结构都有所改变，包括各种简单盐类、次生氧化物和铝硅酸盐类矿物等。次生矿物中的简单盐类属水溶性盐，易淋失，一般土壤中较少，多存在于盐渍土中。次生氧化物类和铝硅酸盐是土壤矿物质中最细小的部分，一般称之为次生黏土矿物。土壤很多物理、化学性质，如吸收性、膨胀收缩性、黏着性等都和土壤所含的黏土矿物，特别是次生铝硅酸盐的种类和数量有关。

B 土壤有机质

有机质含量多少是衡量土壤肥力高低的一个重要标志，它和矿物质紧密地结合在一起。土壤有机质含量在不同土壤中差异很大，含量高的可达20%或30%以上（如泥炭土、某些肥沃的森林土壤等），含量低的不足1%或0.5%（如荒漠土和风沙土等）。在土壤学中，一般把耕作层中含有机质20%以上的土壤称为有机质土壤，含有机质20%以下的土壤称为矿质土壤。一般情况下，耕作层土壤有机质含量通常在5%以上。虽然含量小，但作用却很大，老百姓常把含有机质较多的土壤称为“油土”。土壤有机质按其分解程度可分为新鲜有机质、半分解有机质和腐殖质。腐殖质是指新鲜有机质经过微生物分解转化所形成的黑色胶体物质，一般占土壤有机质总量的85%以上。

腐殖质的作用主要有以下几点：

(1) 作物养分的主要来源。腐殖质既含有氮、磷、钾、硫、钙等大量元素，还含有微量元素，经微生物分解可以释放出来供作物吸收利用。

(2) 增强土壤的吸水、保肥能力。腐殖质是一种有机胶体，吸水保肥能力很强，一般黏粒的吸水率为50%~60%，而腐殖质的吸水率为400%~600%；保肥能力是黏粒的6~10倍。

(3) 改良土壤物理性质。腐殖质是形成团粒结构的良好胶结剂，可以提高黏重土壤的疏松度和通气性，改变砂土的松散状态；同时，由于它的颜色较深，因此有利于吸收阳光，提高土壤温度。

(4) 促进土壤微生物的活动。腐殖质既为微生物活动提供了丰富的养分和能量，又能调节土壤酸碱反应，因而有利于微生物活动，促进土壤养分的转化。

(5) 刺激作物生长发育。有机质在分解过程中产生的腐殖酸、有机酸、维生素及一些激素，对作物生育有良好的促进作用，可以增强呼吸和对养分的吸收，促进细胞分裂，从而加速根系和地上部分的生长。土壤有机质主要来源于施用的有机肥料和残留的根茬。许多地方采用柴草垫圈、秸秆还田、割青沤肥、草田轮作、粮肥间套、扩种绿肥等措施提高土壤的有机质含量，使土壤越种越肥，产量越来越高，应当因地制宜地加以推广。

C 土壤微生物

土壤微生物的种类很多，有细菌、真菌、放线菌、藻类和原生动物等。土壤微生物的数量也很庞大，1g土壤中就有几亿到几百亿个。在1亩地耕层土壤中，微生物的重量有几百斤到上千斤，且土壤越肥沃，微生物越多。

微生物在土壤中的主要作用如下：

(1) 分解有机质。作物的残根败叶和施入土壤中的有机肥料，只有经过土壤微生物的作用才能腐烂分解、释放出营养元素，供作物利用，并形成腐殖质，改善土壤的理化性质。

(2) 分解矿物质。例如，磷细菌能分解出磷矿石中的磷，钾细菌能分解出钾矿石中的钾，以便于作物吸收利用。

(3) 固定氮素。氮气占空气组成中的4/5，数量很大，但植物不能直接利用。土壤中有一类叫做固氮菌的微生物，能利用空气中的氮素作食物，在它们死亡和分解后，这些氮素就能被作物吸收利用。固氮菌分两类。一类是生长在豆科植物根瘤内的，叫根瘤菌。种豆能够肥田，就是因为根瘤菌的固氮作用增加了土壤中的氮素。另一类单独生活在土壤里就能固定氮气，叫自生固氮菌。另外，有些微生物在土壤中会产生有害的作用。例如反硝化细菌，它能把硝酸盐还原成氮气，放到空气里去，使土壤中的氮素损失。实行深耕、增施有机肥料、给过酸的土壤施石灰、合理灌溉和排水等措施，可促进土壤中有益微生物的繁殖，发挥微生物提高土壤肥力的作用。

D 土壤水分

土壤是一个疏松多孔体，其中布满大大小小蜂窝状孔隙。直径0.001～0.1mm的土壤孔隙称为毛管孔隙。存在于土壤毛管孔隙中的水分能被作物直接吸收利用，同时，还能溶解和输送土壤养分。毛管水可以上下左右移动，但移动的快慢取决于土壤的松紧程度。松紧适宜，移动速度最快；过松或过紧，移动速度都较慢。降水或灌溉后，随着地面蒸发，下层水分沿着毛管迅速向地表上升，因此应在分墒后及时采取中耕、耙、耱等措施，使地表形成一个疏松的隔离层，切断上下层毛管的联系，防止跑墒。“锄头有水”的科学道理就在这里。土壤含水量降至黄墒以下时，毛管水运行基本停止，土壤水分主要以气化的方式向大气中扩散损失。这时进行镇压（辗地），使地表形成略为紧实的土层，一方面可以接通已断的毛细管，使底墒借毛管作用上升；另一方面可减少大孔隙，防止水汽扩散损失，所以群众说“辗子提墒，辗子藏墒”。镇压后耱地，可使耕层上再形成一个平整而略松的薄层，保墒效果更好。

E 土壤空气

土壤空气是存在于土壤中气体的总称，可分别以自由态存在于土壤孔隙中，以溶解态存在于土壤水中，以吸附态存在于土粒中。土壤空气基本上是由大气而来，但也有少部分产生于土壤中生物化学过程。土壤空气的组成与大气相似，但有差别。

土壤空气是土壤的重要组成成分之一，对于植物生长和土壤形成有重要意义。土壤空气对作物种子发芽、根系发育、微生物活动及养分转化都有极大的影响。生产上采用深耕松土、破除板结、排水、晒田（指稻田）等措施来改善土壤通气状况，促进作物生长发育。

#### 4.4.1.2 土壤的性质

A 土壤质地

土壤是由粗细大小不等的土壤颗粒组成的。这种不同颗粒按不同比例的组合称为土壤质地。根据土壤中各种粒级的重量百分数组成可把土壤划分为若干类别。土壤质地分类见4-9。不同质地的土壤呈现出不同的颜色、形状、性质、肥力、土壤密度、黏结性、黏着性等。

**表4-9 国际制土壤质地分类标准**

| 质地分类 | | 各粒级含量/% | | |
|---|---|---|---|---|
| 类 别 | 名 称 | 黏粒<0.002mm | 粉砂粒0.02～0.002mm | 砂粒2～0.02mm |
| 砂土类 | 砂土及壤质砂土 | 0～15 | 0～15 | 85～100 |
| 壤土类 | 砂质壤土 | 0～15 | 0～45 | 55～85 |
| | 壤土 | 0～15 | 35～45 | 40～55 |
| | 粉砂质壤土 | 0～15 | 45～100 | 0～55 |
| 黏壤土类 | 砂质黏壤土 | 15～25 | 0～30 | 55～85 |
| | 黏壤土 | 15～25 | 20～45 | 30～55 |
| | 粉砂质黏壤土 | 15～25 | 45～85 | 0～40 |

续表 4-9

| 质地分类 | | 各粒级含量/% | | |
|---|---|---|---|---|
| 类 别 | 名 称 | 黏粒<0.002mm | 粉砂粒 0.02~0.002mm | 砂粒 2~0.02mm |
| 黏土类 | 砂质黏土 | 25~45 | 0~20 | 55~75 |
| | 壤质黏土 | 25~45 | 0~45 | 10~55 |
| | 粉砂质壤土 | 25~45 | 45~75 | 0~30 |
| | 黏土 | 45~65 | 0~35 | 0~55 |
| | 重黏土 | 65~100 | 0~35 | 0~35 |

B 土壤结构

一般把土壤颗粒（包括单独颗粒、复粒和团聚体）的空间排列方式及其稳定程度、孔隙分布和结合状况称为土壤的结构。实际上，土壤中的矿物颗粒并不都是呈单独颗粒存在的，除砂粒和部分粗颗粒以外，大多是互相聚在一起、形成较大的颗粒（微团聚体）或团聚体颗粒。一定条件下，良好的土壤结构有利于植物的根系活动、通气、保水、保肥。

C 土壤性质

土壤除具有肥力可使植物生长外，还具有吸附交换性、酸碱性、氧化还原性等物理化学性质，并与自然界进行物质和能量交换，具有自净化作用。

（1）土壤的吸附交换性。土壤的吸附性质与土壤中的胶体有关。土壤胶体是指土壤中颗粒直径小于 1μm 的具有胶体性质的微粒。一般土壤中的黏土矿物质和腐殖质都具有胶体性质。土壤胶体按照成分来源分为三大类：

1）有机胶质。主要是生物活动的产物，是高分子有机化合物，呈球形、三维空间网状结构，胶体直径在 20~40nm 之间。

2）无机胶体。主要包括土壤矿物和各种水合氧化物，如黏土矿物中的高岭石、伊利石、蒙脱石，以及铁、铝、锰的水合氧化物。

3）有机—无机复合体。由土壤中一部分矿物胶体和腐殖质胶体结合在一起形成。这种结合可能是通过金属离子键来完成的。

土壤胶体如黏粒、腐殖酸分子等不仅有巨大的表面积，而且由于黏粒矿物的层状结构和腐殖质的网状多孔结构还有很大的内表面积。土壤胶体具有带电性，其电荷根据稳定性可分为永久电荷和可变电荷。胶体一般以两种状态存在：一种是均匀地分散在水等介质中，称为溶胶；另一种是相互凝结聚合在一起，称为凝胶。土壤胶体存在的状态主要受两种力的作用：一是胶体微粒之间的静电排斥力，它使胶体颗粒分散；二是胶体微粒之间的分子引力，它使胶体颗粒相互吸引呈凝聚状态。

土壤胶体不仅表面积很大，而且带有大量电荷，因而具有强大的吸附能力。按吸附的机理和作用力性质可将土壤的吸附性能分为机械吸附、物理吸附、化学吸附、生物吸附和物理化学吸附五种类型，按照吸附离子种类可分为阳离子吸附和阴离子吸附。

机械吸附是指土壤对进入的物质的机械阻留作用。

物理吸附是指借助于土壤颗粒的表面能而发生的吸附作用。

化学吸附是指进入土壤中的物质经过化学作用，生成难溶性化合物或沉淀，因而存留在土壤中的现象。

生物吸附是指土壤中的生物在其生命活动过程中，把有效性养分吸收、积累、保存在生物体中的作用。生物吸收的重要特点表现在选择性、表聚性、创造性和临时性。

物理化学吸附是指土壤溶液中的离子通过静电引力吸附在胶体微粒的表面，被吸附离子可以被其他离子替代而重新进入土壤溶液中的现象。

阳离子吸附：土壤胶体一般都带负电，所以吸附的离子主要是阳离子。当土壤胶体吸附的阳离子都为盐基离子时，土壤呈盐基饱和状态，这种土壤称为盐基饱和土壤。如果土壤胶体所吸附的阳离子部分为盐基离子，部分为 $H^+$ 和 $Al^{3+}$ 时，这种土壤胶体呈盐基不饱和状态，称为盐基不饱和土壤。

土壤盐基饱和度是指土壤胶体中交换性盐基离子占全部交换性阳离子的百分数。

阴离子吸附：土壤胶体一般带负电，但两性胶体如含水氧化铝、铁在土壤 pH 值较低时，也会带正电荷，从而吸附阴离子。土壤吸附阴离子的结果使土壤胶体颗粒之间溶液中的阴离子浓度增大。阴离子吸附顺序如下：

$F^-$ > 草酸根 > 柠檬酸根 > 磷酸根（$H_2PO^{4-}$）> $HCO_3^-$ > $H_2BO_3^-$ > $CH_3COO^-$ > $SCN^-$ > $SO_4^{2-}$ > $Cl^-$ > $NO_3^-$

（2）土壤的酸碱性。土壤的酸碱性是气候、植被以及土壤组成共同作用的结果，其中气候起着近于决定性的作用。因此，酸性和碱性土壤的分布和气候常有密切关系。在我国长江以南，地处亚热带和热带，土壤风化和土体淋溶都十分强烈，因而形成了强酸性反应的土壤，其中分布最广的是红、黄壤。在东北山地，处在冷湿的寒温带，降水较多，土体淋溶较强，也可形成弱酸性的土壤。在半干旱和干旱的华北和西北地区，降水少，土体淋溶弱，广泛分布着中性至微碱性的石灰性土壤。强碱化土壤和碱土只在北方局部低洼地区出现，面积不大。

1）土壤酸度。土壤中 $H^+$ 的存在有两种形式：一种是存在于土壤溶液中，另一种是吸收在胶粒表面。因此，土壤酸度可分为两种基本类型：

活性酸度：又称有效酸度，由土壤溶液中游离的 $H^+$ 形成，通常用 pH 值来表示。

潜性酸度：土壤胶体表面吸收的交换性致酸离子（$H^+$、$Al^{3+}$），只有在转移到土壤溶液中变成溶液中的 $H^+$ 时才会使土壤显示酸性，所以这种酸称为潜性酸。通常用 100g 烘干土中 $H^+$ 的毫克当量数表示。当土壤溶液中 $H^+$ 减少或盐基离子增加时，土壤胶体吸收的 $H^+$、$Al^{3+}$ 就能脱离胶体进入溶液，变为活性酸；反之亦然。所以，潜性酸是土壤酸度的根源，它是土壤酸度的容量指标，而 pH 值则是土壤酸度的强度指标。

2）土壤碱度。土壤溶液中 $OH^-$ 离子的主要来源是碳酸根和碳酸氢根的碱金属（Ca、Mg）盐类。碳酸盐碱度和重碳酸盐碱度的总称为总碱度。不同溶解度的碳酸盐和重碳酸盐对土壤碱性的贡献不同，如 $CaCO_3$ 和 $MgCO_3$ 的溶解度很小，故富含 $CaCO_3$ 和 $MgCO_3$ 的石灰性土壤呈弱碱性（pH 值在 7.5~8.5）；$Na_2CO_3$、$NaHCO_3$ 及 $Ca(HCO_3)_2$ 等都是水溶性盐类，可以出现在土壤溶液中，使土壤溶液中的碱度很高。从土壤 pH 值来看，含 $Na_2CO_3$ 的土壤，其 pH 值一般较高，可达 10 以上；而含 $NaHCO_3$ 及 $Ca(HCO_3)_2$ 的土壤，其 pH 值常在 7.5~8.5，碱性较弱。

当土壤胶体上吸附的 $Na^+$、$K^+$、$Mg^{2+}$（主要是 $Na^+$）等的饱和度增加到一定程度时会引起交换性阳离子的水解作用。其结果是在土壤溶液中产生 NaOH，使土壤呈碱性。此时

$Na^+$饱和度亦称土壤碱化度。胶体上吸附的盐基离子不同，对土壤 pH 值或土壤碱度的影响也不同。

3）土壤的缓冲性能。土壤具有缓和酸碱度发生剧烈变化的能力，它可以保持土壤反应的相对稳定，为植物生长和土壤生物的活动创造比较稳定的生活环境，所以土壤的缓冲性能是土壤的重要性质之一。

土壤溶液的缓冲作用：土壤溶液中含有碳酸、硅酸、磷酸、腐殖酸和其他有机酸等弱酸及其盐类，构成一个良好的缓冲体系，对酸碱具有缓冲作用。

土壤胶体的缓冲作用：土壤胶体吸附有各种阳离子，其中盐基离子和氢离子能分别对酸和碱起到缓冲作用。土壤胶体的数量和盐基代换量越大，土壤的缓冲性能就越强。因此，砂土掺黏土及施用各种有机肥料，都是提高土壤缓冲性能的有效措施。在代换量相等的条件下，盐基饱和度愈高，土壤对酸的缓冲能力愈大；反之，盐基饱和度愈低，土壤对碱的缓冲能力愈大。另外，铝离子对碱也能起到缓冲作用。

（3）土壤的氧化还原性能。土壤中有许多有机和无机的氧化性和还原性物质，因而使土壤具有氧化还原特性。一般来说，土壤中主要的氧化剂有氧气、$NO_3^-$ 和高价金属离子，如铁（Ⅲ）、锰（Ⅳ）、镉（Ⅴ）、钒（Ⅵ）等；主要的还原剂有有机质和低价金属离子。此外，土壤中植物的根系和土壤生物也是土壤发生氧化还原反应的重要参与者。

土壤氧化还原能力的大小可以用土壤的氧化还原电位来衡量。一般旱地土壤氧化还原电位为+400～+700mV；水田的氧化还原电位在+300～-200mV。根据土壤的氧化还原电位值可以确定土壤中有机物和无机物可能发生的氧化还原反应和环境行为。

#### 4.4.1.3　土壤背景值和土壤环境容量

##### A　土壤背景值

又称为土壤背景含量或土壤本底值，是指未受或少受人类活动（特别是人为污染）影响的土壤环境本身的化学元素组成及其含量。它是代表一定环境单元的一个统计量的特征值。人类活动造成环境污染和生态破坏，同时也影响着土壤环境中多种元素和化学组成的分布及背景浓度的增高，目前已很难找到完全不受人为因素影响的土壤环境。所以，现在普遍认为的土壤环境背景值是以相对不受污染影响作为前提的。有代表性的、准确的土壤背景值的获得，必须通过野外调查、选点采样、样品的制备保存、样品的实验分析和分析质量控制、分析数据的数理统计、异常值的剔除和分布类型的检验以及背景值的计算等工作程序确定。

##### B　土壤环境容量

指在人类生存和自然生态不受破坏的前提下，土壤环境所能容纳的污染物的最大负荷量。土壤环境容量是制定有关土壤环境标准的重要依据。

### 4.4.2　土壤环境污染

#### 4.4.2.1　土壤环境污染

人类活动产生的污染物进入土壤并积累到一定程度，引起土壤生态平衡破坏、质量恶化，导致土壤环境质量下降，影响作物的正常生长发育，作物产品的产量和质量随之下降，并产生一定的环境效应（水体或大气发生次生污染），最终危及人体健康，以致威胁人类生存和发展的现象，称为土壤环境污染。

4.4.2.2 土壤环境污染特点

土壤环境污染具有隐蔽性和滞后性。大气污染、水污染和废弃物污染等问题一般都比较直观，通过感官就能发现。而土壤污染则不同，它往往要通过对土壤样品进行分析化验和农作物的残留检测，甚至通过研究其对人畜健康状况的影响才能确定。因此，土壤污染从产生污染到出现问题通常会滞后较长的时间。如日本的“痛痛病”经过了10~20年之后才被人们所认识。

(1) 土壤环境污染的累积性。污染物质在大气和水体中一般都比在土壤中更容易迁移。这使得污染物质在土壤中并不像在大气和水体中那样容易扩散和稀释，而是容易在土壤中不断积累而超标，同时也使土壤环境污染具有很强的地域性。

(2) 土壤环境污染具有不可逆转性。重金属对土壤的污染基本上是一个不可逆转的过程，许多有机化学物质的污染也需要较长的时间才能降解。譬如，被某些重金属污染的土壤可能要100~200年时间才能够恢复。

(3) 土壤环境污染很难治理。大气和水体受到污染后如果切断污染源，通过稀释作用和自净化作用有可能使污染问题不断逆转，但是积累在污染土壤中的难降解污染物很难靠稀释作用和自净化作用来消除。

土壤环境污染一旦发生，仅仅依靠切断污染源的方法很难恢复，有时要靠换土、淋洗土壤等方法才能解决问题，其他治理技术可能见效较慢。因此，治理污染土壤通常成本较高、治理周期较长。鉴于土壤污染难于治理，而土壤环境污染问题的产生又具有明显的隐蔽性和滞后性等特点，因此土壤环境污染问题一般都不太容易受到重视。

4.4.2.3 土壤环境污染的类型

(1) 按照土壤污染源和污染物进入土壤的途径，土壤环境污染可分为以下几种类型：

水质污染型——利用工业废水、城市生活污水和受污染的地表水进行灌溉导致的土壤污染；大气污染型——大气污染物通过干、湿沉降过程导致的土壤污染；固体废物污染型——主要是工矿排出的废渣、污泥和城市垃圾在地表堆放或处置过程中通过扩散、降水淋溶、地表径流等方式直接或间接造成土壤污染，属于点源型土壤污染；农业污染型——农业生产中因长期施用化肥、农药、垃圾堆肥和污泥造成的土壤污染，属于面源型土壤污染；综合污染型——由多种污染源和多种污染途径同时造成的土壤污染。

(2) 按土壤污染物的属性划分，土壤环境污染可分为化学性污染（包括有机物污染、无机物污染）、放射性污染、生物性污染等。

1) 有机物污染。可分为天然有机污染物污染与人工合成有机污染物污染，这里主要是指后者，它包括有机废弃物（工、农业生产及生活废弃物中生物易降解与生物难降解有机毒物）、农药（包括杀虫剂、杀菌剂与除莠剂）等污染。有机污染物进入土壤后，可危及农作物的生长与土壤生物的生存，如稻田因施用含二苯醚的污泥曾造成稻苗大面积死亡，泥鳅、鳝鱼绝迹。人体接触污染土壤后，手脚出现红色皮疹，并有恶心、头晕等症状。农药在农业生产上的应用尽管起到了良好的作用，但其残留物却污染了土壤与食物链。近年来，塑料地膜地面覆盖栽培技术发展很快，但由于管理不善，部分地膜被弃于田间，已经成为一种新的有机污染物。

2) 无机物污染。无机污染物有的是随地壳变迁、火山爆发、岩石风化等天然过程进入土壤，有的是随着人类的生产与消费活动进入的。采矿、冶炼、机械制造、建筑材料、化工等生产部门，每天都会排放大量的无机污染物，包括有害的元素氧化物、酸、碱与盐类等。生活垃圾中的煤渣也是土壤无机物的重要组成部分，一些城市郊区对它长期、直接施用的结果造成了土壤环境质量的下降。

3）土壤生物污染。土壤生物污染是指一个或几个有害生物种群从外界侵入土壤，大量繁殖，破坏了原来的动态平衡，对人类健康与土壤生态系统造成不良影响。造成土壤生物污染的主要物质来源是未经处理的粪便、垃圾、城市生活污水、饲养场与屠宰场的污物等。其中危害最大的是传染病医院未经消毒处理的污水与污物。土壤生物不仅可能危害人体健康，而且有些长期在土壤中存活的植物病原体还能严重危害植物，造成农业减产。

4）土壤放射性物质污染。它是指人类活动排放出的放射性污染物，使土壤的放射性水平高于天然本底值。放射性污染物是指各种放射性核素，它的放射性与其化学状态无关。放射性核素可通过多种途径污染土壤。放射性废水排放到地面上、放射性固体废物埋藏处置在地下、核企业发生放射性排放事故等都会造成局部地区土壤的严重污染。大气中的放射性物质沉降，施用含有铀、镭等放射性核素的磷肥与用放射性污染的河水灌溉农田也会造成土壤放射性污染，这种污染虽然一般程度较轻，但污染范围较大。土壤被放射性物质污染后，通过放射性衰变，能产生 α、β、γ 射线，这些射线能穿透人体组织，损害细胞或造成外照射损伤，或通过呼吸系统或食物链进入人体，造成内照射损伤。

#### 4.4.2.4 土壤自然净化过程

污染物进入土壤后，会发生一系列物理、化学、物理化学和生物化学等反应，从而降低污染程度，这个过程一般被称为土壤的自然净化，也是污染物在土壤环境中迁移转化的过程。

（1）物理过程。土壤是一个疏松多孔体系，因而污染物质在土壤中可以通过挥发、扩散、稀释和浓集等过程降低其在土壤中的浓度。影响该过程的因素主要有土壤的温度、含水量以及土壤的结构和质地等。

（2）化学过程。污染物在土壤中可以通过溶解、沉淀、螯合、中和等化学反应过程降低或减缓毒性，从而减少对土壤的污染。

（3）物理化学过程。污染物在土壤中可以通过吸附与解吸、氧化-还原作用等物理化学过程实现自然净化。

（4）生物过程。土壤环境中的生物迁移转化主要表现为两个方面：一是高等绿色植物和土壤生物对生命必需元素的选择性吸收，以维持生物的正常生命活动和土壤的功能；二是绿色高等植物和土壤生物对污染元素和化合物的被动吸收，致使植物产品的数量和质量下降，土壤的正常功能和生态平衡遭到破坏。

### 4.4.3 土壤环境污染的危害

土壤污染最直接的危害是不利于植物生长，导致农作物减产乃至绝收，严重污染的土壤可能寸草不生。有毒污染物被植物吸收积累后，通过食物链进入人体，并在人体内富集，危害人类的健康。

#### 4.4.3.1 农药与土壤污染

A 农药的分类

农药在广义上指农业上使用的药剂。根据防治对象的不同，农药可分为杀虫剂、杀螨剂、杀菌剂、杀线虫剂、除莠剂、杀鼠剂、杀软体动物剂、植物生长调节剂和其他药剂等。按照化学组成成分农药又可将其分为有机氯农药、有机磷农药、有机汞农药、有机砷农药和氨基甲酸酯农药以及苯酰胺农药和苯氧羧酸类农药等。

B 农药对环境的危害

化学农药对防治病虫害，消灭杂草，提高粮、油、果的产量，以及有关林、牧、副业生产的重要作用是不容置疑的。但是，由于长期、广泛和大量地使用化学农药，导致土壤环境中农药残留与污染，已危及动植物的生长和人类的健康。农药对环境的污染是多方面的，包括对大气、水体、土壤和作物等的污染。进入环境的农药可在环境各要素间迁移、转化并通过食物链富集，最后对人体造成危害，如图 4-16 所示。

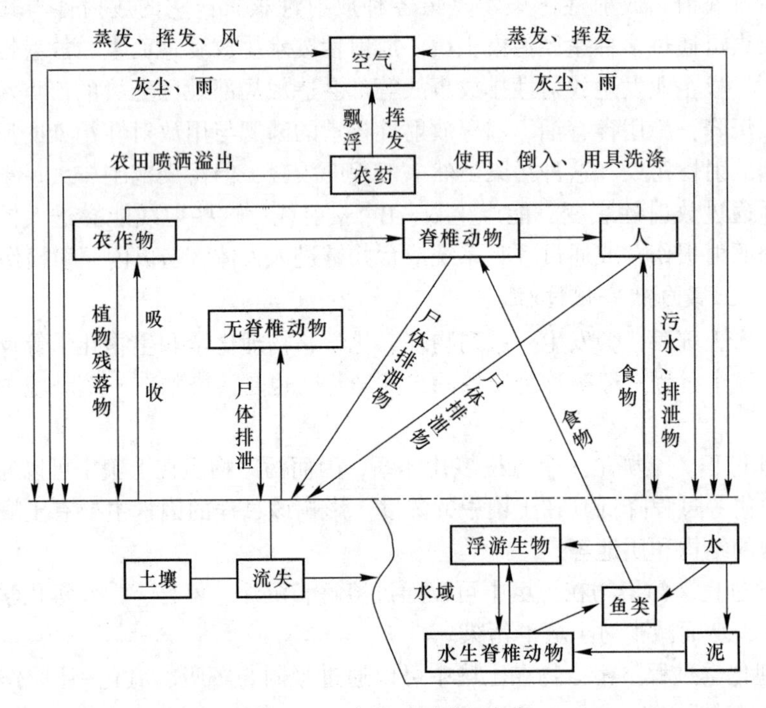


图 4-16 农药对环境的危害

（1）农药对大气的污染。大气中农药的污染主要来自为各种目的而喷洒农药产生的药剂漂浮物和来自农作物表面、土壤表面及水中残留农药的蒸发、挥发、扩散和农药厂排出的废气。大气中的农药漂浮物在风的作用下可跨山越海，到达世界各个角落。据报道，在地球的南、北极圈内和喜马拉雅山最高峰上都曾发现有机氯农药的存在。

（2）农药对水体的污染。农田施药和土壤中的农药被水流冲刷及农药厂废水排放导致水体农药污染。

（3）农药对土壤的污染。土壤中的农药主要来源途径有直接施用，通过浸种、拌种等施药方式进入土壤，飘浮在大气中的农药随降雨和降尘落到地面进入土壤。

农药对土壤的污染程度取决于农药的种类和性质。农药在土壤中的残留期和不同土壤中有机氯农药的残留情况见表 4-10 和表 4-11。

表 4-10 农药在土壤中的残留期

| 农药名称 | 残留期① | 农药名称 | 残留期② | 农药名称 | 残留期③ | 农药名称 | 残留期 |
|---|---|---|---|---|---|---|---|
| 滴滴涕 | 10 年 | 扑灭津 | 18 个月 | 敌敌畏 | 24h | 西维因 | 135 天 |
| 狄氏剂 | 8 年 | 西玛津 | 12 个月 | 乐果 | 4 天 | 梯灭威 | 36~63 天 |
| 林丹 | 6.5 年 | 莠去津 | 10 个月 | 马拉硫磷 | 7 天 | 呋喃丹 | 46~117 天[a] |
| 氯丹 | 4 年 | 草乃津 | 8 个月 | 对硫磷 | 7 天 | | |
| 碳氯特灵 | 4 年 | 氯苯胺灵 | 8 个月 | 甲拌磷 | 15 天 | | |
| 七氯 | 3.5 年 | 氟乐灵 | 6 个月 | 乙拌磷 | 30 天 | | |
| 艾氏剂 | 3 年 | 2, 4, 5-涕 | 5 个月 | 二嗪农 | 50~80 天 | | |
| | | 24 滴 | 1 个月 | 三硫磷 | 100~200 天 | | |
| | | | | 地虫磷 | 2 年 | | |

①表示消解 95%所需时间；②表示消解 75%~100%所需时间；③表示消解 95%以上所需时间；a 为半衰期。

表 4-11 不同作物田土壤中有机氯农药的残留情况

| 农田种类 | 总六六六的质量分数/$10^{-6}$ | 总滴滴涕的质量分数/$10^{-6}$ | 备 注 |
|---|---|---|---|
| 棉田 | 0.278~1.065 | 1.175~6.450 | 河南、陕西棉区 |
| 麦田 | 0.159~0.295 | 0.168~1.054 | 山东泰安 |
| | 0.114~0.641 | 0.272~0.489 | 山东烟台 |
| 稻田 | 0.121~0.506 | 0.026~0.518 | 江苏稻区 |
| 烟田 | 0.031~0.092 | 0.006~0.709 | 山东烟区 |

C 农药对生态的破坏和对人体健康的危害

土壤农药残留及污染危及动植物的生长和人类的健康，有些化学农药本身或与其他物质反应后的产物有致癌、致畸、致突变作用。

据报道，全世界每年因农药中毒致死者达 1 万人，致病者达 40 万人。发展中国家受农药污染极为严重，平均每年发生 37 万起农药中毒事件。农药对人体健康的危害主要有以下几个方面：

(1) 对神经的影响。有机氯农药具有神经毒性，滴滴涕（DDT）会危害中枢神经，有机磷农药具有迟发性神经毒性，人类对此毒性极其敏感。

(2) 致癌作用。动物实验证明，滴滴涕等农药有明显的致癌作用。虽然动物实验不能完全推设到人类，但可反映出其对人类的危害性。

(3) 对肝脏的影响。有机氯农药能诱发肝脏酶的改变，从而改变体内的生化过程，使肝脏肿大，以致死亡，此外，还能损害肾脏并引起病变。

(4) 诱发突变。滴滴涕和除莠剂 2, 4, 5-涕等是诱变物质，具有遗传毒性，能导致畸胎，影响后代健康并缩短寿命。

(5) 慢性中毒。农药慢性中毒时，能引起倦乏、头痛、食欲不振、肝脏损害等病症。

此外，农药还能对水生生物、飞禽、动物和植物等造成污染和危害。施用化学农药还会给生态系统造成危害。例如，使用六六六、1605 防治稻螟，在消灭稻螟的同时，也杀死了黑尾叶蝉的天敌——蜘蛛；再如，草原地区使用剧毒杀鼠剂灭鼠时，也会造成鼠类的天敌猫头鹰、黄鼠狼及蛇的大量死亡。

4.4.3.2　重金属与土壤污染

A　土壤的重金属污染

土壤的重金属污染是指人类活动使重金属在土壤中的累积量明显高于土壤环境背景值，致使土壤环境质量下降和生态恶化的现象。

重金属的采掘、冶炼、矿物燃烧、化肥的生产和施用是土壤重金属污染的主要污染源(表4-12)。重金属元素在土壤中一般不易随水移动，不能被微生物分解而在土壤中累积，甚至有的可能转化成毒性更强的化合物（如甲基化合物），它可以通过植物吸收在植物体内富集转化，给人类带来潜在危害。重金属在土壤中的累积初期不易被人们觉察和关注，属于潜在危害，一旦毒害作用比较明显地表现出来，也就难以彻底消除。通过各种途径进入土壤中的重金属种类很多，其中影响较大、目前研究较多的重金属元素有汞、镉、砷、铅、铜、锌等。由于各元素本身具有不同的化学性质，因而造成的污染危害也不尽相同。

**表4-12　土壤重金属的主要来源**

| 元素 | 主 要 来 源 |
|---|---|
| Hg | 制碱、汞化物生产等工业废水和污泥，含汞农药，金属汞蒸气 |
| Cd | 冶炼、电镀、染料工业废水，污泥和废气，肥料杂质 |
| Cu | 冶炼、钢制品生产等工业废水，污泥和废渣，含铜农药 |
| Zn | 冶炼、镀锌、纺织等工业废水，污泥和废渣，含锌农药和磷肥 |
| Cr | 冶炼、电镀、制革、印染等工业废水和污泥 |
| Pb | 颜料、冶炼等工业废水，防爆汽油燃烧废气，农药 |
| Ni | 冶炼、电镀、炼油、染料等工业废水和污泥 |
| As | 硫酸、化肥、农药、医药、玻璃等工业废水和废气，含砷农药 |
| Se | 电子、电器、油漆、墨水等工业的排放物 |

B　土壤重金属污染的生物效应

植物对各种重金属的需求有很大差别，有些重金属是植物生长发育中并不需要的元素，而且对人体健康的直接危害十分明显，如Hg、Cd、Pd等；有些元素虽然是植物正常生长发育所必需的微量元素，包括Fe、Mn、Zn、Cu、Mo、Co等，但如果在土壤中的含量过高，也会发生污染危害。

土壤因受重金属污染而对作物生长产生危害时，不同类的重金属危害并不相同。例如，Cu、Zn主要是妨碍植物正常生长发育；土壤受铜污染，可使水稻生长不良，过量铜被植物根系吸收后会形成稳定的络合物，破坏植物根系的正常代谢功能，引起水稻的减产；而受镉、汞、铅等元素污染，虽然一般不引起植物生长发育障碍，但可在植物体内蓄积，如镉可在水稻体内累积形成“镉米”。

土壤重金属污染对植物的影响或对植物的生物效应受到多种因素的控制，如重金属形态是决定重金属有效性程度的基础。一般来说，植物吸收重金属的量随土壤溶液中可溶态重金属浓度的增高而增加，同时还受重金属从土壤固相形态向液相形态转移数量的影响。

除上述影响因素外，重金属污染的生物效应还与重金属之间及其他常量元素之间的交互作用有关。

C 有毒重金属在土壤中的迁移转化

（1）汞：全球土壤中汞的含量平均值为 0.03～0.1mg/kg，我国土壤汞的背景值为 0.04mg/kg。汞主要分布于土壤表层 20cm 范围内。天然土壤中汞主要来源于母岩或母质，人为污染也是土壤中汞的重要来源。土壤中汞的形态较复杂。无机汞化合物有 HgS、HgO、$HgCO_3$、$HgHPO_4$、$HgSO_4$、$HgCl_2$、$Hg(NO_3)_2$ 和 Hg 等；有机汞化合物有甲基汞、有机络合汞等。除甲基汞、$HgCl_2$ 和 $Hg(NO_3)_2$ 外，大多均为难溶化合物，其中以甲基汞和乙基汞的毒性最强。

土壤环境中汞的迁移转化也是较复杂的。土壤中汞的氧化还原：土壤中的汞以三种价态形式存在——Hg、$Hg^+$ 和 $Hg^{2+}$。在正常的土壤 pH 值范围内，汞能以单质汞形态存在于土壤中，这是汞的重要环境地球化学特征。由于单质汞在常温下有很高的挥发性，除部分存在于土壤中外，还以蒸汽的形式挥发进入大气圈参与大气循环。$Hg^{2+}$ 在含有 $H_2S$ 的条件下将生成难溶性的 HgS。因此，汞主要以 HgS 形式残存于土壤中。但当土壤中的氧化条件占优时，HgS 也可以缓慢地被氧化为亚硫酸汞和硫酸汞。

土壤中汞的吸附与解吸：$Hg^{2+}$、$Hg_2^{2+}$ 可为土壤带负电荷的胶体所吸附，而 $HgCl_3^-$ 则为带正电荷的胶体所吸附。不同黏土矿物对汞的吸附能力不同，一般来说，蒙脱石、伊利石对汞的吸附力较强，高岭石较弱。当土壤溶液中氯离子的浓度较高时，由于形成 $HgCl_2^0$、$HgCl_3^-$ 络离子可使黏土矿物对汞离子的吸附减弱。

汞在土壤中的络合-螯合作用：土壤中的有机和无机配体与汞的络合-螯合作用对汞的迁移转化影响较大。如，$OH^-$、$Cl^-$ 与汞的络合作用大大提高了汞化物的溶解度。土壤中有机配位体（如腐殖质的羟基和羧基）对汞有很强的螯合能力，加上腐殖质对汞离子有很强的吸附交换能力，致使土壤腐殖质部分的含汞量远远高于矿物质部分的含汞量。在还原性条件及厌氧微生物作用下，可将无机汞转化为甲基汞（$CH_3Hg$）和二甲基汞（$(CH_3)_2Hg$）。只要存在甲基给予体，在非生物作用下，汞也可被甲基化。汞的甲基化不但大大增加了汞的毒性，而且加强了汞的迁移能力。如使土壤胶体对汞的吸附减弱，甲基汞特别是二甲基汞较易发生大气和水迁移。

植物对汞的吸收和累积与土壤中汞采含量的关系：试验证明，水稻生长的“汞米”与“汞土”之间生物吸收富集系数为 0.01，即土壤中总汞含量为 $2\times10^{-6}$时，生产出来的米汞含量可超过 $2\times10^{-8}$。土壤中汞及其化合物可以通过离子交换与植物的根蛋白进行结合，发生凝固反应。汞在植物不同部位的累积顺序为：根>叶>茎>种子。不同的农作物对汞的吸收和积累能力是不同的，在粮食作物中的顺序为：水稻>玉米>高粱>小麦。不同土壤中汞的最大容许量是有差别的，如酸性土壤为 $0.5\times10^{-6}$，石灰性土壤为 $1.5\times10^{-6}$。如果土壤中的汞超过此值，就可能生产出对人体有害的“汞米”。

（2）镉：全球土壤中镉的平均含量为 0.5mg/kg，我国土壤镉的平均含量为 0.079mg/kg。镉与锌属同一副族元素，化学性质相似，在自然界中常伴随闪锌矿（ZnS）出现。土壤中镉来源为闪锌矿的开采、冶炼、电镀、颜料、塑料稳定剂、蓄电池的生产等。

土壤中镉的存在形态分为水溶性镉和非水溶性镉。离子态的 $CdCl_2$、$Cd(NO_3)_2$、

$CdCO_3$和镉合态的 $Cd(HO)_2$ 呈水溶性，易迁移，可被植物吸收；而难溶性的镉化合物，如镉沉淀物、胶体吸附态镉等为难溶性镉，不易迁移和为植物吸收。但两种形态的镉在一定条件下可相互转化。

土壤胶体对镉的吸附能力较强，而且是一个快速反应的过程，因而土壤中吸附交换态镉所占的比例较大。镉的吸附率与土壤胶体的种类和数量有关，其顺序为：一般腐殖质土>重壤质土>壤质土>砂质土。此外，碳酸钙对镉的吸附也非常强烈。土壤中的难溶态镉，在旱地土壤中以 $CdCO_3$、$Cd_3(PO_4)_2$ 和 $Cd(OH)_2$ 形式存在，其中以 $CdCO_3$ 为主。在水田土壤中则以 CdS 为主。

影响土壤中镉的形态与迁移转化的因素主要有土壤酸碱度、氧化还原条件和碳酸盐含量。土壤酸度可影响土壤中 $CdCO_3$ 的溶解和沉淀平衡。如土壤酸度增强，不仅能增加 $CdCO_3$、CdS 的溶解度，使水溶态 $Cd^{2+}$ 含量增大，同时还会影响土壤胶体对 Cd 的吸附交换量。随着 pH 值的下降，胶体对 Cd 的解吸率增加，当 pH 值为 4 时，解吸率>50%。土壤氧化还原条件的变化对 Cd 形态转化的影响主要表现在当水田淹水形成还原环境时，镉以难溶性 CdS 为主；当排水形成氧化条件时，$S^{2-}$ 可被氧化形成单质硫，并进一步氧化为硫酸，而使土壤 pH 值下降，CdS 逐渐转化为 $Cd^{2+}$。研究表明，碳酸钙含量对 Cd 的形态转化有显著作用，在不含或少含 $CdCO_3$ 的土壤中，随 $CdCO_3$ 含量的增加，交换态镉量亦随之增加，但当 $CdCO_3$ 达到 4.3%时，对镉形态转化的影响减弱。

由于镉是作物生长的非必需元素，并易为作物吸收（小麦比水稻更易受镉污染），因此，可溶态镉含量稍有增加就会使作物体内镉含量相应增加。与其他重金属元素相比，镉的土壤环境容量要小得多。因而为控制镉污染而制定的土壤环境标准较为严格。

（3）砷：全球土壤中砷的平均含量为 6mg/kg，我国土壤中砷的平均含量为 9.6mg/kg。土壤砷污染主要来源于冶金、化工、燃煤、炼焦、造纸、皮革、电子工业等，农业方面来自于含砷农药（杀虫剂、杀菌剂）的施用。

土壤中砷以可溶态、吸附态和难溶态形式存在。在一般的 pH 值和土壤电位（$E_h$）范围内，砷主要以 $As^{3+}$ 和 $As^{5+}$ 存在。水溶性砷多为 $AsO_4^{3-}$、$HAsO_4^{2-}$、$AsO_3^{3-}$ 和 $H_2AsO_4^-$ 等阴离子形式。其含量常低于 1mg/kg，只占总砷含量的 5%～10%。这是由于水溶性砷很易与土壤中的 $Fe^{3+}$、$Al^{3+}$、$Ca^{3+}$ 和 $Mg^{2+}$ 等生成难溶性砷化物。带正电荷的土壤胶体，特别是氧化铁和氢氧化铁对砷酸根和亚砷酸根阴离子的吸附力很强。

砷是植物强烈吸收累积的元素。$As^{3+}$ 的易迁移性、活性和毒性都远远高于 $As^{5+}$。砷对植物的毒害主要是阻碍植物体内水分和养分的输送，当砷酸盐浓度达到 1mg/L 时，水稻即开始受害；达到 5mg/L 时，水稻减产一半；达到 10mg/L 时，水稻生长不良，甚至不抽穗。

（4）铬：全球土壤中铬的平均含量范围为 70mg/kg，我国土壤中铬的平均含量为 57.3mg/kg。土壤中铬自然含量与母岩、母质有关。土壤铬污染源主要为铁、铬、电镀、金属酸洗、皮革鞣制、耐火材料、铬酸盐和三氧化铬工业、燃煤、污水灌溉、污泥施用等。铬主要累积于土壤表层，并自表土层向下递减。

铬在土壤中主要以 $Cr^{3+}$、$CrO_2^-$、$Cr_2O_7^{2-}$、$CrO_4^{2-}$ 等形态存在。其中，以 $Cr(OH)_3$ 最为稳定。在常见的 pH 值和 $E_h$ 范围内，土壤中的 $Cr^{6+}$ 可迅速还原为 $Cr^{3+}$，因为 $Cr^{6+}$ 的存在必须具有很高的 $E_h$（>0.7V），这样高的 $E_h$ 并不多见，只在弱酸、弱碱性土壤中有六价铬化物。在 pH>8、$E_h$ 为 0.4V 的荒漠土壤中曾发现铬钾石 $K_2CrO_4$。$Cr^{6+}$ 可被 $Fe^{2+}$、可溶性硫化物和有羟基的有机物还原为 $Cr^{3+}$。在通气良好的土壤中，$Cr^{3+}$ 可被 $MnO_2$ 氧化为 $Cr^{6+}$。由于 $Cr^{3+}$ 的溶解度较低，$Cr^{6+}$ 的含量少，因而土壤中可溶性铬含量一般较低。

土壤胶体对 $Cr^{3+}$ 有较强的吸附力，甚至 $Cr^{3+}$ 可交换吸附于晶格中的 $Al^{3+}$。$Cr^{6+}$ 的活性和迁移能力更大，特别当土壤中含有过量正磷酸盐时，因磷酸根的交换吸附能力大于 $CrO_4^{2-}$、$Cr_2O_7^{2-}$，因此可阻碍土壤对其的吸附。但铬的阴离子的吸附力大于 $Cl^-$、$SO_4^{2-}$ 和 $NO_3^-$。

由于土壤中的铬多为难溶性化合物，故一般迁移能力较低，而残留于土壤表层。铬在植物体内的富集顺序为：稻茎>谷壳>糙米。92%左右的铬积累于茎叶中。

（5）铅：全球土壤中铅的平均含量约为 20mg/kg。土壤中铅的自然来源主要为母岩和母质，土壤铅污染源主要来自于含铅矿的开采和冶炼、污泥施用、污水灌溉和含铅汽油的使用。

土壤的无机铅主要以二价难溶化合物的形式存在，如 $Pb(OH)_2$、$PbCO_3$ 和 $Pb_3(PO_4)_2$，而可溶性铅含量较低。这是由于土壤中各种阴离子对铅的固定作用和有机质对铅的络合-螯合作用。黏土矿物对铅的吸附作用及铁锰氢氧化物（特别是锰的氢氧化物）对 $Pb^{2+}$ 的专性吸附作用对铅的迁移能力、活性与毒性影响较大。土壤 $E_h$ 增高会降低铅的可溶性；而土壤 pH 值降低，由于 $H^+$ 对吸附性铅的解吸作用和增强 $PbCO_3$ 的溶解，会使可溶性铅含量有所增加。铅主要富集于植物的根部和茎叶，并主要影响植物的光合作用和蒸腾作用。长期大量施用含铅的污泥和污水灌溉，可能影响土壤中氮的转化，从而影响植物的生长。

土壤环境污染除上述重金属、化学农药污染之外，还有因核爆炸试验、核泄漏等核事故造成的放射性土壤污染、土壤石油污染以及外源有害微生物引起的土壤生物污染等，此处不再一一详述。

#### 4.4.3.3 土壤污染的影响和危害

##### A 土壤污染对作物的影响

当土壤中的污染物含量超过植物的忍耐限度时，会引起植物的吸收和代谢失调；一些残留在植物体内的有机污染物会影响植物的生长发育，甚至会导致遗传变异；Cu、Ni、Co、Mn、Zn 等重金属和类重金属以及 As 等会引起植物生长发育障碍。油类、苯酚等有机污染物会使植物生长发育受到障碍，导致作物矮化、叶尖变红、不抽穗或不开花授粉；三氯乙醛能破坏植物细胞原生质的极性结构和分化功能，使细胞和核的分裂产生紊乱，形成病态组织，阻碍正常生长发育，甚至导致植物死亡。

土壤生物污染，如某些致病细菌能引起番茄、茄子、辣椒、马铃薯、烟草等百余种茄科植物的青枯病，也会引起果树细菌性溃疡和根癌病；某些致病真菌能引起大白菜、油菜、荠菜、萝卜、甘蓝、芥菜等百余种蔬菜的根肿病，引起茄子、棉花、黄瓜、西瓜等多种植物的枯萎病，以及小麦、大麦、燕麦、高粱、玉米、谷子的黑穗病等。

##### B 土壤污染物在植物体内残留

农作物通过根部从被污染的土壤中吸收重金属，其残留量在作物体内的分布是不均匀的。例如，植物吸收的镉在体内各部位的相对残留量一般为：根>茎>叶>荚>籽粒；在苹果幼树不同器官的积累量为：根>二年生枝>一年生枝>叶片。不同重金属在植物体内的残留量也不一样，如苹果根系对铜的富集量明显大于镉，溶解度大的农药易被作物吸收，越难分解的农药在作物体内残留时间越长。例如，“六六六”易被作物吸收，残留时间长。不同的作物对同一种农药的吸收残留量不同。例如，有机氯农药中的艾氏剂、狄氏剂的吸收量为：洋葱<萬苣<黄瓜<萝卜<胡萝卜。

C 土壤污染危害人体健康

病原体能在土壤中生存较长时间，如痢疾杆菌能生存22~142天，结核杆菌能生存1年左右，蛔虫卵能生存315~420天，沙门氏菌能生存35~70天。土壤中的病原体可通过食物链进入人体，也可穿透皮肤侵入人体，如十二指肠钩虫、美洲钩虫和粪类圆线虫等虫卵在温暖潮湿的土壤中经过几天的孵育变成感染性幼虫，可穿过皮肤进入人体。病原体可导致人体肠道及消化道疾病、脊髓灰质炎、传染性肝炎病等。土壤重金属被植物吸收后，可通过食物链危害人体健康。例如，长期食用镉残留的稻米，可使得镉在人体内蓄积，从而引起全身性神经痛、关节痛、骨折，以致死亡。重金属Cd、Hg、Pb等均能在植物可食部位蓄积而危害农产品安全。放射性污染物主要是通过食物链进入人体，其次是经呼吸道进入人体，可造成内照射损伤，使受害者头昏、疲乏无力、脱发、白细胞减少或增多，发生癌变等。

此外，含重金属浓度较高的污染表土容易在风力和水力的作用下向大气和水体扩散，土壤污染物直接或腐败分解后经挥发和雨水冲刷等扩散过程，会进一步污染大气、水环境，造成区域性的环境质量下降和生态系统退化等次生生态环境问题。

D 土壤污染的防治

目前我国大陆受重金属污染的耕地面积近2000万公顷。约占耕地总面积的1/5。受矿区污染的土地达200万公顷，受石油污染的土地约500万公顷，受固体废弃物堆放污染的土地约5万公顷，工业“三废”污染耕地近1000万公顷，污水灌溉的农田面积达330多万公顷。土壤污染使全国农业粮食减产已超过1300万吨，因农药和有机物污染、放射性污染、病原菌污染等其他类型的污染所导致的经济损失难以估计。由于污染，土壤的营养功能、净化功能、缓冲功能和有机体的支持功能正在丧失。土壤是生态环境系统的有机组成部分，是人类生存与发展最重要和最基本的综合性自然资源。我们不能坐以待毙，要加强研究，采取措施，切实阻止土壤污染继续扩大的趋势，清除被称为“化学定时炸弹”的土壤污染。

### 4.4.4 土壤环境污染的现状

#### 4.4.4.1 土壤重金属污染现状

随着工业、城市污染的加剧和农用化学物质种类、数量的增加，我国土壤重金属污染日益严重，污染程度在加剧，面积逐年扩大。根据农业部环保监测系统对全国24个省市320个严重污染区约548万公顷的土壤调查发现，大田类农产品污染超标面积占污染区农田面积的20%，其中重金属污染占超标面积的80%，对全国粮食调查发现，重金属Pb、Cd、Hg、As超标率占10%。重金属污染物在土壤中移动性差，滞留时间长，大多数微生物不能使之降解，并可经水、植物等介质最终危害人类健康。

A 随着大气沉降进入土壤的重金属

人类活动产生的重金属粉尘以气溶胶的形式进入大气，经过自然沉降和降水进入土壤，造成土壤污染。特别是汽车运输对公路沿线污染严重。江苏省高速公路两边的土壤“病情”严重，公路两边100m成为铅污染区，铅对土壤的污染已深达30cm，而这一深度往往正是农作物生长的深度，这直接导致蔬菜等农作物中铅含量超标，在30个观测点中，蔬菜中的铅含量最高超标居然高达6倍。专家研究认为污染来源于汽车尾气排放的铅和未燃尽的四乙基铅残渣以及汽车轮胎磨损产生的粉尘进入土壤。专家呼吁在交通干线两侧多种植树木和花卉，不要种植蔬菜和粮食作物。我国地质化学勘查学科的创始人、中科院资深院士谢学锦指出，部分地区土壤重金属污染加重与我国当前粗放式的生产方式有很大关系。由于煤炭等资源消耗量大，加重了大气污染，导致了酸雨增加，从而加速了土壤中Hg、Cd、Cr、Pb等重金属的累积，造成“中毒”土壤增加。在宁杭公路南京段两侧的土壤形成Pb、Cr、Co污染带，且沿公路延长方向分布，自公路向两侧污染程度逐渐减弱。大气中经自然沉降与雨淋进入土壤的重金属污染，与重工业发达程度、城市人口密度、土地利用率、交通发达程度有直接关系。污染强弱顺序为：城市>郊区>农村。

B 随着污水灌溉进入土壤的重金属

污水按来源和数量可分为城市生活污水、石油化工污水、工矿企业污水和城市混合污水等。由于我国工业迅速发展，工矿企业污水未经分流处理而排入下水道与生活污水混合排放，从而造成污灌区重金属Hg、Cd、Cr、Pb等含量逐年增加。根据我国农业部进行的全国污灌区调查，在约140万公顷的污灌区中，遭受重金属污染的土地面积占污灌区面积的64.8%，其中轻度污染占46.7%，中度污染占9.7%，严重污染占8.4%。根据《2004年辽宁省环境质量通报》披露，辽宁省8个主要污灌区的土壤环境质量均受到不同程度的污染，污染面积达6.46万公顷。污灌区主要污染物质为Cd，其次为Ni、Hg和Cu。个别重污染区域70~100cm深处土壤中Cd和Hg仍然超标。中国科学院地理科学与资源研究所陈同斌研究员研究发现，广西、云南等地遇到洪水时，上游堆积的开采矿产中含高浓度重金属的污水就顺势蔓延下来，造成下游上百千米的河道和农田遭受污染，从而大面积稻田严重减产，甚至绝收。郑州污灌区中Hg的浓度达0.242mg/kg，而土壤中Hg含量0.194mg/kg就会造成严重污染。据许书军、魏世强等对重庆市16个市、县、区污灌旱地和水田土样分析，三峡库区土壤重金属As、Cd、Cu、Ni的含量均超标，Cd有最大超标。淮阳污灌区土壤Hg、Co、Cr、Pb、As等重金属早在1995年就超过警戒线，其他灌区部分重金属含量也远远超过当地背景值。江苏宜兴污灌区，经中科院南京土壤研究所赵其国院士的检测发现，其产出的稻米中含有120多种致癌物质。该研究所在江苏省部分地区检测也发现，其产出的小麦、大米、面粉里铅检出率高达88.1%。根据无锡市疾病预防控制中心副主任徐明透露，无锡市最近几年肝癌、胃癌、肺癌发病率明显上升，据分析人士透露这与宜兴污灌区的大米一度畅销有关，而江苏宜兴的陶瓷企业废水违规排放仍在进行。

C 随固体废弃物进入土壤的重金属

固体废弃物种类繁多、成分复杂。其中矿业和工业固体废弃物污染最为严重。这类废弃物在堆放或处理过程中，由于日晒、雨淋、水洗，重金属极易移动，以辐射状、漏斗状向周围土壤扩散。我国固体废弃物堆放污染约5万公顷，其中废旧电池对土壤的污染危害巨大。如浙江省地质调查研究院对长兴县蓄电池企业最为集中的煤山镇进行调查，结果显示长兴县煤山镇一带的重金属镉、铅含量已超过国家标准，其污染源就是蓄电池废旧材料的乱堆乱放。土壤污染使长兴县林城镇上狮村玫瑰花种植基地玫瑰花铅含量超标，销路困难；不光玫瑰花，上狮村的大米、茶叶、桃子、青梅等农产品都被检测含铅量超标，市场前景暗淡。另由于固体废弃物的大量堆积，南京城老居民区土壤中含铅量平均值达到141.6mg/kg，远远超过4.8mg/kg的土壤背景值。随着电子产业的发展，废旧干电池、锂电池、蓄电池等电子垃圾目前已成为重要的土壤污染源。据测算，一节一号含汞电池烂在土壤中，可以使$1m^2$土地失去利用价值，江苏宜兴大量陶瓷企业乱堆乱放的废料废渣是造成当地土壤重金属含量超标的重要原因。2007年3月26日，据湖南省株洲市有关部门证实，茶陵县洣江乡一家炼铅企业堆放的废料污染土壤造成14名儿童铅中毒，株洲市环保局在含铅废料堆积处附近约$3km^2$范围内采集样本进行检测，发现土壤、蔬菜、稻谷铅含量均超标，个别严重超标。对武汉市垃圾堆放场、杭州路渣堆放区附近土壤重金属含量的研究发现，这些区域的土壤中Cd、Hg、Cr、Cu、Zn、Pb、As等重金属含量均高于当地背景值。一些含重金属固体废弃物因含有一定养分而被作为肥料大量施入农田，造成农田土壤重金属含量超标。磷石膏属于化肥工业废物，由于其含有一定量的正磷酸以及不同形态的含磷化合物，可以改良酸性土壤，从而被大量施入土壤，造成土壤中Cr、Pb、Mn、As含量增加。北京农田施入燕山石化污泥一年后，Hg、Cd浓度均超标。据房世波、潘剑君等对南京市土壤污染调查表明，南京市近郊土壤污染以汞和锌为主，江宁县附近为污染重区，污染原因为工矿企业废物的乱堆放、生活垃圾的农用及各类肥料和农药的施用。湖南省彬州市一砷制品厂附近村民经检测143人尿砷超标，共249人住院治疗。据廖晓勇、陈同斌等人调查发现，砷厂附近的水、蔬菜、土壤、谷物均受到不同程度的砷污染，因砷污染导致该区域约50公顷稻田及菜地弃耕荒芜，在污染土壤上种植的大白菜、萝卜、菠菜等砷含量严重超标，原因是该砷厂产生的废渣都倾倒在厂区附近的自然洼地上。

#### 4.4.4.2 土壤有机物污染现状

土壤中的有机物污染物质主要来源有机农药和工业“三废”，较常见的是有机农药类、多环芳烃（PAHs）、有机卤代物中的多氯联苯（PCBs）和二噁英（PCDDs）以及油类污染物质、邻苯二甲酸酯等有机化合物。另外，农膜对土壤的污染也相当严重。部分污染物质由于其独特的热稳定性能、化学稳定性能和绝缘性能，在生产和生活中用途很广，可造成严重的累积后果，特别是某些有激素效应的种类，对人和其他动物的生殖功能有干扰作用或负面影响，对其毒害效果的消除治理是人类面临的一大环境课题。

##### A 有机农药

我国是农药生产和使用大国，每年使用的农药量达到50万~60万吨，其中约有80%的农药直接进入环境，每年使用农药的土地面积在2.8亿公顷以上。农药品种有120余种，大多为有机农药。田间使用的农药大部分直接进入土壤环境中。另外，大气中的残留农药及喷洒附着在作物上的农药，经雨水淋洗也将落入土壤中，污水灌溉和地表径流也是造成土壤农药污染的原因。我国平均每公顷农田施用农药13.9kg，比发达国家高约1倍，利用率不足30%，造成土壤大面积污染。据陈同斌等人统计，截至2011年底，我国受农药污染的土地面积已超过1300万~1600万公顷。

有机农药按其化学性质可分为有机氯类农药、有机磷类农药、氨基甲酸酯类农药和苯氧基链烷酸酯类农药。前两类农药毒性巨大，且有机氯类农药在土壤中不易降解，对土壤污染较重，有机磷类农药虽然在土壤中容易降解，但由于使用量大，污染也很广泛。后两类农药毒性较小，在土壤中均易降解，对土壤污染不大。

B 有机氯类农药

我国已于1983年全面禁止了DDT、六六六的生产和使用。但禁用三十多年来，土壤中总体残留量仍然较高。如广州菜地中六六六的检出率为99%，DDT检出率为100%。太湖流域农田土壤中六六六、DDT检出率仍达100%，一些地区最高残留量仍在1mg/kg以上。根据龚钟明、王学军对天津地区土壤中DDT的部分研究发现，P-DDT、P-DDE是表土中主要污染物，其平均残留量分别为27.5ng/g和18.8ng/g。万红富等对广东省不同类型土壤六六六、DDT残留情况检测结果见表4-13（2005，表中数据为检测率）。可见，广东省不同类型土壤中六六六、DDT残留检测率均很高。

**表4-13 2005年广东省不同类型农业土壤六六六、DDT残留情况**

| 农药 | 菜地 | 水稻田 | 香蕉地 | 堆叠土 | 果园地 |
|---|---|---|---|---|---|
| 六六六 | 91.80 | 95.45 | 91.67 | 88.89 | 60.00 |
| DDT | 93.44 | 88.64 | 83.33 | 100.00 | 100.00 |

C 除草剂类农药（苯氧基链烷酸酯类农药）

根据江苏省对全省农业的环境质量调查，一些低毒的除草剂在土壤中已有一定残留，主要品种为除草醚和绿麦隆，长期大量使用可使土壤作物中残留十分严重。

D 多环芳烃（PAHs）

土壤中多环芳烃的污染源较复杂，其中主要包括矿物油、化石燃料燃烧及木材燃烧产物等。土壤中的PAHs对人类健康危害巨大。许多PAHs可致癌，还具有破坏造血和淋巴系统的作用，并能使脾、胸腺和隔膜淋巴结退化，抑制骨骼形成。PAHs已成为我国土壤中一类较为常见的有机污染物，全国主要的农产品中PAHs超标率高达20%以上。

天津是中国重要的工业基地，污染严重，土壤中PAHs来源复杂，石油、煤及其不完全燃烧产物为其主要来源。此外，由于水资源短缺，天津自1958年利用污水灌溉，污灌区面积140000$hm^2$，污灌区土壤遭受严重污染，大气沉降进一步加剧了土壤PAHs污染，截至2011年，灌区土壤大多呈黑褐色，有机质含量较高；最高达23.1mg/g（TOC/干土）。张枝焕等对天津地区表层土壤中芳香烃污染物的化学组成及分布特征的研究表明，天津地区不同环境功能区表层土壤中分布有多种类型的烃类污染物，已经检测到的PAHs化合物有100种单体化合物，含量较高的主要有菲、甲基菲、萤蒽、芘等，且含量差别显著。污灌耕地和滨海盐土耕地四环以上芳香烃含量较高且随深度降低较大，而非污灌耕地和北部山区烷基取代物含量较高且随深度降低小，但剖面深部（大于40cm）芳香烃化合物组成特征基本趋于一致。这说明天津地区四环以上芳香烃污染土壤较重，且主要分布于污灌耕地和滨海盐土耕地。

E 二噁英（PCDDs）

随着我国杀虫剂、除草剂、防腐剂等的生产，金属冶炼以及部分其他农药的使用，使得PCDDs进入土壤。城市垃圾焚烧残渣、汽车尾气沉降、纸浆的漂白水任意排放是土壤中PCDDs的主要来源。我国从1959年起在长江中下游地区用五氯酚钠防治血吸虫病，其杂质二噁英已造成区域二噁英类污染。洞庭湖、鄱阳湖底泥中的 PCDDs 含量也很高。据研究，PCDDs 具有强脂溶性，可渗入人体细胞核中，与蛋白质结合，改变 DNA 的正常遗传功能，控制相应的基因活动，从而扰乱内分泌并致癌。

F 邻苯二甲酸酯（PAEs）

PAEs 主要用作塑料的增塑剂，用于聚氯乙烯（PVC）加工行业，也可用作农药载体、驱虫剂、化妆品、润滑剂和去泡剂的生产原料。该化合物具有一般毒性和特殊毒性（如致畸、致突变或具有致癌活性），可造成人体生殖功能异常，发挥着类雌性激素的作用，干扰内分泌，被人们称为第二个全球性 PCB 污染物。农业土壤中 PAEs 主要来源于大气污染物（涂料喷涂、塑料垃圾焚烧和农用薄膜增塑剂挥发等的产物以及工业烟尘）的沉降，污水和污泥农用，化肥、粪肥和农药的施用，以及堆积的大田薄膜和塑料废品等长期受雨水浸淋对土壤造成的污染。其中土壤污灌可使土壤中 DBP 和 DOP 含量分别增加 49 倍和 72 倍之多。

G 农膜

我国由于大量使用农膜，致使农膜污染土壤面积超过 780 万公顷，且回收率低，导致其在土壤中残留，影响土壤通气透水，使土壤养分迁移受阻，并因此影响作物的生长发育。

4.4.4.3 不合理施肥造成的土壤污染

我国化肥施用量达 4100 多万吨，占世界总量的 1/3，是世界第一化肥消费大国。目前我国约 50%以上的耕地微量元素缺乏，20%～30%的耕地氮养分过量。与发达国家相比，我国化肥施用量偏高，特别是氮肥施用量更高。由于有机肥投入不足，化肥施用不平衡，造成耕地土壤退化、耕层变浅、耕性变差、保水肥能力下降，污染了土壤，增加了农业生产成本，降低了农产品品质。近几年，西北、华北地区大面积频繁出现沙尘暴，与耕地理化性状恶化、团粒结构破坏、沙化有着十分密切的关系；而有机肥施用量增加很少，部分地块甚至减少，有机态养分占总施用养分的比例明显偏低，这可能是近年来引发许多土壤环境问题的重要原因。中科院侯彦林教授说，化肥污染隐蔽性强，且具有长期潜伏性。

化肥对土壤质量的影响是多方面的。(1) 单独施用化肥可导致土壤结构变差，融重增加，空隙度减少；(2) 施用化肥可能使土壤的有机质上升减缓，甚至下降，部分养分含量较低或养分间不平衡，不利于土壤肥力的发展；(3) 单独施用化肥可导致土壤中有益微生物减少；(4) 由于部分化肥中含有污染成分，过量施用（尤其磷肥）将对土壤造成污染；(5) 不均衡施肥致使土壤中氨氮元素过多，会造成土壤对其他元素吸收性能下降，从而破坏土壤的内在平衡。

由于长期大量施用氨氮化肥，农田土壤系统中输出的大量营养物质形成对水域富营养化的严重威胁，仅化肥氮淋洗和径流损失每年就约 174 万吨。长江、黄河和珠江每年输出的无机态氮达 97.5 万吨，成为近海赤潮的主要污染源。河南省环保局监测境内淮河沿岸土壤时发现，土壤中氨氮含量非常高，残留在土壤中的化肥被暴雨冲刷后汇入水体，加剧了水体富营养化，导致水草繁多，许多水塘、水库、湖泊因此变臭，成为“死水”。河北省地理科学研究所裴青对石家庄地表水源氮、磷污染特征的研究也表明，岗南水库氮磷污染来源于上游土壤中过量的氮磷。刘付程、史学正等的研究也表明近几年来太湖流域土壤中磷的含量总体不断上升，普遍出现盈余。研究区域土壤耕层全磷含量平均值为 0.57g/kg，高于第二次土壤普查时的土壤耕层全磷平均含量0.50g/kg，这是近20年来磷肥超量使用的结果。

根据尉元明、朱丽霞等对干旱地区灌溉农田化肥施用现状与环境影响分析研究发现，研究地区仍有97%的农田沿用大水漫灌方式进行灌溉。在春季灌水后与初冬灌水时，硝态氮大量从田间渗漏水排出，排出的氮、磷量分别占施肥的33%和58%以上，所以他们指出加大有机肥施用量、采取节水灌溉取代大水漫灌方式是降低化肥对土壤污染的有效途径。

4.4.4.4 放射性物质对土壤的污染

土壤辐射污染的来源有铀矿和钍矿的开采、铀矿浓缩、核废料处理、核武器爆炸、核试验、放射性核素使用单位的核废料、燃煤发电厂、磷酸盐矿开采加工等。近几年来，随着核技术在工农业、医疗、地质、科研等领域的广泛应用，越来越多的放射性污染物进入土壤中，这些放射性污染物除可直接危害人体外，还可通过食物链进入人体，损伤人体组织细胞，引起肿瘤、白血病、遗传障碍等疾病。研究表明，我国每年土壤氡污染致癌5万例，而天津市区公众肺癌23.7%是由氡及其子体造成的。磷矿石中常伴有U、Th、Ra等天然放射性元素，因而磷肥施用会对土壤产生放射性污染。对我国8个省、地区的磷肥进行测定，磷肥的放射性强度在$1.7\times10^{-12}\sim8.21\times10^{-10}$Ci/g之间，土壤对核素有富集作用，但有一定限度。

### 4.4.5 土壤环境污染的防治

4.4.5.1 土壤污染防治的原则

（1）预防为主，防治结合。土壤污染治理难度大、成本高、周期长，因此，土壤污染防治工作必须坚持预防为主。要认真总结国内外土壤污染防治的经验教训，综合运用法律、经济、技术和必要的行政措施，实行防治结合。

（2）统筹规划，重点突破。土壤污染防治工作是一项复杂的系统工程，涉及法律法规、监管能力、科技支撑、资金投入和宣传教育等各个方面，要统筹规划、全面部署、分步实施，重点开展农用土壤和污染场地土壤的环境保护监督管理。

（3）因地制宜，分类指导。结合各地实际，按照土壤环境现状和经济社会发展水平，采取不同的土壤污染防治对策和措施。农村地区要以基本农田、重要农产品产地，特别是“菜篮子”基地为监管重点；城市地区要根据城镇建设和土地利用的有关规划，以规划调整为非工业用途的工业遗留遗弃污染场地土壤作为监管重点。

（4）政府主导，公众参与。土壤是经济社会发展不可或缺的重要公共资源，关系到农产品质量安全和群众健康。防治土壤污染是各级政府的责任。各级环保部门要认真履行综合管理和监督执法职责，积极协调国土、规划、建设、农业和财政等部门，共同做好土壤污染防治工作。鼓励和引导社会力量参与、支持土壤污染防治。

4.4.5.2 土壤防治预防措施

（1）依法预防。制定和贯彻防治土壤污染的相关法律法规，是防治土壤污染的根本措施。严格执行国家有关污染物的排放标准，如农药安全使用标准、工业“三废”排放标准、农田灌溉水质标准等。

（2）建立土壤污染监测、预报与评价系统。在研究土壤背景值的基础上，应加强土壤环境质量的调查、监测与预控。在有代表性的地区定期采样或定点安置自动监测仪器，进行土壤环境质量的测定，以观察污染状况的动态变化规律。以区域土壤背景值为评价标准，分析判断土壤污染程度，及时制定出预防土壤污染的有效措施。

(3) 发展清洁生产，彻底消除污染源。

1) 控制“三废”的排放：在工业方面，应大力推广闭路循环和无毒工艺。生产中必须排放的“三废”应在工厂内进行回收处理，开展综合利用，变废为宝，化害为利。对于目前还不能综合利用的“三废”，务必进行净化处理，使之达到国家规定的排放标准。对于重金属污染物，原则上不准排放。对于城市垃圾，一定要经过严格机械分选和高温堆腐后方可施用。

2) 加强污灌管理：建立污水处理设施，污水必须经过处理后才能用于灌溉，要严格按照国家规定的农田灌溉水质标准执行。污水处理的方法包括：通过筛选、沉淀、污泥消化等，除去废水中的全部悬浮沉淀固体的机械处理；将初级处理过的污水采用活性污泥法或生物曝气滤池等方法降低废水中可溶性有机物质，再进一步进行减少悬浮固体物质的二级处理，又称生化曝气处理；然后再进行化学处理。通过这些过程处理后的污水还可通过生物吸收（如水花生、水葫芦等）进一步净化水质。灌溉前进一步检测水质，加强监测，防止超标，以免污染土壤。

3) 控制化肥农药的使用：为防止化学氮肥和磷肥的污染，应因土因植物施肥，研究确定出适宜用量和最佳施用方法，以减少在土壤中的累积量，防止流入地下水体和江河、湖泊进一步污染环境。为防止化学农药污染，应研究筛选高效、低毒、安全、无公害的农药，以取代剧毒有害化学农药。积极推广应用生物防治措施，大力发展生物高效农药。同时，应研究残留农药的微生物降解菌剂，使农药残留降至国标以下。在农业生产中控制化学农药的使用量、使用范围、喷洒次数，提高喷洒技术，减少有机溶剂对土壤的影响，实现有机液剂向水基液剂、液态剂型向固态剂型、粉状固态剂型向粒状固态剂型发展。需要加快我国植保药械的研究开发，改变我国农村喷药器械“跑、冒、滴、漏”现象，减少散落在土壤中的农药。可采用种子包衣，内吸药剂浸种、拌种、涂茎、摘心，撒施颗粒剂，定向喷雾等施药技术，减少农药施用量。

4) 加大土壤科学研究资金投入：应将土壤科学研究经费投入纳入国家预算计划，保障土壤科学研究的基本费用，这与治理污染后的土壤效果相比，投入是微不足道的，它所产生的生态效益却是无法用金钱来估量的。应该从以下方面加大资金投入：①建立多层次的长期监控系统；②大力研究发展土壤污染的植物与微生物修复技术；③取得全国土壤收支的统计学资料，包括工业排放、农业投入、人类消耗、土壤淋滤、生物淋滤与输出等；④在大量资料的基础上，从各种不同角度进行研究论证，提出防治土壤污染的各种预测模型；⑤早日成立土壤污染防治委员会。

土壤科学研究经费来源要多样化、多渠道。一是积极争取国家投资；二是从地方各级政府财政预算中进行安排；三是从企事业可持续发展基金中解决。政府环保部门应与科研院所、大学协同工作，共同解决。

(4) 植树造林，保护生态环境。土壤污染是以大气污染和水质污染为媒介的二次污染。森林是天然的吸尘器，对于污染大气的各种粉尘和飘尘都能进行阻挡、过滤和吸附，从而净化空气，避免由大气污染引起的土壤污染。此外，森林在涵养水源、调节气候、防止水土流失以及保护土壤自净能力等方面也发挥着重要作用。所以，提高森林覆盖率，维护森林生态系统的平衡是关系到保护土壤质量的大问题，应当给予足够的重视。

（5）开展保护环境、清洁土壤、拯救土壤宣传教育活动。土壤科学主要研究人为原因引起的土壤环境问题。因为人造成了土壤污染和破坏，因此防止污染和破坏的决定因素还是人类自身的觉悟和行为。我国土壤污染问题严峻，关键还是土壤环境意识没有深入人心，开展宣传教育的目的是启发人们觉悟，提高认识，规范人们行为。只有加强环保基本国策的宣传教育、环保法律法规的宣传教育、土壤污染典型案例的宣传教育，才能逐步增强国民的土壤环保意识和法制观念，增强自觉保护土壤环境的责任感、紧迫感。

（6）增加土壤环境容量，增强土壤净化能力。增加土壤有机质含量，采取砂土掺黏土或改良砂性土壤等方法，以增加或改善土壤胶体性质，增强土壤对毒物的吸附能力，增加土壤对毒物的吸附量，从而增加土壤环境容量，提高土壤的净化能力。

#### 4.4.5.3 污染土壤修复

土壤修复是指利用物理、化学和生物的方法转移、吸收、降解和转化土壤中的污染物，使其浓度降低到可接受水平，或将有毒有害的污染物转化为无害的物质。从根本上说，污染土壤修复的技术原理可包括为改变污染物在土壤中的存在形态或同土壤的结合方式，降低其在环境中的可迁移性与生物可利用性；降低土壤中有害物质的浓度。

目前已有的土壤修复技术达到100多种，按不同标准可分为以下几类。按修复位置变化与否可分为原位修复技术和异位修复技术（又称为易位或非原位修复技术）。原位修复技术是对未挖掘的土壤进行的治理，对土壤没有什么扰动，这是欧洲最广泛采用的技术。异位修复技术是对挖掘后的土壤进行处理，又可细分为原地处理和异地处理。按操作原理可分为物理修复技术、化学修复技术，以及生物修复技术。

以下主要介绍物理修复技术、化学修复技术和生物修复技术。

（1）物理修复技术。多为异位修复技术，是利用土壤和污染物的各自特性，使污染物固定在土壤中不易扩散和迁移，或通过高温等方式破坏污染物进而降低其对环境的破坏。土壤非氯代有机污染的物理修复技术主要包括热处理、隔离法和换土法等。

1）热处理：多为异位处理，通常指将污染介质转移至特定的处理单元或燃烧室等，然后将其暴露于高温下，从而破坏或去除其中污染物的一种修复过程。异位修复技术的主要优势是处理周期短、处理过程可视、污染介质的连续混合和均质过程易于控制，因此处理程度比较均一。但是，异位修复需要挖掘土壤，这就使得修复成本和修复工程设备需求增加，同时导致异位修复许可申请、材料转移工作安全性等相关问题。

①热处理技术主要包括异位热脱附、高温净化、高温分解、传统的焚烧破坏技术以及玻璃化技术。焚烧技术在燃烧和破坏污染介质领域已应用多年，是相对比较成熟的一种修复技术。

②异位热脱附技术是利用热使污染介质中的污染物和水挥发出来，通常利用载气或真空系统将挥发出的水蒸气和有机污染物传输到后续的譬如热氧化或回收等单元中进一步处理。根据解吸塔操作温度的不同，热脱附过程可以分为高温热脱附（320~560℃）和低温热脱附（90~320℃）。

③高温净化技术指的是将污染的固体介质或设备的温度升至260℃，并保持一定的时间。对介质中产生的气流进入燃烧系统中进行处理，以去除所有挥发性的污染物。该方法处理后所得到的残渣可以作为非危险废物进行处置或资源化利用。

④高温分解是指在无氧条件下通过加热使有机污染物发生化学分解的过程。高温分解一般发生在温度高于430℃并具有一定压强的条件下。化学分解过程中产生的裂解气需要进一步处理。高温分解的目标污染组分是SVOCs和杀虫剂类，该技术适用于从精炼厂废料、煤焦油、木材加工废料、杂酚油污染的土壤、烃类污染的土壤、混合废物（放射性和危险性）、橡胶合成中的废物以及涂料等废弃物中分离有机成分。

⑤玻璃化技术是利用电流在高温（1600~2000℃）条件下将污染的土壤熔化，待冷却后形成玻璃化产物，该产物是一种类似玄武岩的化学性质稳定、抗渗透性、玻璃状或晶体状的材料。其中的高温处理过程可将土壤中的有机污染成分进行破坏和去除。该技术可用于原位或异位土壤修复。

2）隔离法：采用黏土或其他人工合成的惰性材料，将非氯代有机污染的土壤与周围环境隔离开来，该方法并没有破坏非氯代有机烃类物质，只是起到了防止污染物向周围环境（地下水、土壤）的迁移，该方法适合于任何非氯代有机烃污染土壤的控制，对于渗透性差的地带，尤其比较适用。此法与其他方法相比，运行费用较低，但对于毒性期长的非氯代有机烃类只是暂时防止其迁移，存在二次污染的风险。

3）换土法：用新鲜的未污染的土壤替换或部分替换原来的污染土壤，以稀释原污染土壤中污染物的含量，利用环境自身的能力来消除残余的污染物。换土法又可分为翻土、换土和客土三种方法。

物理修复技术的热处理法、隔离法和换土法都充分发挥了土壤和污染物的各自特性，不用外加其他化学药剂或生物来进行处理，但也存在处理成本高、工作量大，并只能处理小面积污染土壤的局限性。因此，如何更好地利用土壤本身特性，突破其局限性，将是物理修复技术的发展方向。

（2）化学修复技术。利用污染物与改良剂之间的化学反应对土壤中的污染物进行氧化还原、分离、提取等，降低土壤中污染物含量的一类环境化学技术。土壤非氯代有机污染的化学修复技术主要包括萃取法、土壤淋洗法、化学氧化还原法等。

1）萃取法：依据相似相容的原理，使用有机溶剂对非氯代有机污染土壤中的非氯代有机进行萃取，然后对有机相中的非氯代有机污染物进行分离回收，实现废物的资源化。该方法适用于非氯代有机污染物含量较高的土壤，但对于大面积非氯代有机污染物含量较低的土壤，其处理成本投入太高，而且会引起二次污染。因此在选择该方法之前先要对成本进行评估，再决定是否可行。

2）土壤淋洗法：将吸附在细小土壤颗粒表面的污染物在有水的体系中从土壤中分离出去的一种方法。淋洗水中可以加入一些基本的溶剂、表面活性剂、螯合剂或者调整pH值来增强污染物的去除效果。该处理过程中土壤和淋洗水的反应通常在一个反应槽或其他处理单元中异位进行，淋洗水和不同粒度的土壤在重力沉降的作用下进行分离。土壤淋洗法成本较高，且操作较复杂，如异位化学淋洗，首先要对土壤进行粒度分级，再分别加以处理，该方法的工程应用远远落后于实验室研究，要实现其广泛的工程应用，还有一系列的技术问题需要解决。

3）化学氧化还原法：向非氯代有机烃类污染的土壤中喷洒或注入化学氧化还原剂，使其与污染物质发生化学反应来实现净化的目的。常用的化学氧化剂有臭氧、过氧化氢、高锰酸钾、二氧化氯等。该法与萃取法、土壤淋洗法相比，一般不会造成二次污染，对非氯代有机烃类物质有较高的清除效率，氧化还原反应可以在瞬间完成，但其操作比较复杂，需要较高的技术水平。

（3）生物修复技术。利用特定生物的代谢作用吸收、转化、降解环境污染物，将场地污染物最终分解为无害的无机物（水和二氧化碳），实现环境净化和生态效应恢复的生物措施，是一类低耗和安全的环境生物技术。土壤非氯代有机污染的生物修复技术按所应用的类型不同，可以将其分为植物修复技术、动物修复技术、微生物修复技术等。

1）植物修复：种植对土壤中某种重金属元素具有特殊的吸收富集能力的植物，收获植物并进行妥善处理以使该种重金属移出土壤，达到以污染治理为目的的修复。植物修复通常包括植物吸收提取、植物挥发、根际滤除和植物稳定。植物修复技术可以分为根部过滤技术、植物稳定技术、植物挥发技术和植物萃取技术，不管是植物吸收、植物挥发还是植物稳定作用，植物本身的特性是决定污染治理效率的关键。因此，寻找与筛选适宜的植物始终是植物修复研究的一项重要任务。金属阳离子跨膜运载蛋白可能对重金属在根部的吸收、木质部的装载以及液泡的区室化，细胞中重金属运输、分布和富集及提高植物抗性方面都起到极其重要的作用。超积累植物的概念是新西兰梅西大学 Brooks 等人提出来的。重金属超量积累植物，是指能够超量吸收和积累重金属的植物，超积累植物体内的重金属含量可达到一般植物的 100 倍以上，不同元素有不同的临界值，一般业内公认的标准是：镉、铜、镍、铅等为 $1000\times10^{-6}$，锰、锌为 $10000\times10^{-6}$。我国目前发现的超积累植物有以下几种。

①砷——蜈蚣草：蜈蚣草（图 4-17）中的砷含量可以达到 1%，而且多集中于地上部分，可以改良土质土壤，一年可以收割 3 次。中科院地理科学与资源研究所环境修复研究中心主任陈同斌和他的研究团队在国内砷最为集中分布地带之一的广西环江地区经过长达 3 年时间研究找寻，科研人员发现一座有着 1500 多年历史的石门矿，并对该矿附近 100 多种植物进行研究。经层层筛选以及遗传性能鉴定确认当地大量存在的一种优势植物——蜈蚣草是砷的超积累植物。

图 4-17 蜈蚣草

②锌——东南景天：东南景天是一种锌、镉、铅超积累植物，能将镉、锌、铅等较多地吸收到植株的地上部分，有效减轻土壤重金属污染。东南景天的地上部分锌含量可高达 5000mg/kg，富集系数为 1.25~1.94，大于 1；营养液培养试验发现，东南景天地上部分锌

含量可高达19674mg/kg。东南景天对镉污染修复效率较大，能对镉超积累。当土壤中镉含量为12.5~50mg/kg时，矿山生态型东南景天的地上部分在一年内（两茬）的积累量可达2~4mg/盆，其对土壤镉清除率可达16%~33%。矿山生态型东南景天特别适合修复低、中度镉污染土壤。

2）微生物修复：利用土著或外源微生物，在适宜的条件下，对土壤中的有机污染物进行降解，或通过生物吸附、氧化还原等作用将有毒的污染物转化为无毒或低生物活性的状态，如利用土壤中红酵母和蛇皮藓菌净化土壤。日本学者研究认为，这两种生物对剧毒性的聚氯联苯降解率可分别达到40%和30%。

3）利用蚯蚓：蚯蚓不仅能翻耕、改良土壤，而且还能处理农药、重金属等有害物质。

生物修复技术在国内外都得到了较快的发展。一批具有特殊生理生化功能的植物、微生物应运而生，基因修饰、改造、克隆与基因转移等现代生物技术的渗透进一步推动了生物修复技术的应用与发展。与其他方法相比，生物修复技术具有处理成本低、处理效果好(无二次污染，最终产物二氧化碳、水和脂肪酸对人体无害)、生化处理后污染物残留量很低等优点，但生物修复时间较长，往往很难在规定时间内完成场地污染的修复。

## 4.5 固体废物的处理和利用

### 4.5.1 固体废弃物的概述

固体废物：简称废物，又称为固体废弃物或固体遗弃物，指人类在生产过程和社会生活中产生的不再需要或没有“利用价值”而被遗弃的固体或半固体物质。

固体废物的利用：废物是相对而言的概念，往往一种过程中产生的固体废物可以成为另一过程的原料或可转化成另一种产品，故固体废物有“放错地点的原料”之称。将固体废物进行资源化的积极利用，对保护环境、发展生产是十分有益的。固体废物的利用包括生产工艺过程中的循环利用、回收利用及交由其他单位利用。

固体废物处理：将固体废物转化为适于运输、储存、利用和处置的过程或操作，即采取防污措施后将其排放于允许的环境中，或暂存于特定的设施中等待无害化的最终处置。

固体废物处置：是将无法回收利用且不打算回收的固体废物长期保留在环境中所采取的技术措施，是解决固体废物最终归宿的手段，故也称最终处置。

#### 4.5.1.1 固体废弃物的分类

固体废物主要来源于人类的生产及消费活动。在人们的资源开发及产品的制造过程中，必然有废物产生。任何产品经过使用和消费后，都会变成废物。

A 固体废物污染现状

根据2010年中国环境统计年报，全国工业固体废物产生量为24.0944亿吨，比2009年全国工业固体废物的产生量20.3943亿吨增加了18.1%；其中危险废物产生量为1587万吨，比2009年增加11.0%；工业固体废物排放量为498万吨，比2009年减少30.0%；工业固体废物综合利用量为16.1772亿吨，比2009年增加16.9%；工业固体废物储存量为2.3918亿吨，比2009年增加14.5%；其中危险废物储存量为166万吨，比2009年减少24.2%；工业固体废物处置量为5.7264亿吨，比2009年增加20.5%；其中危险废物处置量513万吨，比2009年增加19.9%。近10年来的全国工业固体废物产生和处理情况见表4-14。

**表4-14 全国工业固体废物产生和处理情况**

（万吨）

| 年份 | 产生量 | | 排放量 | | 综合利用量 | | 储存量 | | 处置量 | |
|---|---|---|---|---|---|---|---|---|---|---|
| | 合计 | 危险废物 | 合计 | 危险废物 | 合计 | 危险废物 | 合计 | 危险废物 | 合计 | 危险废物 |
| 2001 | 88746 | 952 | 2894 | 2.1 | 47290 | 442 | 30183 | 3.7 | 14491 | 229 |
| 2002 | 94509 | 1000 | 2635 | 1.7 | 50061 | 392 | 30010 | 383 | 16168 | 242 |
| 2003 | 100428 | 1170 | 1941 | 0.3 | 56040 | 427 | 27667 | 423 | 17751 | 375 |
| 2004 | 120030 | 995 | 1762 | 1.1 | 67796 | 403 | 26.12 | 343 | 26635 | 275 |
| 2005 | 134449 | 1162 | 1655 | 0.6 | 76993 | 496 | 27876 | 337 | 31259 | 339 |
| 2006 | 151541 | 1084 | 1302 | 20.0 | 92601 | 566 | 22398 | 267 | 42883 | 289 |
| 2007 | 175632 | 1079 | 1197 | 0.1 | 110311 | 650 | 24119 | 154 | 41350 | 346 |
| 2008 | 190127 | 1357 | 782 | 0.07 | 123482 | 819 | 21883 | 196 | 48291 | 389 |
| 2009 | 203943 | 1430 | 710 | 0 | 138186 | 831 | 20929 | 219 | 47488 | 428 |
| 2010 | 240944 | 1587 | 498 | 0 | 161772 | 977 | 23918 | 166 | 57264 | 513 |
| 增长率/% | 18.1 | 11.0 | -30.0 | 0 | 16.9 | 17.6 | 14.5 | -24.2 | 20.5 | 19.9 |

注：“综合利用量”和“处置量”指标含综合利用和处置往年量。

B 固体废物污染来源

（1）工业固体废物。2010年，全国工业固体废物产生量24.1亿吨，比上年增加18.1%；工业固体废物综合利用率为66.7%，比上年减少0.3个百分点，与国际先进水平相比仍然较低。矿渣是黑色冶金工业影响环境负荷的主要固体废弃物，2004年我国产钢2.72亿吨，产生冶炼废渣1.4619亿吨（其中钢渣约为5000万吨，高炉矿渣约9000万吨），综合利用1.2848亿吨，加上历年累积，总储存量为2亿吨，占地3万亩，这些露天储存的冶炼废渣堆存侵占土地，污染毒化土壤、水体和大气，严重影响生态环境，造成明显或潜在的经济损失和资源浪费。据估算，以堆存每吨冶炼废渣的经济损失14.25元计，每年造成经济损失28.5亿元。

（2）废旧物资。我国废旧物资的回收利用只相当于世界先进水平的1/4~1/3，大量可再生资源尚未得到回收利用，流失严重，造成污染。据统计，我国每年有数百万吨废钢铁、超过$6\times10^6$t废纸、$2\times10^6$t玻璃未予回收利用，每年扔掉的60多亿节废干电池中就含有$8\times10^4$t锌、$1\times10^5$t二氧化锰、超过$1.2\times10^3$t铜等。每年因再生资源流失造成的经济损失高达250亿~300亿元。

（3）城市生活垃圾。城市生活垃圾产生量大幅增加，平均每年以10%的速度递增。上海、北京、武汉等城市在流动人口不断增长下，生活垃圾产生量更是快速提高，如上海2012年全市生活垃圾清运量达到716.00万吨，日均产出量1.96万吨；北京2012年全市垃圾日均清出量1.64万吨，年产垃圾量648.31万吨，增长率达15%~20%。全国668个城市中有2/3处于垃圾包围之中。根据2010年统计，我国城市生活垃圾中有77%为填埋处置，20%为堆肥和焚烧处置，其他3%被随意丢弃。截至2010年年底，我国城市生活垃圾年产生量2.21亿吨左右，其中城市约为1.72亿吨，县城约为0.49亿吨。2011年，全国共有垃圾无害化处理设施1882座，城市生活垃圾集中处理率达到90%以上，无害化处理能力为每日91万吨，无害化处理率在79.7%左右，县城无害化处理率不足5%。

#### 4.5.1.2 固体废物的分类

固体废物分类的方法很多。按其形状可分为块状、粒状、粉状和半固状（泥状、浆状、糊状）等；按其来源可分为矿业废物、工业废物、农业废物、城市生活垃圾等；按其性质和危害可分为有机和无机废物、一般性和危险性废物，如图4-18所示。

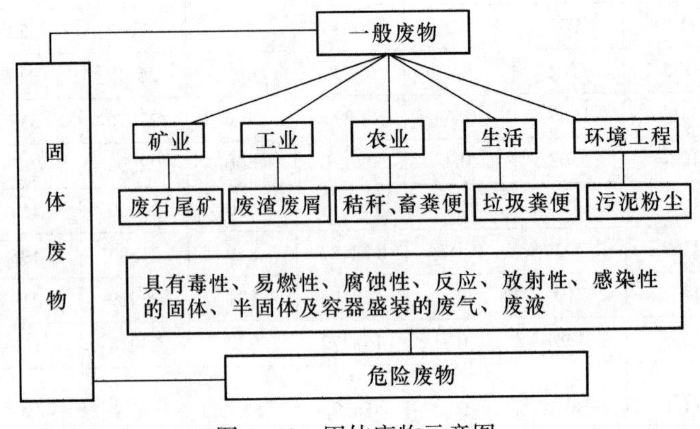


图4-18 固体废物示意图

#### 4.5.1.3 固体废弃物的危害及处理

A 固体废物对环境的危害

固体废物对环境的危害很大，其污染往往是多方面和多要素的。其主要污染途径如图4-19所示。

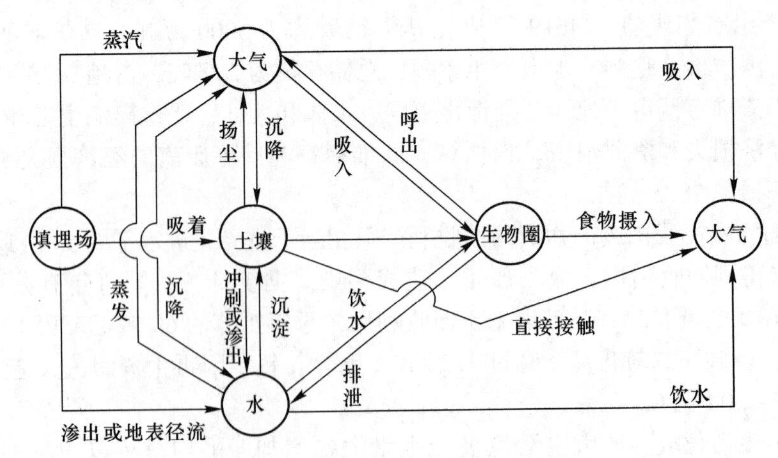


图4-19 固体废物的主要污染途径

a 侵占土地，污染大气

固体废物需要占地堆放。每堆积$10^4$t废物，约需占地667$m^2$。随着我国生产的发展和消费的增长，城市垃圾收纳场地日益显得不足，垃圾与人争地的矛盾日益尖锐。以北京市为例，据远红外高空探测结果显示，市区几乎被环状的垃圾堆包围。堆放在城市郊区的垃圾侵占了大量农田。未经处理或未经严格处理的生活垃圾直接用于农田，或仅经农民简易处理后便用于农田，后果严重。尾矿粉煤灰、污泥和垃圾中的尘粒随风飞扬；运输过程中产生的有害气体和粉尘、固体废物本身或在处理（如焚烧）过程中散发的有害毒气和臭味等严重污染大气。煤矸石的自燃、垃圾爆炸事故等在我国曾多次发生。随着城市垃圾中有机质含量的提高和由露天分散堆放变为集中堆存，容易产生甲烷气体的厌氧环境，使垃圾产生沼气的危害日益突出，事故不断，造成重大损失。例如，北京市昌平区一个垃圾堆放场在 1995 年连续发生了 3 次垃圾爆炸事故，如不采取措施，因垃圾简单覆盖堆放产生的爆炸事故将会有较大的上升趋势。

b　污染土壤和地下水

废物堆置或没有采取防渗措施的垃圾简易填埋，其中的有害成分很容易随渗沥液浸出而污染土壤和地下水。一方面，使人类的健康受到威胁；另一方面，工业固体废物会破坏土壤的生态平衡。例如，包头市尾矿堆积如山，使其周围大片土地被污染，居民被迫搬迁。垃圾不但含有病原微生物，在堆放腐败过程中还会产生大量的酸性或碱性有机污染物，并会将垃圾中的重金属溶解出来，是有机物、重金属和病原微生物三位一体的污染源。任意堆放或简易填埋的垃圾，其中所含水和淋入堆放垃圾中的雨水所产生的渗沥液流入周围地表水体或渗入土壤，会造成地表水或地下水的严重污染，致使环境污染的事件屡有发生。

B　对人体健康的危害

大气、水、土壤污染对人体健康均有危害，危险废物也会对人体产生危害。危险废物的特殊性质（如易燃性、腐蚀性、毒性等）表现在它们的短期和长期危险性上。就短期而言，通过摄入、吸入、皮肤吸收、眼睛接触而引起毒害或发生燃烧、爆炸等危险性事件；长期危害包括重复接触导致的长期中毒、致癌、致畸、致变等。

C　固体废物污染的处理

《中华人民共和国固体废物污染环境防治法》中指出“国家对固体废物污染环境的防治，实行减少固体废物的产生量和危害性、充分合理利用固体废物和无害化处置固体废物的原则”。也就是说，把“减量化”“资源化”“无害化”作为固体废物污染的处理原则。

（1）减量化原则。从产生固体废物的源头进行控制，采取预防为主原则，减少固体废物的产生量，采用清洁的生产工艺，将固体废物污染环境的防治提前到固体废物的产生阶段。

（2）资源化原则。将其中一部分可以回收利用的固体废物加以充分利用，使其变废为宝。通过对固体废物的大量利用，不仅可减少固体废物的数量，减轻污染，还可以创造大量的物质财富，取得可观的经济效益。综合利用、变废为宝，是防治固体废物污染环境的一项根本措施。

（3）无害化原则。将固体废物中不可利用的部分进行无害化处置。这里所讲的处置，是指将固体废物焚烧以及采取其他改变固体废物的物理、化学、生物特性的方法，达到减少已产生的固体废物的数量，缩小其体积，减少或者消除其危险成分的活动；或者将固体废物最终置于符合环境保护规定要求的场所或者设施并不再回取的活动。处置固体废物不当，会造成严重的环境污染。例如，以填埋方式处置危险废物若不符合安全标准和要求，就会污染地下水、地表水水源和土壤；再如，以焚烧方式处置固体废物若不符合安全焚烧标准和要求，就会造成大气污染。因此，实行处置固体废物的无害化原则，就是要采取科学的方式、方法，减少或消除固体废物对环境的污染，并避免因处置不当造成二次污染。

为有效控制固体废物的产生量和排放量，相关控制技术的开发主要在三个方向：过程控制技术（减量化）、处理处置技术（无害化）和回收利用技术（资源化）。其中资源化回收利用技术是目前的重点研究内容。表4-15列出了固体废物污染的控制技术。

**表4-15 固体废物污染的控制技术**

| 类 别 | 主要处理处置技术 | |
|---|---|---|
| 过程控制技术（减量化） | 原料、能源的优化技术 | 生产工艺的技术改造 |
| 处理处置技术（无害化） | 分类法、固化法、投弃海洋法 | 填埋法、生物消化法、焚烧法 |
| 回收利用技术（资源化） | 分类回收利用法、堆肥法沼气法 | 焚烧发电供热法、饲料法 |

### 4.5.2 固体废弃物的管理与控制

4.5.2.1 一般工矿业固体废物的综合利用

冶金、电力、化工、建材、煤炭等工矿行业所产生的固体废物如冶金渣、粉煤灰、炉渣、化工渣、煤矸石、尾矿粉等，不仅数量大，而且还具有再利用的良好性能，因而受到人们的广泛重视。美国早在20世纪50年代和70年代已将当年产生的$1\times10^8$t高炉渣和$1\times10^8$t钢渣在当年用完，日本、丹麦等国家的粉煤灰利用率也已于20世纪60年代达到100%。目前各发达国家的这几类固体废物的利用和处理、处置问题均已基本解决，工矿业固体废物不再是环境污染源。图4-20所示为一个典型的固体废物处理工艺流程。

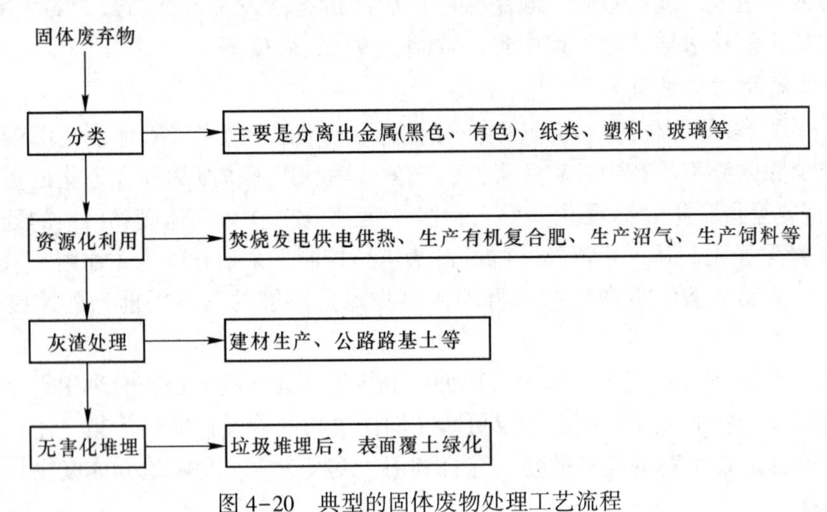


图4-20 典型的固体废物处理工艺流程

我国由于长期采用粗放型生产方式，单位产品的固体废物产生量较大。据统计，近年来县及县以上每年的固体废物产生量均在$6\times10^8$t左右，2011年综合利用量约为19.70亿吨，利用率为60.39%；处理、处置量约为2690万吨，占产生量的78%。

（1）用作建筑材料。工业及民用建筑、道路、桥梁等土木工程每年耗用大量沙、石、土、水泥等材料。

（2）用作冶炼金属的原料。在某些废石尾矿和废渣中常常含有一定量的有用金属元素或冶炼金属所需的辅助成分，如能大规模地建立资源回收系统，必将减少原材料的采用量和废物的排放量、运输量、处理量。这样不仅可以解决这些固体废物对环境的危害，而且还可做到物尽其用，同时又可节约能源，收到良好的经济效益。表4-16列出了制造各类材料所需的能量。从表4-16中可以看出，除报纸、玻璃和锡外，制造二次材料所耗的能量约比制造一次材料低50%以上。

**表4-16 制造各类材料所需的能量**

| 材料 | 制造一次材料所需能量/$J \cdot kg^{-1}$ | 制造二次材料所需能量/$J \cdot kg^{-1}$ |
|---|---|---|
| 铁和钢 | 220 | 100 |
| 铝 | 2000~2600 | 150~200 |
| 钢 | 1200 | 300 |
| 锌 | 680 | 180 |
| 锡 | 2000 | 1280 |
| 报纸 | 320 | 200 |
| 玻璃 | 120 | 100 |

（3）回收能源。煤矸石、粉煤灰和炉渣中往往含有燃烧不充分的化石燃料。如在粉煤灰和锅炉渣中含有10%以上的未燃尽炭，可从中直接回收炭或用来和黏土混合烧制砖瓦，可同时节省黏土和能源。

（4）用作农肥、改良土壤。固体废物常含有一定量促进植物生长的肥分和微量元素，并具有改良土壤结构的作用，如钢铁渣、粉煤灰和自燃后的煤矸石所含的硅、钙等成分可起到硅钙肥的作用，增强植物的抗倒伏能力。

4.5.2.2 一般工矿业固体废物的处理

对暂不能回收利用的工矿业固体废物要进行妥善处理，其主要处理方法有以下几种。

（1）露天堆存法。其是一种最原始、最简便和应用最广泛的处理方法。对于数量大、又可堆置成型的废石和废渣都可以采用露天堆存法。适合于处理不溶或低溶且浸出液无毒、不腐烂、不扬尘、不危及周围环境的块状或颗粒状废物。场地应设在居民区的下风口。

（2）筑坝堆存法。常用于堆存湿法排放的尾砂粉、砂和粉煤灰等。坝体材料一般采用天然的土石方材料。场地一般多用山沟或谷地，同时要考虑水利运输的最佳距离。为节约建新坝的用地，近年来发展了多级筑坝堆存技术，该技术是利用土石材料堆筑一定高度的母坝，随即储存尾砂粉、砂和粉煤灰等废物，当库容将满时，再在母坝体上堆筑子坝。堆筑子坝时使用已储存的尾砂粉、砂或粉煤灰作坝体材料，并继续堆存新的尾砂粉、砂和粉煤灰，如此不断逐层堆筑成多级坝。

（3）压实干存法。由于筑坝堆存法堆存粉煤灰存在占地多、征地困难、水力输灰能耗多、水资源浪费大且湿排灰用途有限等问题，近年来，不少发达国家改用压实干存法。该法在我国北京高井电厂已试用成功。压实干存法是将电除尘器收集的干粉煤灰用适量水拌合，其湿度以手捏成团且不黏手为度，然后分层铺撒在储灰场上，用压路机压实成板状。

不但可以节约水资源，而且占地少、储量大，还有利于粉煤灰的综合利用。

在压实干存法处理时，为防止废石和尾矿受水冲刷或被风吹扬形成扩散污染，可以用以下方法处理：

1）物理法。向粒状矿屑喷水，再覆盖上泥土和石灰，最后以树皮草根覆盖顶部。

2）化学法。用水泥、石灰、硅酸盐作化学反应剂与尾矿表面作用，形成凝固硬壳以防止水和空气的侵蚀。

3）土地复原再植法。在被开采后破坏的土地上填埋废石和尾矿，然后加以平整，并覆盖泥土、栽培植物或建造房屋，最后使土地复原。

除堆存外还有土地耕作法和海洋投弃法等。

#### 4.5.2.3 危险固体废物的处理和处置

工业生产中排放的有害的固体废物，既是可怕的灾害源，也是极为严重的环境污染源。处理危险固体废物的方法种类繁多，主要与废物的来源、性质、成分、数量等有关，一般需要在处理前取适量样品进行试验，以寻求最合适的处理方法。常采用的方法有磁选、液固分离、干燥、蒸馏、蒸发、洗涤、吸收、溶剂萃取、吸附、膜工艺和冷冻等物理处理法；中和、沉淀、氧化还原、水解、辐照等化学处理法；生物降解、生物吸附等生物处理法以及固化和包胶法等。

经上述处理后的危险固体废物还要进行最后的处置，这是危险固体废物管理中最重要的一环。常用的处置技术主要有焚烧和安全填埋。

焚烧法是利用处理装置使废物在高温条件下分解，转化为可向环境排放的产物和热能的过程。设计原则应考虑使用方便、运行费用低、建设投资省、余热可利用，能适应废物成分变化以及有配套的处置尾气和灰渣的装置，适用于处置有机废物。

填埋法是应用最早、最广泛的处置固体废物的方法。填埋法的关键技术即利用填埋场的防渗漏系统，将废物永久、安全地与周围环境隔离。一般处置有害固体废物采用安全填埋法，处置一般固体废物采用卫生填埋法。前者在技术上要求更严格，必须首先进行地质和水文调查，选好干旱或半干旱场地作填埋场地，将经适当预处理的危险固体废物掩埋，保证不发生渗漏而污染地下水和空气，填埋后应覆土、植树，以改善环境。

#### 4.5.2.4 城市垃圾的利用与治理

##### A 处理城市垃圾的原则

城市垃圾是指城镇居民生活活动中废弃的各种物品，包括生活垃圾、商业垃圾、市政设施及其管理和房屋修建中产生的垃圾或渣土。其中有机成分有纸张、塑料、织物、炊厨废物等，无机成分有金属、玻璃瓶罐、家用物品、燃料灰渣等。有的还包括大量的大型垃圾，如家庭器具、家用电器和各种车辆等。

针对不同类型的垃圾，宜采用不同的处理方法。一般情况下，有机物含量高的垃圾，宜采用焚烧法；无机物含量高的垃圾，宜采用填埋法；垃圾中的可降解有机物多，宜采用堆肥法。日本、瑞士、荷兰、瑞典、丹麦等国的经济技术实力较强，且可供填埋垃圾的场地又少，所以，它们利用焚烧法处理垃圾的比重较大。

我国城镇垃圾的产生量大，无害化处理率低，为防止城镇垃圾污染，保护环境和人体健康，处理、处置和利用城镇垃圾具有重要意义。

B 城市垃圾的资源化处理

(1) 物资回收。城市垃圾的成分复杂，要资源化利用，必须先进行分类。近年来，国内外均大力提倡将垃圾分类收集，以利于垃圾的回收利用，降低处理成本。不少发达国家实行电池以旧换新并实行由居民将自家的废纸本、金属和塑料、玻璃容器等单独存放，供收运者定期收集。美国有的城市甚至将每月收运两次的收运日期印在日历上，以方便居民。西欧、北欧发达国家的许多城市在街头放置分类、分格的垃圾箱和垃圾筒，供行人使用。德国、瑞典甚至为分别收集白色和杂色玻璃设置了白色和绿色的垃圾筒。图 4-21 所示为大众汽车公司对旧汽车的材料回收状况。

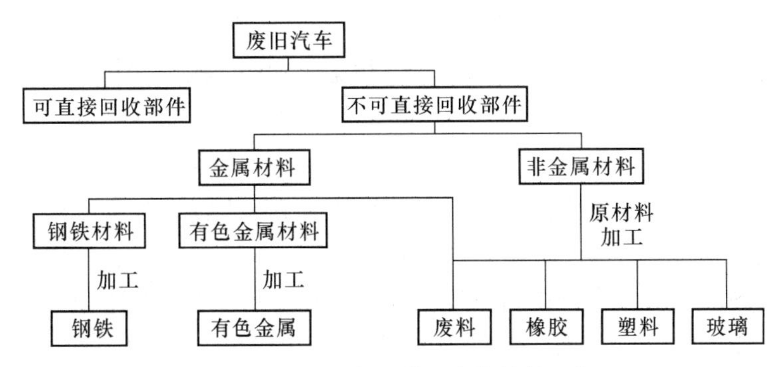


图 4-21 旧汽车再利用中的材料回收

近些年来，我国不少城市也在推行垃圾分类收集工作。垃圾分选技术在城市垃圾预处理中占有十分重要的作用。由于垃圾中有许多可作为资源利用的组分，有目的地分选出需要的资源，可达到充分利用垃圾的目的。凡可用的物质，如旧衣服、废金属、废纸、玻璃、旧器具等，均可由物资公司回收。无法用简单方法回收的垃圾，可根据垃圾的化学和物理性质，如颗粒大小、密度、电磁性、颜色等进行分选。垃圾的分选方法有手工分选、风力和重力分选、筛选、浮选、光分选、静电分选和磁力分选等。

垃圾分类回收有利于物资的回收，我国于 2000 年选择了北京、上海、广州、南京、杭州、厦门、深圳、桂林 8 个城市作为生活垃圾的分类回收试点城市，以期在大范围内推动垃圾的分类回收。

(2) 热能回收。垃圾可作为能源资源，利用焚烧法处置垃圾的过程中可产生相当数量的热能，如不加以回收是极大的浪费。欧洲各国及日本等现代化的垃圾焚烧厂一般都附有发电厂或供热动力站。

发达国家垃圾中纸与塑料的含量高，因而有较高的热值，可作为煤的辅助燃料用于发电，也可生产蒸汽或蒸馏成煤气代用能源，用于供暖或生产的需要，是减少空气污染的有效方法。由于目前世界性的能源短缺，促进了垃圾焚烧的发展，世界各国已广泛采用焚烧来处理垃圾。用焚化处理垃圾，绝大部分炉子均有热能回收设施，从焚化炉中回收蒸汽热能的方法在欧美各国已很普及。我国城市垃圾的焚烧处理尚不普及，主要是焚烧装置费用高，又易造成二次污染等原因，多用于处理少量的医院（特别是传染病医院）垃圾。

城市垃圾的资源化模式如图 4-22 所示。

城镇垃圾的焚烧温度一般在 800~1000℃，所以其适用的炉型各国普遍采用马丁炉等

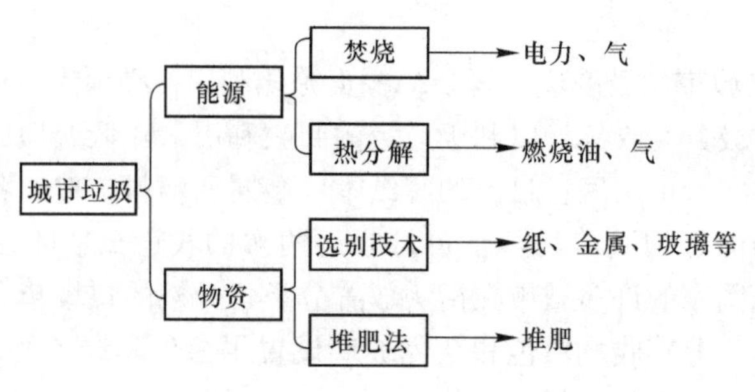


图 4-22 城市垃圾的资源化模式

固定式焚烧炉和流化床（沸腾炉）焚烧炉。近年来，利用热解技术处理垃圾，也可使尾气排放达到标准。

#### 4.5.2.5 城市垃圾的其他无害化处理

所谓垃圾堆肥，是指垃圾中的可降解有机物借助于微生物发酵降解的作用，使垃圾转化为肥料的方法。在堆肥过程中，微生物以有机物作养料，在分解有机物的同时放出生物热，其温度可达50~55℃。在堆肥腐熟过程中能杀死垃圾中的病原体和寄生虫卵，在形成一种含腐殖质较多的类似“土壤”的过程中完成垃圾的无害化处理。

##### A 垃圾堆肥的分类和堆肥过程

堆肥可分为厌氧（嫌氧）发酵堆肥和好氧发酵堆肥两种。厌氧堆肥需要在隔绝空气的条件下使厌氧微生物繁衍完成“厌氧发酵”；好氧堆肥需在良好的供气（氧）环境下完成“好氧发酵”。过去我国农村主要采用厌氧堆肥法，将植物秸秆、垃圾、畜粪等在露天堆垛，沤制数月后启用。这种方法占地面积大、堆置时间长且影响环境卫生。近年来，各地大多发展机械化或半机械化的好氧堆肥法，其工艺过程一般包括预处理、主发酵（一次发酵）、后发酵（二次发酵）、后处理、脱臭储存等步骤。

##### B 堆肥要素

影响堆肥品质的要素较多，主要有以下几点：

（1）有机物含量。垃圾中有机物的含量是堆肥的基础条件，我国现代化堆肥厂要求垃圾的有机物含量大于60%，其中可降解有机物应占主要成分。我国大部分城市垃圾有机物含量虽然也在40%左右，但是塑料占了相当比重，而塑料不能被微生物降解并且会破坏土壤结构。所以减少垃圾中塑料的含量也是发展堆肥所要解决的问题。

（2）空气含量。厌氧堆肥过程中绝不能有氧气的进入；而好氧堆肥中，只有在适宜的空气量的条件下，好氧菌才能充分繁殖，完成发酵过程。

（3）碳素。碳素是微生物活动的能源，碳氮比（C/N）一般以（30∶1）~（35∶1）为宜。若大于40∶1，有机物分解慢，堆肥时间长；若小于30∶1，则堆肥中可消耗的碳分不足，施入农田后会降低肥效。

（4）水分。水分含量以50%为最好。若水分含量低于20%，有机物降解会停止；若水分含量高于50%，则会堵塞堆肥中的孔隙，减少好氧堆肥中的空气含量，同时产生臭气，影响堆肥效果和环境卫生。

（5）pH值。pH值是堆肥过程进展顺利与否的标志。在堆肥过程中，pH值随时间和温度的变化而变化。当堆肥2~3d时，pH值在8.5左右，若供气量不足，则变成厌氧发酵，pH值会降到4.5左右，此时应调整空气量以保证堆肥顺利进行。pH值一般应控制在5~8。

C　好氧堆肥工艺过程

好氧堆肥工艺过程一般分为五步。

第一步：预处理。在预处理过程中要将不能被微生物降解的垃圾和大块废物剔除，并将垃圾破碎到适宜的粒度，同时调节水分、碳氮比（C/N）、接种酶种等。

第二步：主发酵。主发酵为第一次发酵，采用机械强制通风或翻拌，使温度控制在30~40℃，发酵时间一般为3~8d，由中温菌完成有机物的分解过程。此后温度逐渐升至55℃左右，由高温菌继续发酵。

第三步：后发酵。在此阶段主要使难分解的有机物进一步分解，以生成腐殖酸等较稳定的有机成分，达到堆肥熟化的目的。后发酵过程一般需要进行20~30d。

第四步：后处理。采用筛分、磁选等方法去除堆肥中残存的塑料、玻璃、金属等杂物，是堆肥的精制过程。

第五步：脱臭与储存。为减少堆肥过程中气体对周围环境的影响，应采取臭气过滤等装置除臭。为适应农肥施用的季节性，应建有能将堆肥储存3~6个月的储存库。

另外利用有机垃圾、植物秸秆、人畜粪便和活性污泥等制取沼气工艺简单且质优价廉，是替代和减少不可再生资源消耗的一种方法。制取沼气的过程可杀死病虫卵，有利于环境卫生，沼气渣还可以提高肥效，因而利用城镇垃圾制沼气具有广泛的发展前途。

沼气是有机物中的碳化物、蛋白质、脂肪等在一定温度、湿度、pH值的厌氧环境中，经过沼气细菌的发酵作用产生的一种可燃气体。沼气发酵过程可分为液化、产酸和生成甲烷三个阶段。控制沼气发酵的主要因素有以下几个。

（1）需要丰富的沼气菌种。人畜粪便、腐烂的动物残体、含有机物较多的屠宰厂、酿造等食品厂的污水和污泥以及下水道污泥中都含有丰富的沼气菌种。

（2）保持严格的厌氧环境。有机物分解在厌氧环境下产生$CH_4$（在好氧的条件下产生$CO_2$）。在沼气池中应严格保证废物在厌氧环境下进行发酵。因此，沼气池必须是密封的。

（3）选用适宜的发酵原料配比。沼气菌的繁殖靠碳元素（C）提供能量，靠氮元素（N）构成细胞。通常，发酵原料中的C/N比值在（25∶1）~（30∶1）为宜。

（4）选定适宜的干物浓度。原料含水过多时消耗的能量大，沼气产量低；原料中含水量过少时又不易发酵。干物质浓度在7%~9%为宜。夏季干物质浓度可略低些，冬天可稍高些。

（5）选定适宜的发酵温度。利于沼气菌发酵的温度在22~60℃范围内。温度越高，则效率越高，一般分为高温（47~55℃）发酵、中温（35~38℃）发酵和常温（22~28℃）发酵。我国农村普遍采用的是常温发酵。

（6）选用适宜的pH值。pH值的大小对沼气菌的活性有影响。在发酵过程中，pH值是先从低到高，后趋于稳定。发酵过程的最佳pH值为7~9。

还有，城镇垃圾的卫生填埋是处置城市垃圾的最基本的方法之一。但由于填埋场占地量大，因此该方法只应用于处理无机物含量多的垃圾。图4-23所示为平面作业法填埋垃圾示意图。垃圾卫生填埋场关闭后，只有待其稳定（一般约20年时间）之后才可以将其作为运动场、公园等的场地使用，但不应作为人们长期活动的建筑用地使用。

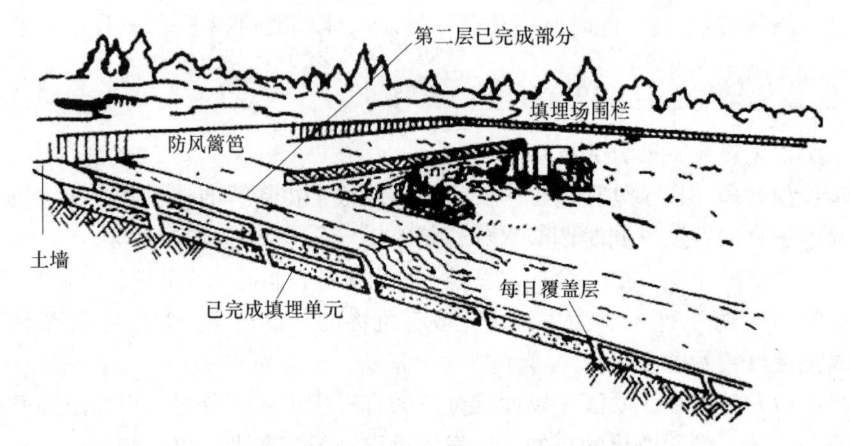


图 4-23 垃圾卫生填埋平面作业法

### 4.5.3 城市垃圾的处理和利用

4.5.3.1 城市垃圾填埋处理现状

长期以来，我国绝大部分城市都是采用露天堆放、自然填沟和填坑等方式消纳城市垃圾，不但侵占了宝贵的土地资源，而且对环境造成了潜在的影响和危害。特别是填埋场的城市垃圾渗沥水，由于没有进行必要的收集和处理，导致水资源及其环境被严重污染的现象普遍存在。20 世纪 80 年代末以来，我国的城市垃圾填埋处理技术有了一定的发展，全国相继建成了一批较为完善的城市垃圾卫生填埋场（或准卫生填埋场）。在这些卫生填埋场（或准卫生填埋场）中，一般均设有较完善的防渗系统、渗沥水收集和处理系统、填埋气体导排系统、雨污水分流系统等。深圳、北海、北京和天津等城市建设的城市垃圾卫生填埋场，还采用了进口的高密度聚乙烯衬层。但调查结果表明我国的大部分城市垃圾填埋场，在填埋场场底防渗、填埋气体收集利用、渗沥水收集和处理、填埋作业分层压实以及填埋场日常覆盖和终场恢复等方面还存在较多的不足。

4.5.3.2 城市垃圾堆肥处理现状

据调查，我国城市垃圾堆肥处理技术处于相对萎缩的状态。实践证明，用混合收集的城市垃圾生产出来的堆肥，肥效低、杂质多、成本高，不便用于农田生产，也影响其市场发展。因而我国在“七五”期间建设的无锡、杭州、北京、上海等地的机械化城市垃圾堆肥厂都因技术和市场等原因相继关闭。而且由于我国应用较多的是一些机械化程度低、主要采用静态好氧发酵技术的城市垃圾堆肥厂。其特点是工艺简单、机械设备少、投资和运行费用低，但同时也存在堆肥质量不高，堆肥筛上物以及堆肥过程中产生的气味及污水等未进行有效处理，城市垃圾堆肥厂对周围环境影响较大等问题。降低堆肥成本、提高堆肥产品质量、开辟市场渠道是发展城市垃圾堆肥处理技术的关键因素，而影响这些因素的重要条件是实现有机垃圾的分类收集。

4.5.3.3 城市垃圾焚烧处理现状

焚烧处理是我国城市垃圾处理技术的新热点。与发达国家相比，我国的城市垃圾焚烧处理技术刚刚起步，目前还不能满足日益增长的需要，巨大的市场潜力吸引了许多企业投资进行城市垃圾焚烧技术设备的开发。如深圳市引进国外先进技术设备建设的我国第一座现代化城市垃圾焚烧厂的基础上，结合国家"八五"攻关计划，完成了3号焚烧炉国产化工程，设备国产化水平达到80%以上，在技术性能方面达到或超过了原引进设备的水平，为我国城市垃圾焚烧设备国产化打下了基础。21世纪以来，国内一些经济较发达城市特别是沿海城市，如上海、广州、北京、深圳、珠海、北海、宁波、厦门等，已经陆续兴建城市垃圾焚烧厂，处理量约为5.5t/d。

#### 4.5.3.4 城市垃圾处理现状分析

总体上说，城市垃圾成分的特性是高水分（因为厨余垃圾所占比例高）、高灰分（燃气普及率较低的地区灰渣含量高）和低热值；收集方式基本上是混合收集。我国城市垃圾处理的现状可归纳为如下几点：

（1）大多数城市的大部分城市垃圾还采用露天堆放和简易填埋处理方式，乱堆乱放的现象还相当普遍。

（2）一些地区，特别是东部沿海经济较发达的地区，缺乏适宜的城市垃圾填埋场场地，并且越来越少。在混合收集的条件下，城市垃圾堆肥处理难以发展，在一些地区还处于萎缩状态。

（3）城市垃圾焚烧处理还处于起步阶段。国内自主开发的城市垃圾焚烧设备还不成熟，引进的焚烧设备系统价格太高，大多数城市的经济实力难以承受。如果不进行分类收集，按照《生活垃圾焚烧污染控制标准》（GB 18485—2001）的要求，适宜于高水分、高灰分和低热值的城市垃圾焚烧设施，无论是国产化还是自主开发，其工程投资和运行成本都是相对较高的，难以普遍推广。

#### 4.5.3.5 我国城市垃圾资源化存在的问题

我国城市生活垃圾增长迅速，到2000年年底，城市生活垃圾的年清运量超过了1.18亿吨。随着经济增长和人民生活水平的提高，特别是民用燃料结构的优化，我国城市生活垃圾产量和成分也发生了根本性变化。种种迹象表明，我国城市生活垃圾资源化利用潜力巨大。经分析，我国城市垃圾资源化存在以下问题：

（1）城市垃圾混合回收的方式加大了垃圾资源化的难度。我国城市垃圾基本上属混合回收，从回收的垃圾中分选有用物质，在目前分选技术差的情况下需大量的人力、物力和财力，不利于城市垃圾的资源化。

（2）城市垃圾资源化技术较落后。我国城市垃圾中的无机成分多于有机成分，不可燃成分多于可燃成分，不可堆腐成分多于可堆腐成分，且大中小城市又各有不同，因而资源化难度大，经济效益较差。

（3）城市垃圾资源化的资金不足。我国城市垃圾处理费用主要来自于政府，金额有限，而建大型的卫生填埋厂或焚烧发电厂均需要大量资金，从而造成城市垃圾资源化基础设施差。

（4）法规不健全，管理不善。我国垃圾处置的重点为减量化，对垃圾资源化不够重视，无相应的资源回收法，管理差，且由于垃圾分类管理落实不到位，不利于垃圾的资源化。

（5）居民资源化意识淡薄。城市居民对垃圾分类及资源回收观念淡薄，回收难度大。

#### 4.5.3.6 我国城市垃圾资源化的对策

综上所述，单纯地依靠某种技术来处理城市生活垃圾都不是适合国情的解决垃圾问题的根本方法。就目前情况来看，由于我国对垃圾焚烧发电电力上网方面的政策尚不完善，因此靠垃圾焚烧发电，工厂自用电以外剩余电力上网售电时机还不成熟。而且，垃圾热值低，焚烧发电装机容量较小，发电成本高，与常规发电相比电价也没有竞争力。从经济性角度来讲，垃圾焚烧发电并不是垃圾资源化利用的最佳出路。垃圾是资源，这一点已成为人们的共识。因此，单纯地“处理”垃圾是不科学的，必须因地制宜，针对垃圾中组分的多样性，以资源、能源回收为出发点进行综合利用。综合利用应包括以下几个方面的内容。可用物资（废纸、金属、玻璃等）的回收再生利用；易腐有机物的堆肥处理；高热值不易腐烂有机物的能量利用；灰渣的固化处理，实现灰渣的材料化。综上所述，发展垃圾综合集成处理系统，应以系统能量自给为目标，一方面可以大大降低生产成本，另一方面由于选取较小的发电装机容量可以使系统的建设成本大大降低，更适合国情，拥有广阔的市场前景，由此产生的社会效益和经济效益都将是相当可观的。

### 4.5.4 农村生活垃圾的利用与治理

随着农村经济的快速发展、人口的增加、畜禽养殖业和农业综合开发规模的不断扩大，农村环境污染和生态破坏日趋严重。农村生活垃圾主要是厨余、清扫物和种养废弃物，其中以易降解的破布、果菜屑、塑料、废橡胶、树枝等有机物居多，难降解的陶瓷、废玻璃、砂石、砖瓦、金属较少；且可回收与不可回收、可分解与不可分解、有害物品与无害物品的垃圾混为一体。由于农村人口居住分散，且大多数的农村没有固定的垃圾堆放处和专门的垃圾收集、运输、填埋和处理系统，各类垃圾未得到统一集中处理，严重的生活垃圾问题影响了新农村的面貌，对农民的生活环境和健康也造成了直接威胁。2020 年修订后的《中华人民共和国固体废物污染环境防治法》第四十六条明确规定“地方各级人民政府应当加强农村生活垃圾污染环境的防治”，将农村生活垃圾的管理纳入法制轨道。但是目前我国在处理农村生活垃圾方面思想认识不到位，资金投入不足，技术和手段落后，法规欠完善，执法难度大，二次污染严重，对切实解决农村生活垃圾工作带来了一些困难。因此，解决农村环境问题已成为当前新农村建设中一项紧迫而艰巨的任务。

#### 4.5.4.1 农村生活垃圾的产生来源

农村生活垃圾的来源主要包括两个方面：（1）家庭日常生活产生的垃圾。近年来由于乡镇工业持续发展、土地成片开发等因素，大批农村劳动力从单纯农业生产向务工经商转移，农民逐渐向城镇集中，导致生活垃圾大量增加，如包装材料、塑料袋、饮料瓶、易拉罐等。（2）各种农作物产生的垃圾。化肥用量增加，许多有机垃圾（如秸秆、果藤和稻草等）随意丢弃，使农村生活垃圾数量明显增加。另外，农药使用量大，我国每年的农药使用量达到 50 万~60 万吨，大部分残留在土壤、水体、农作物和大气中，并通过食物链对人体健康造成危害。农药的大量使用还会造成生态平衡失调，物种多样性减少，破坏农村的生态系统。

#### 4.5.4.2 处理农村生活垃圾面临的问题

（1）农民环保意识不强。近年来，尽管我国农村经济发展相对较为迅速，农民素质有了一定提高，但仍有相当一部分农民受传统生活方式的影响，环境意识淡薄，价值观念滞后，群众“产品高价、资源低价、环境无价”的旧观念根深蒂固。许多地方政府在实践中很难正确处理全局、长远的生态效益和局部、短期的经济利益之间的关系。农民的思想认识不到位，都扮演着观望者的角色。虽然政府已进行了大力宣传，但效果仍不明显。

（2）缺乏资金投入。经济承受能力是生活垃圾处理设施建设与正常运行的关键条件，而农村生活垃圾处理问题长期得不到应有的重视。与城市环境相比，国家对环境污染整治的投入绝大多数用于城镇。城市的生活垃圾处理系统、生活污水排放管网已经建成并日趋完善，而农村环境容量相对较大，人们对农村环境问题的重视程度不够。长期以来，我国把城市垃圾的收集处理作为社会公益事业由政府包揽，而对农村垃圾问题重视程度不够，而且由于资金问题，部分农村地区的保洁人员和设施配置参差不齐，一些好的做法难以为继。2008 年中央财政首度设立了农村环保专项资金（5 亿元），但仍不到当年同级财政环保总投入（430 亿元）的 1.5%。在不断要求农村生活垃圾处理程度提高的同时，政府财政的支持力度却不能同步，这加大了农村生活垃圾集中规范处理的难度。

（3）缺乏垃圾循环利用。垃圾中可利用资源类型多样，如建筑垃圾和生活垃圾中的无机物可制作建材；生活垃圾中以厨余垃圾为主的有机物可经发酵制肥或制作营养土，用于改良土壤；可燃物可焚烧供热、发电；废旧塑料可制作工业塑料块、再生塑料颗粒及木塑制品。然而，不少人对垃圾资源仍存在认识误区，认为经捡废品的多次挑选已无可利用资源。事实上，当前垃圾资源化活动不是完全的自觉行为，在某种程度上其行为受利益驱使。如目前主要回收金属、塑料饮料瓶、书报、纸箱等高利润物资，导致“白色污染”严重的塑料薄膜很少有人愿意回收。垃圾的循环利用很有价值，我国在这方面做得仍不到位，尤其是在农村，人们几乎意识不到垃圾循环利用的重要意义。当然，我国一些农村地区也进行了积极探讨，如宁波一些农村地区将垃圾分为食物垃圾和非食物垃圾两大类，运用生态转化技术和资源回收办法，较好地解决了农村垃圾的循环利用问题，为我国农村垃圾的循环利用提供了宝贵的借鉴。具体垃圾处理方法如图 4-24 所示。

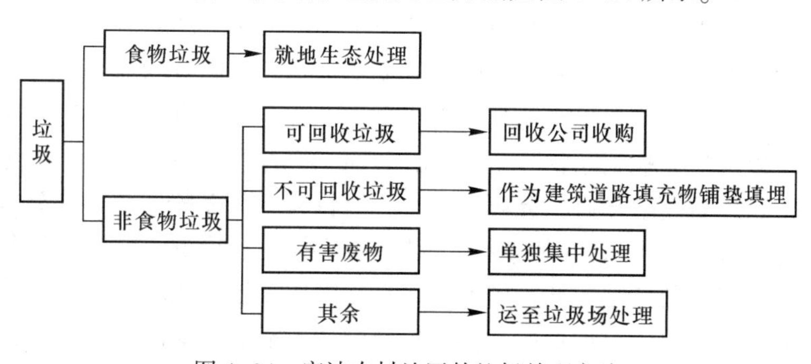


图 4-24　宁波农村地区的垃圾处理方法

（4）长效机制不健全。目前，各方视点大多集中于城市生活垃圾的治理，对农村生活垃圾污染问题关注较少，相关的法律法规不健全，我国专门针对农村生活垃圾治理的相关法律法规很少，需要进一步建立健全农村环境卫生的法律法规体系。虽然行政管理部门设有综合执法机构，负责某区县的执法工作；但在实际工作中，市政行政管理部门的执法范围更多地集中在市区，对农村生活垃圾的执法管理不到位。对垃圾的收集、运输和处理，尚未形成整体规划。按照属地管理的原则，各乡（镇）、行政村负责自己辖区内生活垃圾的清理，在不同程度上形成了各自为“政”，在乡镇接合和村村接合部地带容易出现垃圾“三不管”的死角。例如，《江南晚报》在2009年12月24日曾以《南苑新村无名小路成三不管“垃圾路”》为题，报道了处于南长区与新区交界一条无名小路的垃圾问题，“三不管”的状态使得这条小路的垃圾很难得到有效处理，更谈不上长效机制的建立。

#### 4.5.4.3 生活垃圾的处理与回收利用

生活垃圾处理专指对垃圾中由居民丢弃的各种废弃物（不包括市政设施与修建垃圾）的处理，包括为了运输、回收利用所进行的加工过程。处理的目的是使垃圾的形态和组成更适于处置要求。例如，为了便于运输和减少费用，常进行压缩处理；为了回收有用物质，常需加以破碎处理和分选处理。如果采用焚烧或土地填埋作为最终处置方法，也需对垃圾先作适当的破碎、分选等处理，使处置更为有效。

生活垃圾的处理应遵循减量化、资源化、无害化的原则，目前主要有填埋、堆肥及焚烧三种处理方法。

填埋法是指利用天然地形或人工构造，形成一定空间，将垃圾进行填充、压实、覆盖，以达到储存的目的。垃圾填埋处理具有投资小、运行费用低、操作设备简单、可以处理多种类型的垃圾等特点。2010年我国垃圾填埋处理的比例超过77%。但由于生活垃圾仍然未实行分类分拣，填埋处理的对象多为混合垃圾，因此填埋法存在以下问题：混合垃圾中的大部分可回收物、可焚烧物或可堆肥物等被一并填埋，不能再生利用，资源利用率低；混合垃圾渗出液会污染地下水及土壤，处理成本高；垃圾堆放产生的臭气严重影响周边环境的空气质量，大多数垃圾填埋场产生的填埋气体直接排入大气，既污染环境、浪费资源，又造成安全隐患，能够对填埋气体进行资源化利用的填埋场不足3%；混合垃圾大量占用填埋场的空间资源，导致填埋场占地面积大，消耗大量土地资源；填埋场处理能力有限，服务期满后仍需投资建设新的填埋场。

堆肥法是利用自然界广泛分布的细菌、真菌和放射菌等微生物的新陈代谢作用，在适宜的水分、通气条件下，进行微生物的自身繁殖，将可生物降解的有机物转化为稳定的腐殖质的方法。堆肥处理主要采用静态通风好氧发酵技术。堆肥技术适合于易腐烂、有机物质含量较高的垃圾处理，具有工艺简单、使用机械设备少、投资少、运行费用低、操作简单等特点。利用生活垃圾堆肥在我国已有较长时期，但存在如下问题：不能处理不可腐烂的有机物和无机物，垃圾中石块、金属、玻璃、塑料等不可降解部分必须分拣出来，另行处理，分选工艺复杂、费用高，因此减容、减量及无害化程度低；堆肥周期长，卫生条件差；堆肥处理后产生的肥料肥效低、成本高，与化肥比，销售困难、经济效益差；许多有毒、有害物质会进入堆肥，农田长期大量使用堆肥，可能会造成潜在污染。

焚烧法是一种高温热处理技术，即以一定的过剩空气与被处理的有机废物在焚烧炉内进行氧化燃烧反应，使废物中的有毒物质在高温下氧化、热解从而被破坏，它是一种可同时实现废物无害化、减量化、资源化的处理技术。焚烧法具有厂址选择灵活、占地面积小、处理量大、处理速度快、减容减量性好（减重一般达70%，减容一般达90%）、无害化彻底、可回收能源等特点，因此是世界各发达国家普遍采用的一种垃圾处理技术。2011年，我国垃圾处理方法中，焚烧为9.413t/d，占23%左右，处理能力增长相对较快，但实际应用并不普遍，主要由于以下原因：建设焚烧厂投资大，建成后运行成本高；混合生活垃圾成分复杂，燃烧效率低，焚烧尾气污染严重；混合垃圾中餐厨类垃圾含盐量较高，烟气中的氯化氢会腐蚀焚烧炉，增加烟气处理的难度和污染控制成本。

4.5.4.4 生活垃圾的处理与回收利用的对策

目前，如何有效地对生活垃圾进行处理和回收利用，已成为各级政府和普通百姓关注的热点问题之一。

（1）开展科普宣传，增强农民的环保意识。在《公民道德建设实施纲要》中，“协调人与自然的关系以保护环境”被国家倡导为公民社会公德的一项重要内容，因为通过有效的环境教育塑造社会个体乃至社会组织的社会参与环保意识至关重要。做好农村生活垃圾的处理需要广大农村居民的积极参与和配合，需要环保部门、新闻媒体和教学单位多下乡宣传普及环保知识。要善于结合并利用世界环境日、世界地球日、全国爱国卫生月等，在公共场所悬挂环保宣传标语，组织广大干部、群众、学生开展环境卫生大扫除，利用广播、电视等媒体进行宣传，举办群众参与性强的环保知识竞赛等活动，吸引广大居民积极参与，逐步提高居民的环保意识。环境保护意识的宣传教育要从最贴近农民生活的细节入手，让环保知识以小妙招、小窍门的形式和他们“零距离”接触，拉近知识与生活的距离，消除农民的抵触情节，提高宣传效果。

（2）增加环保资金，实现垃圾市场化运作。即使农村居民认识到了乱倒垃圾的危害，但由于基础设施不足，垃圾仍得不到集中有效的处理。这说明农村环卫基础设施建设是提升农村生活垃圾处置水平的关键，政府应将垃圾处理系统纳入新农村建设总体规划中，其中包括垃圾收运系统、垃圾中转设施和垃圾处理设施。由于农村经济发展存在着不平衡性，要实现农村生活垃圾的减量化、资源化和无害化，必须依赖上级政府的财政支持。

政府应根据各地实际情况，确定当地农村生活垃圾处置的经费标准，但各地方政府尚未设立农村生活垃圾整治的专项资金。因此，应该将农村生活垃圾整治资金纳入每年的财政预算中，并保持每年按一定比例增长，以保证农村生活垃圾整治的资金来源，扶持农村改变现行落后的生活垃圾处置方式。对农村生活垃圾整治资金的使用，要进行严格的审计和监督，专款专用，防止挪用。此外，放开投资渠道，引导并鼓励各类社会资金参与农村生活垃圾处置设施的建设和运营，逐步实现投资主体多元化、运营主体企业化、运行管理市场化。多渠道寻找投资企业、融资方式。走垃圾处理产业化发展方向，市场化运作是必然趋势，应坚持政府投入与市场运行相结合的原则。

（3）综合利用，变废为宝。遵循循环经济的理念，将农村生活垃圾尽可能地变为资源，真正地循环利用，不仅可以减少对大量新资源的使用，还能从源头上有效地防止垃圾对环境的破坏和对生态的污染。应全面推广分类回收，实现废物利用最大化（具体环节如图4-25所示）。例如，规划畜禽养殖园区，对畜禽进行集中饲养，大力发展沼气、培植林地等，使畜禽粪便变废为宝，形成生态村。这样可大大降低垃圾总量和体积，减少垃圾转运中耗费的人力和物力，以及过多垃圾堆放对环境造成的污染，减少相关部门清运和处理垃圾的负担，延长造价昂贵的垃圾处理场的使用寿命。实现垃圾从源头分类，资源回收将大有可为。科学合理地分类是实现垃圾减量化、资源化、无害化的前提。

（4）建立长效机制，强化行政管理。农村生活垃圾的处理，需要一定的法规来保障。应通过立法手段，明确各级政府和组织在农村生活垃圾处理中应履行的职责，明确垃圾产生者对垃圾的产生、收集、清运和处理应承担的义务，对已有的政策和法规要落到实处，做到有法可依、有法必依、执法必严、违法必究。尽快建立镇、村、组各级环境管理网

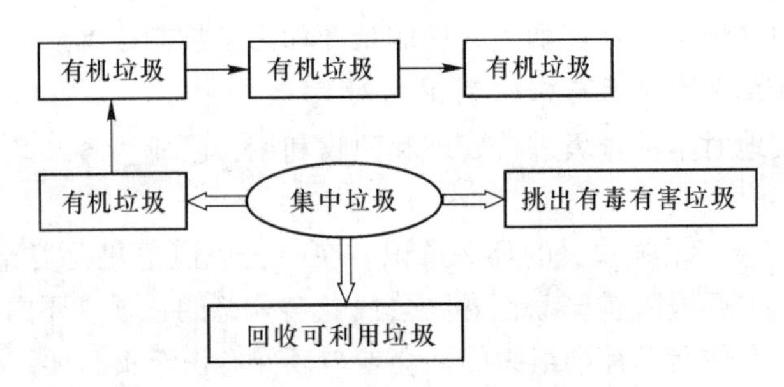


图 4-25　农村垃圾最大化利用的实现

络，“推广组保洁、村收集、镇运转、县处理的城乡垃圾一体化处理模式”。

应在乡镇级政府设立相应的工作机构，落实负责人员；同时与村两委签订环境保护目标责任书，作为年终考核的依据。村委会通过公开选聘培训合格的保洁员，进行挨家挨户指导垃圾分类方法，并按时上门收集垃圾。县、乡镇、村、组四级组织网络的形成，可为农村生活垃圾分类收集提供了有利条件；同时，政府应设立用于农村垃圾回收处理的专项资金，用于对垃圾的收集、运输和处理及垃圾对周围环境影响的监测。

农村环境污染问题是新时期建设社会主义新农村、倡导生态文明、构建社会主义和谐社会亟待解决的问题。为解决农村生活垃圾问题和加快农村生态环境建设，应以农民为主体、以政府为主导，根据各地实际，尽快建立一套适合农村生活垃圾收集处理处置系统，加快环境基础设施的建设，开展农村环境综合整治，倡导农村居民绿色消费，积极推广垃圾资源回收，分类收集，从源头进行控制，使农村环境质量有明显提升，环境面貌有明显改观，将各村镇真正变成民富、村美、风气好的社会主义新农村。

### 4.5.5　电子垃圾处理现状

随着信息技术的飞速发展，现在的电子产品更新换代的加快，电子产品的淘汰成为当今中国的一个难题。

#### 4.5.5.1　我国电子垃圾的现状

2010 年，联合国环境规划署在标题为《回收再利用：电子废物转为可用资源》的报告中指出，中国每年产生 230 万吨的电子垃圾，占世界电子垃圾总量的第二，仅次于美国。据统计，全世界每年产生超过 5 亿吨的电子垃圾，这些垃圾 80%被运到亚洲，而其中又有 90%进入中国。虽然进口电子垃圾被中国政府认定为非法行为，但是电子垃圾的交易仍在继续。电子垃圾场已经从广东蔓延到湖南、浙江、上海、天津、福建、山东等地。与此同时，中国国内电子废物的数量也在迅速增多。中国是家用电器的生产及使用大国。目前电子垃圾以每 5 年 16%~28%的速度增长，成为增长速度最快的废弃物之一，是城市垃圾增长速度的 3~5 倍。以这个速度计算，如果不及时处置，总有一天，这些废旧电器会堆积如山。而如何安全处理这些数量庞大的废旧电器，是一个亟待解决的问题。

#### 4.5.5.2　我国电子垃圾处理存在的问题

（1）相关法律法规不健全。我国在电子垃圾污染控制方面的专项立法还比较滞后，法律法规可操作性还需进一步完善。

（2）处理技术水平低。电子垃圾处理当前对环境以及社会经济发展带来了严重影响，世界各国都很注意对电子垃圾处理技术的研究工作。但因多方面原因，我国在这一领域的研究工作距离世界领先水平还很大。

4.5.5.3 建议措施

(1) 建立统一规范的电子垃圾回收体系。为解决电子垃圾带来的环境问题，必须尽快建立统一完善的回收系统。

(2) 加强立法建设，明确责任。在电子垃圾的处理处置过程中，目前国际上比较普遍的做法都是以生产企业作为垃圾回收的主体，流通和消费领域也承担部分责任。信息产业部根据《中华人民共和国清洁生产促进法》和《中华人民共和国固体废物污染环境防治法》等有关法律，制定了《电子信息产品污染防治管理办法》，并于2005年1月1日起施行。《废弃电器电子产品回收处理管理条例》于2008年8月20日国务院第23次常务会议通过，自2011年1月1日起施行。

(3) 加强科技研究。这主要包括两个方面的内容：其一，电子垃圾的再生利用仅仅是把毒性物质从一种产品中转移到另一种产品中，并没有真正解决毒性物质对环境的影响。真正的解决办法是重新设计产品，开发新技术，使用无毒性材料。其二，当前解决电子垃圾所面临的首要的必须解决的问题，即危险电子垃圾。因此，从根本上消除有毒有害物质对环境的威胁，必须加大科研力度，着实有效地消除电子垃圾中毒性物质对环境的威胁。

## 4.6 物理性污染及其防治

有别于前述各种环境污染，本节所讲的几种环境污染是物理因素引起的非化学性污染。这种污染形成时很少给周围环境留下具体污染物，但已成为现代人类尤其是城市居民感受到的公害。例如，噪声就是影响最大、最易激起受害者强烈不满的环境污染，而反映噪声污染问题的投诉也高居各类污染的首位。但是有的物理性污染如电磁波和光，无色无味很隐蔽，无明显和直接的危害，因而还没有引起人们的足够重视。

### 4.6.1 噪声污染及其控制

4.6.1.1 环境噪声的特征与噪声源分类

人类生存的空间是一个有声世界，大自然中有风声、雨声、虫鸣、鸟叫，社会生活中有语言交流、美妙音乐，人们在生活中不但要适应这个有声环境，也需要一定的声音满足身心的支撑。但如果声音超过了人们的需要和忍受力就会使人感到厌烦，所以噪声可定义为对人而言不需要的声音。需要与否是由主观评价确定的，不但取决于声音的物理性质，而且和人类的生理、心理因素有关。例如，听音乐会时，除演员和乐队的声音外，其他都是噪声；但当睡眠时，再悦耳的音乐也是噪声。

A 噪声特征

环境噪声是一种感觉公害。噪声对环境的污染与工业“三废”一样，都是危害人类环境的公害。它具有局限性和分散性，包括环境噪声影响范围上的局限性和环境噪声源分布上的分散性；噪声污染还具有暂时性，噪声对环境的影响不积累，也不持久，声源停止发声，噪声即消失。

B 噪声源及其分类

向外辐射声音的振动物体称为声源。噪声源可分为自然噪声源和人为噪声源两大类。

目前人们尚无法控制自然噪声，所以噪声的防治主要指人为噪声的防治。人为噪声按声源发生的场所，一般分为交通噪声、工业噪声、建筑施工噪声和社会生活噪声。

（1）交通噪声。包括飞机、火车、轮船、各种机动车辆等交通运输工具产生的噪声。其中以飞机噪声强度最大。交通噪声是活动的噪声源，对环境影响范围极大。尤其是汽车和摩托车，它们量大、面广，几乎影响每一个城市居民。有资料表明，城市环境噪声的70%来自于交通噪声。在车流量高峰期，市内大街上的噪声可高达90dB。遇到交通堵塞时，噪声甚至可达100dB以上，以致有的国家出现警察戴耳塞指挥交通的情况。一些交通工具对环境产生的噪声污染情况见表4-17。机动车辆噪声的主要来源是喇叭声（电喇叭90~95dB、汽喇叭105~110dB）、发动机声、进气和排气声、启动和制动声、轮胎与地面的摩擦声等。汽车超载、加速和制动、路面粗糙不平都会增强噪声。

**表4-17　典型机动车辆噪声级范围**

| 车辆类型 | 加速时噪声级/dB | 匀速时噪声级/dB |
|---|---|---|
| 重型货车 | 89~93 | 84~89 |
| 中型货车 | 85~91 | 79~85 |
| 轻型货车 | 82~90 | 76~84 |
| 公共汽车 | 82~89 | 80~85 |
| 中型汽车 | 83~86 | 73~77 |
| 小轿车 | 78~84 | 69~74 |
| 摩托车 | 81~90 | 75~83 |
| 拖拉机 | 83~90 | 79~88 |

（2）工业噪声。主要是机器运转产生的噪声，如空气机、通风机、纺织机、金属加工机床等，还有机器振动产生的噪声，如冲床、锻锤等。一些典型机械设备的噪声级范围见表4-18。

**表4-18　一些机械设备产生的噪声**

| 设备名称 | 噪声级/dB | 设备名称 | 噪声级/dB |
|---|---|---|---|
| 轧钢机 | 92~107 | 柴油机 | 110~125 |
| 切管机 | 100~105 | 汽油机 | 95~110 |
| 气锤 | 95~105 | 球磨机 | 100~120 |
| 鼓风机 | 95~115 | 织布机 | 100~105 |
| 空压机 | 85~95 | 纺纱机 | 90~100 |
| 车床 | 82~87 | 印刷机 | 80~95 |
| 电锯 | 100~105 | 蒸汽机 | 75~80 |
| 电刨 | 100~120 | 超声波清洗机 | 90~100 |

工业噪声强度大，是造成职业性耳聋的主要原因，它不仅给生产工人带来危害，而且厂区附近的居民也深受其害。但是，工业噪声一般是有局限性的，噪声源是固定不变的。因此，污染范围比交通噪声要小得多，防治措施相对也容易些。

（3）建筑施工噪声。包括打桩机、混凝土搅拌机、推土机等产生的噪声。它们虽是暂时性的，但随着城市建设的发展，兴建和维修工程的工程量与范围不断扩大，其影响越来越广泛。此外，施工现场多在居民区，有时施工在夜间进行，严重影响周围居民的睡眠和休息。施工机械噪声级范围见表 4-19。

**表 4-19 建筑施工机械噪声级范围**

| 机械名称 | 距声源 15m 处噪声级/dB | 机械名称 | 距声源 15m 处噪声级/dB |
|---|---|---|---|
| 打桩机 | 95~105 | 推土机 | 80~95 |
| 挖土机 | 70~95 | 铺路机 | 80~90 |
| 混凝土搅拌机 | 75~90 | 凿岩机 | 80~100 |
| 固定式起重机 | 80~90 | 风镐 | 80~100 |

（4）社会生活噪声。主要指由社会活动和家庭生活设施产生的噪声，如娱乐场所、商业活动中心、运动场、高音喇叭、家用机械、电器设备等产生的噪声。表 4-20 为一些典型家庭用具噪声级的范围。

**表 4-20 家庭噪声来源及噪声级范围**

| 设备名称 | 噪声级/dB | 设备名称 | 噪声级/dB |
|---|---|---|---|
| 洗衣机 | 50~80 | 电视机 | 60~83 |
| 吸尘器 | 60~80 | 电风扇 | 30~65 |
| 排风机 | 45~70 | 缝纫机 | 45~75 |
| 抽水马桶 | 60~80 | 电冰箱 | 35~45 |

社会生活噪声一般在 80dB 以下，虽然对人体没有直接危害，但却能干扰人们的工作、学习和休息。

按噪声产生机理可将噪声分为三类。

（1）机械噪声。是由于机械设备运转时，机械部件间的摩擦力、撞击力或非平衡力使机械部件和壳体产生振动而辐射的噪声。

（2）空气动力性噪声。是由于气体流动过程中的相互作用，或气流和固体介质之间的相互作用而产生的噪声，如空压机、风机等进气和排气产生的噪声。

（3）电磁噪声。由电磁场交替变化引起某些机械部件或空间容积振动而产生的噪声。

按噪声随时间的变化分类还可分成稳态噪声和非稳态噪声两大类。

#### 4.6.1.2 噪声的评价和检测

噪声的描述方法可分为两类：一类是把噪声作为单纯的物理扰动，用描述声波特性的客观物理量来反映，这是对噪声的客观量度；另一类则涉及人耳的听觉特性，根据人们感觉到的刺激程度来描述，因此被称为对噪声的主观评价。

##### A 噪声的客观量度

简单地说，噪声就是声音，它具有声音的一切声学特性和规律。

（1）频率与声功率。声音是物体的振动以波的形式在弹性介质（气体、固体、液体）中进行传播的一种物理现象。这种波就是通常所说的声，波频率等于造成该声波的物体振动的频率，其单位为赫兹（Hz）。一个物体每秒钟的振动次数，就是该物体的振动频率的赫兹数，亦即由此物体引起的声波的频率赫兹数。例如，某物体每秒钟振动100次，则该物体的振动频率就是100Hz，对应的声波频率也是100Hz。声波频率的高低反映了声调的高低。频率高，声调尖锐；频率低，则声调低沉。人耳能听到的声波的频率范围是20~20000Hz。20Hz以下的称为次声，20000Hz以上的称为超声。人耳有一个特性，即从1000Hz起，随着频率的降低，听觉会逐渐迟钝，即人耳对低频率噪声容易忍受，而对高频率噪声则感觉烦躁。

声功率是描述声源在单位时间内向外辐射能量的物理量，其单位为瓦（W）。一架大型的喷气式飞机，其声功率为10kW；一台大型鼓风机的声功率为0.1kW。

（2）声强和声强级。为了表示声波的能量以波速沿传播方向传输的情况，定义通过垂直于声波传播方向的单位面积的声功率为声强度，或简称声强，用$I$表示，单位为瓦每平方米（$W/m^2$）。声场中某一位置的声强的量值越大，则穿过垂直于声波传播方向上的单位面积的能量越多。设在自由声场中（无障碍物和声波反射体）有一非定向辐射源，其声功率为$W$，辐射的声波可视为球面波，在声源距离为$r$处，球面的总面积为$4\pi r^2$，则在球面上垂直于球面方向的声强为：

$$I_n = W/4\pi r^2 \tag{4-15}$$

由式（4-15）可以看出，声强$I_n$以与$r^2$成反比的关系发生衰减，即距声源越远声强越小，且降幅比距离增加更显著。

对于频率为1000Hz的声音，人耳能够感觉到的最小的声强约等于$10^{-12}W/m^2$。这一量值用$I_0$表示，常作为声波声强的比较基准，即$I_0=10^{-12}W/m^2$。因此又称$I_0$为基准声强。对于频率为1000Hz的声波，正常人的听觉所能忍受的最大声强约为$1W/m^2$，这一量值常用$I_m$表示，$I_m=1W/m^2$。声强超过这一上限时，就会引起耳朵的疼痛，损害人耳的健康。声强小于$I_0$，人耳就觉察不到了，所以$I_0$又称为人耳的听阈，$I_m$又称为人耳的痛阈。

声强级是描述声波强弱级别的物理量。声强大小固然客观上反映声波的强弱，但是根据声学实验和心理学实验证明，人耳感觉到的声音的响亮程度，即人耳对感受到的声音的强弱程度的主观判断，并不是简单地和声强$I$成正比，而是近似与声强$I$的对数$\lg I$成正比。又因为能引起正常听觉的声强值的上下限相差悬殊（$I_m/I_0=10^{12}$），如果用声强及其单位来量度可听声波的强度会极不方便。因而引入声强级作为声波强弱的量度。声强级的定义为：将声强$I$与基准声强$I_0$之比的对数值定义为声强$I$的声强级，声强级以$L_I$表示，即：

$$L_I = \lg(I/I_0)(B) \tag{4-16}$$

由式（4-16）得到的单位为Bel（B），由于Bel单位较大，常取分贝（dB）作声强级的单位，其换算关系为：1B=10dB，即

$$L_I = 10\lg(I/I_0)(dB) \tag{4-17}$$

**［例4-1］** 试计算声强为下列数值的声强级，$I=0.01W/m^2$；$I_0=10^{-12}W/m^2$；$I_m=1W/m^2$。

**解：** 根据$L_I=10\lg(I/I_0)$，

$I=0.01W/m^2$　　$L_I=10\lg(0.01/10^{-12})=100dB$

$I=10\sim12\mathrm{W/m^2}$　　$L_I=10\lg(10^{-12}/10^{-12})=0\mathrm{dB}$

$I=1\mathrm{W/m^2}$　　$L_I=10\lg(1/10^{-12})=120\mathrm{dB}$

由此可见：第一，数量差别如此巨大的不同声强用声强级表示，数量上的差别可以缩小，表示较方便；第二，听阈的声强级为0，0dB的声音刚刚能为人们听到，分贝数越大，噪声越强。痛阈的声强级为120dB。

（3）声压与声压级：声压是描述声波作用效能的宏观物理量。声波与传感器（如耳膜）作用时，与无声波情况相比较，多出的附加压强称为声波的声压，用$p$表示，单位为帕（Pa），$1\mathrm{Pa}=1\mathrm{N/m^2}$。当声波的声强为基准声强$I_0$时，其表现的声压约为$2\times10^{-5}\mathrm{Pa}$（在空气中），这一量值也常被用作比较声波声压的衡量基准，称为基准声压，记作$p_0$，即$p_0=2\times10^{-5}\mathrm{Pa}$。

理论表明，在自由声场中，在传播方向上声强$I$与声压$p$的关系为：

$$I=p^2/\rho c\quad(\mathrm{W/m^2})\tag{4-18}$$

式中　$\rho$——媒质密度，$\mathrm{kg/m^3}$；

　　$c$——声速，m/s。

两者的乘积就是媒质的特性阻抗。在测量中声压比声强容易直接测量，因此，往往根据声压测定的结果间接求出声强。

声压级是描述声压级别大小的物理量。式（4-18）表明声强与声压的平方成正比，即：

$$I_1/I_2=p_1^2/p_2^2\tag{4-19}$$

式（4-19）两边取对数则：

$$\lg(I_1/I_2)=\lg(p_1^2/p_2^2)=2\lg(p_1/p_2)\tag{4-20}$$

为了表示声波强弱级别的统一，人们希望无论用声强级或声压级表示同一声波的强弱级别具有同一量值，故以如下方式定义声压级，即声压级$L_p$等于声压$p$与基准声压$p_0$比值的对数值的二倍，即：

$$L_p=2\lg(p/p_0)(\mathrm{B})=20\lg(p/p_0)(\mathrm{dB})\tag{4-21}$$

声压和声压级可以互相换算，具体换算值见表4-21。

**表4-21　声压与声压级的换算值**

| 声压级/dB | 0 | 10 | 20 | 30 | 40 | 50 | 60 |
|---|---|---|---|---|---|---|---|
| 声压/Pa | $2\times10^{-5}$ | $2\times10^{-4.5}$ | $2\times10^{-4}$ | $2\times10^{-3.5}$ | $2\times10^{-3}$ | $2\times10^{-2.5}$ | $2\times10^{-2}$ |
| 声压级/dB | 70 | 80 | 90 | 100 | 110 | 120 | |
| 声压/Pa | $2\times10^{-1.5}$ | $2\times10^{-1}$ | $2\times10^{-0.5}$ | 2 | $2\times10^{0.5}$ | 20 | |

**[例4-2]**　强度为80dB的噪声的相应声压为多少？

**解：**

因为　$L_p=20\lg(p/p_0)$

$$\lg p=L_p/20+\lg p_0=80/20+\lg2\times10^{-5}=\lg2\times10^{-1}$$

所以　$p=0.2(\mathrm{Pa})$

如果有几种声音同时发生，则总的声压级不是各声压级的简单算术和，而是按照能量的叠加规律，即压力的平方进行叠加的。

**[例 4-3]** 设有两个噪声，其声压级分别为 $L_{p1}$dB 和 $L_{p2}$dB，问：叠加后的声压级 $L$ 为多少?

**解:**

由 $L_{p1}=20\lg(p_1/p_0)$ 得 $p_1=p_0 10^{L_{p1}/20}$

$L_{p2}=20\lg(p_2/p_0)$ 得 $p_2=p_0 10^{L_{p2}/20}$

而 $p_{1+2}^2=p_1^2+p_2^2=p_0^2(10^{L_{p1}/10}+10^{L_{p2}/10})$

或$(p_{1+2}/p_0)^2 10^{L_{p1}/10}+10^{L_{p2}/10}$

所以总的声压级 $L_{p1+2}=20\lg p_{1+2}/p_0=10\lg(p_{1+2}/p_0)^2$

即 $L_{p1+2}=10\lg(10^{L_{p1/10}}+10^{L_{p2/10}})$

由计算总声压级 $L_{p1+2}$ 的公式可见：

(1) 当 $L_{p1}=L_{p2}$ 或 $L_{p1}-L_{p2}=0$ 时

$L_{p1+2}=L_{p1}+10\lg 2=L_{p1+3}$

即增大 3dB。同理，3 个相同声音叠加时，其声压级增大 10lg3；若 $N$ 个相同声音叠加时，其声压级增大 $10\lg N$。

(2) 两个不同的声音叠加时，其计算式如下：

$$L_{1+2}=L_1+10\lg[1+10^{-0.1(L_1-L_2)}] \tag{4-22}$$

其中，$L_1-L_2$ 为两个声压级之差（以大减小)。

根据式（4-22）可画出分贝和的增值，如图 4-26 所示。从分贝增值图查得对应 $L_1-L_2$ 的 $\Delta L$ 值，加到较大的一个声压级下，即为和声压级。对于几个共存声音，可以按下列步骤进行。例如，84、87、90、95、96、91 共 6 个分贝数相加，即：

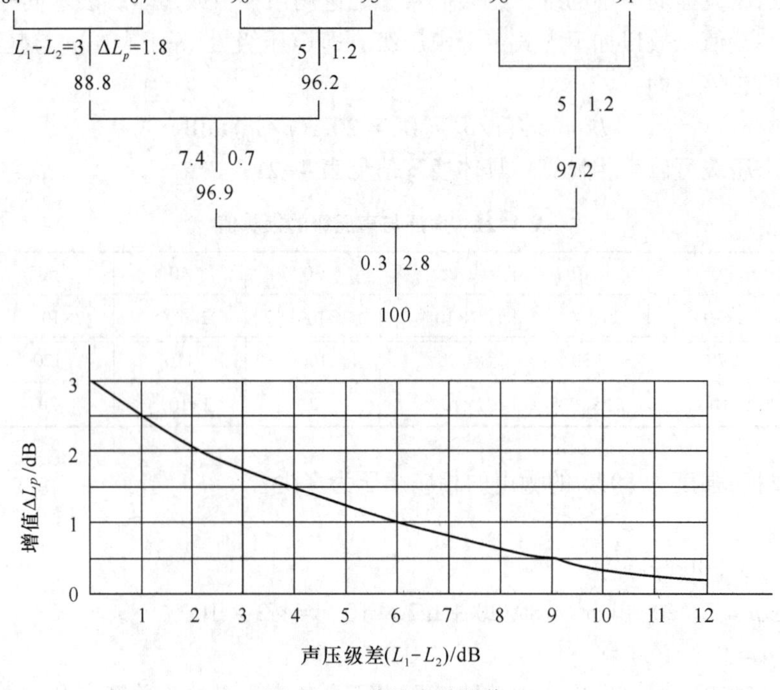


图 4-26 分贝和的增值

也可以用分贝和的增值表4-22来计算任意两种声压级不等的声音共存时的总声压级。即将增值加在声压级中较大的一方。

**表4-22 分贝和的增值表**

| 声压级差（$L_1-L_2$）/dB | 0 | 1 | 2 | 3 | 4 | 5 | 6 | 7 | 8 | 9 | 10 |
|---|---|---|---|---|---|---|---|---|---|---|---|
| 增值 $\Delta L$/dB | 3.0 | 2.5 | 2.1 | 1.8 | 1.5 | 1.2 | 1.0 | 0.8 | 0.6 | 0.5 | 0.4 |

如有几种声音同时出现，总的声压级必须由大而小地将每两个声压级逐一相加而得。例如，声压级分别为85dB、83dB、82dB、78dB的4种声音共存时，其总声压级为89dB。

表4-23列出了几种典型环境噪声源的声压级的数据。

**表4-23 几种典型环境噪声源的声压级**

| 几种典型环境噪声源 | 声压级/dB | 几种典型环境噪声源 | 声压级/dB |
|---|---|---|---|
| 喷气式飞机的喷气口附近 | 150 | 繁华街道上 | 70 |
| 喷气式飞机附近 | 140 | 普通讲话 | 60 |
| 锻锤、铳钉操作位置 | 130 | 微电机附近 | 50 |
| 大型球磨机旁 | 120 | 安静房间 | 40 |
| 8-18型鼓风机附近 | 110 | 轻声耳语 | 30 |
| 纺织车间 | 100 | 树叶落下的沙沙声 | 20 |
| 4-72型风机附近 | 90 | 农村静夜 | 10 |
| 公共汽车内 | 80 | 人耳刚能听到 | 0 |

B 噪声的主观评价

(1) A声级。声压级只是反映了人们对声音强度的感觉，并不能反映人们对频率的感觉，而且由于人耳对高频声音比对低频声音较为敏感，因此声压级和频率不同的声音听起来很可能一样响。因此要表示噪声的强弱，就必须同时考虑声压级和频率对人的作用，这种共同作用的强弱称为噪声级。噪声级可用噪声计测量，它能把声音转变为电压，经处理后用电表指示出分贝数。噪声计中设有A、B、C三种特性网络。其中A网络可将声音的低频大部分过滤掉，能较好地模拟人耳的听觉特性。由A网络测出的噪声级称为A声级，其单位亦为分贝（dB）。A声级越高，人们越觉吵闹。因此现在大都采用A声级来衡量噪声的强弱。

(2) 统计声级。统计声级是用来评价不稳定噪声的方法。例如，在道路两旁的噪声，当有车辆通过时A声级大，当没有车辆通过时A声级就小，这时就可以等时间间隔地采集A声级数据，并对这些数据用统计的方法进行分析，以表示噪声水平。

例如，要测量一条道路的交通噪声，可以在人行道上设置测量点，运用精密声级计，将声级计调到“慢档”位置读取A声级。每隔5s读取一个A声级的瞬时值，将连续读取的200个数值由大到小排列成一个数列，并将第21个A声级记为$L_{10}$，第101个A声级记为$L_{50}$，第181个A声级记为$L_{90}$，则$L_{10}$表示有10%的时间超过这一声级；$L_{50}$表示有50%的时间超过这一声级，相当于交通噪声的平均值；$L_{90}$表示90%的时间超过这一声级。$L_{10}$、$L_{50}$、$L_{90}$等也称为百分声级，可以用这种方法评价交通噪声。1990年，我国城市噪声污染十分严重，城市功能区环境噪声普遍超标，约有一半以上的城市居民受到噪声的困扰。

（3）其他噪声评价方法。其他噪声评价方法有昼夜等效声级、感觉噪声级等。

昼夜等效声级：以平均声级和一天里的作用时间为基础的公众反应评价量。考虑到人们在夜间对噪声比较敏感，该评价量是通过增加对夜间噪声干扰的补偿以改进等效等级 $L_{eq}$，就是对所有在夜间（如在 22:00~次日 7:00 时段）出现的噪声级均以比实际数值高出 10dB 来处理。

感觉噪声级：某一噪声的感觉噪声级是在“吵闹”程度上与该声音相同的中心频率为 1000Hz 窄带噪声的声压级。它是基于“烦恼”而不是基于“响度”的主观分析。同样响度的声音使人感到烦恼的程度并不完全一致，人们对于频带宽度较窄的、断断续续的、频率高的和突发的噪声特别感到烦躁不安。

C　噪声的评价方法

在城市区域环境质量评价和工程建设项目环境影响评价中，环境噪声污染往往是评价工作的内容之一，在交通工程建设项目中，噪声影响评价直接涉及居民搬迁和噪声防治工程措施。环境噪声影响评价的具体工作程序如下。

（1）拟定评价大纲。评价大纲是开展环境影响评价工作的依据。它包括了建设项目工程概况，污染源的识别与分析，确定评价范围，环保目标（这里主要指噪声敏感点），噪声敏感点的地理位置及其环境条件、评价标准，评价工作实施方案和评价工作费用。

（2）收集基础资料。基础资料包括建设项目中噪声源强度；噪声源与敏感点的分布位置图，并注明相对距离和高度；声传播的环境条件（如建、构筑物屏障等）。

（3）进行现状调查。主要是噪声敏感点的背景噪声的调查。

（4）选定预测模式。根据噪声源类别，如车间，道路机动车及其流量、速度，飞机类型架次，飞行程序声传播的衰减修正等，按点、线声源特征选定预测模式。可以根据各建设行业有关环境评价规范来选定。

（5）噪声影响评价。根据预测评价量与采用的评价标准，给出各敏感点超标分贝值及评价结果。

（6）提出噪声治理措施。敏感点超标值达到 3dB 或以上时，应考虑噪声治理措施。具体措施应给出技术、经济和环境效益的技术论证，为工程设计与施工以及日常管理提供依据。

#### 4.6.1.3　环境噪声的危害

随着工业生产、交通运输、城市建设的高度发展和城镇人口的迅猛膨胀，噪声污染日趋严重。据《2009 年中国环境状况公报》显示，全国 74.6%的城市区域声环境质量处于好和较好水平，环境保护重点城市区域声环境质量处于好和较好水平的占 76.1%。全国 94.6%的城市道路交通声环境质量为好和较好，环境保护重点城市道路交通声环境质量处于好和较好水平的占 96.5%。城市各类功能区昼间达标率为 87.1%，夜间达标率为 71.3%。归纳起来，噪声的危害主要表现在以下几个方面。

A　损伤听力

噪声可以给人造成暂时性的或持久性的听力损伤，后者即耳聋。一般说来，85dB 以下的噪声不至于危害听觉，超过 85dB 则可能发生危险。表 4-24 列出了在不同噪声级下长期工作时耳聋发病率的统计情况。由表 4-24 可见，噪声达到 90dB 时，耳聋发病率明显增加。但是，即使高至90dB的噪声，也只是产生暂时性的病患，休息后即可恢复。因此噪声的危害，关键在于它的长期作用。

**表4-24 工作40年后噪声性耳聋发病率**

| 噪声级/dB | 国际统计/% | 美国统计/% |
|---|---|---|
| 80 | 0 | 0 |
| 85 | 10 | 8 |
| 90 | 21 | 18 |
| 95 | 29 | 28 |
| 100 | 41 | 40 |

B 干扰睡眠和正常交谈

（1）干扰睡眠。睡眠对人是极为重要的，它能够调节人的新陈代谢，使人的大脑得到休息，从而使人恢复体力，消除疲劳。保证睡眠是人体健康的重要因素。噪声会影响人的睡眠质量和数量。连续声可以加快熟睡到轻睡的回转，缩短人的熟睡时间；突然的噪声可使人惊醒。一般情况下，40dB的连续噪声可使10%的人受影响，70dB时可使50%的人受影响；突然噪声达40dB时，可使10%的人惊醒，60dB时，可使70%的人惊醒。对睡眠和休息来说，噪声最大允许值为50dB，理想值为30dB。

（2）干扰交谈和思考。噪声对交谈的干扰情况见表4-25。

**表4-25 噪声对交谈的影响**

| 噪声/dB | 主观反应 | 保证正常讲话距离/m | 通信质量 |
|---|---|---|---|
| 45 | 安静 | 10 | 很好 |
| 55 | 稍吵 | 3.5 | 好 |
| 65 | 吵 | 1.2 | 较困难 |
| 75 | 很吵 | 0.3 | 困难 |
| 85 | 太吵 | 0.1 | 不可能 |

（3）引起疾病。噪声对人体健康的危害，除听觉外，还会对神经系统、心血管系统、消化系统等有影响。噪声作用于人的中枢神经系统，会引起失眠、多梦、头疼、头昏、记忆力减退、全身疲乏无力等神经衰弱症状。噪声可使神经紧张，从而引起血管痉挛、心跳加快、心律不齐、血压升高等病症。对一些工业噪声调查的结果表明，长期在强噪声环境中工作的人比在安静环境中工作的人心血管系统的发病率要高。有人认为，20世纪生活中的噪声是造成心脏病的一个重要因素。

噪声还可使人的胃液分泌减少、胃液酸度降低、胃收缩减退、蠕动无力，从而易患胃溃疡等消化系统疾病。有资料指出，长期置身于强噪声下，溃疡病的发病率要比安静环境下高5倍。噪声还会使儿童的智力发育迟缓，甚至可能会造成胎儿畸形。当然，噪声不一定是引起以上疾病的唯一原因，但它对人体健康的危害不可低估。

（4）杀伤动物。噪声对自然界的生物也是有危害的。例如，强噪声会使鸟类羽毛脱落，不产蛋，甚至内出血直至死亡。1961年，美国空军F-104喷气战斗机在俄克拉荷马市上空做超音速飞行实验，飞行高度为$10^4$m，每天飞行8次，6个月内使一个农场的1万只鸡被飞机的轰响声杀死6000只。实验还证明，170dB的噪声可使豚鼠在5min内死亡。

（5）破坏建筑物。20世纪50年代曾有报道，一架以1100km/h的速度（亚音速）飞行的飞机，作60m低空飞行时，噪声使地面一幢楼房遭到破坏。在美国统计的3000起喷气式飞机使建筑物受损害的事件中，抹灰开裂的占43%，损坏的占32%，墙开裂的占15%，瓦损坏的占6%。1962年，3架美国军用飞机以超音速低空掠过日本藤泽市时，导致许多居民住房玻璃被震碎，屋顶瓦被掀起，烟囱倒塌，墙壁裂缝，日光灯掉落。

4.6.1.4 噪声的控制

A 噪声标准与立法

（1）环境噪声标准。控制噪声污染已成为当务之急，而噪声标准是噪声控制的基本依据。

毫无疑问，制定噪声标准时，应以保护人体健康为依据，以经济合理、技术上可行为原则；同时，还应从实际出发，因人、因时、因地不同而有所区别。此外，噪声标准并不是固定不变的，它将随着国家经济、科学技术的发展而不断提高。我国由于立法工作的加快，已制定了若干有关噪声控制的国家标准，见表4-26。

**表4-26 我国城市区域环境噪声标准**

| 适用区域 | 昼间噪声级/dB | 夜间噪声级/dB | 备注 |
|---|---|---|---|
| 特殊住宅区 | 45 | 35 | 特别需要安静的住宅区，如医院、疗养院、宾馆等 |
| 居民文教区 | 50 | 40 | 居民和文教、机关区 |
| 一类混合区 | 55 | 45 | 一般商业与居民混合区，如小商店、手工作坊与居民混合区 |
| 二类混合区、商业中心区 | 60 | 50 | 工业、商业、少量交通和居民混合区；商业集中的繁华地区 |
| 工业集中区 | 65 | 55 | 城市或区域规划明确规定的工业区 |
| 交通干线道路两旁 | 70 | 55 | 车流量100辆/h以上的道路两旁 |

（2）立法。噪声立法是一种法律措施。为了保证已制定的环境噪声标准的实施，必须从法律上保证人民群众在适宜的声音环境中生活与工作，消除人为噪声对环境的污染。

国际噪声立法活动从20世纪初期就已经开始。早在1914年，瑞士就有了第一个机动车辆法规，规定机动车必须装配有效的消声设备。20世纪50年代以后，许多国家的政府都陆续制定和颁布了全国性的、比较完整的控制法，这些法律的制定对噪声污染的控制起了很大作用，不仅使噪声环境有了较大改善，而且促进了噪声控制和环境声学的发展。

我国1989年颁布了国家环境噪声污染防治条例，基本内容包括交通噪声、施工噪声、社会生活噪声污染等。1997年《中华人民共和国环境噪声污染防治法》颁布施行。

B 噪声控制的一般原则

声是一种波动现象，它在传播过程中遇到障碍物会发生反射、干涉和衍射现象。在不均匀媒质中或从某媒质进入另一种媒质时，会发生透射和折射现象。声波在媒质中传播时，由于媒质的吸收和波束的扩散作用，声波强度会随着距离的增加发生衰减。对于声波的这些认识是控制噪声的理论基础。在噪声控制中，首先是降低声源的辐射功率。工业和交通运输业可选用低噪声生产设备和生产工艺，或者改变噪声源的运动方式（如用阻尼、隔振等措施降低固体发声体的振动；用减少涡流、降低流速等措施降低液体和气体的声源辐射）。其次是控制噪声的传播，改变噪声传播的途径，如采用隔声和吸声的方法降噪。最后是对岗位工作人员的直接防护，如采用耳塞、耳罩、头盔等护耳器具，以减轻噪声对人员的损害。

C 噪声控制的技术措施

（1）声源控制。声源是噪声系统中最关键的组成部分，噪声产生的能量集中在声源处。所以对声源从设计、技术、行政管理等方面加以控制，是减弱或消除噪声的基本方法和最有效的手段。

1）改进机械设计：在设计和制造机械设备时，选用发声小的材料、结构形式和传动方式。例如，用减振合金（如锰-铜-锌合金）代替45号钢，可使噪声降低27dB；将风机叶片由直片形改成后弯形，可降低噪声10dB；用皮带传动代替直齿轮传动可降低噪声16dB；用电气机车代替蒸汽机车可使列车噪声降低50dB；对高压、高速气流降低压差和流速或改变气流喷嘴形状都可以降低噪声。

2）进生产工艺：如用液压代替冲压，用焊接代替铆接，用斜齿轮代替直齿轮，等等。

3）提高加工精度和装配质量：如提高传动齿轮的加工精度，可减小齿轮的啮合摩擦；若将轴承滚珠加工精度提高一级，则轴承噪声可降低10dB；设备安装得好，可消除机械零部件因不稳或平衡不良引起的振动和摩擦，从而达到降低噪声的效果。

4）加强行政管理：用行政管理手段，对噪声源的使用加以限制。例如，建筑施工机械或其他在居民区附近使用的设备夜间必须停止操作；市区内汽车限速行驶、禁鸣喇叭等。

（2）传播途径控制。由于条件的限制，从声源上降低噪声难以实现时，就需要在噪声传播途径上采取以下措施加以控制。

1）闹静分开、增大距离。利用噪声的自然衰减作用，将声源布置在离工作、学习、休息场所较远的地方。无论是城市规划，还是工厂总体设计，都应注意合理布局，尽可能缩小噪声污染面。

2）改变方向。利用声源的指向性（方向不同其声级也不同）将噪声源指向无人的地方。例如，高压锅炉、高压容器的排气口朝向天空或野外，比朝向生活区可降低噪声10dB（图4-27）。

3）设置屏障。在噪声源和接受者之间设置声音传播的屏障，可有效防止噪声的传播，达到控制噪声的目的。有数据表明，40m宽的林带能降低噪声10~15dB，绿化的街道比没有绿化的街道能降低噪声8~10dB。设置屏障，除了用林带、砖墙、土坡、山岗外；主要指采用声学控制方法。常用的几种声学控制方法如下。

①吸声：主要利用吸声材料或吸声结构来吸收声能，常用于会议室、办公室、剧场等室内空间。由于吸声材料只是降低反射的噪声，故它在噪声控制中的效果是有限的。

②隔声：用隔声材料阻挡或减弱在大气中传播的噪声，多用于控制机械噪声。典型的隔声装置有将声源封闭使噪声不外逸的隔声罩（降噪20~30dB），有防止外界噪声侵入的

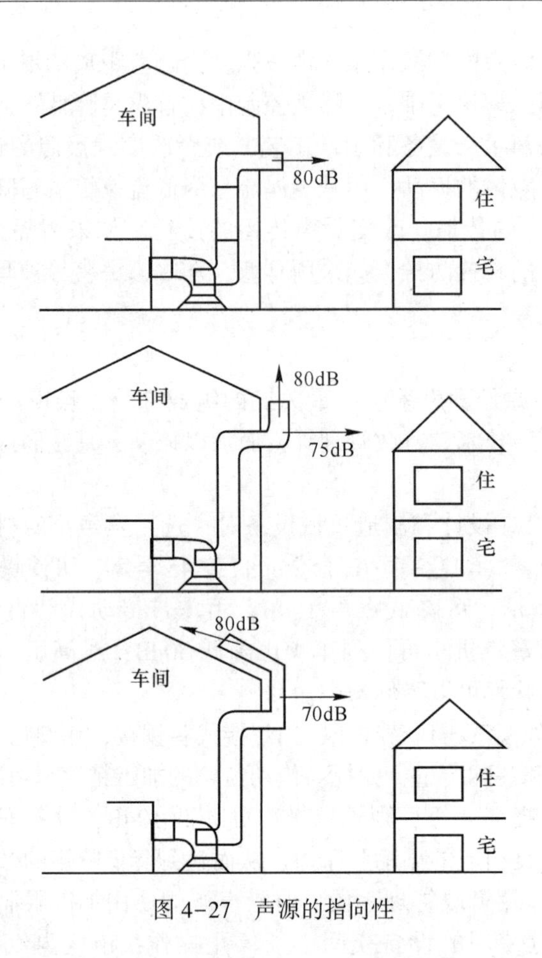


图 4-27 声源的指向性

隔声室（降噪 20~40dB），还有用于露天场合的隔声屏。

③消声：利用消声器（一种既允许气流通过而又能衰减或阻碍声音传播的装置）控制空气动力性噪声简便而又有效。例如，在通风机、鼓风机、压缩机、内燃机等设备的进出口管道中安装合适的消声器，可降噪 20~40dB。

④阻尼减振：当噪声是由金属薄板结构振动引起时，常用阻尼材料减振。例如，将阻尼材料涂在产生振动的金属板材上，当金属薄板弯曲振动时，其振动能量可迅速传递给阻尼材料，由于阻尼材料的内损耗、内摩擦大，可使相当一部分振动能量转化为热能而损耗散掉。这样就减小了振动噪声。常用的阻尼材料有沥青类、软橡胶类和高分子涂料。

⑤隔振：由机器设备振动产生的噪声，可使用橡胶、软木、毛毡、弹簧、气垫等隔振材料或装置，隔绝或减弱振动能量的传递，从而达到降噪的目的。

（3）接受者的防护。这是对噪声控制的最后一道防线。实际上在许多场合采取个人防护是最有效、最经济的办法。但其在实际使用中也存在问题，如听不到报警信号、容易出事故等。因此立法机构规定，只能在没有其他方法可用时才能把个人防护作为最后的手段暂时使用。

个人防护用品有耳塞、耳罩、防声棉、防声头盔等。表 4-27 列出的是几种常用个人防护用具及防噪效果。

表 4-27 几种防声用具及效果

| 种 类 | 质量/g | 降噪/dB |
|---|---|---|
| 干棉花 | 1~5 | 5~10 |
| 涂蜡棉花 | 1~5 | 10~20 |
| 软塑料、软橡胶耳塞 | 1~5 | 15~30 |
| 乙烯套充蜡耳塞 | 3~5 | 20~30 |

控制噪声除上述几种方法外，还有搞好城市道路交通规划和区域建设规划、科学布局城市建筑物、合理分流噪声源、加强宣传教育工作等措施，都能取得控制噪声污染的良好效果。

D 噪声的利用

噪声是一种污染，这是它有害的一面；此外，噪声也有许多有用的方面。人们在控制噪声污染的同时，也可将其化害为利，利用噪声为人类服务。另外，噪声是能量的一种表现形式，因此，有人试图利用噪声做一些有益的工作，使其转害为利。

噪声可用作工业生产中的安全信号。煤矿中为了防止塌方、瓦斯爆炸带来的危害，研制出了煤矿声报警器。当煤矿冒顶、瓦斯喷出之前，会发出一种特有的声音，煤矿声报警器记录到这种声音后就会立即发出警报，提醒人们离开现场或采取安全措施以防止事故的发生和蔓延。强噪声还可作为防盗手段。有人发明了一种电子警犬防盗装置，电子警犬处于工作状态时，能发出肉眼看不见的红外光，只要有人进入监视范围，电子警犬就会立即发出令人丧胆落魄的噪声。许多防盗柜也安装了这种防盗发声装置。

噪声在其他方面也有很多可利用性，如可用在农业上，可提高作物的结果率和除杂草，也可用于干燥食物等；科学家正在研究如何将噪声应用于诊病，利用噪声来探测人体的病灶等。噪声是一种有待开发的新能源，化害为利、变废为宝是解决污染问题的最好途径。相信随着人类科学技术的发展，不仅是噪声，还有其他的各种污染，人类都可以解决，并能利用它们来为人类服务。

### 4.6.2 放射性污染与防治

4.6.2.1 放射性及其度量单位

A 放射性物质

某些物质的原子核能发生衰变，放出人们肉眼看不见也感觉不到，只能用专门的仪器才能探测到的射线。物质的这种性质叫放射性。凡具有自发地放出射线特征的物质。称为放射性物质。这些物质的原子核处于不稳定状态，在其发生核转变的过程中，自发地放出由粒子或光子组成的射线，并辐射出能量，同时本身转变成另一种物质，或是成为原来物质的较低能态。其所放出的粒子或光子，将对周围介质包括肌体产生电离作用，造成放射性污染和损伤。射线的种类很多，主要有以下三种：

$\alpha$ 射线：其本质是氦（${}_{2}^{4}H$）的原子核，具有高速运动的 $\alpha$ 粒子。

$\beta$ 射线：由放射性同位素（如${}^{32}P$、${}^{35}S$ 等）衰变时放出来的带负电荷的粒子。

$\gamma$ 射线：波长在 $10^{-12}$m 以下的电磁波。由放射性同位素如${}^{60}Co$ 或${}^{137}Cs$ 产生。

B 放射线性质

（1）每一种射线都具有一定的能量：例如，α 射线具有很高的能量，它能击碎$^{27}_{13}Al$核，产生核反应：

$$^{27}_{13}Al + ^{4}_{2}He \longrightarrow ^{30}_{15}P + ^{1}_{0}n \quad (4\text{-}23)$$

其中$^{30}_{15}P$ 就是人工产生的放射性核素，它可以通过衰变产生正电子：

$$^{30}_{15}P \longrightarrow ^{30}_{14}Si + ^{0}_{1}e \quad (4\text{-}24)$$

（2）它们都具有一定的电离本领。电离是指使物质的分子或原子离解成带电离子的现象。α 粒子或 β 粒子会与原子中的电子产生库仑力的作用，从而使原子中的某些电子脱离原子，产生正离子。带电粒子在物质中电离作用的强弱主要取决于粒子的速率和电量。α 粒子带电量大、速率较慢，因而电离能力比 β 粒子大得多；γ 光子是不带电的，在经过物质时由于光电效应和电子偶效应而使物质电离。电子偶效应是指能量在 1.02mV 以上的光子，可转变成一个正电子和一个负电子，即电子对，它们附着于原子即产生离子对。γ 射线的电离能力最弱。

（3）它们各自具有不同的贯穿本领。贯穿本领是指粒子在物质中所走路程的长短。路程又称射程，射程的长短主要由电离能力决定。每产生一对离子，带电粒子都要消耗一定的动能，电离能力越强，射程越短。因此 3 种射线中 α 射线的贯穿能力最弱，用一张厚纸片即可挡住；β 射线的贯穿能力较强，要用几毫米厚的铅板才能挡住；γ 射线的贯穿能力最强，要用几十毫米厚的铅板才能挡住。

（4）它们能使某些物质产生荧光。人们可以利用这种致光效应检测放射性核素的存在与放射性的强弱。

（5）它们都具有特殊的生物效应。这种效应可以损伤细胞组织，对人体造成急性和慢性伤害，有时还可以改变某些生物的遗传特性。

C 放射性度量单位

为了度量射线照射的量、受照射物质所吸收的射线能量以及表征生物体受射线照射的效应，采用的单位有以下几种。

（1）放射性活度（$A$）。放射性活度也称为放射性强度，是指处于某一特定能态的放射性核素在给定时间内的衰变数，即放射性物质在单位时间内所发生的核衰变数目。

$$A = dN/dt \quad (4\text{-}25)$$

式中 $dN$——衰变核的个数；

$dt$——时间。

放射性活度单位为贝可勒尔，简称贝可（Bq）。

1Bq 表示放射性核素在 1s 内发生 1 次衰变，即 1Bq=1J/s。

（2）吸收剂量（$D$）。电离辐射对机体的生物效应与机体吸收的辐射能量有关。吸收剂量是反映物体对辐射能量的吸收状况，是指电离辐射给予一个体积单元的平均能量，即：

$$D = de/dm \quad (4\text{-}26)$$

吸收剂量单位为戈瑞（Gy），1 戈瑞表示任何 1kg 物质吸收 1J 的辐射能量，即

$$1Gy = 1J/kg = 1m^2/s^2 \quad (4\text{-}27)$$

其吸收剂量率是指单位时间内的吸收剂量，单位为 Gy/s 或 J/(kg·s)。

(3) 剂量当量 ($H$)。电离辐射产生的生物效应与辐射的类型、能量等有关。尽管吸收剂量相同，但不同的射线类型、照射条件，对生物组织的危害程度是不同的。因此在辐射防护工作中引入了剂量当量这一概念，以表征所吸收的辐射能量对人体可能产生的危害情况。剂量当量 $H$ 是指在人体组织内某一点上的剂量当量等于吸收剂量与其他修正因素的乘积，其单位为希沃特 (S)。1S = 1J/kg，关系式如下：

$$H = DQN \tag{4-28}$$

式中 $H$——剂量当量，S；

$D$——吸收剂量，Gy；

$Q$——品质因子；

$N$——所有其他修正因数的乘积。

品质因子 $Q$ 用以粗略地表示吸收剂量相同时各种辐射的相对危险程度。$Q$ 越大，危险性越大。$Q$ 值是依据各种电离辐射带电粒子的电离密度而相应规定的。国际放射防护委员会建议对内外照射皆可使用表 4-28 给出的 $Q$ 值。

**表 4-28 各种辐射的品质因子 $Q$**

| 辐射类型 | 品质因子 $Q$ | 辐射类型 | 品质因子 $Q$ |
|---|---|---|---|
| 射线和电子 | 1 | 粒子 | 20 |
| 中子 (<10kV) | 3 | 反冲重核 | 20 |
| 中子 (>10kV) | 10 | | |

在辐射防护中应用剂量当量可以评价总的危险程度。例如，某人全身均匀受到照射，其 γ 射线照射吸收剂量为 $1.5\times10^{-2}$Gy，快中子吸收剂量为 $2.0\times10^{-3}$Gy，求总剂量当量。

**解：**

$$\begin{aligned} H &= 1.5\times10^{-2}\times1+2.0\times10^{-3}\times1 \\ &= 3.5\times10^{-2}\ (\text{Sv}) \end{aligned}$$

(4) 照射量 ($X$)：照射量只适用于 X 和 γ 辐射，它是用于 X 或 γ 射线对空气电离程度的度量。照射量 ($X$) 是指在一个体积单元的空气中 (质量为 d$m$) 由光子释放的所有电子 (负电子和正电子) 在空气中全部被阻时，形成的离子总电荷的绝对值 (负电子或正电子)。关系式如下：

$$X = \mathrm{d}Q/\mathrm{d}m \tag{4-29}$$

照射量单位为库仑/千克 (C/kg)。单位时间的照射量率的单位为库仑/(千克·秒) (C/(kg·s))。

4.6.2.2 放射性污染源

A 放射性污染及特点

a 定义

放射性污染指由放射性物质造成的环境污染。

b 放射性污染的特点

放射性污染之所以被人们强烈关注，主要是由于放射性的电离辐射具有以下特征：

（1）绝大多数放射性核素毒性按致毒物本身重量计算远远高于一般的化学毒物。

（2）按辐射损伤产生的效应可能影响遗传，给后代带来隐患。

（3）放射性剂量的大小只有辐射探测仪器方可探测，非人的感觉器官所能知晓。

（4）射线的辐照具有穿透性，特别是 $\gamma$ 射线可穿过一定厚度的屏障层。

（5）放射性核素具有蜕变能力。当形态变化时，可使污染范围扩散。如 $^{226}Ra$ 的衰变子体 $^{222}Rn$ 为气态物，可在大气中逸散，而此物的衰变子体 $^{218}Po$ 则为固态，易在空气中形成气溶胶，进入人体后会在肺器官内沉积。

（6）放射性活度只能通过自然衰变而减弱。

此外，放射性污染物种类繁多，在形态、射线种类、毒性、比活度以及半衰期、能量等面均有极大差异，在处理上相当复杂。

B　放射性污染源

除天然本底照射外，人为污染源如下：

（1）核工业产生的核废料。核燃料生产和核能技术的开发、利用的各生产环节均会产生和排放含放射性的固体、液体及气体，是导致环境放射性污染的“三废”之一，也是人们关心的主要问题。

（2）核武器试验。核爆炸后，裂变产物最初以蒸汽状态存在，然后凝结成放射性气溶胶。粒径大于 0.1mm 的气溶胶在核爆炸后一天内即可在当地降落，称为落下灰；粒径小于 25μm 的气溶胶粒子可在大气中长期飘浮，称为放射性尘埃。放射性尘埃在大气平流层的滞留时间一般在 4 个月～3 年之间。核试验造成的全球性污染要比核工业造成的污染严重得多。1970 年以前，全球大气层核试验进入大气平流层的锶-90 达 $5.757\times10^{7}$Gy，其中 97%已沉降到地面。核工业后处理厂每年排放的锶-90 一般仅相当于前者数量级的万分之一。因此，全球已严禁在大气层做核试验，严禁一切核试验和核战争的呼声也越来越高。放射性落下物成为环境放射性污染的重要来源之一。

（3）意外事故。难以预测的意外事故的发生，可能会泄漏大量的放射性物质，从而引起环境的污染。

（4）放射性同位素的应用。核研究单位、科研中心、医疗机构等将放射性同位素用于探测、治疗、诊断、消毒中，导致产生的“城市放射性废物”。在医疗上，放射性核素常用于“放射治疗”以杀死癌细胞；有时也采用各种方式有控制地注入人体，作为临床上诊断或治疗的手段；工业上放射性核素可用于探伤；农业上放射性核素可用于育种、保鲜等。如果使用不当或保管不善，也会造成对人体的危害和环境的污染。

目前，由于辐射在医学上广泛应用，它已成为主要的人工污染源，约占全部污染源的 90%。在医学中使用的放射性核素已达几十种，如 $^{60}Co$ 照射治癌、$^{131}I$ 治疗甲状腺机能亢进等。它们必然也会给医务工作者和病人带来内外照射的危害，如一次 X 射线透视可使照射者受到 0.01～10mGy 的剂量；一次全部牙科 X 光拍片所受剂量高达 0.6Gy。在一般日用消费品中，也常常包含天然的或人工的放射性物质，如放射性发光表盘，家用彩色电视机，甚至燃煤、住房内的放射等。

C　放射性物质进入人体的途径

放射性物质进入人体主要有三种途径：呼吸道进入、消化道食入、皮肤或黏膜侵入，如图 4-28 所示。

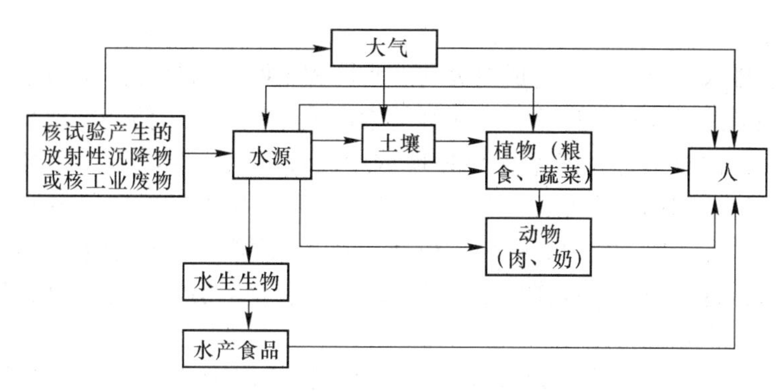


图 4-28 放射性物质进入人体的途径

从不同途径进入人体的放射性核素，人体具有不同的吸收蓄积和排出特点，即使同一核素，其吸收率也不尽相同。具体分述如下。

（1）呼吸道吸入。由呼吸道吸入的放射性物质，其吸收程度与气态物质的性质和状态有关。难溶性气溶胶吸收较慢，可溶性较快。气溶胶粒径越大，在肺部的沉积越少。气溶胶被肺泡膜吸收后，可直接进入血液流向全身。

（2）消化道食入。食入的放射性物质由肠胃吸收后，经肝脏随血液进入全身。

（3）皮肤或黏膜侵入。可溶性物质易被皮肤吸收，由伤口侵入的污染物吸收率极高。

放射性物质无论以哪种途径进入人体后，都会选择性地定位在某个或某几个器官或组织内，叫作“选择性分布”。其中，被定位的器官称为“紧要器官”，会受到某种放射性的较多照射，故损伤的可能性较大，如氡会导致肺癌等。放射性物质在人体内的分布与其理化性质、进入人体的途径以及机体的生理状态有关。但也有些放射性物质在体内的分布无特异性，能广泛分布于各组织、器官中，叫作“全身均匀分布”，如包含营养类似物的核素进入人体后将参与机体的代谢过程而遍布全身。

#### 4.6.2.3 放射性污染的危害

A 放射性作用机理

放射性核素释放的辐射能被生物体吸收以后，要经历辐射作用的不同阶段的各种变化。它们包括物理、物理化学、化学和生物学的四个阶段。当生物体吸收辐射能之后，先在分子水平发生变化，引起分子的电离和激发，尤其是生物大分子的损伤。有的发生在瞬间，有的需经物理的、化学的以及生物的放大过程才能显示所致组织器官的可见损伤，因此时间较久，甚至延迟若干年后才表现出来。人体对辐射最敏感的组织是骨髓、淋巴系统以及肠道内壁。

B 急性效应

大剂量辐射造成的伤害表现为急性伤害。当核爆炸或反应堆发生意外事故时，其产生的辐射生物效应立即呈现出来。1945 年 8 月 6 日和 9 日，美国在日本的广岛和长崎分别投了两颗原子弹，几十万日本人死于非命。急性损伤的死亡率取决于辐射剂量。辐射剂量在 6Gy 以上，通常在几小时或几天内立即引起死亡，死亡率达 100%，称为致死量；辐射剂量在 4Gy 左右，死亡率下降到 50%，称为半致死量。

C 远期效应

放射性核素排入环境后，可造成对大气、水体和土壤的污染，这是由于大气扩散和水流输送可使其在自然界稀释和迁移。放射性核素可被生物富集，使一些动物、植物，特别是一些水生生物体内放射性核素浓度比环境浓度高许多倍。例如，牡蛎肉中的锌同位素锌-65 的浓度可以达到周围海水中浓度的 10 万倍。环境中的核素中危害最大的是锶-89、锶-90、铯-137、碘-131、碳-14 和钚-239 等。进入人体的放射性核素，不同于体外照射可以隔离、回避，这种照射直接作用于人体细胞内部，该辐射方式称为内照射。

内照射具有以下几个特点：

(1) 单位长度电离本领大的射线损伤效应强。同样能量的 α 粒子比 β 粒子损伤效应强，如果是外照射的话，α 粒子无法穿透衣物和皮肤。

(2) 作用持续时间长。核素进入人体后持续作用时间为该核素半衰期的 6 倍，除非因新陈代谢排出体外。例如，以下几种核素的半衰期是：磷-32，14d；钴-60，560d；锶-90，6400d；碘-131，7d；钚-239，18000d。

(3) 绝大多数放射性核素都具有很高的比活度（单位质量的活度）。如以钋-210 为例，$10^9$Bq 量级的钋就可以引起辐射效应，但其质量仅为 $10^{-6}$g 数量级。就化学毒性而言，这样小的质量对肌体无明显的作用。

(4) 放射性核素进入人的肌体后，不是平均分散于人体，而常显示出在某一器官或某一组织选择性蓄积的特点。例如，碘-131 进入人的肌体后，甲状腺中碘-131 的活度占体内总量的 68%，肝中占 0.5%，脾中仅占 0.05%。其他放射性核素也有类似的特性，如磷-32 对于骨也呈现高度性蓄积作用。这一特性造成内照射对某一器官或某几种器官的集中损伤。

综合放射性核素内照射的上述特点可以看出，一旦环境污染以后，内照射难以早期觉察，体内核素难以清除，照射无法隔离，由于照射时间持久，即使小剂量，长年累月也会造成不良后果。内照射远期效应的结果是出现肿瘤、白血病和遗传障碍等疾病。

4.6.2.4 放射性污染的防治

(1) 控制污染源。放射性污染的防治首先必须控制污染源，核企业厂址应选择在人口密度低、抗震强度高的地区，保证出事故时居民所受的伤害最小，更重要的是将核废料进行严格处理。

1) 放射性废液处理：处理放射性废液的方法除放置和稀释之外，主要有化学沉淀、离子交换、蒸发、蒸馏和固化五种类型。图 4-29 为处理放射性废液的流程。

2) 放射性废气处理：在核设施正常运行时，任何泄漏的放射性废气均可纳入废液中，只是在发生大事故及以后一段时间，才会有放射性气态物释出。因此，采取预防措施将废气中的大部分放射性物质截留极为重要。可选取的废气处理方法有过滤法、吸附法和放置法等。

3) 放射性固态废物处理：处理含放射性核素固体废物的方法主要有焚烧法、压缩法、包装法和去污法等。图 4-30 为放射性固体废物处理的流程。

(2) 加强防范意识。其实放射性污染可能就发生在你的身边，只不过由于剂量轻微，没有意识到罢了。

1) 居室的氡气污染：氡是惰性气体。通常对人体有害的是氡的同位素 $^{222}$Rn，它的半

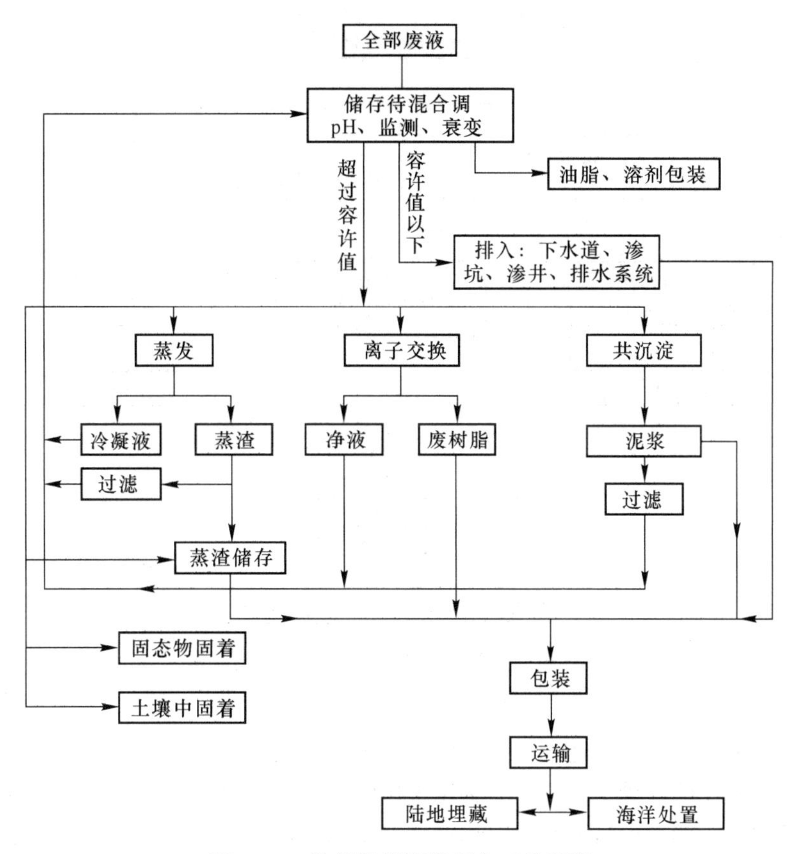


图 4-29 放射性废液处理主工艺流程

衰期为 3.8d，释放出 α 粒子后变成固态放射性核素 $^{218}$Po（钋），随后再经过 7 次衰变，最终变成稳定性元素 $^{206}$Pb。在衰变过程中，既有 α 辐射，也有 β 辐射和 γ 辐射，但在整个衰变过程中以 α 辐射能量最多。氡是铀和镭的衰变产物，由于铀和镭广泛存在于地壳内，因此在通风不良时，几乎任何空间都可能有不同程度的氡积累。例如，矿井、隧道、地穴，甚至普通房间内也有氡。当然，氡浓度最高的场所是矿井，特别是铀矿井。这些问题已经开始引起人们的重视，而居民室内氡及其子体水平和致肺癌的危险，近几年才开始受到国内外注意。居民室内氡的主要来源是建筑材料、室内地面泥土、大气等。居民接受室内氡子体照射造成的肺癌危险为每年每百万人口有 47 人。据有关媒体报道，美国每年有 2 万人患肺癌与室内氡气有关，法国每年有 1500 人与此有关。

我国在建材的制砖工艺中广泛使用煤渣，即将煤渣粉碎后掺入泥土，焙烧过程中煤渣中未烧尽炭可生余热，因而既节约燃煤又可烧透。但是煤中原含有的放射性核素，既未改变放射性且又被浓缩，因此某些产地的煤渣砖中铀的放射性比活度较大。此外，许多建筑使用花岗岩作为装饰材料，据有关部门检测，某些品种（如我国北方所产的某种绿色和红色花岗岩）中镭和铀的含量超标。室内氡气是镭和铀的衰变生成物，会慢慢地从建筑中释放到空气中。

预防室内氡气辐射应当引起人们重视。可以采取的措施有以下几个：第一，建材选择要慎重，可以事先请专业部门做鉴定。例如，我国对花岗岩放射性核素含量制定了分类标准。

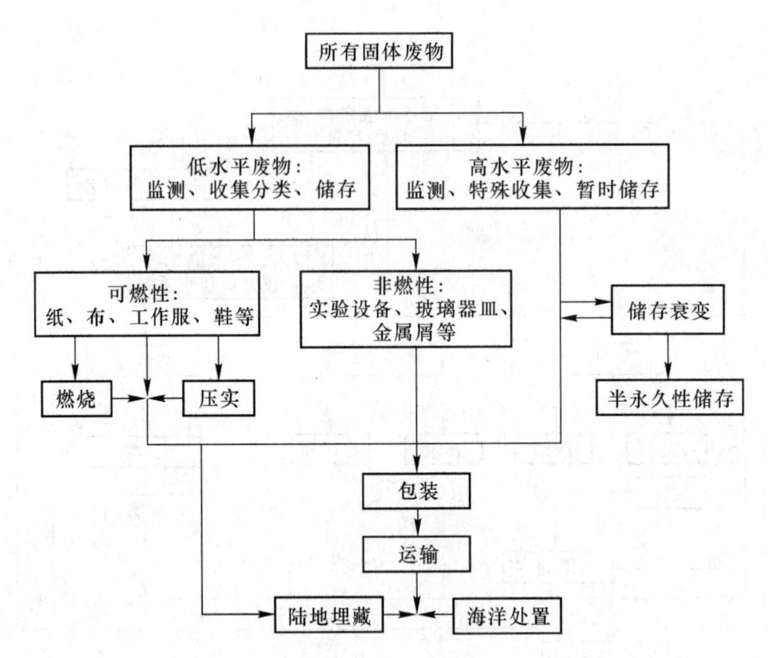


图 4-30 放射性固体废物处理主工艺流程

一类只适用于外墙装潢，一类适用于空气流通的过道与大厅，一类适用于室内。如果自己不知道某些花岗岩属于哪一种类型，千万别用来做居室装潢材料，尤其是色彩艳丽的，特别要慎重选择。第二，室内要保持通风，以稀释氡的室内浓度，这是最有效也最简便的方法。第三，市场有售一种检测片，形状如同硬币大小，放在室内，如果氡浓度过大能使其变色，提示主人应采取预防措施。这种检测片价格不贵，在国外已得到推广应用。

2）防止意外事故：医院里的 X 光片和放射治疗、夜光手表、电视机、冶金工业用的稀土合金添加材料等，都具有放射性，要慎重接触。

现在一些医院、工厂和科研单位因工作需要使用的放射棒或放射球，有时因保管不当遗失，或当作废物丢弃。因为它一般制作比较精细，在夜晚还会发出各种荧光，很能吸引人，所以有人把它当作稀奇之物，甚至让亲友一起玩，但不知它会造成放射性污染，轻者得病，重者甚至死亡，这是特别需要引起注意的。

### 4.6.3 电磁辐射污染与防治

#### 4.6.3.1 电磁辐射及辐射污染

（1）电磁辐射。以电磁波形式向空间环境传递能量的过程或现象称为电磁波辐射，简称电磁辐射。电磁波有很多种，各种电磁波的波长与频率各不相同。电磁波波长与频率的关系可用式（4-30）表示：

$$f\lambda = c \tag{4-30}$$

式中，$c$ 为真空中的光速，其值为 $2.993\times10^8$m/s，实际应用中常以空气代表真空。由此可知，在空气中不论电磁波的频率如何，它每秒传播距离均为固定值（约 $3\times10^8$m）。因此，频率越高的电磁波，波长越短。二者呈反比例关系。

电磁波的频带范围为 $0\sim10^{25}$ Hz，包括无线电波、微波、红外线、可见光、紫外线、X 射线、γ 射线和宇宙射线。

（2）电磁辐射污染。电磁辐射强度超过人体所能承受或仪器设备所允许的限度时就构成电磁辐射污染，简称电磁污染。

#### 4.6.3.2 电磁辐射源

电磁辐射源有两大类：一类是自然界电磁辐射源，另一类是人工型电磁辐射源。自然界电磁辐射源来自于某些自然现象；人工型电磁辐射源来自于人工制造的若干系统、装置与设备，其中又分为放电型电磁辐射源、工频电磁辐射源及射频电磁辐射源。各种电磁辐射源的分类见表 4-29 和表 4-30。

**表 4-29 自然界电磁辐射源**

| 分 类 | 来 源 |
|---|---|
| 大气与空气辐射源 | 自然界的火花放电、雷电、台风、寒处雪飘、火山喷烟等 |
| 太阳电磁场源 | 太阳的黑点活动与黑体放射等 |
| 宇宙电磁场源 | 银河系恒星的爆炸、宇宙间电子移动等 |

**表 4-30 人为电磁辐射源**

| 分 类 | | 设备名称 | 辐射来源与部件 |
|---|---|---|---|
| 放电所致辐射源 | 电晕放电 | 电力线（送配电线） | 高压、大电流引起的静电感应，电磁感应，大地漏电 |
| | 辉光放电 | 放电管 | 白光灯、高压水银灯及其他放电管 |
| | 弧光放电 | 开关、电气铁道、放电管 | 点火系统、发电机、整流装置等 |
| | 火花放电 | 电气设备发动机、冷藏库 | 整流器、发电机、放电管、点火系统 |
| 工频辐射场源 | | 大功率输电线、电气设备、电气铁道 | 高电压、大电流的电力线场电气设备 |
| 射频辐射场源 | | 无线电发射机、雷达 | 广播、电视与通信设备的振荡与发射系统 |
| | | 高频加热设备、热合机等 | 工业用射频利用设备的工作电路与振荡系统 |
| | | 理疗机、治疗机 | 医用射频利用设备的工作电路与振荡系统 |
| 建筑物反射 | | 高层楼群以及大的金属构件 | 墙壁、钢筋、吊车等 |

人工型电磁辐射源按电磁能量传播方式划分，可分为发射型电磁场源与泄漏型电磁场源两类。前者主要有广播、电视、通信、遥控、雷达等设施；后者主要是工业、科研与医用射频设备，简称 ISM 设备（即工、科、医设备）。

人类生活在充满电磁波的环境里。电磁波可在空中传播，也可经导线传播。全世界有数以万计的无线广播电台和电视台在日夜不停地发射着电磁波。此外，还有为数很多的军用、民用雷达，无线电通信设备，各种电磁波设备和仪器，电热毯，以及日渐增多的微波炉等，这些设备都在不断地发射电磁波。电磁波的影响经常可以感觉到，如会场里扩音器刺耳的响声，打电话时收音机距离过近时发出的杂音，洗衣机、吹风机开动时对电视图像的干扰，无绳电话对电视接收的干扰等，这些都是人为的电磁辐射污染源。

以电脑为例，对人类健康的隐患，从辐射类型来看，主要包括电脑在工作时产生和发出的电磁辐射（各种电磁射线和电磁波等）、声（噪声）、光（紫外线、红外线辐射以及可见光等）等多种辐射“污染”。从辐射根源来看，它们包括 CRT（阴极射线管）显示器辐射源、机箱辐射源以及音箱、打印机、复印机等周边设备辐射源。其中 CRT 显示器的成像原理，决定了它在使用过程中难以完全消除有害辐射。因为它在工作时，其内部的高频电子枪、偏转线圈、高压包以及周边电路会产生诸如电离辐射（低能 X 射线）、非电离辐射（低频、高频辐射）、静电电场、光辐射（包括紫外线、红外线辐射和可见光等）等多种射线及电磁波。液晶显示器是利用液晶的物理特性，其工作原理与 CRT 显示器完全不同，天生就是无辐射（可忽略不计）、环保的“健康”型显示器；但机箱内部的各种部件，包括高频率、功耗大的 CPU，带有内部集成大量晶体管的主芯片的各个板卡，带有高速直流伺服电机的光驱、软驱和硬盘，散热风扇以及电源内部的变压器等，工作时都会发出低频电磁波等辐射和噪声干扰。另外，外置音箱、复印机等周边设备辐射源也是不容忽视的。

#### 4.6.3.3 电磁辐射污染的危害与控制

##### A 污染危害

电磁辐射污染是指电磁辐射能量超过一定限度所引起的有机体异常变化和某些物质功能的改变，并趋于恶化的现象。电磁辐射污染的危害主要包括对电器设备的干扰和对人体健康的负面影响两大方面。

（1）对电器设备的干扰。目前无线通信发展迅速，但发射台、站的建设缺乏合理规划和布局，使航空通信受到干扰，如 1997 年 8 月 13 日，深圳机场由于附近山头上的数十家无线寻呼台发射的电磁辐射对机场指挥塔的无线电通信系统造成严重干扰，使地对空指挥失灵，机场被迫关闭两小时。另外一些企业使用的高频工业设备对广播电视信号也会造成干扰，使周围居民无法正常收看电视，导致严重的群众纠纷，如北京市东城区文具厂就曾因该厂的高频热合机干扰了电视台的体育比赛转播，被愤怒的群众砸坏了工厂的玻璃。

（2）对人体健康的危害。电磁辐射是心血管疾病、糖尿病、癌突变的主要诱因。美国一癌症治疗基金会对一些遭电磁辐射损伤的病人抽样化验，结果表明在高压线附近工作的人其癌细胞生长速度比一般人快 24 倍。电磁辐射可对人体生殖系统、神经系统和免疫系统造成直接伤害。其损害中枢神经系统，若头部长期受电磁辐射影响，轻则引起失眠多梦、头痛头昏、疲劳无力、记忆力减退、易怒、抑郁等神经衰弱症，重则使大脑皮细胞活动能力减弱，并造成脑损伤。电磁辐射是造成孕妇流产、不育、畸胎等病变的诱发因素。过量的电磁辐射直接影响儿童组织发育和骨骼发育、造成视力下降、肝脏造血功能下降，严重者可导致视网膜脱落。电磁辐射可使男性性功能下降，女性内分泌紊乱、月经失调。

电磁辐射对人体产生的不良影响，其影响程度与电磁辐射强度、接触时间、设备防护措施等因素有关。电磁辐射污染是一个隐藏在人们身边的无形杀手，时时刻刻、不声不响地对生命体造成危害。人们早已发现，牛、马、羊等动物都不愿意在郊区高压电线下活动，甚至地下的老鼠也搬到别处生活。有些城市把高大的电视塔或转播塔建在人口稠密的市中心，对周围环境造成严重的电磁辐射污染，连周围树木也往往发生大面积死亡。电磁辐射已被世界卫生组织列为继水源、大气、噪声之后的第四大环境污染源，成为危害人类健康的隐形“杀手”，防护电磁辐射已成当务之急。

B 污染控制

为了消除电磁辐射对环境的危害，应从辐射源与电磁能量传播两方面控制电磁辐射污染。通过产品设计，合理降低辐射源强度，减少泄漏，尽量避开居民区放置设备。拆除辐射源附近不必要的金属体（以防其因感应而成为二次辐射源或反射微波而加大辐射源周围的辐射强度）以控制辐射源。

屏蔽是控制电磁能量传播的手段。所谓屏蔽，是指用一切技术手段，将电磁辐射的作用与影响局限在指定的空间范围之内。

电磁屏蔽装置一般为由金属材料制成的封闭壳体。当电磁波传向金属壳体时，一部分被金属壳体反射，另一部分被壳体吸收，使得透过壳体的电磁波强度大大减弱。电磁屏蔽装置有屏蔽罩、屏蔽室、屏蔽头盔、屏蔽衣、屏蔽眼罩等。

目前，关于电磁辐射的危害问题，世界各国都制定了相应的标准（表4-31为世界各国射频辐射职业安全标准限值）。各国制定的这些标准，对广播、电视发射台等的建设提出了预防性的防护、环保措施，对于加强电磁辐射污染治理起到了规范与监督的作用。

**表4-31 世界各国射频辐射职业安全标准限值**

| 国家及来源 | 频率范围 | 标准限值 | 备 注 |
|---|---|---|---|
| 美国国家标准协会 | 10MHz~100GHz | $10mW/cm^2$ | 在任何0.1h之内 |
| 英国 | 30MHz~100GHz | $10mW/cm^2$ | 连续8h作用的平均值 |
| 北约组织 | 30MHz~100GHz | $0.5mW/cm^2$ | |
| 加拿大 | 10MHz~100GHz | $10mW/cm^2$ | 在任何0.1h之内 |
| 波兰 | 300MHz~300GHz | $10\mu W/cm^2$ | 辐射时间在8h之内 |
| 法国 | 10MHz~100GHz | $10mW/cm^2$ | 在任何1h之内 |
| 德国 | 30MHz~300GHz | $2.5mW/m^2$ | |
| 澳大利亚 | 30MHz~300GHz | $1mW/cm^2$ | |
| 中国 | 100kHz~30MHz | $10mW/cm^2$ | 20V/m，5A/m |
| 捷克 | 30kHz~30MHz | 50V/m | 均值 |

对于电磁辐射的防护应该注意以下几点：

不要把家用电器摆放得过于集中或经常一起使用，特别是电视、电脑、电冰箱不宜集中摆放在卧室里，以免使自己暴露在超剂量辐射的危险中；各种家用电器、办公设备、移动电话等都应尽量避免长时间操作，如电视、电脑等电器需要较长时间使用时，应注意每1h离开一次，采用眺望远方或闭上眼睛的方式，以减少眼睛的疲劳程度和所受辐射的影响；当电器暂停使用时，最好不让它们处于待机状态，因为此时可产生较微弱的电磁场，长时间也会产生辐射累积；对各种电器的使用，应保持一定的安全距离。例如，眼睛离电视荧光屏的距离，一般为荧光屏宽度的5倍左右；微波炉开启后要离开1m远，孕妇和小孩应尽量远离微波炉；手机在使用时，应尽量使头部与手机天线的距离远一些，最好使用分离耳机和话筒接听电话，手机接通瞬间释放的电磁辐射最大，为此最好在手机响过一两秒或电话两次铃声间歇中接听电话；电视或电脑等有显示屏的电器设备可安装电磁辐射保护屏，使用者还可佩戴防辐射眼镜。

4.6.3.4 光污染与防护

A 光污染及其危害

光对人类的生产生活至关重要，是人类永远不可缺少的。超量的光辐射，包括紫外、红外辐射对人体健康和人类生活环境造成不良影响的现象称为光污染。

依据不同的分类原则，光污染可以分为不同的类型，如光入侵、过度照明、混光、眩光等。国际上一般将光污染分为3类，即白亮污染、人工白昼和彩光污染。

白亮污染：指过度光亮给人视觉造成的不良影响。其中，城市建筑中使用的玻璃幕墙是最典型的白亮污染制造者。

人工白昼：夜幕降临后，商场、酒店上的广告灯、霓虹灯闪烁夺目，令人眼花缭乱。有些强光束甚至直冲云霄，使得夜晚如同白天一样，即所谓“人工白昼”。

彩光污染：舞厅、夜总会安装的黑光灯、旋转灯、荧光灯以及闪烁的彩色光源构成了彩光污染。在电磁辐射波谱中，光包括红外线、可见光和紫外线三种，它们各自具有一定的波长和频率范围。可见光是波长为390~760nm的电磁辐射体，按其光波长短可区分为不同的7色。当光的亮度过高或过低，对比过强或过弱时，均可引起视觉疲劳，导致工作效率降低。

（1）激光污染。激光光谱除部分属于红外线和紫外线外，大多属于可见光范围。因其具有指向性好、能量集中、颜色纯正等特点，在医学、生物学、环境监测、物理、化学、天文学以及工业上的应用日见广泛。激光强度在通过人眼晶状体聚焦到达眼底时，可增大数百至上万倍，从而对眼睛产生较大伤害；大功率的激光能危害人体深层组织和神经系统，故激光污染日益受到重视。激光光谱还有一部分属于紫外线和红外线频率范围。

（2）紫外线污染。紫外线辐射（简称紫外线）是波长范围为10~390nm的电磁波，其频率范围在$(0.7\sim3)\times10^{15}$Hz，相应的光子能量为3.1~12.4eV。自然界中的紫外线来自于太阳辐射，不同波长的紫外线可被空气、水或生物分子吸收。人工紫外线是由电弧和气体放电所产生，可用于人造卫星对地面的探测和灭菌消毒等方面。适量的紫外线辐射量对人体健康有积极的作用，若长期缺乏这种照射，会使人体代谢产生一系列障碍。波长在220~320nm波段的紫外线对人体有损伤作用，轻者能引起红斑反应，重者可导致弥漫性或急性角膜结膜炎、皮肤癌、眼部烧灼，并伴有高度畏光、流泪和睑痉挛等症状。

（3）红外线污染。当皮肤受到短期红外线照射时，可使局部升温、血管扩张，出现红斑反应，停照后红斑会消失。适量的红外线照射，对人体健康有益；若过量照射，除产生皮肤急性灼烧外，透入皮下组织的红外线可使血液和深层组织加热；当照射面积大且受照时间长时，则可能出现中暑症状。若眼球吸收大量红外线辐射，可导致角膜热损伤，当过量接触远区红外线照射时，能完全破坏角膜表皮细胞；长期接触中区红外线照射的工作人员会产生白内障眼疾。近区红外线可以对视网膜黄斑区造成损伤。以上的一些症状，多出现于使用电焊、弧光灯、氧乙炔等的操作人员中。

（4）眩光污染。眩光也是一种光污染。汽车夜间行驶使用的车头灯，球场和厂房中布置不合理的照明设施都会造成眩光污染。在眩光的强烈照射下，人的眼睛会因受到过度刺激而损伤，甚至有可能导致失明。

（5）杂散光污染。杂散光是光污染的又一种形式。在阳光强烈的季节，饰有钢化玻璃、釉面砖、铝合金板、磨光石面及高级涂面的建筑物对阳光的反射系数一般在65%~90%，要比绿色草地、深色或毛面砖石建筑物的反射系数大10倍以上，从而产生明晃刺眼的效果。在夜间，街道、广场、运动场上的照明光通过建筑物反射进入相邻住户，其光强有可能超过人体所能承受的范围。这些杂散光不仅有损视觉，而且还能导致神经功能失调，扰乱体内的自然平衡，引起头晕目眩、食欲下降、困倦乏力、精神不集中等症状。

B 光污染防护

防治光污染主要有下列几个方面：

（1）加强城市规划和管理，改善工厂照明条件等，以减少光污染的来源。

（2）对有红外线和紫外线污染的场所采取必要的安全防护措施。如在有些医院的传染病房安装有紫外线杀菌灯，杀菌灯不可在有人时长时间开着，否则就会灼伤人的皮肤，造成危害。

（3）采用个人防护措施，主要是戴防护眼镜和防护面罩。光污染的防护镜有反射型防护镜、吸收型防护镜、反射-吸收型防护镜、爆炸型防护镜、光化学反应型防护镜、光电型防护镜、变色微晶玻璃型防护镜等类型。

光污染的危害显而易见，并在日益加重和蔓延。因此，人们在生活中应注意，防止各种光污染对健康的危害，避免过长时间接触污染。

C 光污染相关法规

我国没有专门的光污染方面的法律法规。第一部正式的法律法规，是上海市制定的限定灯光污染的地方标准《城市环境装饰照明规范》，于2004年9月1日正式实施。在污染法出台之前，司法机构处理水污染、大气污染案件时，均是按照“相邻妨害”原则进行解决的，光污染也同样适用。光污染纠纷的法律适用，可在我国宪法、物权法、民法通则中找到依据。

国外光污染立法情况：捷克的《保护黑夜环境法》是世界上首部有关光污染的防治法。它将光污染定义为各种散射在指定区域之外的，尤其是高于地平线以上的人为光源的照射，而且还规定了公民和组织有义务采取措施防止光污染。瑞典《环境保护法》第一条规定：本法适用于以可能造成大气污染、噪声、震动、光污染或以其他类似方式干扰周围环境对土地、建筑物或设施的使用，但暂时性干扰除外。美国的光污染防治法规以州的形式制定。1996年，美国密歇根州制定了《室外照明法案》；2003年，犹他州和阿肯色州分别制定了《光污染防治法》和《夜间天空保护法》；印第安纳州制定了《室外光污染控法》。这些法规均对光污染做出了相关防治规定。德国没有专门针对光污染的法律法规，但其《民法典》规定了不可量物侵害制度，实际上包含了光污染这种侵权类型。

### 4.6.4 热污染及其防治

#### 4.6.4.1 热污染及其对环境的影响

热污染是指现代工业生产和生活中排放的废热所造成的环境污染，也就是使环境温度反常的现象。

从大范围看，人类活动改变了大气的组成，从而改变了太阳辐射的穿过率，造成全球范围的热污染。由于工业的发展，能源消耗量的增加，排放 $CO_2$ 的速度大大加快；另一方面，作为大自然中 $CO_2$ 主要吸收者的绿色植物，如森林和草地，都在大面积减少，因此，大气中 $CO_2$ 浓度迅速上升。由于大气中 $CO_2$ 含量的提高，全球平均气温已经上升了 0.3~0.8℃。科学家预测，如果大气中 $CO_2$ 含量再提高 1 倍，地球平均温度将再上升 1.5~4.5℃，这将给地球生态系统带来灾难性的影响。

（1）水体热污染的影响。工业冷却水是水体遭受热污染的主要污染源，其中 80%是发电厂冷却水，一般热电厂只有 1/3 的热能转为电能，其余 2/3 热能流失在大气和冷却水中。一个大型核电站每 1s 需要 42.5$m^3$ 的冷却水，这相当于直径 3m 的水管以 24km/h 流速的流量。这些来自河流、湖泊或海洋的水在发电厂的冷却系统流动过程中，水温升高了大约 11℃，然后又返回来源地。

水体温度升高后，首先会影响鱼类的生存。这是因为，一般来说，温度每升高 10℃，生物代谢速度增加 1 倍，从而引起生物需氧量的增加；而同时，水中溶解氧却随温度的升高而下降。即当生物对氧的需要量增加时，所能利用的氧反而少了。溶解氧减少的第二个原因是当温度升高时，废物的分解速度加快了，分解速度越快，需要的氧气越多。结果使得水中的溶解氧在大多数情况下不能满足鱼生存所必需的最低值，从而使鱼难以存活下去。

其他物种也有适于存活的温度范围。在有正常混合藻类种群生活的河流中，硅藻在 8~20℃之间生长最佳，绿藻为 30~35℃，蓝藻为 35~40℃。水体里排入热废水后利于蓝藻生长，而蓝藻是一种质地粗劣的饵料，有些情况下还是对鱼是有毒的。

（2）大气热污染的影响。通常在燃料燃烧时会有碳氧化物等产生，在完全燃烧的条件下，$CO_2$ 的产量最高。由于能源的大量消耗，据估算近 30 年来大气中的 $CO_2$ 含量以每年 0.7mg/L 的速率在增长，其含量已从 19 世纪的 0.03%增加到 1978 年的 0.0335%。大气中的 $CO_2$ 分子（或水蒸气）的增加，不仅能加大太阳透过大气层辐射到地球表面的辐射能，而且还能吸收从地球表面辐射出的红外线，再逆辐射到地球表面。如此反复多次，最终使近地层大气升温，而大气层温度升高的结果是极地冰层融化。

（3）热污染引起的“城市热岛”效应。由于城市人口集中，城市建设使大量的建筑物、混凝土代替了田野和植物，改变了地表反射率和蓄热能力，形成了同农村差别很大的热环境。工业生产、机动车行驶和居民生活等排出的热量远远高于郊区农村，可造成温度高于周围农村的现象（一般为 1~6℃），如同露出水面的岛屿，被形象地称为“城市热岛”。夏季危害尤其严重，为了降温，机关、单位、家庭普遍安装、使用空调，又新增了能耗和热源，形成恶性循环，加剧了环境的升温。资料表明，大城市市中心和郊区温差在 5℃以上，中等城市在 4~5℃，小城市市内外也差 3℃左右。尤其像南京、重庆、武汉、南昌这类“火炉”城市，有时市内外温差高达 7~8℃。城市成了周围凉爽世界中名副其实的“热岛”。

#### 4.6.4.2 热污染的控制与综合利用

热污染对气候和生态平衡的影响已逐渐受到重视，许多国家的科学工作者为控制热污染正在进行有益的探索。

（1）改进热能利用技术，提高发电站效率。目前所用的热力装置效率一般都比较低，工业发达的美国 1966 年平均热效率为 33%，近年才达到 44%。将热直接转换为电能可以大大减少热污染。如果把热电厂和聚变反应堆联合运行的话，热效率可能高达 96%。这种效率为96%的发电方式，可有效控制热污染。

（2）开发和利用无污染或少污染的新能源。从长远来看，现在应用的矿物能源将会被已开发和利用的或将要开发和利用的无污染或少污染的能源所代替。这些无污染或少污染的能源有太阳能、风力能、海洋能和地热能等。

（3）废热的利用。利用废热既可减轻污染，同时还有助于节约燃料资源。生产过程中产生的废热都是可以利用的二次能源。我国每年可利用的工业废热相当于5000万吨标煤的发热量。在冶金、发电、化工、建材等行业，可通过热交换器利用废热来预热空气、原料、干燥产品、生产蒸汽、供应热水等；此外还可以用来调节水田水温，调节港口水温以防止冻结。

（4）城市及区域绿化。绿化是降低城市及区域热岛效应及热污染的有效措施，但需注意树种的选择和搭配，同时应加强空气流通和水面的结合，以使效果更加显著。

## 复习思考题

4-1 环境污染对人体健康的危害包括______、______和______。

4-2 水污染防治的根本原则是______、______和______。

4-3 环境污染物按其性质分类，可分为______。

①化学性污染物；②物理性污染物；③生物性污染物；④放射性污染物

A. ①②③　　B. ①②④　　C. ②③④　　D. ①②③④

4-4 下列不属于平流层的特点是______。

A. 自对流层层顶到5055km处的大气层

B. 平流层下部为等温层

C. 上冷下热，气流上下运动微弱，只有水平方向流动

D. 适合高空飞行

4-5 大气污染的人工污染源按排放时间可划分为______。

①连续源；②间断源；③面源；④瞬时源

A. ①②③　　B. ①②④　　C. ②③④　　D. ①②③④

4-6 水体自净作用的自净机制不包括______。

A. 物理净化　　B. 放射性净化　　C. 化学净化　　D. 生物净化

4-7 土壤由______组成。

①壤矿物质；②土壤有机质；③土壤微生物；④土壤水分；⑤土壤空气

A. ①②③④⑤　　B. ①②④⑤　　C. ①②④　　D. ①②③④

4-8 按土壤污染源和污染途径划分，土壤污染可分为______。

①水质污染型；②大气污染型；③固体废物污染型；④农业污染型；⑤综合污染型

A. ①②③④⑤　　B. ①②④⑤　　C. ①③④⑤　　D. ①②③④

4-9 固体废物污染的来源不包括______。

A. 工业固体废物　　B. 废旧物资　　C. 生活垃圾　　D. 农业固体废物

4-10 固体废物污染的处理原则为______。

①减量化；②资源化；③无害化；④简单化

A. ①②③　　B. ①②④　　C. ②③④　　D. ①②③④

4-11 固体废物的危害为______。

①侵占土地，污染大气；②污染土壤和地下水；③致癌；④致畸

A. ①②③ B. ①②④ C. ②③④ D. ①②③④

4-12 暂时不能回收利用的工矿业固体废物的主要处理方法______。

①露天堆存法；②筑坝堆存法；③压实干存法；④海洋投弃法

A. ①②③ B. ①②④ C. ②③④ D. ①②③④

4-13 城市垃圾的资源化处理包括______。

①物资回收；②热能回收；③城镇垃圾堆肥；④城镇垃圾制沼气

A. ①②③ B. ①② C. ②③④ D. ①②③④

4-14 人为噪声按声源发生的场所，一般分为______。

①交通噪声；②工业噪声；③建筑施工噪声；④社会生活噪声

A. ①②③ B. ①②④ C. ②③④ D. ①②③④

4-15 下列不是噪声的客观量度的是______。

A. 频率与声功率 B. 声强和声强级

C. 声压与声压级 D. A 声级

4-16 下列不属于发射型电磁场源的是______。

A. 广播 B. 通信 C. 医用射频设备 D. 电视

4-17 光污染分为______。

①白亮污染；②人工白昼；③彩光污染；④黑光污染

A. ①②③ B. ①②④ C. ②③④ D. ①②③④

4-18 名词解释：大气污染、水体污染、水体自净作用、水环境容量、水体富营养化、土壤自净作用、土壤重金属污染、固体废物、固体废物处理、固体废物处置。

4-19 简述环境污染的特征。

4-20 简述光化学烟雾的表现及其成因。

4-21 简述土壤污染的特点。

4-22 简述我国城市垃圾资源化存在的问题。

4-23 简述放射性污染的特点。

4-24 解释“城市热岛”效应。

# 5 环境的可持续发展

## 5.1 可持续发展战略

### 5.1.1 可持续发展的由来

可持续性的概念源远流长，它最初仅应用于林业和渔业，主要意旨为保持林业和渔业资源源源不断的一种管理战略。早在中国春秋战国时期，著名思想家孔子主张“钓而不纲，戈不射宿”。齐国宰相管仲，从经济、富国强兵的目标出发，十分注意保护山林川泽及其生物资源，反对过度采伐。著名的思想家荀子把自然资源的保护视作治国安邦之策。可以看出，古代众多思想家已对自然资源休养生息，以保证其永续利用等朴素可持续发展思想提出了精辟论述。西方早期的一些经济学家如马尔萨斯、李嘉图和穆勒等在其著作中也较早认识到人类消费的物质限制，即人类经济活动范围存在着生态边界。

原始文明时期，由于征服和改造自然的能力低下，人类与自然存在着密切的依存关系。人类依赖大自然的恩赐，自觉利用土地、生物、水和海洋等自然资源。进入农业文明后，人类已经能够利用自身的力量去影响和改变局部地区的自然生态系统，在创造物质财富的同时也产生了一定的环境问题。从整体上看，农耕文明时期，人类对自然的破坏作用尚未达到造成全球环境问题的程度。随着工业文明的到来，人类利用、征服自然的能力产生了飞跃。人的生存建立在对自然界不可再生资源的过分开发利用以及对自然的污染和破坏的基础之上，直到威胁人类生存和发展的环境问题不断地在全球显现，这才引起人们的震惊与正视。从 20 世纪中叶以来处理环境问题的实践中人们又进一步认识到，单靠科学技术手段和用工业文明的思维定式去修补环境是不可能从根本上解决问题的，必须在各个层次上去调控人类的社会行为和改变支配人类社会行为的思想。至此，人类终于认识到，环境问题也是一个发展问题，是一个社会问题，是一个涉及人类社会文明的问题。

现代可持续发展思想的提出源于人们对环境问题的逐步认识和热切关注。其产生背景是人类赖以生存和发展的环境和资源遭到越来越严重的破坏，人类已不同程度地尝试到了环境破坏的苦果。以往对经济增长津津乐道，20 世纪 60、70 年代以后，随着全球环境污染的显现和加剧，以及能源危机的冲击，特别是西方国家公害事件的不断发生，种种始料不及的环境和资源问题一次次破灭了单纯追求经济增长的愿景，几乎在全球范围内开始了关于“增长的极限”的讨论。把经济、社会与环境割裂开来，只顾谋求自身的、局部的、暂时的经济性，带来的只能是他人的、全局的、后代的不经济性。人们固有的思想观念和思维方式受到强大冲击，传统的发展模式面临严峻挑战。伴随着人们对公平作为社会发展目标认识的加深以及更广范围、更深影响、更难解决的一些全球性环境问题开始被认识并关注，人类进入了必须从工业文明走向现代文明的发展阶段，可持续发展的思想在这一历史背景下逐步形成并走向成熟。

5.1.1.1　1962年《寂静的春天》——先觉者的呼声

美国人雷切尔·卡逊（Rachel Carson）于1962年出版的《寂静的春天》一书，不仅被奉为世界环境文学的经典之作，而且被广泛地视为20世纪最有影响的生态伦理学著作之一。

《寂静的春天》是以一个“明天的寓言”开始的，描写了曾经具有优美生态环境的小城镇，忽然面临着一片死亡的阴影。春天到了，曾经荡漾着小鸟歌声的小镇却是一片寂静，曾经摇曳着绿树的道路两旁却只是一片枯黄，“被生命抛弃了的地方只有寂静”。书中写道：“在人类对环境的所有攻击中，最令人震惊的是各种致命化学物质对空气、土地、河流和海洋的污染。这种污染很难消除，因为它们不仅进入了生命所依赖的世界，而且还进入了生物组织。”作者通过对污染物富集、迁移、转化的描写，阐明了人类同大气、海洋、河流、土壤、动植物之间的密切关系，初步揭示了污染对生态系统的影响。卡逊以翔实的资料列举了工业革命以来，化学药品特别是杀虫剂DDT的使用，对自然界的生态平衡所产生的破坏性影响。作者敏锐地意识到环境危机这一严峻的问题，看到了猛烈发展的工业社会带来了科技的繁荣，而人们又借助科技的力量不断污染自然的状况；并向资本主义制度下以人为中心、片面关注经济利益而大肆破坏自然的种种行为宣战。卡逊在最后一章中提出了“另外的道路”。对于“另外的道路”，作者说：“我们长期以来一直行驶的这条道路使人容易错认为是一条舒适的、平坦的超级公路，我们能在上面高速前进。实际上，在这条路的终点却有灾难等待着。这条路的另一个岔路——一条‘很少有人走过的’岔路——为我们提供了最后唯一的机会让我们保住我们的地球。”在书中，卡逊具体阐明了“另外的道路”的深层含义，她认为想要解决当下燃眉之急，就必须重视自然的自我调节，与此同时，还必须利用生物科技的积极效应。

《寂静的春天》从环境污染的新视角唤起了人们对古老的生态学的兴趣，通过对污染物在自然界中的迁移转化规律的描述，揭示了环境污染对地球生态的深远影响，强调人与自然之间必须建立起“合作与协调”的关系。同时，迫使美国政府重视环境的保护，根治污染的危害。随着世界各地的环保呼声日益高涨，许多国家成立了负责环境管理的政府部门，通过了清洁空气法和清洁水法，环境保护逐渐登上了各国政府的议事日程，并成为国际关注的焦点。

5.1.1.2　1968年《增长的极限》——引起世界反响的“严肃忧虑”

1968年，来自众多国家的几十位科学家、经济学家、企业家等学者基于彼此共同信念聚集在罗马山猫科学院，成立了一个非正式的、极富影响的国际协会——罗马俱乐部（The Club of Rome）。成立的工作目标是，推动国际社会采取能扭转社会、经济、环境等不利局面的新态度、新政策和新制度。

基于此目标，1972年罗马俱乐部提交了成立后发布的第一份研究报告——《增长的极限》，对“增长的极限”进行了界定，对世界人口和经济增长的原因及其导致的后果进行了深刻阐述与分析，并对建设一个可持续的未来进行了有益指导。报告中指出由于世界人口增长、粮食生产、工业发展、资源消耗和环境污染这五项基本因素的运行方式是指数增长的而非线性增长，全球的增长将会因为粮食短缺和环境破坏带来严重的后果，主要的观点为：世界人口和工业产量的超指数增长将给世界的物质支撑施加巨大压力；按指数增长的粮食、资源需求和污染会使经济增长达到某一个极限；全球的人口和工业增长将在下一个世纪的某个时段内停止；利用和依靠技术力量难以阻止各种增长极限的发生；世界需要人口和资本基本稳定的全球均衡状态。要避免因超越地球资源极限而导致世界崩溃的最好方法就是限制增长，即“零增长”。

《增长的极限》发表后，一方面引起人们密切关注资源消耗与经济增长内在联系以及环境污染问题，同时又引发了经济学家对因环境恶化造成经济增长极限的辩论和分析。争论主要集中在以下几点：一是关于预言人类社会走向崩溃的问题。书中通过对未来世界人口、经济增长、生活水平、资源消耗、环境污染等所做的预测，描绘了未来的世界发展将出现崩溃的悲观前景。但应当看到，这只是研究者们描述了基于某些特定假设出现的可能性趋势，并不是预言地球和世界的某种必然结果。二是关于资源趋于枯竭带来增长极限的问题。批评者对此给予了强烈质疑，他们相信以技术力量弥补资源消耗将使极限不复存在。但实际上，研究者们对增长极限的关注绝不仅仅是基于资源枯竭这样一种因素，他们将人口的几何增长、粮食生产的问题、自然环境不可逆转的破坏，以及工业增长下降等因素作为一个耦合系统作为研究对象。三是关于零增长的问题。零增长是人们对于《增长的极限》一书最为简洁的概括和解读，报告提出的要放慢经济增长步伐以减缓向极限逼近的速度之思想，并不是坚持零增长的主张，而主要是对增长高于一切和对人类无限追求财富增长这一现实予以深入反思。报告所表现出的对人类前途的“严肃的忧虑”以及有关发展与环境关系的论述，唤起了人类自身的环境觉醒。“在人类财富积累规模和增长速度都史无前例的这个时代，有必要在人类亲手构建的经济系统的终极产出能力和环境承受能力之间达成谅解。”

《增长的极限》的作者们的初衷，是因为他们对人类高生产、高消耗、高增长的极限均来自地球的有限性反馈循环，使全球性环境与发展问题成为一个复杂的整体，全球均衡状态是解决全球性环境与发展问题的最终出路。

#### 5.1.1.3 1972 年联合国人类环境会议——第一座里程碑

20 世纪 60 年代末，世界第一次现代环保运动开始兴起，以关注人类行为对地球气候的影响为主的气候研究，也成为环保运动的主要内容之一。联合国人类环境会议于 1972 年 6 月 5~16 日在瑞典斯德哥尔摩举行，113 个国家 1300 多名代表参加了该会，中国也出席了此会。这是世界各国政府代表第一次坐在一起讨论包括气候变化在内的环境问题，讨论人类对于环境的权利与义务的大会。会议通过了一个非正式报告《只有一个地球》和一个划时代的历史性文献报告《人类环境宣言》，在会议的建议下，还成立了联合国环境规划署（UNEP）。

《只有一个地球》一书，是经济学家芭芭拉·沃德和生物学家勒内·杜博斯受联合国人类环境会议秘书长莫里斯·斯特朗委托，为这次大会提供的一份非正式报告，并写入大会通过的《人类环境宣言》。因此，该书是世界环境运动史上的一份有着重大影响的文献。在书中也提到了很多一些知名的说法：“当前大多数的环境问题，都是来自于人类对生态系统的错误行动”。“我们把征服世界看作是人类的进步，这就意味着常常因为我们的错误认识而破坏了自然界”。“人类生活的两个世界——它所继承的生物圈和它所创造的技术圈——已失去平衡，正处于深刻的矛盾中”。书中不仅论及最明显的污染问题，而且还将污染问题与人口问题、资源问题、工艺技术影响、发展不平衡，以及世界范围的城市化困境等联系起来，作为一个整体来探讨环境问题。对环境及相关问题的看法是在归纳、总结各方面专家意见的基础上形成的，因而具有广泛的代表性。

《联合国人类环境宣言》是人类历史上第一个保护环境的全球性宣言，对激励和引导全世界人民保护环境起到了积极作用，具有重大历史意义。宣言的内容是由各国在会议上达成的7项共同观点和26项原则组成。

7项共同观点的主要内容是：

（1）人是环境的产物，同时又有改变环境的巨大能力。

（2）保护和改善环境对人类至关重要，是世界各国人民的迫切愿望，是各国政府应尽的职责。

（3）人类改变环境的能力，如妥善地加以运用，可为人民带来福利；如运用不当，则可能对人类和环境造成无法估量的损害。

（4）发展中国家的环境问题主要是发展不足造成的，发达国家的环境问题主要是由于工业化和技术发展而产生的。

（5）应当根据情况采取适当方针和措施解决由于人口的自然增长给环境带来的问题。

（6）为当代人和子孙后代保护和改善人类环境，已成为人类一个紧迫的目标；这个目标将同争取和平、经济和社会发展的目标共同和协调地实现。

（7）为实现这一目标，需要公民和团体以及企业和各级机关承担责任，共同努力；各国政府要对大规模的环境政策和行动负责；对区域性全球性的环境问题，国与国之间要广泛合作，采取行动，以谋求共同利益。

26个原则归纳起来有6个方面：

（1）人人都有在良好的环境里享受自由、平等和适当生活条件的基本权利，同时也有为当今和后代保护和改善环境的神圣职责。

（2）保护地球上的自然资源。对资源的开发和利用在规划时要妥善安排，以防将来资源枯竭；各国有按其环境政策开发的权利，同时也负有不对其他国家和地区的环境造成损害的义务；有毒物质排入环境应以不超出环境自净能力为限度。对他国或地区造成环境损害，要予以赔偿。

（3）各国在从事发展规划时要统筹兼顾，务必使发展经济和保护环境相互协调。

（4）因人口自然增长过快或人口过分集中而对环境产生不利影响的区域，或因人口密度过低而妨碍发展的区域，有关政府应采取适当的人口政策。

（5）一切国家，特别是发展中国家应提倡环境科学的研究和推广，相互交流经验和最新科学资料；鼓励向发展中国家提供不造成经济负担的环境技术。

（6）各国应确保国际组织在环境保护方面的有效合作。在处理保护和改善环境的国际问题时，国家不分大小，以平等地位相处。本着合作精神，通过多边和双边合作，对产生的不良影响加以有效控制和消除，同时要妥善顾及有关国家的主权和利益。

《人类环境宣言》第一次为国际环境保护提供了各国在政治上和道义上必须遵守的规范，总结和概括了制定国际环境法的基本原则和具体原则，并为各国国内环境法的发展指出了方向。但此次会议并未能把环境问题同经济和社会发展结合起来，暴露了环境问题却未能确定其根源和责任，也就不可能真正找到解决问题的出路。并且发达国家对环境问题的关注并未得到广大发展中国家的响应，许多发展中国家并未意识到环境污染的影响，甚至认为环境污染是发达国家的事情。

5.1.1.4 1987年《我们共同的未来》——可持续发展的提出

斯德哥尔摩会议之后，环境得到了一定改善，但环境问题焦点逐步向发展中国家转移，同时酸雨、全球变暖和臭氧层耗竭等全球环境问题相继暴露出来。联合国于1983年12月成立了由挪威首相布伦特兰（G. H. Brundland）夫人为主席的一个独立的临时性的"世界环境与发展委员会（WHED）"，该委员会由来自21个国家的社会活动家和科学家组成。1987年，该委员会搜集了有关经济、人口、医疗、教育、军事、资源、环境、生态等各方面的材料与数据，广泛听取了政府官员、科学家、各种专家、社会组织以及成千上万的个人等就环境和发展问题发表的意见，并完成了题为《我们共同的未来》的调研报告。报告中首次采纳并提出了"可持续发展"的概念和模式，把环境与发展紧密地结合在了一起，使环境与发展思想产生了具有划时代意义的飞跃。

《我们共同的未来》报告分为"共同的问题""共同的努力"和"共同的挑战"三部分。在报告中，委员们首先调查、发现、记述并分析了当今世界在环境与发展上存在的"共同的问题"，表明了环境危机、能源危机和发展危机之间相互联结，是不可分割的关联性课题，地球的资源和能源远不能满足人类发展的需要，必须限制人口和经济，同时，为了当代人和下代人的利益，必须改变当前的经济发展模式。面对"共同的挑战"，报告从人口与人力资源、粮食保障、物种和生态系统、能源保护、高产低耗的工业转型、城市建设等各个方面详细分析了现存的具体问题，并提出了具体对策。最后，报告呼吁所有国家和人民采取"共同的努力"，来改进和解决各种环境与发展问题。这就要求各国根据可持续发展的理念制定本国环境与发展政策的主要目标，要求各国通过宣传教育培养人类"共同利益"的思想观念，要求联合国改革现存的机构、体制，加强立法，促进国家与国家、地区与地区之间的合作，要求各国在平等基础上重建世界经济秩序，建议全世界人民共同管理地球的公共资源和生态系统，从而走向一个公正、合理、安全的持续发展的新世界。

5.1.1.5 1992年联合国环境与发展大会——第二座里程碑

1992年6月3~14日在巴西里约热内卢召开了联合国环境与发展大会（UNCED），来自世界各地的170多个国家以及10个国际组织和团体的代表参加了此次会议，其中约有近102位国家元首和政府首脑出席了此次会议，共同商讨关系全人类的生存和发展的重大问题。会议通过了《21世纪议程》《里约环境与发展宣言》（又名《地球宪章》）和《关于森林问题的原则声明》等三个纲领性文件，时任国家总理李鹏在宋健和刘华秋等人陪同下，代表中华人民共和国签署了联合国《生物多样性公约》和《气候变化框架公约》。

《里约环境与发展宣言》确认了各国有责任保证在本国境内的所有活动不破坏他国环境，环境保护要成为"发展进程的组成部分"，应要首先满足发展中国家，尤其是贫穷和环境极差的国家的需求。宣言提出了27项制定环境政策的原则，确认了持续发展的观点，承认了发展的权利，最终寻求将环境与发展结合起来。《21世纪议程》是一个促进发展的同时保护环境的行动计划，要求各国结合各自的情况制定相应的可持续发展战略、计划和对策。会议对于控制二氧化碳、甲烷等"温室效应"的气体排放，保护濒临灭绝的植物和动物以及保护地球上森林等目标，制定了相应的国际公约。会议一致同意在文件中确认下列原则：发达国家对全球环境恶化负有主要责任，应当提供资金作为官方发展援助基金（ODA），并以优惠条件向发展中国家转让有益于环境的技术等。这些原则目前都已成为国际上处理环境与发展问题的重要准则。

此次会议具有非常重要的意义：

（1）发达国家和发展中国家一致认识到了环境问题对人类生存和发展的严重威胁，认识到了解决环境问题的紧迫性。

（2）UNCED 扩展了对环境问题的认识范围和认识深度，而且把环境问题与经济社会发展结合起来研究，探求它们之间的相互影响和相互依托的关系，这是人类认识的一大飞跃。

（3）UNCED 从筹备到会议通过的文件，都首先找出环境问题产生的根源和责任，即从影响全球和区域的环境问题来看，主要的责任都直接或间接地来自于发达国家。

这次大会标志着可持续发展原则在全球环境和发展领域内正式确立。人类对环境与发展的认识提高到了一个崭新的阶段。

5.1.1.6 2012 年联合国可持续发展大会——可持续发展的新里程

2012 年 6 月 20~22 日，联合国可持续发展大会在巴西里约热内卢举行（简称“里约+20”峰会），本次大会是自 1992 年联合国环境与发展大会和 2002 年可持续发展世界首脑会议后，在国际可持续发展领域举行的又一次重要会议。国际社会高度关注，包括时任中国国务院总理温家宝在内的近 130 位国家元首和政府首脑出席会议，来自各国政府、国际组织、新闻机构及主要群体等共 5 万多名代表参与了会议，此次共同商议全球未来可持续发展大计。

此次大会把“可持续发展和消除贫困背景下的绿色经济”“促进可持续发展的机制框架”作为两大主题，并将“评估可持续发展取得的进展、存在的差距”“积极应对新问题、新挑战”“做出新的政治承诺”作为此次大会的三大目标。各与会国围绕着此次会议的两大主题展开讨论，并对 20 年来国际可持续发展各领域取得的进展和存在的差距进行深入讨论，重申政治承诺，应对可持续发展的新问题与新挑战，经过各方积极努力，大会最终达成了题为《我们憧憬的未来》的成果文件。

在《我们憧憬的未来》的框架下，整合现有可持续发展的相关政策，综合考虑各国独特的社会、经济发展和环境保护问题的特殊性，认为可持续发展研究需要在以下 6 个方面做出努力：

（1）绿色经济的概念、发展模式与政策创新研究。主要包含了绿色经济的内涵，绿色经济与可持续发展之间的关系，绿色经济与就业、脱贫等之间的关系，衡量绿色经济的具体指标体系，对不同区域和不同行业经济发展绿化程度的测度，绿色壁垒的形式以及对我国国际贸易的影响，发展绿色经济对国际政治经济格局的影响，绿色经济的发展模式与政策创新研究等。

（2）自然资本核算、生态补偿机制与政策研究。主要包含了自然资本的内涵，自然资本与可持续发展之间的关系，各种生态服务之间的耦合关系，如何建立基于自然资本核算方法体系的多层次多元化的生态补偿投融资及其运行机制和生态补偿方式，如何从法律、体制、机制、政策等多层面构建一套完整、具有可操作性的生态补偿政策和制度保障体系等。

（3）可持续发展的全球治理机制研究。主要包含了可持续发展领域的国际合作与冲突机制及有效的全球环境治理机制和可持续发展的国际管理体制的研究，中国、巴西、印度等新兴经济体应该如何应对在未来全球可持续发展中面临的压力和责任及经济全球化对于可持续发展的负面影响等。

(4) 科技创新与可持续发展研究。主要包含了科技创新对可持续发展的贡献度；各类型产业可持续发展技术（或者是低碳技术、绿色技术等）的识别、评价和预测；可持续发展技术的创新机制研究；如何通过加强可持续技术的研发和应用，促进绿色产业发展和民生改善等。

(5) 可持续发展的投融资机制研究。主要包含了提高可持续发展中转移支付、生态环境保护专项资金（基金）、生态税、税收差异化等财政手段效率的体制和机制创新问题；如何推进投融资渠道和方式多元化，实现资金供给与资本结构优化的协调互动和资金配置与运作效率的高效互动等。

(6) 可持续发展利益相关方的有效参与机制研究。主要包含了系统研究可持续发展利益相关者参与机制创新的可行路径，建立中国可持续发展利益相关者参与的分析框架；研究与设计能够在宏观（或共性）层面和微观（或个性）层面有效运行的参与机制；研究可持续发展利益相关者参与机制创新的制度相容性和实践可行性。

"里约+20"峰会通过的成果文件内容全面、基调积极、总体平衡，反映了对各个方面的关切，也体现出了国际社会的合作精神，为实现可持续发展奠定了坚实基础，同时强调，此次会议不是终点而是起点，世界将由此沿着正确的道路前进，对确立全球可持续发展方向具有重要指导意义。

### 5.1.2 可持续发展的内涵和基本原则

#### 5.1.2.1 可持续发展的概念

"可持续发展"最早是世界环境与发展委员会在1987年的报告《我们共同的未来》中提出的，1992年联合国环境与发展大会在《里约宣言》中对此定义又做了进一步阐述。《我们共同的未来》中将可持续发展定义为"既满足当代人的需要，又不对后代人满足其发展需要的能力构成危害的发展"。这个定义涵盖了3个概念："需要"，指世界上贫困人口的基本需求，应将此类需要放在特别优先的地位来考虑；"限制"，指技术状况和社会组织对环境满足眼前和将来需要的能力所施加的限制；"平等"，指各代、代际之间的平等以及当代不同地区、不同人群之间的平等。而后，我国叶文虎等学者将可持续发展定义补充为"可持续发展是不断提高人群生活质量和环境承载能力的、满足当代人需求又不损害子孙后代满足其需求能力的、满足一个地区或一个国家人群需求又不损害别的地区或国家人群满足其需求能力的发展"。可持续发展是经济、社会、资源和环境保护的协调发展，既要达到发展经济的目的，又要保护好人类赖以生存的大气、淡水、海洋、土壤和森林等自然资源和生态环境，在严格控制人口、提高人口素质和保护环境、资源永续利用的前提下谋求社会全面进步的可持续发展的目标。

#### 5.1.2.2 可持续发展的内涵

可持续发展是环境、经济和社会的整体发展，在发展的同时也强调了要减少对资源的消耗，强调了要保护人类赖以生存的生态环境，强调发展不是一部分人或一部分国家的发展，而是寻求全球人类的共同发展。在人类可持续发展的系统中，经济可持续是基础，环境可持续是条件，社会可持续是最终发展的目的，三者之间需要进行人为调控管理。所以，可持续发展需要从经济、社会、资源和环境角度加以阐述。

A　经济可持续性

没有经济的可持续发展，社会的发展就失去了动力，环境保护也成为消极的行为，资源与环境利用价值对人类来说也就失去了意义。可持续发展的最终目标就是要不断满足人类需求和愿望。因此，保持经济的持续发展是可持续发展的核心内容。可持续发展要求提高经济效益和资源利用率，加大力度搞好经济建设，从而为社会进步和环境改善提供持久的动力保障性。经济可持续性一方面可以增强国家的综合国力，提高人民的生活水平和质量发展。另一方面可以为可持续发展提供必要的财力、物力和人力，确保可持续发展基础理论研究和具体实践的顺利实施。

B　社会可持续性

社会的可持续性是指通过分配和机遇的平等、建立医疗和教育保障体系、实现性别的平等、推进政治上的公开性和公众参与性。认识人类的生产活动可能对人类生存环境造成影响，提高人们对当今社会及后代的责任感是不可缺少的社会条件。从社会的整体结构和功能出发，寻求总体的最佳发展，实现社会的全面进步。具体实施举措有：控制人口增长，提高人口素质；合理调节社会分配关系；消除两极分化和不平等现象；大力发展科教文卫事业，提高人民的科学素质和健康水平；建立健全社会保障体系，保持社会稳定。

C　资源可持续性

资源可持续性指保护人类生存和发展所必须的资源基础。许多非持续现象的产生都是由资源的不合理利用引起资源生态系统的衰退导致的。资源可持续性可以通过适当的经济手段、技术措施和政府干预得以实现，目的是减少资源的耗竭速率，使之低于资源再生速率。可以设计出一些刺激手段，引导企业采用清洁工艺和生产非污染产品，引导消费者采用可持续消费方式并推动生产方式的改革。

D　环境可持续性

现代经济、社会的发展越来越依赖环境系统的支撑，没有良好的环境作为保障，就不可能实现可持续发展。“环境的可持续性”意味着要求保持稳定的资源基础，避免过度地对资源系统加以利用，维护环境吸收功能和健康的生态系统，并且使不可再生资源的开发程度控制在使投资能产生足够的替代作用的范围之内。

5.1.2.3　可持续发展的基本原则

可持续发展的定义涵盖了从生态的可持续发展转入社会的可持续性，提出了消灭贫困、限制人口、政府立法和公众参与的社会政治问题。可持续发展的基本原则主要包括三个方面。

A　公平性原则

公平是指机会选择上的平等性原则。人类需求和欲望的满足是发展的主要目标，因而应努力消除人类需求方面存在的诸多不公平性因素。公平性原则包括两个方面的含义：一是本代人的代内公平，即同代人之间的横向公平。贫富悬殊、两极分化不可能实现可持续发展，要把消除贫困作为可持续发展进程特别优先考虑的问题。二是代际间的公平，即世代人之间的纵向公平性。要认识到人类赖以生存的自然资源是有限的，这一代人不要为自己的发展与需求而损害人类世世代代满足需求的条件。

B　可持续性原则

可持续性是指生态系统受到某种干扰时能保持其生产率的能力。为可持续发展的“限制”因素，没有限制就不能持续。资源的永续利用和生态环境的人类可持续性是可持续发展的重要保证。人类的经济活动和社会的发展不能超过自然资源与生态环境的承载力。社会对环境资源的消耗包括资源的耗用及废物的排放。为保持发展的可持续性，对可再生资源的使用强度应限制在其最大持续收获量之内；对不可再生资源的使用速度不应超过寻求作为代用品的资源的速度；对环境排放的废物量不应超出环境的自净能力。

C 共同性原则

由于各国在历史文化和发展水平上的差异，可持续发展的具体目标政策和实施步骤也不可能是唯一的。但可持续发展作为全球发展的总目标所体现的公平原则、发展原则、可持续性原则和主权原则是共同的。共同性原则并不等于对于产生和解决全球性环境问题，各国所负的责任都是一样的。一些发达国家强调世界各国对出现的全球环境问题和资源破坏负有“共同责任”；发展中国家则坚持是“共同但又有区别的责任”。《里约宣言》中提道：“致力于达成既尊重所有各方的利益，又保护全球环境与发展体系的国际协定，认识到我们的家园——地球的整体性和相互依存性”。共同性原则包含两方面的含义：一是发展目标的共同性，即保持地球生态系统的安全，并以最合理的利用方式为整个人类谋福利；二是行动的共同性，即对于生态环境的诸多问题应无国界之分，必须开展全球合作，而全球经济发展的不平衡也是各国共同的事情。

5.1.2.4 可持续发展的体系评价

可持续发展理念，被各国政府接受相对比较容易，但如何进入操作的管理层次仍需要进行很多实际的探讨。其中一个至关重要的问题是如何测定和评价可持续发展的状态和程度。建立可持续发展指标体系，引导政府更好地贯彻可持续发展战略，是可持续发展研究的必然。可持续发展是经济系统、社会系统以及环境系统和谐发展的象征，它所涵盖的范围包括经济发展与经济效率的实现、自然资源的有效配置和永续利用、环境质量的改善和社会公平与适宜的社会组织形式等。因此，考察一个社会的可持续发展能力，首先要分析经济、社会、环境的状态，然后通过这三大系统的协调来评估可持续发展的能力。

各个国家、各个地区的资源状况与环境状况不同，科技水平和发展条件也不一样。因此，决定可持续发展的水平，大体可由以下四个基本要素加以衡量。

(1) 资源承载力。资源承载力指的是一个国家或地区的人均资源数量和质量，以及它对于该空间内人口的基本生存和发展的支撑能力。如果可以满足当代及后代的需求，则具备了持续发展的条件；如果不能满足，应依靠科技进步挖掘替代资源，使得资源承载能力保持在区域人口需求的范围之内。

(2) 环境的缓冲能力。环境的缓冲能力又称为“环境支持系统”或“容量支持系统”，指的是人们对区域的开发、对资源的利用、对生产的发展、对废物的处理处置等均应维持在环境的允许容量之内，保持有利的生态平衡，否则，发展将不可能持续。

(3) 管理的调节能力。管理的调节能力要求人的认识能力、行动能力、人的决策和调整能力应当适应总体发展水平，即人们的智力开发和对于“自然-社会-经济”复合系统的驾驭能力要适应可持续发展水平的要求。

(4) 区域的生产能力。区域的生产能力指的是一个国家或地区的资源、人力、技术和资本的总体水平可以转化为产品的服务的能力。在生产能力的诸多因素中，科学技术往往发挥着决定性的作用。可持续发展要求区域的生产能力在不危及其他系统的前提下，应当与人的需求同步增长。

自1992年世界环境与发展大会以来，作为全球可持续发展战略的重大举措，联合国成立了可持续发展委员会，其任务是审议各国执行《21世纪议程》的情况，并对联合国有关环境与发展的项目和计划在高层次进行协调。为了对各国在可持续发展方面的能力和问题有一个较为客观的衡量标准，该委员会制定了联合国可持续发展指标体系。该指标体系由驱动力指标、状态指标、响应指标三部分构成。

（1）驱动力指标。驱动力指标主要包括就业率、人口净增长率、成人识字率、可安全饮水人口占总人口的比率、运输燃料的人均消费量、人均国内生产总值（GDP）增长率、GDP用于投资的份额，以及矿藏储量的消耗、人均能源消费量、人均水消费量、排入海域的氮磷量、土地利用变化、人均可耕地面积、温室气体等大气污染物的排放量等。

（2）状态指标。主要回答了“发生了什么样的变化”的问题，用来衡量环境质量或环境状态，特别是由于人类活动引起的变化以及对人类福利的影响。状态指标主要包括贫困度、人口密度、人均居住面积、已探明矿产资源储量、水中BOD和COD浓度、土地条件的变化、植被指数、二氧化硫等大气污染物的浓度、人均垃圾处理量、每百万人口拥有的科学家和工程师人数等，以及受荒漠化、盐渍化和洪涝灾害影响的土地面积和森林面积。

（3）响应指标。表明人类对环境问题所采取的对策，回答了“做了什么以及该做什么”的问题，它用来表明社会为解决环境问题而进行的努力。响应指标主要包括人口出生率、教育投资占GDP的比率、再生能源的消费量与非再生能源消费量的比率、环保投资占GDP的比率、污染处理范围、垃圾处理的支出、科学研究费用占GDP的比率等。

从可持续发展的观点看，用传统的GNP或GDP作为衡量经济发展的主要指标有着明显的缺陷，如忽略收入分配状况、忽略市场活动以及不能体现环境退化等状况。在《21世纪议程》的推动下，人们开始研究并制定出衡量发展的新指标，主要包括以下内容。

（1）衡量国家（地区）财富新标准。国家财务可用人造资本、自然资本和人力资本之间的关系体现出来，国家生产出来的财富，减去国民消费，再减去产品资产的折旧和消耗掉的自然资源。人造资本为通常经济统计和核算中的资本，包括机械设备、运输设备、基础设施、建筑物等人工创造的固定资产；自然资本指大自然为人类提供的自然财富，如土地、森林、空气、水、矿产资源等；人力资本指人的生产能力，包括人的体力、受教育程度、身体状况、能力水平等各个方面。由于很多人造资本是以大量消耗自然资本换来的，因此，应该从中扣除自然资本的价值。如果将自然资本的消耗计算在内，人造资本未必都是经济的。人力资本不仅与人的先天素质有关，而且与人的教育水平、健康水平、营养水平直接相关，也就是说，人力资本可以通过投入人造资本来获得增长。所以说一个国家的财富其真正含义应当是生产出来的财富，减去国民消费，再减去产品资产的折旧和消耗掉的自然资源。尽管一个国家可以使用和消耗本国的自然资源，但必须在使其自然生态保持稳定的前提下，高效地转化为人力资本和人造资本，保证人造资本和人力资本的增长能够补偿自然资本的消耗。该标准更多地纳入了绿色国民经济核算的基本概念，特别是纳入资源和环境核算的一些研究成果，通过对宏观经济指标的修正，试图从经济的角度去阐明环境与发展的关系，并通过货币度量一个国家或地区总资本存量（或人均资本存量）的变化，以此来判断一个国家或地区发展是否具有可持续性，能够比较真实地反映一个国家或地区的财富。

（2）人类发展指数。人类发展指数（Human Development Index，HDI）是联合国开发计划署（UNDP）于1990年5月在《人类发展报告》中公布的用以衡量一个国家的进步程度的指数。HDI由收入、寿命和教育三大指标构成。收入指人均GDP的多少，可以用人均GDP的实际购买力来估算；寿命根据人口的预期平均寿命来测算，反映了居民的营养水平和当地环境质量状况；教育指公众受教育的程度，间接反映了可持续发展的潜力，用成人识字率（2/3权数）和大中小学综合入学率（1/3权数）来计算。

人类发展指数的提出，反映了一个国家或地区的发展应从传统的以物为中心向以人为中心转变，强调了合理的生活水平而不是对物质的无限占有，向传统的消费观念提出了挑战。人类发展指数将收入与发展指标相结合，强调了健康和教育的重要性，倡导各国对人力资源进行更多的投资，更关注人们的生洁质量和环境保护，体现了可持续发展的原则。这项指标的提出，对一个国家或地区的发展，尤其是对发展中国家或地区的发展，有一定的导向作用。

人类发展指数进一步确认了这样的理念，即经济增长并不等于真正意义上的发展——人与环境的协同发展。

（3）绿色国民账户。包括经环境调整的国内生产净值，经环境调整的净国内收入统计体系，经环境调整的经济账户体系。从环境的角度看，过去的国民经济核算体系存在三方面的缺陷：

1）国民账户未能准确反映社会福利的状况，没有考虑资源状态的变化；

2）人类活动消耗的自然资源的实际成本没有计入常规的国民账户；

3）环境损失未记入国民账户。

要克服此缺陷，就需要建立一种新的国民账户体系。为此，世界银行与联合国统计局合作，试图将环境问题纳入当前正在修订的国民账户体系框架中，以建立经过环境调整的国内生产净值和经过环境调整的净国内收入统计体系。目前，已出台一个试用性的“经过环境调整的经济账户体系”（SEEA）。该体系在尽可能保持现有国民账户体系概念和原则的情况下，将环境数据结合到现有的国民账户信息体系中。环境成本、环境收益、自然资产以及环境保护支出均采用与国民账户体系相一致的形式，作为附属账户列出。过去忽略了环境与自然资产的耗减的国内生产净值为：最终消费品+净资本形成+(出口-进口)。如果对这一部分加以环境调整，则调整后的国内生产净值为：最终消费品+(产品资产的净资本积累+非产品资产的净资本积累-环境资产的耗减和退化)+(出口-进口)。

## 5.2 可持续发展与环境保护

人类社会进步过程中，在改造自然和发展社会经济方而取得了辉煌的成绩，但也对生态破坏与环境污染有着不可推卸的责任，对人类的生存和发展也构成了现实威胁。保护环境是实现可持续发展的前提，也只有实现了可持续发展，生态环境才能真正得到有效的保护，才能确保自然的和谐、经济的发展、人类文明的延续。

可持续发展与环境保护既有联系，又有差别，环境保护是可持续发展的重要方面。可持续发展的核心是发展，但要求在严格控制人口、提高人口素质和保护环境、资源永续利用的前提下进行经济和社会的发展。发展是可持续发展的前提，人是可持续发展的中心体，可持续长久的发展才是真正的发展，环境保护是可持续发展的重要方面。

### 5.2.1 可持续发展思想的战略目标

环境保护保障了可持续发展战略的正确实施。同时可持续发展战略的正确实施反过来又促进环境保护的顺利进行。《我们共同的未来》中指出可持续发展旨在保护生态持续性、经济持续性和社会持续性，寻求人口、经济、社会、资源、生态、环境等各要素之间的协调发展。

《21世纪议程》中指出应转变传统发展模式，由资源型经济过渡到技术性经济。通过产业结构的调整和合理布局，开发和应用高新技术，实现清洁生产与发展之间的协调，从而做到社会、经济、生态复合系统健康、持续、稳定的和谐发展。

### 5.2.2 可持续发展战略的特征

可持续发展战略特征包括：是一个人与自然协调为根本的战略；一个整体的战略；一个着眼于未来的战略；一个具体的行动过程，而不仅仅是一项计划或一个文件。环境保护保障可持续发展战略的正确实施，良好的生态环境是可持续发展的物质基础，生态环境保护与可持续发展密不可分，离开了环境保护，可持续发展就是空谈。可持续发展从环境保护的角度倡导保持人类社会的进步与发展，它关注的是长期的环境承载力，这就使得环境保护成为可持续发展的重要组成部分。1992年联合国环境与发展大会通过的《里约环境与发展宣言》明确指出："为了实现可持续的发展，环境保护工作应是发展进程的一个整体组成部分，不能脱离这一进程来考虑。"

### 5.2.3 环境保护与可持续发展的关系

可持续发展思想起源于环境问题，可持续发展战略亦源于环境保护运动。"环境危机"威胁人类生存、制约经济发展和影响社会稳定，人类开始认真思考人与环境的关系，并对传统的发展模式进行反思。传统的发展模式虽然带来了巨大的财富，但同时也酿成了严重的环境污染和生态破坏，并将危及人类今后的生存与发展。要实现可持续发展，就必须保护好人类赖以生存的生态环境，这是可持续发展的关键。环境保护也依赖于可持续发展战略的正确实施。

环境对可持续发展既有促进作用，也有制约作用。环境对发展的促进作用表现在环境是人类生产生活的物质基础，它提供给人类活动不可缺少的自然资源和生存发展空间。环境利用自己的自净能力对人类生产生活产生的废弃物和能量进行消纳和同化，维持环境自身的协调与平衡。环境不仅提供给人类经济活动的物质基础，还为人类提供精神上的舒适享受，这是人类健康愉快生活的基本需要。环境对发展的制约作用为作为人类社会发展的物质资料的资源是有限的，其补给、再生和增殖都需要一定的时间，一旦超出这个极限，极有可能造成不可恢复的后果。环境的容量是有限的，环境的自净能力也是相对的，超出环境容量的人类经济活动必然受到一定的限制，否则人类的生存就会受到威胁。

可持续发展战略的实施为环境保护提供了保障与支持，表现在以下几个方面：促进经济的高速增长和社会财富的极大丰富，从而确保国家和社会有足够的经济实力，拿出足够的资金用于环境保护的各个方面；促进科学技术的飞速发展与进步，为环境保护提供技术上的支持，使环境保护以一种更科学、更合理、更经济、更有效的方式进行；促进社会的全面进步、教育的迅速发展和人口素质的提高，从而提升公民的生态环境保护意识，为环境保护提供良好的社会环境，降低开展环境保护工作的难度。

# 5.3 中国可持续发展战略实施

## 5.3.1 中国可持续发展历程

1992 年 8 月，中国政府制定“中国环境与发展十大对策”，提出走可持续发展道路是中国当代以及未来的选择。1994 年中国政府制定完成并批准通过了《中国 21 世纪议程——中国 21 世纪人口、环境与发展白皮书》，确立了中国 21 世纪可持续发展的总体战略框架和各个领域的主要目标。1996 年 3 月第八届全国人民代表大会第四次会议批准的《国民经济和社会发展“九五”计划和 2010 年远景目标纲要》，把可持续发展作为一条重要的指导方针和战略目标，并明确作出了中国今后在经济和社会发展中实施可持续发展战略的重大决策。1998 年，全国人大常委会修订森林法、土地管理法，在长江中上游全面启动天然林保护工程。中央政府批准了全国生态环境规划，接着又在 2001 年批准实施《全国生态环境保护纲要》。2001 年 3 月，第九届全国人大四次会议通过“十五”计划纲要，将实施可持续发展战略置于重要地位，完成了从确立到全国推进可持续发展战略的历史性进程。2002 年中国政府向可持续发展世界首脑会议提交了《中华人民共和国可持续发展国家报告》。明确提出，中国是发展中国家，要毫不动摇地把发展国民经济放在第一位，各项工作都要紧紧围绕经济建设这个中心来开展。2012 年 11 月 8 日，党的十八大提出大力推进生态文明建设，即当前和今后一个时期，要重点抓好 4 个方面的工作：一是要优化国土空间开发格局；二是要全面促进资源节约；三是要加大自然生态系统和环境保护力度；四是要加强生态文明制度建设。这次会议上首次提出“建立资源有偿使用制度和生态补偿制度”。2016 年 3 月，十二届全国人大四次会议审议通过了“十三五”纲要，指出绿色发展是永续发展的必要条件和人民对美好生活追求的重要体现；最为显著的发展目标是绿色发展目标，生态环境总体改善；最重大的发展任务是加快改善生态环境，这包括加快建设主体功能区，推进资源节约集约利用，加大环境综合治理力度，加强生态保护修复，积极应对全球气候变化，健全生态安全保障机制，发展绿色环保产业等。“十三五”规划就是典型的绿色发展规划，是中国绿色发展的重要里程碑。2021 年 3 月，十三届全国人大四次会议通过了“十四五”计划纲要，提出将在 2030 年前实现碳达峰和 2060 年前实现碳中和的目标。明确提出把碳达峰、碳中和纳入生态文明建设整体布局，是事关中华民族永续发展和构建人类命运共同体的关键点。

## 5.3.2 中国可持续发展战略实施意义

中国可持续发展的首要目标是经济发展，但经济发展必须同时与环境保护相协调。可持续发展强调发展，只有发展，才能摆脱贫困，才能解决生态危机，贫穷是不可能达到可持续发展目标的。人类社会发展的历史告诉我们，贫困既是环境恶化的根源，又是环境恶化的结果。生产力水平越低、经济越不发达的地区，其环境的破坏也越严重；反之，环境资源破坏越严重，越加重贫困，形成恶性循环。因此，把可持续发展等同于环境保护，以环境保护为名要求停止发展的做法是不合理和不可接受的。在经济发展中出现的资源和环境问题只能通过发展加以解决，只有经济发展了，环境保护和生态建设才有可靠的物质技术基础。

因此，我国可持续发展的重点领域包括经济发展，社会发展，资源优化配置，合理利用与保护，生态保护和建设，环境保护和污染防治，以及相关能力建设等诸多方面。实施可持续发展战略的意义包括以下几个方面：

(1) 由我国国情决定的，在中国，人口、资源与环境是制约经济和社会发展的长期性制约因素，严重制约中国经济和社会的健康发展，直接影响人民生活生活水平的提高。因此要促进人口、资源、环境协调发展，把实施可持续发展战略放在更突出的位置。

(2) 是现代化的必由之路，现代化发展战略的实现，不仅是一个持续、快速、健康的发展过程，而且是一个较长期的历史过程。走可持续发展道路是中国实现现代化宏伟战略目标的唯一选择。

(3) 是社会进步的根本途径，它有利于控制人口数量、提高人口素质、消除贫困，有利于资源的循环利用与永续再生，有利于生态环境的保护与恢复，有利于经济快速、健康的发展，从而促进社会的全面发展，实现人与自然的协调共生。

### 5.3.3 中国可持续发展战略实施情况

中国可持续发展的核心问题是正确处理好经济发展与人口、资源、环境之间的关系，促进其协调发展。人口与经济、社会的发展最终都依赖于自然资源。在实施可持续发展战略的进程中，中国所面临的问题与发达国家面临的问题既有相同之处，又有很大的差异。发达国家目前的人口自然增长的压力小。目前我国人口已超过 14 亿，人均资源相对贫乏，这是制约我国经济和社会发展的重要因素。随着人口的不断增加，全社会对自然资源的需求加大，不可再生资源正在逐渐减少，人口过剩与资源匮乏的矛盾日益突出。人口过快增长抵消了经济发展的成就，直接影响到经济建设资金的积累。人口规模超过环境承载能力，直接导致生态环境的破坏。为了维持过剩人口的各种基本需求，我国在较低的技术水平上加快工业化和城市化进程，造成了严重的环境污染，土地荒漠化和水土流失的情况也十分严重。由此看来，人口问题是中国实现可持续发展面临的首要问题，资源的持续利用、生态环境的保护则是实现可持续发展的基础。中国政府对实施可持续发展战略给予了高度重视，为了实现可持续发展的目标，具体实施情况如下。

#### 5.3.3.1 走具有中国特色的可持续发展之路

将社会主义基本制度的完善、现代市场经济发展、生态环境改善三者紧密结合起来。这是具有中国特色的可持续发展之路的本质特征。把经济持续健康发展和控制人口、节约资源、保护环境有机结合起来，实现四位一体的高度统一与协调发展。这是走具有中国特色的可持续发展道路要解决的中心环节与重点问题。实现经济体制和经济增长方式的根本转变，以及生态环境资源的优化配置，走市场经济发展与生态环境建设协调持续发展的道路。重视科学技术对可持续发展的支撑作用，把实施科教兴国战略与可持续发展战略有机结合起来，实现科技进步与经济社会的同步发展。推广可持续发展教育，做好可持续发展的宣传工作，加强可持续发展领域的法制建设，保障可持续发展的顺利实施。

#### 5.3.3.2 构筑可持续发展的战略体系和新型机制

构筑可持续发展的法律体系，把可持续发展原则纳入经济立法，完善环境与资源法律，加强与国际公约相配套的国内立法。利用市场机制保护环境，加快经济的改革，减少和取消对资源消耗大、经济效率低的国有企业的补贴。建立以市场供求为基础的自然资源价格体制。推行环境税。加强对环境保护的投资，政府的重要经济和社会决策、计划和项目，均按一定程序进行环境影响评价，建立环境审计制度。建立环境与经济综合决策机制，将公共投资重点向环保领域倾斜，引导企业向环保投资。政府在清洁能源、水资源保护和水污染治理、城市公共交通、大规模生态工程建设的投资方面发挥主导作用，并利用合理收费和企业化经营的方式，引导其他方面的资金进入环保领域，使中国的环保投资保持在 GNP 的 1%~1.5%左右。

#### 5.3.3.3 全面实施《中国 21 世纪议程》的基本思想

中国是发展中国家，要提高社会生产力，增强综合国力和不断提高人民生活水平，就必须毫不动摇地把发展国民经济放在第一位，各项工作都要紧紧围绕经济建设这个中心来开展。中国是在人口基数大、人均资源少、经济和科技水平都比较落后的条件下实现经济快速发展的，这使本来就已经短缺的资源和脆弱的环境面临更大的压力。中国只有遵循可持续发展的战略思想，从国家整体的高度协调和组织各部门、各地方、各社会阶层和全体人民的行动，才能顺利完成预期的经济发展目标，才能保护好自然资源和改善生态环境，实现国家长期、稳定的发展。

中国政府针对可持续发展战略目标，采取的具体行动措施如下：

(1) 开展对现行政策和法规的全面评价，制定可持续发展法律、政策体系，突出经济、社会与环境之间的联系与协调。

(2) 改革体制，建立有利于可持续发展的综合决策机制。

(3) 在建立社会主义市场经济体制中，充分运用经济手段，促进保护资源和环境，实现资源可持续利用。

(4) 健全法制，强化管理，运用法律和必要的行政手段保证可持续发展。

(5) 确立国家可持续发展优先领域和优先项目，注重可持续发展基础和能力建设。

(6) 推广清洁技术和清洁生产，发展环保产业。

(7) 开发和应用信息资源，建立全国社会经济与资源环境信息系统，开展可持续发展评价。

(8) 在调整人和自然关系的若干重大领域，特别是在计划生育、环境保护、资源能源的合理开发和利用等方面开展科学研究和技术开发。

(9) 控制城市规模，调整城市生态。

(10) 提高公众环境意识，加大环保投资比例，运用市场经济手段保护环境。

(11) 发扬“全球伙伴”精神，广泛的国际合作可持续发展战略，要求各国超越文化和意识形态等方面的差异，以“全球伙伴”精神，在环境与发展领域中开展广泛的国际合作。

### 5.3.4　中国可持续发展战略实施发展方向

中国如今面临着严峻的挑战，首先，人口压力是可持续发展问题产生的重要根源。人口增长过快是发展中国家实现经济发展的重要障碍，可能导致资源环境的破坏和经济上的贫困与落后，并引发一系列的社会问题。其次，资源是人类生存和繁衍的自然物质基础，它的可持续利用是经济可持续发展的物质基础，它的利用状况决定着该社会的可持续发展能力，我国资源对经济和社会发展的支撑能力下降问题不容忽视。最后，生态环境是经济持续发展的有力保障，经济的发展受到环境的制约。

到2050年，中国将全面达到世界中等发达国家的可持续发展水平，进入世界总体可持续发展能力前20名的国家行列，具体的发展方向为：

（1）在整个国民经济中科技进步的贡献率达到70%以上，单位能量消耗和资源消耗所创造的价值在2000年基础上提高10~20倍。

（2）中国人均预期寿命达到85岁（每10年提高3岁）。

（3）中国人文发展指数进入世界前50名（平均每年提高一个序列）。

（4）全国人口平均受教育年限在12年以上（每10年平均提高1.2年）。

（5）能有效地克服人口、粮食、能源、资源、生态、环境、社会公平等制约可持续发展的瓶颈。

（6）确保中国的人口安全、食物安全、信息安全、经济安全、健康安全、生态环境安全和社会安全。

## 复习思考题

5-1　可持续发展的基本原则是____。（多选）

A. 公平性原则　　B. 持续性原则　　C. 共同性原则　　D. 开放性原则

5-2　______在可持续发展中具有主体地位。

A. 人口和人力资本　　B. 经济发展　　C. 制度　　D. 资源

5-3　可持续发展内涵的三大特征是以______为前提，______为基础，______为目的。

A. 保护环境　改善和提高生活质量　经济增长

B. 保护环境　经济增长　改善和提高生活质量

C. 经济增长　保护自然　改善和提高生活质量

D. 经济增长　改善和提高生活质量　保护环境

5-4　环境的良性发展正确的说法是______。

A. 人类是环境的塑造者

B. 人应该影响环境，满足自己的需求

C. 无穷无尽的开发资源，对环境应该“杀鸡取卵”式利用

D. 既能满足人类物质生活需要又不使环境质量下降

5-5　1992年在巴西里约热内卢召开了联合国环境与发展会议，通过了______等重要的环境保护文件，标志着可持续发展原则在全球环境和发展领域内正式确立。

A.《我们憧憬的未来》　　B.《人类环境宣言》

C. 《我们共同的未来》　　D. 《21 世纪议程》

5-6 可持续发展的特征为______。(多选)

A. 社会可持续发展　　B. 经济可持续发展

C. 生态环境的可持续发展　　D. 人工环境的可持续发展

5-7 我国可持续发展战略的目标包括______。

A. 保持经济增长　　B. 提高经济增长质量

C. 满足人的基本生存需求　　D. 控制人口的数量增长，不断提高人口素质

5-8 实现可持续发展的制度安排，从理论上看可以分为两类，分别是______。(多选)

A. 经济快速发展制度安排　　B. 环境保护制度安排

C. 坚持充分发挥市场作用的制度安排　　D. 弥补市场缺陷的制度安排

5-9 简述可持续发展的含义。

5-10 为什么说我国要坚持可持续发展战略?

# 6 清洁生产与循环经济

## 6.1 清 洁 生 产

清洁生产（Cleaner Production）是在环境和资源危机的背景下，国际社会在总结了各国工业污染控制经验的基础上提出的一个全新的污染预防的环境战略。它是一种新的创造性思想，该思想是从生态经济系统的整体性优化出发，将整体预防的环境战略应用于生产过程、产品和服务中，以提高物料和能源利用率、降低对能源的过度使用、减少人类和环境自身的风险。它符合可持续发展的基本要求、能源的永久利用和环境容量的持续承载能力的要求，是人类寻求一条实现经济、社会、环境、资源协调发展的可持续发展道路的过程，是实现资源环境和经济发展双赢的有效途径。

### 6.1.1 清洁生产的产生与发展

#### 6.1.1.1 清洁生产的产生

20 世纪 60 年代开始，工业对环境的危害已引起社会的关注，一些西方国家的企业开始采取应对措施，将污染物转移到海洋或大气中，认为大自然能吸纳这些污染；但是人们很快意识到，大自然在一定时间内对污染的吸收承受能力是有限的。因而，又根据环境的承载能力计算污染物的排放含量和标准，采用将污染物稀释后排放的对策。但这种方法也不能有效减少环境污染。这时工业化国家开始通过各种方式和手段对生产过程末端的废弃物进行处理，这就是“末端治理”。末端治理的着眼点是污染物产生后的治理，客观上造成了生产过程与环境治理的分离脱节；末端治理可以减少工业废弃物向环境的排放量，但很少能影响核心工艺的变更；末端治理作为传统生产过程的延长，不仅需要投入大量的设备费用、维护开支和最终处理费用，而且本身还要消耗大量资源、能源，特别是在很多情况下，这种处理方式还会使污染在空间和时间上发生转移而产生二次污染。所以很难从根本上消除污染。

面对环境污染日趋严重、资源日趋短缺的局面，工业化国家在对污染治理过程进行反思的基础上，逐步认识到要从根本上解决工业污染问题，必须以“预防为主”，将污染物消除在生产过程之中，而不是仅仅局限于末端治理。20 世纪 70 年代中期以来，许多发达国家的政府和各大企业集团公司都纷纷研究开发和采用清洁工艺（少废无废）技术、环境无害技术，开辟污染预防的新途径。

早期清洁生产在不同时期不同的地区和国家有许多不同而相近的提法。欧洲国家有时称之为“少废无废工艺”；日本多称之为“无公害工艺”；美国则称之为“废料最少化”“减废技术”。此外，还有“绿色工艺”“生态工艺”“环境无害工艺”“再循环工艺”“污染削减”“再循环”等叫法。我国以往比较通行“无废少废工艺”的提法。20 世纪 90 年代初，国际上逐渐统一为“清洁生产”。清洁生产与末端治理的差异见表 6-1。图 6-1 所示为人类在防污治理战略中的发展历程。

**表 6-1 清洁生产与末端治理的对比**

| 类别 | 清洁生产系统 | 末端治理（不含综合利用） |
|---|---|---|
| 思考方法 | 污染物消除在生产过程中 | 污染物产生后再处理 |
| 生产时代 | 20 世纪 80 年代末期 | 20 世纪 70~80 年代 |
| 控制过程 | 生产过程控制，产品生命周期全过程控制 | 污染物达标排放控制 |
| 控制效果 | 比较稳定 | 产污量影响处理效果 |
| 产污量 | 明显减少 | 无显著变化 |
| 排污量 | 减少 | 减少 |
| 资源利用率 | 增加 | 无显著变化 |
| 资源消耗 | 减少 | 增加（治理污染消耗） |
| 产品产量 | 增加 | 无显著变化 |
| 产品成本 | 降低 | 增加（治理污染费用） |
| 经济效益 | 增加 | 减少（用于治理污染） |
| 治理污染费用 | 较少 | 随着排放标准日益严格，费用增加 |
| 污染转移 | 无 | 有可能 |

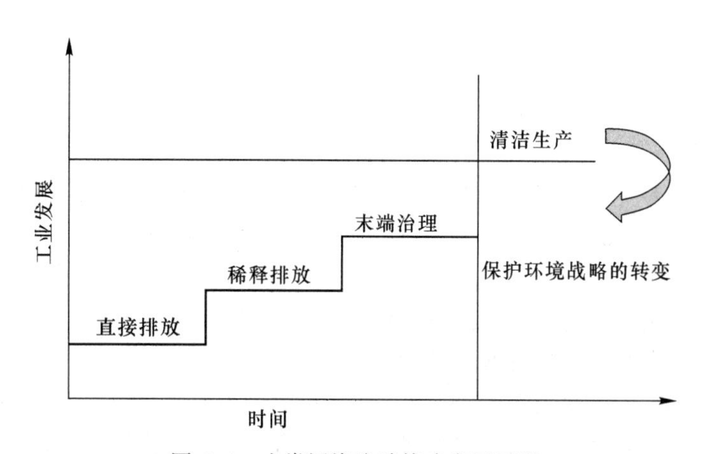


图 6-1 人类污染防治战略发展历程

### 6.1.1.2 清洁生产的发展

#### A 国际清洁生产的发展

清洁生产是国际社会在总结工业污染治理经验教训的基础上，经过 30 多年的实践和发展逐渐趋于成熟，得到各国政府和企业普遍认可的可以实现可持续发展的一条基本途径。国际“清洁生产”概念的出现，最早可追溯到 1976 年。

1976 年 11~12 月欧共体在巴黎举行了“无废工艺和无废生产的国际研讨会”，提出了协调社会和自然的相互关系应主要着眼于消除造成污染的根源的思想。1979 年 4 月欧共体理事会宣布推行清洁生产的政策。同年 11 月在日内瓦举行的“在环境领域内进行国际合作的全欧高级会议”上，通过了《关于少废无废工艺和废料利用的宣言》，指出无废工艺是使社会和自然取得和谐关系的战略方向和主要手段。1988 年秋，荷兰以美国环保局的《废物最少化机会评价手册》为蓝本，通过修改编成了《欧洲预防性环保手段（PREPARE）防治废物和排放物手册》，广泛应用于欧洲工业界。1989 年联合国环境规划署工业与环境计划活动中心（UNEPIE/PAC）根据联合国环境规划署（UNEP）理事会会议的决议，制订了《清洁生产计划》，在全球范围内推行清洁生产。1990 年 9 月在英国坎特伯雷举办了“首届促进清洁生产高级研讨会”，会上提出了一系列建议，如支持世界不同地区发起和制定国家级的清洁生产计划，支持创办国家级的清洁生产中心，进一步与有关国际组织以及其他组织联结成网等。1992 年 6 月联合国环境与发展大会发表《里约环境与发展宣言》，确认“各国应减少和消除不能持续的生产和消费方式”。大会通过的《21 世纪议程》中不少章节多次提及与清洁生产有关的内容。1998 年 10 月韩国汉城第五次国际清洁生产高级研讨会出台了《国际清洁生产宣言》，这是对作为一种环境管理战略的清洁生产公开的承诺。2019 年 11 月第八届清洁生产进展国际研讨会在中国三亚市举行，回顾与总结中国、美国、拉丁美洲、欧洲和澳洲在清洁生产理论与实践方面的成功经验，并发布了“清洁生产未来 40 年展望”的宣言。

B　国内清洁生产的发展

我国在 20 世纪 70 年代末期就认识到通过技术改造最大限度地把“三废”消除在生产过程之中是防治工业污染的根本途径。我国的清洁生产相关的活动具有较长的历史，大体上经历了 5 个发展阶段。

前期准备阶段（1973～1988 年）：1973 年，我国制定了《关于保护和改善环境的若干规定》，提出了“预防为主，防治结合”的治污方针，这是我国最早的关于清洁生产的法律规定。20 世纪 80 年代，随着环境问题的日益严重，我国又提出消除“三废”的根本途径是技术改造，关于清洁生产的思想零星地体现在环境管理的政策文件中。

引进消化阶段（1989～1992 年）：1989 年，我国积极响应联合国环境与发展大会提出的可持续发展战略和清洁生产工艺，开始研究如何在我国推行清洁生产。1992 年，国务院发布了《环境与发展的十大对策》，明确宣布实行可持续发展战略，尽量采用清洁工艺。清洁生产成为解决我国环境与发展问题的对策之一。

示范阶段（1993～2002 年）：1993 年 10 月在上海召开了第二次全国工业污染防治会议，国务院、国家经贸委和国家环保总局明确了清洁生产在我国工业污染防治中的战略地位。国务院和环保局相继颁布了《关于环境保护若干问题的决定》《关于推行清洁生产的若干意见》等相关政策，对推行清洁生产的管理、机构、宣传、实施等作了明确的规定。2002 年 6 月 29 日，第九届全国人大常委会第 28 次会议审议通过了《中华人民共和国清洁生产促进法》，该法是我国第一部以污染预防为主要内容的专门法律，是我国全面推行清洁生产的新里程碑，标志着我国清洁生产进入了法制化的轨道。

建立与执行阶段（2003～2005 年）：2004 年 8 月 16 日国家发展和改革委员会、环境保护部制定并审议通过了《清洁生产审核暂行办法》，首次提出了“强制性清洁生产审核”，对我国的“清洁生产审核”给出了明确定义，成为清洁生产审核制度建立的里程碑。2005 年 12 月，出台了《重点企业清洁生产审核程序的规定》，标志着强制性清洁生产审核已经有章可依、有规可循。

完善阶段（2006年至今）：2008年7月1日环境保护部出台了《关于进一步加强重点企业清洁生产审核工作的通知》，为进一步规范清洁生产审核程序，更好地指导地方和企业开展清洁生产审核，2016年7月1日正式开始实施《清洁生产审核办法》。标志着重点企业清洁生产审核评估验收制度的确立。

### 6.1.2 清洁生产的内容与意义

#### 6.1.2.1 清洁生产的定义

1984年联合国欧洲经济委员会在塔什干召开的国际会议上曾对无废工艺作了如下的定义："无废工艺乃是这样一种生产产品的方法（流程、企业、地区—生产综合体），它能使所有的原料和能量在原料—生产—消费—二次原料的循环中得到最合理和综合的利用，同时对环境产生的任何作用都不致破坏它的正常功能。"

美国环境保护局对废物最少化技术所作的定义是："在可行的范围内，减少产生的或随之处理、处置的有害废弃物量。它包括在产生源处进行的消减和组织循环两方面的工作。这些工作导致有害废弃物总量与体积的减少，或有害废物毒性的降低，或两者兼而有之；并与使现代和将来对人类健康与环境的威胁最小的目标相一致。"

联合国环境规划署1996年提出了较完整的定义："清洁生产是一种新的创造性思想，该思想将整体预防的环境战略持续应用于生产过程、产品和服务中，以增加生态效率和减少人类及环境的风险。对生产过程，要求节约原材料和能源，淘汰有毒原材料，减降所有废弃物的数量和毒性；对产品，要求减少从原材料提炼到产品最终处置的全生命周期的不利影响；对服务，要求将环境因素纳入设计和所提供的服务中。"

2002年6月29日颁布的《中华人民共和国清洁生产促进法》第二条指出，"本法所称清洁生产，是指不断采取改进设计、使用清洁的能源和原料、采用先进的工艺技术与设备、改善管理、综合利用等措施，从源头消减污染，提高资源利用效率，减少或者避免生产、服务和产品使用过程中污染物的产生和排放，以减轻或者消除对人类健康和环境的危害。"

清洁生产的核心是实行源头消减和对生产或服务的全过程实施控制。从产生污染物的源头削减污染物的产生，实际上是使原料更多地转化为产品，是积极的预防性的战略，具有事半功倍的效果；对整个生产或服务进行全过程的控制，即从原料的选择、工艺、设备的选择、工序的监控、人员素质的提高、科学有效的管理以及废物的循环利用的全过程控制，可以解决末端治理不能解决的问题，从根本上解决发展与环境的矛盾。因此，清洁生产主要体现在两个方面：

（1）"预防为主"的方针：不是先污染后治理，而是强调"源削减"，尽量将污染物消除或减少在生产过程中，减少污染物排放量且对最终产生的废物进行综合利用。

（2）实现环境效益与经济效益的统一：从改造产品设计、替代有毒有害材料、改革和优化生产工艺和技术装备、物料循环和废物综合利用的多个环节入手，通过不断加强管理工作和技术进步，达到"节能、降耗、减污、增效"的目的，在提高资源输入利用率的同时，减少污染物的排放量，实现环境效益与经济效益的最佳结合，调动企业的积极性。

#### 6.1.2.2 清洁生产的内容

清洁生产主要包括以下三方面的内容：

(1) 清洁的原料和能源。清洁原料的第一个要求是可以在生产中被充分利用。如果选用纯度高的原材料，则杂质少、转换率高，废物的排放量相应减少。第二个要求是清洁的原料中不含有有毒、有害物质。如果原料内含有有毒、有害物质，在生产过程和产品使用中就会产生毒害和环境污染。清洁能源是指新能源的开发以及各种节能技术的开发利用、可再生能源的利用、常规能源的清洁利用等。

(2) 清洁的生产过程。将生产过程中可能产生的废物减量化、资源化、无害化，甚至将废物消灭在生产过程中。要尽量选用少废、无废的工艺和高效的设备；尽量减少或消除生产过程中的各种危险性因素，如高温、高压、低温、低压、易燃、易爆、强噪声、强振动等；采用可靠和简单的生产操作和控制方法；对物料进行内部循环利用；完善生产管理，不断提高科学管理水平。

(3) 清洁的产品。就是有利于资源的有效利用，在生产、使用和处置的全过程中不产生有害影响的产品。产品设计应考虑节约原材料和能源，少用昂贵和稀缺的原料；尽量利用二次资源作原料；产品在使用过程中以及使用后不含危害人体健康和破坏生态环境的因素；产品的包装合理；产品使用后易于回收、重复使用和再生；产品的使用寿命和使用功能合理。

清洁生产包含两个全过程的控制：一是产品的生命周期全过程控制，即从原材料加工、提炼到产品产出、产品使用直到报废处置的各个环节采取必要的措施，实现产品整个生命周期资源和能源消耗的最小化。二是生产的全过程控制，即从产品开发、规划、设计、建设、生产到运营管理的全过程，采取措施，提高效率，防止生态破坏和污染的发生。清洁生产的内容既体现于宏观层次上的总体污染预防战略之中，又体现于微观层次上的企业预防污染措施之中。在宏观上，清洁生产的提出和实施使污染预防的思想直接体现在行业的发展规划、工业布局、产业结构调整、工艺技术以及管理模式的完善等方面；在微观上，清洁生产通过具体的手段措施达到生产全过程污染预防。

#### 6.1.2.3 清洁生产的目的

清洁生产是在环境和资源危机的背景下产生的一个新概念，是在总结了国内外多年的工业污染控制经验后提出来的，它倡导充分利用资源，从源头削减和预防污染物，从而在保证发展生产、提高经济效益的前提下，达到保护环境的目的，最终达到社会经济可持续发展的根本目的。具体来说，清洁生产要达到以下目的：

(1) 自然资源和能源利用的最合理化。要求用最少的原材料和能源消耗，生产出尽可能多的产品，提供尽可能多的服务，达到在生产中最合理地利用自然资源和能源。要求企业最大限度地做到：节约原材料和能源；利用可再生能源；利用清洁能源；开发新能源；实施各种节能技术和措施；充分利用副产品和中间产品等原材料；利用无毒和无害原材料；减少使用稀有原材料；现场循环利用物料。

(2) 经济效益最大化。生产的目的在于满足人类的需要和追求经济效益最大化。企业应通过各种手段提高生产效率，降低生产成本，使企业获得尽可能大的经济效益。企业应在生产和服务中最大限度地做到采用高效生产技术和工艺；降低物料和能源损耗；采用高效设备；提高产品产量和质量；减少副产品；合理安排生产进度；培养高素质人才；完善企业管理制度，树立良好的企业形象；设计生态产品。

(3) 对人类和环境的危害最小化。生产不但要满足人类对物质文化在量上的需要，而且要不断提高人类的生活质量。要求企业在生产和服务中最大限度地做到减少有毒有害物料的使用，降低废物毒性；采用少废或者无废生产技术和工艺；减少生产过程中的危险因素；废物在厂内或厂外循环利用；使用可回收利用的包装材料；合理包装产品；采用可以降解和易处理的原材料；合理利用产品功能；延长产品的寿命。

清洁生产应贯穿于社会经济发展的各个领域，达到保护环境、发展经济的目的。通过清洁生产使得企业生产过程处于最优化状态运行，企业的资源消耗、能源最合理化，废物产生及环境影响最小化。

#### 6.1.2.4 清洁生产的目标

开展清洁生产是为了促进生产持续发展，满足人类不断增长的物质文化需要，同时有效利用资源、减少污染，使经济发展与环境保护相协调。因此，清洁生产要达到如下目标：

（1）坚持以市场为导向。不断满足人类需求和市场需求，追求经济效益是生产活动的宗旨，企业应从需求角度进行绿色设计，生产绿色产品。

（2）资源和能源合理化。尽量实现资源与能源消耗的减量，同时尽可能增量产品产出与服务供应。要尽量做到资源综合利用、合理利用、节约使用。

（3）环境危害最小化。这是关注人类生活质量的重要环节，企业要减少污染物和废料的生成和排放，促进工业产品的生产、消费过程与环境相容，降低整个工业活动对人类和环境危害的风险，保证生产人员和消费者的安全和利益。

实现上述目标，将会体现工业生产的经济效益、社会效益和环境效益的统一，促进人类社会生产与生态环境的和谐相容，保证国民经济的持续发展。

#### 6.1.2.5 清洁生产的特点

清洁生产是在当今社会工业生产造成生态环境日益恶化和自然资源不断耗竭的严峻形势下提出的一种新型的生产方式。它具有如下明显的特点：

（1）战略性和紧迫性。清洁生产是降低消耗、防止污染，保证国民经济可持续发展和企业长远发展的战略性大问题，又是在环境和资源危机呈现严峻态势下提出的战略性对策，形势紧迫，时间紧迫，应当引起全社会的广泛重视和高度认识，刻不容缓，立即行动，切不可等闲视之。

（2）预防性和有效性。清洁生产应坚持从源头抓起，对产品生产过程及产品生命周期产生的污染进行综合预防，以预防为主，实施全过程控制，通过污染物产生源的削减和回收利用，把污染物减至最少，从而有效地防止污染的产生。

（3）系统性和综合性。清洁生产是一项系统工程，要从综合的角度考虑问题，建立一个预防污染、保证资源所必需的组织机构，明确职责，制定战略和政策，进行科学的规划与设计，分析每个环节，弄清各种因素，协调各种关系，并系统地加以解决，以预防为主，强调防治结合，切实地解决环境问题。

（4）持续性和动态性。清洁生产是一个持续运作、永不间断的过程，不可能一蹴而就，要充分认识到它的艰巨性、复杂性和反复性。随着科学技术的进步，生产管理水平的提高，将会产生更加清洁的改进生产系统的方法途径，不断提高清洁生产水平，促进生产过程、产品和服务向着更为环境友好的方向发展。

6.1.2.6 清洁生产的原则

清洁生产是全过程的生产控制和污染控制，必须坚持以下原则：

（1）持续性原则。清洁生产是实现可持续发展的重要战略措施，从时间来看，清洁生产的显著效果需要相当长的时间才能逐渐显示出来，而且中间还要不断地改进工艺以更加有效地减少污染的产生和排放，最终使污染水平逐渐与环境的承载能力相适应。

（2）预防性原则。清洁生产的本质在于实行污染预防和全过程控制，强调在产品的生命周期内实现全过程的污染预防，通过全过程控制对污染从源头进行削减，以预防为主，防治结合，以期达到最佳的治污效果。

（3）整合性原则。清洁生产是企业整体战略的重要部分，关系到企业的生存和发展，要让企业所有领导和全体员工都充分认识、重视和参与清洁生产工作，整合各种资源和整体力量，切实有效地开展清洁生产。

（4）调控性原则。政府的宏观调控和扶持是清洁生产成功推进的关键。政府要从政策调控、利益调控上调动企业清洁生产的积极性，并在技术、物资、资金上大力支持企业搞好清洁生产。

（5）现实性原则。清洁生产的措施应当充分考虑我国当前的生态形势、资源状况、环保要求和经济发展需求，还要根据不同企业的排污状况和能力条件选择清洁生产的不同阶段和不同模式，使清洁生产更切合企业的现实需求和实际能力，更具有可操作性和有效性。

（6）广泛性原则。一方面，清洁生产需要企业行业的广泛参与和在广大的范围内实施。不同的行业企业生产工艺不同，产品不同，对资源的消耗和排污特征也不相同，因此，企业的广泛参与不但可减少“三废”的产生，而且可获得更广泛的经济效益。另一方面，清洁生产只有在更大的范围、更大的区域内实施，才能显出其明显效果，生态平衡才能得以有效的维持和恢复，从而产生良好的环境效益。

（7）效益性原则。清洁生产也同其他各项生产活动那样需要讲究效益，任何没有效益的活动都是无用的或无效的活动。但是这里所讲的效益，不是单一性的某种效益，而是彼此相连、相互促进的经济效益和环境效益、社会效益的结合和统一。通过清洁生产、节能降耗、资源综合利用，可使企业降低生产成本，增加产出，经济效益更为可观；实施清洁生产了减少污染产生，提高治污效果，使环境效益逐步形成和彰显。经济效益增加，环境效益显现，企业与社区的矛盾可以得到缓解，经营者与社会公众的关系趋于和谐，社会安定团结、平和进步，真正实现经济效益、环境效益和社会效益的统一。

6.1.2.7 清洁生产的意义

清洁生产是在回顾和总结工业化实践的基础上，提出的关于产品和生产过程预防污染的一种全新战略。它综合考虑了生产和消费过程中的环境风险（资源和环境容量）、成本和经济效益，是社会经济发展和环境保护对策演变到一定阶段的必然结果。清洁生产的意义主要在于：

（1）清洁生产是实现可持续发展的必然选择和重要保障。清洁生产强调从源头抓起，着眼于全过程控制。不仅要尽可能地提高资源能源利用率和原材料转化率，减少对资源的消耗和浪费，从而保障资源的永续利用；而且通过清洁生产，要把污染消除在生产过程中，以尽可能减少污染物的产生量和排放量，大大减少对人类的危害和对环境的污染，改善环境质量，实现经济效益和环境效益的统一，体现可持续发展的要求。

（2）清洁生产是工业文明的重要过程和标志。清洁生产强调提高企业的管理水平，提高包括管理人员、工程技术人员、操作工人在内的所有员工在经济观念、环境意识、参与管理意识、技术水平、职业道德等方面的素质。同时，清洁生产还可有效改善操作工人的劳动环境和操作条件，减轻生产过程对员工健康的影响，为企业树立良好的社会形象，促使公众对其产品的支持，提高企业的市场竞争力。

（3）清洁生产是防治工业污染的最佳模式。清洁生产借助于各种相关理论和技术，在产品的整个生命周期的各个环节采取“预防”措施，通过将生产技术、生产过程、经营管理及产品消费等方面与物流、能量、信息等要素有机结合起来，并优化运行方式，从而实现最小的环境影响，最少的资源、能源使用，最佳的管理模式以及最优化的经济增长水平。

（4）开展清洁生产是促进环保产业发展的重要举措。在当前环境质量状况不断恶化，改善环境的呼声日渐增高的情况下，环保产业的兴起是当前一个重要趋势，是未来我国新的经济增长点。而开展清洁生产活动可以大大提高对环保产业的需求，促进环保产业的发展。

（5）清洁生产是现代农业生产方式对传统农业的升级改造。农业清洁生产是生态农业的重要基础，大力发展农业清洁生产对改善农村生态环境，促进农村循环经济发展，推进社会主义新农村建设有着重要意义。

### 6.1.3 清洁生产的基本理论和实施途径

#### 6.1.3.1 清洁生产的基本理论

A 可持续发展理论

可持续发展是“既满足当代人的需求，又不对后代人满足自身需求的能力构成危害的发展”。其理论基本思想为：可持续发展鼓励经济增长。可持续发展强调经济增长的必要性，不仅重视经济增长的数量，更要追求经济增长的质量，达到具有可持续意义的经济增长；可持续发展的标志是资源的永续利用和良好的生态环境。可持续发展以自然资源为基础，同生态环境相协调，在保护环境、资源永续利用的条件下，实现经济增长和经济社会的发展；可持续发展的目标是谋求社会的全面进步。可持续发展是要实现以人为本的自然—经济—社会复合系统的持续、稳定、健康的发展，改善人类生活质量，提高人类健康水平，创造一个保障人们平等、自由、教育和免受暴力的社会环境。

B 废物与资源转化理论（物质平衡理论）

废物是指人们生产和消费活动中产生的不再被人们需要的物质，当废物的数量达到一定程度，超过自然的净化能力时，就会破坏生态环境。一方面，随着人类社会的快速发展，自然系统吸纳废物的速率远低于废物的排放速率，使得环境中的废物不断累积；另一方面地球系统的资源越来越难以满足人类社会发展的需要。物质平衡理论通过对整个环境—经济系统物质平衡关系的分析，揭示环境污染的经济学本质。在生产过程中物质按照平衡原理相互转换，生产过程中产生的废物越多，原料（资源）消耗越大，原料（资源）利用率越低。废物由原料转化而来，提高原料（资源）利用率，等于原料得到了最大化利用，即可减少废物的产生。此外，资源与废物是一个相对的概念。生产中的废物具有多功能特性，即某一生产过程中的废物可作为另一生产过程的原料进行利用，如粉煤灰可以在水泥生产过程中作为原料利用。

C 最优化理论

在生产过程中，一种产品的生产必定存在一个产品质量最好、产率最高、能量消耗最少的最优生产条件，其理论基础是数学上的最优化理论。清洁生产就是实现生产过程中原料、能源消耗最少、产品产率最高的最优生产条件，即将废物最小量化作为目标函数，求它的各种约束条件下的最优解。

废物最小量这一目标函数是动态的、相对的。一个生产过程、一个生产环节、一种设备、一种产品，在不经过末端处理设施就能达到相应的废物排放标准、能耗标准、产品质量标准等，就可以认为目标函数得以实现。由于各个国家和地区的废物排放和能耗等标准不同，因此目标函数也不同。即使在一个国家，随着技术进步和社会发展，这些标准也会发生变化，目标函数也会发生变化。因此，目前清洁生产废物最小化理论不是求解目标函数值，而是为确定满足目标函数的必要约束条件。利用能量与物料衡算，得出生产过程中废物产生量、能源消耗、原材料消耗与目标函数的差距，进而确定约束条件。约束条件包括原材料及能源、生产工艺、过程控制、设备、管理、产品、废物、员工等。

D 科学技术进步理论

科学技术是第一生产力，是经济发展和社会进步的重要推动力量。清洁生产以提高资源利用率、产品产率、能源利用效率、生产效率为目标，降低生产过程、产品和服务中资源消耗，能耗和废物的产生量。要实现清洁生产，就需要合理利用资源、开发新的能源、开发少废无废工艺、研发低碳技术、制造高效设备、淘汰高能耗落后机电设备、设计生态产品、科学管理、废物循环利用等，即科学技术进步是清洁生产的必要条件。

E 环境容载理论

环境容载理论主要是源于对环境容量与环境承载力的有机结合，是环境质量的量化和质化的综合表述。环境容量是指某一环境对污染物的最大承受限度，在这一限度内，环境质量不至于降低到有害于人类生活、生产和生存的水平。它强调的是区域环境系统对人类活动排污的容纳能力，侧重体现和反映了环境系统的自然属性；环境承载力是指在某一时期、某种状态或条件下，某地区的环境所能承受人类活动作用的阈值。它强调的是在区域环境系统正常结构和功能的前提下，环境系统所能承受的人类社会活动的能力。环境容载力可以看作是环境系统结构与社会经济活动相适宜程度的一种表示，为自然环境系统在一定的环境容量和环境质量支持下对人类活动所提供的最大的支撑阈值。简言之，环境容载力是指自然环境在一定纳污条件下可支撑的社会经济的最大发展能力。它具有可调控性，表现为人类在掌握环境系统运动变化规律的基础上，根据自身的需求对环境系统进行有目的的改造，从而提供环境容载力。

#### 6.1.3.2 清洁生产的科学方法

A 生命周期评价

生命周期评价（Life Cycle Assessment，LCA）是从产品或服务的生命周期全过程来评价其潜在环境影响的方法。产品在整个生命周期，即从原料开采和加工、产品制造、运输、销售、使用以及用后废弃、处理、处置全过程都会对环境产生影响，如何评价这些环境影响就需要采用系统化的方法和工具。生命周期评价实际上是对这些资源消耗和污染排放的一种系统分析过程。

联合国环境规划署的定义是：生命周期评价是评价一个产品系统生命周期整个阶段（从原材料的提取和加工到产品生产、包装、市场营销、使用和产品维护，直至再循环和最终废物处置）的环境影响的工具。

目前生命周期评价是国际上公认的、用来评估产品或服务潜在环境影响的有效方法，其主要内容包括：

（1）由于原材料开采造成的大气、水和固体废物污染。

（2）开采过程中的能量消耗。

（3）产品生产过程中造成的污染。

（4）产品分配和使用可能带来的环境影响。

（5）产品最终处置产生的环境影响。

生命周期评价的目的在于确定产品或服务的环境负荷，比较产品和服务环境性能的优劣，从而以生命周期思想为依据对产品和服务进行设计。它具有以下特点：

（1）生命周期评价是对产品系统的全过程评价。所谓“全过程”是指“从摇篮到坟墓”，即从原材料采掘、原材料生产、产品制造、产品使用直到产品废弃后的处置。从产品系统角度看，当前环境管理的焦点通常局限于“原材料生产”“产品制造”“废物处理”三个环节，而忽视了“原材料采掘”和“产品使用”阶段。对产品系统的全过程评价是实现可持续发展的必然要求。

（2）生命周期评价是一种系统性的、定量化的评价过程。生命周期评价以系统的思维方式去研究产品或服务在整个生命周期每个环节中的资源消耗、废弃物产生情况，并定量评价这些能源和物质的消耗以及排放的废物对环境的影响，从而辨识和评价能够避免或减缓环境影响的机会。

（3）生命周期评价是一个开放性的评价系统。生命周期评价体现的是可持续环境管理的思想，与其他环境管理手段（如风险评价、项目环境影响评价）相比，生命周期具有其自身的优势和缺陷，因此生命周期评价还需要不断地完善。

目前，各国政策的重点从“末端治理”转向“全过程控制”，这也从一个侧面反映了生命周期评价必将成为制定长期环境政策的基础，它对于实现可持续发展战略具有重要意义。生命周期评价用于企业清洁生产审计，可以全面分析企业生产过程及其上游（原料供给方）和下游（产品及废物的接受方）产品全过程的资源消耗和环境状况，找出存在的问题，并提出解决方案。因此，生命周期评价是判断产品和工艺是否真正属于清洁生产范畴的基本方法。

根据国际标准化组织颁布的 ISO14040 系列标准，生命周期评价的实施步骤分为目的与范围确定、清单分析、影响评价和结果解释四个部分，如图 6-2 所示。

研究目的与范围的确定是生命周期评价的第一步，它直接影响着整个评价工作程序和最终研究结果的准确性。其重要性在于它决定了为何要进行某项生命周期评价，并表述所要研究的系统和数据类型、研究的目的、范围和应用意图以及研究涉及的地域广度、时间跨度和所需数据的质量等因素。

清单分析是一种描述系统内外物质流和能量流的方法，是依据确定的研究目的，建立

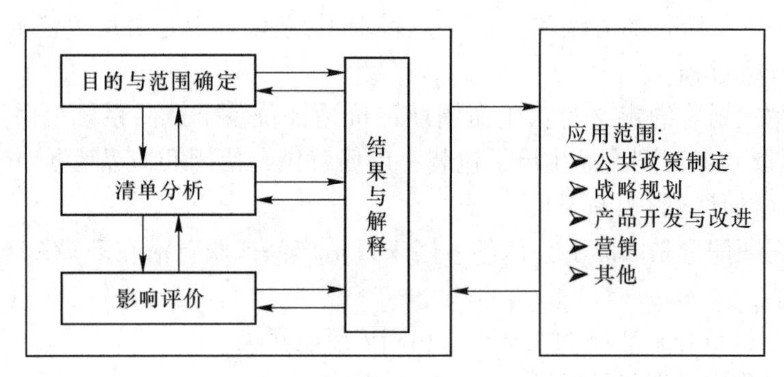


图 6-2 生命周期评价的技术框架

产品系统的输入输出清单的过程，它通过对产品生命周期每一过程负荷的种类和大小进行登记列表，实现对产品或服务的整个周期系统内资源、能源的投入和废物的排放进行定量分析。它贯穿于产品的整个生命周期，包括原材料的提取、制造加工、销售、使用、再使用或维持原状，以及废物利用和废弃物的处理等阶段。

影响评价是生命周期评价的核心内容，同时也是最难进行的部分，它是对清单分析阶段所识别的环境影响进行定量或定性的表征评价，即确定产品系统的物质、能量交换对其外部环境的影响，这些影响包括生态系统、人体健康以及其他方面。它是对影响结果的合理预期，是检验在拟采用的清单资料的处理方式下预期的环境影响是否合理。它的目的在于对清单分析所揭示的产品系统对特定环境特性的影响进行准确的评估，并对环境特性变化的相对严重性进行优先排序。

结果解释的目的是根据生命周期清单分析和影响评价的结论，以透明的方式分析结果、形成结论、解释局限性、提出建议并报告生命周期解释的结果，同时提出改进建议。

B 生态设计

生态设计也称绿色设计或生命周期设计或环境设计，是指应用生态学的思想，在产品开发阶段综合考虑与产品相关的生态环境问题，设计出既对环境友好，又能满足人的需求的一种新的产品、设计方法。生态设计要求在产品开发的所有阶段均考虑环境因素，从产品的整个生命周期减少对环境的影响，最终引导产生一个更具有可持续性的生产和消费系统。

生态设计活动主要包括从保护环境角度考虑，减少资源消耗、实现可持续发展战略；从商业角度考虑，降低成本、减少潜在的责任风险，以提高竞争能力。

生态设计的具体实施就是将工业生产过程比拟为一个自然生态系统，对系统输入（能源与原材料）与产出（产品与废物）进行综合平衡。可以归纳出以下七项实施原则：

（1）选择环境影响低的材料：设计过程应选择可更新、低能源成分、可循环利用率高的清洁原材料，降低产品对环境的最终影响。

（2）减少材料使用：通过产品的生态设计，在保证其技术生命周期的前提下，尽可能减少使用材料的数量。

（3）生产技术的最优化：生产技术优化是通过替换工艺技术、减少生产步骤、优化生产过程，以减少辅助材料（无危险的材料）和能源的使用，从而减少原材料的损失和废物的产生。

（4）营销系统的优化：采用更少、更清洁和可再次使用的包装，采用节能的运输模式和可更有效利用能源的后勤系统，确保产品以更有效的方式从工厂输送到零售商和用户手中。

（5）消费过程的环境影响：通过生态设计的实施尽可能减少产品在使用过程中可能造成的环境影响，具体措施包括降低产品使用过程的能源消费，减少易耗品的使用，使用环境友好的消耗品，减少资源的浪费。

（6）初始生命周期的优化：产品设计应考虑到技术生命周期、美学生命周期和产品的生命周期的优化，尽量延长产品的使用时间，可以使用户推迟购买新产品，避免产品过早地进入处置阶段，提高产品的利用效率。

（7）产品末端处置系统的优化：产品的设计应考虑到产品的初始生命周期结束后对产品的处理和处置。产品末端处置系统的优化指的是再利用有价值的产品零部件和确保正确的废物管理，从而减少在制造过程中材料和能源的投入，减少产品的环境影响。

生态设计的环境经济效益包括可降低生产成本，包括原材料和能源的消耗及环保投入；产品的生态设计要求尽量不用或少用对环境不利的物质，可以起到预防的作用，减少企业潜在的责任风险；生态设计提出高水平的环境质量要求，如产品的实用性、运行可靠性、耐用性以及可维修性等，这些方面的改善都将有利于产品对环境的影响；随着消费者环境意识的提高，对环境友好产品的需求将越来越大。

C 绿色化学

绿色化学是指设计没有或者只有尽可能小的环境负作用并且在技术上和经济上可行的化学产品、化学过程及应用，以减少和消除各种对人类健康、生态环境有害的化学原料在生产过程中的使用，使这些化学产品或过程更加环境友好的工艺。绿色化学包括所有可以降低对人类健康与环境产生负面影响的化学方法、技术与过程。遵循如下 12 条原则：

（1）预防环境污染：应当防止废物的生成，而不是废物产生后再处理。通过有意识设计不产生废物的反应，减少分离、治理和处理有毒物质的步骤。

（2）原子经济性：原子经济性的目标是使原料分子中的原子更多或全部进入最终产品中。最大限度地利用反应原料，最大限度地减少废物的排放。

（3）无害化学合成：尽量减少化学合成中的有毒原料和有毒产物，只要可能，反应和工艺设计应考虑使用更安全的替代品。

（4）设计安全化学品：使化学品在被期望功能得以实现的同时，将其毒性降到最低。

（5）使用安全溶剂和助剂：尽可能不使用助剂（如溶剂、分离试剂等），在必须使用时，采用无毒无害的溶剂代替挥发性有毒有机物作溶剂。

（6）提高能源经济性：合成方法必须考虑过程中能耗对成本与环境的影响，最好采用在常温常压下进行的合成方法。

（7）使用可再生原料：在经济合理和技术可行的前提下，选用可再生资源代替消耗资源。

（8）减少衍生物：应尽可能减少不必要的衍生作用，以减少这些不必要的衍生步骤需要添加的试剂和可能产生的废物。

（9）新型催化剂的开发：尽可能选择高选择性的催化剂，高选择性可使反应产生的废物减少，在降低反应活化能的同时，也能使反应所需的能量降到最低。

(10) 降解设计：在设计化学品时就应优先考虑在它完成本身的功能后，能否降解为良性循环物质。

(11) 预防污染中的实时分析：进一步开发可进行实时分析的方法，实现在线监测。在线监测可以优化反应条件，有助于产率的最大化和有毒物质产生的最小化。

(12) 防止意外事故发生的安全工艺：采用安全生产工艺，使化学意外事故的危险性降到最低程度。

未来绿色化学的研究重点包括：设计对人类健康和环境更安全的化合物；探求新的、更安全的、对环境更友好的化学合成路线和生产工艺；改善化学反应条件、降低对人类健康和环境的危害，减少废弃物的生产和排放。具体地说，绿色化学的研究主要是围绕化学反应原料、催化剂、溶剂和产品的绿色化开展的。

D　环境标志

环境标志是一种产品的证明性商标，它表明该产品不仅质量合格，而且在生产、使用和处理处置过程中符合环境保护要求，与同类产品相比，具有低毒少害、节约资源等环境优势。发展环境标志的最终目的是保护环境，它通过两个具体步骤得以实现：一是通过环境标志向消费者传递一个信息，告诉消费者哪些产品有益于环境，并引导消费者购买、使用这类产品；二是通过消费者的选择和市场竞争，引导企业自觉调整产品结构，采用清洁生产工艺，使企业环保行为遵守法律法规，生产对环境有益的产品。

环境标志的作用包括几个方面：为消费者建立和提供可靠的尺度来选择有利于环境的产品；为生产者提供公平竞争的统一尺度；提高消费者的环境意识；改善标志产品的销售情况，改善企业形象；鼓励生产绿色产品；保护环境等。

环境标志一般由商会、实业或其他团体申请注册，并对使用该标志的商品具有鉴定能力和保证责任，因此具有权威性；因其只对贴标产品具有证明性，故有专证性；考虑到环境标准不断提高，标志每3~5年需重新认定，所以又具有实效性；有标志的产品在市场中的比例不能太高，因此还有比例限制性。

#### 6.1.3.3　清洁生产的实施原则

由于不同行业、企业之间具体情况的差别，在实施清洁生产的过程中侧重点各不相同。但一般来说，企业实施清洁生产应遵循以下五项原则：

(1) 环境影响最小化原则。清洁生产是一项环境保护战略，因此其生产全过程和产品的整个生命周期均应趋向对环境的影响最小，这是实施清洁生产最根本的环境目标。

(2) 资源消耗减量化原则。清洁生产要求以最少的资源生产出尽可能多且社会需求的优质产品，通过节能、降耗、减污来降低生产成本，提高经济效益，这有助于提高企业的竞争力，符合企业追求商业利润的要求，因此资源消耗减量化原则是持续清洁生产的内在动力。

(3) 优先使用再生资源原则。人类社会经济活动离不开资源，不可再生资源的耗竭直接威胁人类社会的可持续发展。因此，企业在实施清洁生产过程中必须遵循优先使用再生资源的原则，以保证社会经济的持续发展，同时也是企业持续发展的保证。

(4) 循环利用原则。物流闭合是无废生产与传统工业生产的根本区别。企业实施清洁生产要达到无废排放，其物料在一定程度上需要实现内部循环。如将工厂的供水、用水、净水统一起来，实现用水的闭合循环，达到无废水排放。循环利用原则的最终目标是有意识地在整个技术圈内组织和调节物质循环。

(5) 原料和产品无害化原则。清洁生产所采用的原料和产品应不污染空气、水体和地表土壤，不危害操作人员和居民的健康，不损害景区、休憩区的美学价值。

6.1.3.4 清洁生产的实施途径

清洁生产的实施途径应包括企业的经营管理、政府的政策法规、技术创新、教育培训以及公众参与监督。其中，企业的经营管理是清洁生产的体现主体，而对于生产过程而言，清洁生产的实施途径包括以下几个方面，如图 6-3 所示。

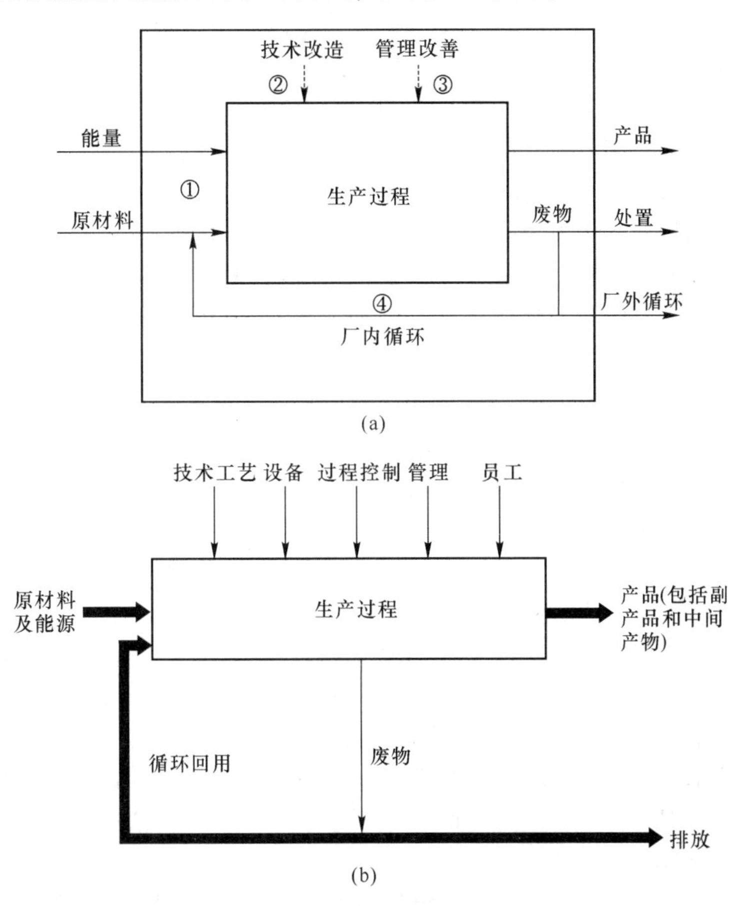


图 6-3 清洁生产的实施途径

(a) 生产过程中清洁生产的实施途径；(b) 生产过程中清洁生产的实施途径

(1) 原材料及能源的有效利用和替代。原材料是工艺方案出发点，它的合理选择是有效利用资源、减少废物产生的关键因素。从原材料使用环节实施清洁生产的内容包括以无毒、无害或少害原料替代有毒、有害原料；改变原料配比或降低其使用量；保证或提高原料的质量，进行原料的加工，减少对产品的无用成分；采用二次资源或废物作原料替代稀有短缺资源的使用等。

(2) 改革工艺和设备。工艺是从原材料到产品实现物质转化的流程载体，设备是工艺流程的硬件单元。通过改革工艺与设备方面实施清洁生产的主要途径包括利用最近科技成果，开发新工艺、新设备，如采用无氰电镀或金属热处理工艺、逆流漂洗技术等；简化流程、减少工序和所有设备；使工艺工程易于连续操作，减少开车、停车次数，保持生产过程的稳定性；提高单套设备的生产能力，装置大型化，强化生产过程；优化工艺条件，如温度、流量、压力、停留时间、搅拌速度都以及必要的预处理、工序的顺序等。

(3) 改革运行操作管理。除了技术、设备等物化因素外，生产活动离不开人的因素，这主要体现在运行操作和管理上。很多工业生产产生的废物污染，很大程度是由于生产过程中管理不善造成的。实践证明，规范操作、强化管理，往往可以通过较少的费用提高资源能源利用效率，削减相当比例的污染。因此，优化改进操作、加强管理经常是清洁生产审核中最优先考虑也是最容易实施的清洁生产手段。具体实施包括合理安排生产计划，改进物料储存方法，加强物料管理，消除物料的跑冒滴漏，保证设备完好等。

(4) 生产系统内部循环利用。生产系统内部循环利用是指一个企业生产过程中的废物循环回用。一般物料再循环是生产过程中常见的原则，其基本特征是不改变主体流程，仅将主体流程中的废物加以收集处理并再利用。这方面的内容通常包括将废物、废热回收作为能量利用；将流失的原料、产品回收，返回主体流程之中使用；将回收的废物分解处理成原料或原料组分，复用于生产流程中；组织闭路用水循环或一水多用等。

### 6.1.4 清洁生产的审核

#### 6.1.4.1 清洁生产审核的定义和特点

清洁生产审核应以企业为主体。《清洁生产审核暂行办法》所称的清洁生产审核，是指按照一定程序，对生产和服务过程进行调查和诊断，找出能耗高、物耗高、污染重的原因，提出减少有毒有害物料的使用、产生，降低能耗、物耗以及废物产生的方案，进而选定技术经济及环境可行的清洁生产方案的过程。

企业的清洁生产审核是一种对污染来源、废物产生原因及其整体解决方案的系统的分析和实施过程，旨在通过实行预防污染的分析和评估，寻找尽可能高效率利用资源（如原辅材料、能源、水资源等），减少或消除废物的产生和排放的方法，是企业实行清洁生产的重要前提和基础。持续的清洁生产审核活动会不断产生各种清洁生产的方案，有利于组织在生产和服务过程中逐步实施，从而使其环境绩效持续得到改进。

清洁生产审核具有如下特点：

(1) 具有鲜明的目的性。清洁生产审核特别强调节能、降耗和减污，并与现代企业的管理要求相一致，具有鲜明的目的性。

(2) 具有系统性。清洁生产审核以生产过程为主体，考虑与生产过程相关的各个方面，从原材料投入到产品改进，从技术革新到加强管理等，设计了一套发现问题、解决问题、持续实施的系统而完整的方法。

(3) 突出预防性。清洁生产审核的目标就是减少废弃物的产生，从源头消减污染，从而达到预防污染的目的，这个思想应贯穿整个审核过程。

(4) 符合经济性。污染物一经产生往往需要花费很高的代价去收集、处理和处置，使其无害化，这也就是末端处理费用往往使许多企业难以承担的原因。而清洁生产审核倡导在污染物产生之前就予以削减，不仅可减轻末端处理的负担，同时可减少原材料的浪费，提高原材料的利用率和产品的得率。事实上，国内外许多经过清洁生产审核的企业都证明了清洁生产审核可以给企业带来经济效益。

（5）强调持续性。清洁生产审核非常强调持续性，无论是审核重点的选择还是方案的滚动实施均体现了从点到面、逐步改善的持续性原则。

（6）注重可操作性。清洁生产审核的每一个步骤均能与企业的实际情况相结合，在审核程序上是规范的，即不漏过任何一个清洁生产机会，而在方案实施上则是灵活的，即当企业的经济条件有限时，可先实施一些无/低费方案，以积累资金，逐步实施中/高费方案。

#### 6.1.4.2 清洁生产审核的目标和原则

开展清洁生产审核的目标如下：

（1）核对有关单元操作、原材料、产品、用水、能源和废弃物的资料。

（2）确定废弃物的来源、数量以及类型，确定废弃物削减的目标，制定经济有效的削减废弃物产生的对策。

（3）提高企业对由削减废弃物获得效益的认识。

（4）判定企业效率低的瓶颈部位和管理不善的地方。

（5）提高企业经济效益、产品质量和服务质量。

《清洁生产审核暂行方法》确定了清洁生产审核的四项原则：

（1）以企业为主体。清洁生产审核的对象是企业，是围绕企业开展的，离开了企业，所有工作都无法开展。

（2）自愿审核与强制审核相结合。对污染物排放达到国家和地方规定的排放标准以及总量控制指标的企业，可按照自愿的原则开展清洁生产审核；而对于污染物排放超过国家和地方规定的标准或者总量控制指标的企业，以及使用有毒、有害原料进行生产或者在生产中排放有毒、有害物质的企业，应依法强制实施清洁生产审核。

（3）企业自主审核与外部协助审核相结合。

（4）因地制宜、注重实效、逐步开展。不同地区、不同行业的企业在实施清洁生产审核时，应结合本地实际情况，因地制宜地开展工作。

#### 6.1.4.3 清洁生产审核的程序

清洁生产审核首先是对组织现在的和计划进行的产品生产和服务实行预防污染的分析和评估。在实行预防污染分析和评估的过程中，制定并实施减少能源、资源和原材料使用，消除或减少产品和生产过程中有毒物质的使用，减少各种废弃物排放的数量及其毒性的方案。

清洁生产审核的总体思路可以用三个英文单词：where（哪里）、why（为什么）、how（如何）来概括。废弃物在哪里产生？可以通过现场调查和物料平衡找出废弃物的产生部位并确定其产生量。为什么会产生废弃物？这要求分析产品生产过程的每一个环节。如何减少或消除这些废弃物？具体来说就是查明废弃物产生的位置，分析废弃物产生的原因以及如何减少或消除这些废弃物。图6-4所示为清洁生产审核的思路。

应针对每一个废弃物产生的原因，设计相应的清洁生产方案，包括无/低费方案和中/高费方案，通过实施这些清洁生产方案来减少或消除这些废弃物产生的原因，达到减少或消除废弃物产生的目的。

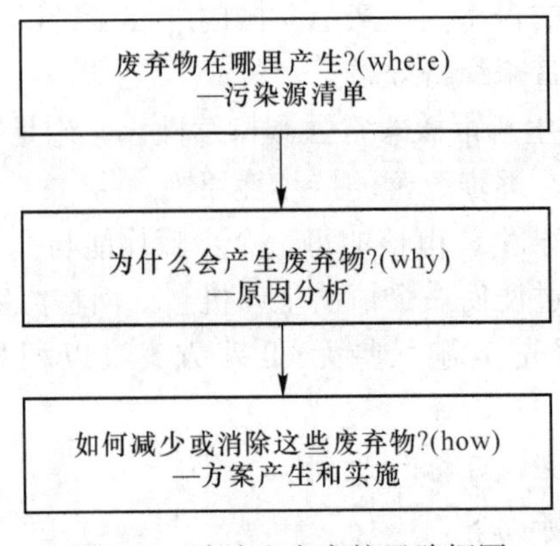


图 6-4 清洁生产审核思路框图

清洁生产审核是一套科学的、系统的和操作性很强的程序。根据清洁审核的思路，整个清洁生产审核程序可分解为具有可操作性的 7 个步骤，也就是清洁生产审核的 7 个阶段。

（1）审核准备。该环节要点是实施清洁生产审核的宣传培训、发动和组织准备等工作。取得企业高层领导的支持和积极参与是清洁生产审核准备阶段的关键。审核过程需要领导的认可承诺与发动，需要组织各个职能部门和全体员工积极投入，需要各部门之间的协调配合，需要投入相应的物力和财力等。因而，高层领导对审核工作的大力支持，既是顺利实施审核工作的保证，也是使审核提出的清洁生产方案切实实施、取得成效的关键。从实际来看，越是领导支持的企业，审核工作的进展越是顺利，审核成果也越是明显。

（2）预审核。清洁生产是一个持续滚动的工作，这需要长期与近期结合、突出重点。怎样从企业整个生产过程中确定审核的重点，是预审核阶段的主要工作内容。通常，这需要在全厂范围内进行调研和考察，完成企业生产过程的总体评价，初步识别生产系统内各个过程单元的资源、能源消耗高，废物产生排放大等的产生部位和产生数量，找出进一步深入进行审核的重点。对于那些明显改进生产过程的无费、低费清洁生产方案，一旦可行和有效就应立即实施，属于管理问题应建立相应的管理制度和监管系统。

（3）审核。该阶段的要点是对审核重点通过物料平衡分析工作识别清洁生产的机会。针对审核重点进行物料平衡分析，主要包括物料输入输出的实测、建立物料平衡。物料输入输出实测和平衡的目的是准确判明物料流失和污染物产生的部位和数量（预审核阶段更多的是经验和观察的结果）。根据物料平衡，分析存在的能源物料消耗、资源转化，废物产生排放的问题和产生的原因，包括原材料的存储、运行与管理等多方面的问题。集思广益，识别清洁生产的机会。

（4）清洁生产方案产生与筛选。对审核等有关阶段获得的结果，主要是各种可能的清洁生产机会，进行提炼、综合，形成清洁生产方案，并进行初步筛选，包括无费、低费和中高费方案。方案的产生是审核过程的一个关键环节。在审核重点基础上产生的清洁生产方案，特别要注意在整个生产过程系统层面上的分析综合。

（5）清洁生产方案的确定。对筛选出的预选方案，特别是中高费用清洁生产方案进行可行性评估。在结合市场调查和收集与方案相关的资料基础上，对方案进行技术、环境、经济等可行性分析和比较，通过各投资方案的技术工艺、设备、运行、资源利用率、环境健康、投资回收期、内部收益率等分析指标，确定最佳可行的推荐方案。

（6）清洁生产方案计划与清洁生产审核报告编写。编制清洁生产方案实施计划（包括管理方案），组织实施。编写清洁生产审核报告编写，一般包括企业基本情况、清洁生产审核过程和结果、清洁生产方案综合效益预测分析、清洁生产方案实施计划等。

（7）持续清洁生产。在清洁生产方案实施计划取得成效的基础上，开展下一轮的审核，持续地推行清洁生产。

组织实施清洁生产审核是推行清洁生产的重要途径。基于我国清洁生产审核示范项目的经验，并根据国外有关废物最少化评价和废物排放审核方法与实施的经验，国家清洁生产中心开发的我国的清洁生产的审核程序的7个阶段如图6-5所示。阶段1是整个审核程序的准备阶段；阶段2、3是整个审核程序的审核阶段；阶段4、5是制定方案阶段；阶段6是实施方案阶段；阶段7是编写清洁生产报告，总结本轮的审核成果。七个阶段有机结合组成了企业清洁生产审核工作程序。

#### 6.1.4.4 清洁生产的评价指标

随着《中华人民共和国清洁生产促进法》的实施和清洁生产工作的开展，建立科学的清洁生产评价体系非常必要。清洁生产评价是通过对企业原材料的选取、生产过程到产品、服务的全过程进行综合评价，评定企业现有生产过程、产品、服务各环节的清洁生产水平在国际和国内所处的位置，并制定相应的清洁生产措施和管理制度，以增强企业的市场竞争力，达到节约资源、保护环境和持续发展的目的。建立清洁生产指标体系，有助于评价企业开展清洁生产的状况，便于企业选择合适的清洁生产技术，促使企业积极推行清洁生产工作。清洁生产评价正逐步向量化评价的方向发展，量化的评价主要通过选择指标体系、指标体系分值计算获得评价结果。

清洁生产的指标（indicators）是预期达到的指数、规格、标准，它既是科学水平的标志，也是进行定量比较的尺度。指数（index）是一类特殊的指标，是一组集成的或经过权重化处理的参数或指标，它能提供经过数据综合后获得的高度凝聚的信息。指标体系（indicators system）是指描述和评价某种事物的可度量参数的集合，是由一系列相互独立、相互联系、相互补充的数量、质量、状态等规定性指标构成的有机评价系统。清洁生产指标体系（cleaner production indicators system）是由一系列相互独立、相互联系、相互补充的单项评价活动指标组成的有机整体，它反映的是组织或更高层面上清洁生产的综合和整体状况。一个合理的清洁生产体系可以有效地促进组织清洁生产活动的开展以及整个社会的可持续发展。因此，清洁生产指标体系具有标杆的功能，是对清洁生产技术方案进行筛选的客观依据，为清洁生产绩效评价提供了一个比较标准。

清洁生产指标既是管理科学水平的标志，也是定量比较的尺度。清洁生产指标是指国家、地区、部门和企业根据一定的科学、技术、经济条件，在一定时期内确定的必须达到的具体清洁生产目标和水平。清洁生产指标应该分类清晰、层次分明、内容全面，兼具科学性、可行性、简洁性和开放性，并且应该随着经济、社会和环境的变化而变化。因此，

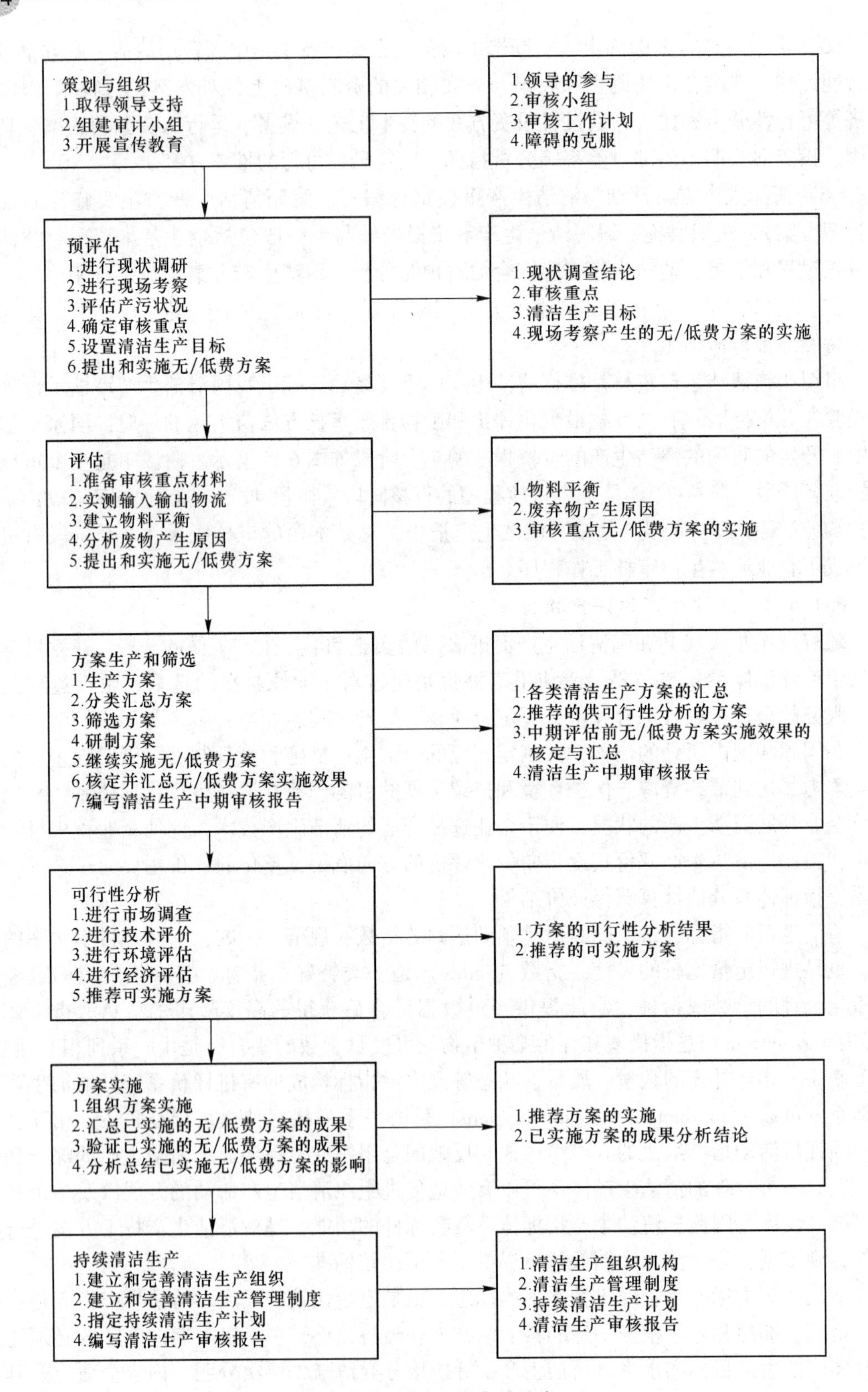


图6-5　清洁生产审核程序

清洁生产指标制定的具体原则如下：

（1）客观准确评价原则。指标体系所选用的评价指标、评价模式要客观、充分地反映行业及其生产工艺的状况，真实、客观、完整、科学地评价生产工艺优劣性，保证清洁生产最终评价结果的准确性、公正性以及应用指导性。

（2）全生命周期评价原则。在评价一项技术时，不但要对工艺生产过程、产品的使用（或服务）阶段进行评价，还要考虑产品本身的状况和产品消费后的环境影响，即对产品设计、生产、储存、运输、消费和处理处置整个生命周期中原材料、能源消耗和污染物产生及其毒性进行全面分析和评价，以体现全过程分析的思想。

（3）污染预防的原则。清洁生产指标的范围不需要涵盖所有的环境、社会、经济等指标，主要应反映出该行业所使用的主要的资源量及产生的废物量，包括使用能源、水量或其他资源的情况。通过对这些实际情况的评价，反映出项目的资源利用情况和节约的可能性，达到保护自然资源的目的。

（4）定量指标和定性指标相结合的原则。为了确保评价结果的准确性和科学性，必须建立定量的评价模式，选取可定量化的指标，计算其结果。但评价对象的生产过程复杂且涉及面广，因此对于不能量化的指标也可以选取定性指标。采用的指标均应力求科学、合理、实用、可行。

（5）重点突出，简明易操作原则。生产过程中涉及的清洁生产环节很多，清洁生产指标体系要突出重点、意义明确、结构清晰、可操作性强。清洁生产指标体系是为评价一个活动是否符合清洁生产战略制定的，是一套非常实用的体系。因此，既要考虑指标体系构架的整体性，又要考虑体系使用时的全面数据支持。也就是要求指标体系综合性强，同时要避免面面俱到、烦琐庞杂；既能反映项目的主要情况，又要简便、易于操作和使用。

（6）持续改进原则。清洁生产是一个持续改进的过程，要求企业在达到现有指标的基础上向更高的目标迈进，因此，指标体系也应该相对应地体现持续改进的原则，引导企业根据自身现有的情况，选择不同的清洁生产目标实现持续改进。

清洁生产是人类总结工业发展历史经验教训的产物，几十年来全球的研究和实践，充分证明了清洁生产是有效利用资源、减少工业污染、保护环境的根本措施，它作为预防性的环境管理策略，已被世界各国公认为是实现可持续发展的技术手段和基本途径，是可持续发展战略引导下的一场新的工业革命，是21世纪工业生产发展的主要方向，是现代工业发展的基本模式和现代工业文明的重要标志。

清洁生产是我国工业生产可持续发展的必由之路，主要体现在：

（1）目前我国大部分工业企业靠大量消耗能源、资源从事生产经营活动，既难获取高质量的社会消费产品，又会造成资源、能源的浪费，最终导致环境效益和社会效益矛盾的加剧。

（2）经济的持续发展除了社会生产力的重要因素——技术进步的清洁生产工艺外，还必须有足够的资源、能源作保证，离开了足够的资源、能源去实现经济的可持续发展必然是无源之水，无本之木。而采用清洁生产工艺，不断增加生产经营中的科技含量，就可有效地发挥现有资源、能源的最佳效益，极大地减少和避免资源、能源的浪费，为实现经济的持续发展提供充足的、长期的、坚实的资源保障。

(3) 清洁生产是以节能降耗为目的，以管理、技术为手段，实施工业生产全过程污染控制，使污染物产生量、排放量最小化的一种综合性措施。这种从源头上控制污染的方法，不仅可以最大限度地减少生产发展对人类和环境的风险，而且还获得了更大的经济效益。它能很好地解决经济发展与环境保护对立的关系，能使经济效益、生态效益、社会效益三者完美结合和统一，较之以往的“末端治理”的环保模式更易为企业所接受，更能调动企业和社会各方面的积极性，成为促进和保障可持续发展的根本途径。

## 6.2 循环经济

自从18世纪工业革命以来，机器大工业的迅速发展使人类拥有的物质财富得到极大的丰富，但是传统经济发展模式在为人类创造大量物质财富的同时，也大量消耗了地球上有限的自然资源，并日益破坏着地球的生态环境。到了20世纪中期，人类的活动对环境的破坏已经达到了相当严重的程度，一批环保的先驱人士呼吁人们要更多地关注环境问题。然而，当时世界各国关心的问题主要是污染物产生后如何减少其危害，即工业污染的末端治理方式。此后人们的认识逐步经历了从“排放废物”到“净化废物”再到“利用废物”的过程。到20世纪90年代当可持续发展战略成为世界潮流，工业污染的源头预防和全过程控制治理才开始替代末端治理成为环境与发展的真正主流，人们在不断探索和总结的基础上，提出了以资源利用最大化和污染物排放最少化为主线，将清洁生产、资源综合利用、生态设计和可持续消费等融为一体的循环经济战略。

### 6.2.1 循环经济的产生与发展

人类社会发展经历了以自然生产力为主导的膜拜自然时期以及以工业化为主导的掠夺自然时期。虽然在掠夺自然时期，人类社会的物质财富极大地丰富了，但人类社会发展却面临更多、更大的难题，这就是资源环境对于经济社会发展的负作用不断增强，尤其是与此相伴的经济增长正在削弱我们最终依赖的自然提供物品和服务的能力。这些自然提供的物品和服务已经成为新的稀缺资源，这也使得人类社会增加了对于自然的“敬畏感”，协调发展的思想亦因此而诞生，循环经济的发展理念也正是在这一全球背景下产生的。

6.2.1.1 国外循环经济的发展历程

1945年第二次世界大战结束后，人类经济建设与社会发展进入了一个新的时期，而快速的工业化、城市化这一传统经济发展方式，虽然带来了经济社会的快速发展，但对资源的攫取和对环境的破坏迫使人类对人与自然的关系进行深刻反思，逐步形成了“可持续发展观”。1960年美国经济学家肯尼斯·鲍尔丁提出了宇宙飞船经济理论，指出我们的地球只是茫茫太空中一艘小小的宇宙飞船，人口和经济的无序增长迟早会使船内有限的资源耗尽，而生产和消费过程中排出的废料将使飞船污染，毒害船内的乘客，此时飞船会坠落，社会随之崩溃。1990年，英国环境经济学家大卫·皮尔斯和图奈在其《自然资源和环境经济学》一书中首次正式使用了“循环经济”一词。试图依据可持续发展原则建立资源管理规则，并建立物质流动模型。1996年德国提出了《循环经济与废弃物管理法》，自该法实施以来，废弃物不断减少，循环利用率不断上升，废弃物处理行业已经成为德国重要的经济和就业发展动力。1999年，T. Cooper博士在《Journal of Sustainable Product Design》

上发表的《创造一种为可持续生产设计服务的经济基础设施》一文，进一步从产业过程阐述了循环经济，他认为所有生产过程产生的和最终消费后弃置的废弃物都应当重新用于其他产品或工艺的生产过程中去，并称将所有资源均纳入生命周期闭路循环的行为称为循环经济。2000 年，日本通过和修改了包括《推进形成循环型社会基本法》在内的多项法规，从法制上确定了日本 21 世纪经济和社会发展的方向，提出了建立循环型经济社会的根本原则，这标志着日本在循环经济技术和产业上迈上了新台阶。

6.2.1.2 国内循环经济的发展历程

我国循环经济大致经历了四个阶段：

（1）萌芽发展阶段（1993 年以前）。这个阶段中，我国开始认识到可以通过技术改造最大限度地将“三废”减少在生产过程中，循环性经济运行机制仍处于探索时期。

（2）清洁生产阶段（1993~2003 年）。2003 年我国正式实施了《中华人民共和国清洁生产促进法》，对于提高资源利用效率，减少和避免污染物的产生，促进经济和社会可持续发展起到了重要作用。

（3）理念传播与试点阶段（2004~2008 年）。该阶段，循环经济的理念开始逐渐为人们所广泛接受。国家相关部门开展了循环经济试点工作，并取得了一定的成效。国家发改委组织了循环经济试点工作，先后发布了《关于组织开展循环经济试点（第一批）工作的通知》《关于组织开展循环经济试点（第二批）工作的通知》。

（4）全面推进阶段（2009 年至今）。2009 年开始实施的《中华人民共和国循环经济促进法》，为促进循环经济发展奠定了法律基础，这不仅说明我国循环经济发展的制度建设取得了标志性成果，而且也说明我国循环经济发展进入了一个全新的发展时期。2013 年党的十八届三中全会召开，提出了生态文明建设的总体战略要求，以及绿色发展、循环发展、低碳发展的战略部署，循环经济更是得到积极推进。2015 年 9 月 11 日国务院颁布实施《生态文明体制改革总体方案设计》，更是为推进循环经济发展提供了制度支撑。

### 6.2.2 循环经济的内涵和特征

6.2.2.1 循环经济的内涵

目前，循环经济的理论研究正处于发展之中，还没有十分严格的关于循环经济的定义。一般而言，循环经济（circular economy 或 recycle economy）一词是对物质闭环流动型（closing material cycle）经济的简称，是以物质、能量梯级和闭路循环使用为特征，在资源环境方面表现为资源高效利用，污染低排放，甚至污染“零排放”。

《中华人民共和国循环经济促进法》将循环经济定义为：循环经济是指将资源节约和环境保护结合到生产、消费和废物管理等过程中所进行的减量化、再利用和资源化活动的总称。在一般情况下，应当在综合考虑技术可行、经济合理和环境友好的条件下，按照减量化、再利用和资源化的先后次序，来发展循环经济。

从这个定义中可以看出，循环经济在经济运行形态上强调“资源—产品—废弃物—再生资源”的反馈式流程，在过程手段上，强调减量化、再利用和资源化的活动。同时，定义强调了循环经济在经济学意义上的范畴，即循环经济依然是指社会物质资料的生产和再生产过程，只不过这些物质生产过程以及由它决定的交换、分配和消费过程要更多地、自觉地纳入资源节约和环境保护之中。事实上，只有从经济角度而非单纯的环境管理角度，循环经济才能担负得起调整产业结构、增长方式和消费模式的重任。

循环经济倡导的是一种建立在物质不断循环利用基础上的经济发展模式，它要求把经济活动按照自然生态系统的模式，组织成一个物质反复循环流动的过程，使得整个经济系统以及生产和消费的过程基本上不产生或者只产生很少的废物。循环经济为工业化以来的传统经济转向可持续发展的经济提供了战略性的理论范式，从而从根本上消解长期以来环境与发展之间的尖锐冲突。循环经济和传统经济的比较见表6-2。

**表6-2 循环经济和传统经济的比较**

| 比较项目 | 传统经济 | 循环经济 |
|---|---|---|
| 运动方式 | 物质单向流动的开放性线性经济（资源→产品→废物） | 循环型物质能量循环的环状经济（资源→产品→再生资源→再生产品） |
| 对资源的利用状况 | 粗放型经营，一次性利用；高开采、低利用 | 资源循环利用，科学经营管理；低开采、高利用 |
| 废物排放及对环境影响 | 废物高排放，成本外部化，对环境不友好 | 废物零排放或低排放，对环境友好 |
| 追求目标 | 经济利益（产品利润最大化） | 经济利益、环境利益与社会持续发展利益 |
| 经济增长方式 | 数量型增长 | 内涵型发展 |
| 环境治理方式 | 末端治理 | 预防为主、全过程控制 |
| 支持理论 | 政治经济学、福利经济学等传统经济理论 | 生态系统理论、工业生态学理论等 |
| 评价指标 | 第一经济指标（GDP、GNP、人均消费等） | 绿色核算体系（绿色GDP等） |

循环经济力求在经济发展中遵循生态学规律，将清洁生产、资源综合利用、生态设计和可持续消费等融为一体，实现废物减量化、资源化和无害化，达到经济系统和自然生态系统的物质和谐循环，维护自然生态平衡。简要来说，循环经济就是把清洁生产和废物的综合利用融为一体的经济，它本质上是一种生态经济，要求运用生态学规律来指导人类社会的经济活动。只有尊重生态学原理的经济才是可持续发展的经济。

循环经济的发展模式表现为“两低两高”，即低消耗、低污染、高利用率和高循环率，使物质资源得到充分、合理的利用，把经济活动对自然环境的影响降低到尽可能小的程度，是符合可持续发展原则的经济发展模式，其内涵要求做到以下几点。

（1）要符合生态效率。把经济效益、社会效益和环境效益统一起来，使物质充分循环利用，做到物尽其用，这是循环经济发展的战略目标之一。循环经济的前提和本质是清洁生产，这一论点的理论基础是生态效率。生态效率追求物质和能源利用效率的最大化和废物产量的最小化，正是体现了循环经济对经济社会生活的本质要求。

（2）提高环境资源的配置效率。循环经济的根本之源就是保护日益稀缺的环境资源，提高环境资源的配置效率。它根据自然生态的有机循环原理，一方面通过将不同的工业企业、不同类别的产业之间形成类似于自然生态链的产业生态链，从而达到充分利用资源、减少废物产生、物质循环利用、消除环境破坏、提高经济发展规模和质量的目的；另一方面它通过两个或两个以上的生产体系或环节之间的系统耦合，使物质和能量多级利用、高效产出并持续利用。

（3）要求产业发展的集群化和生态化。大量企业的集群使集群内的经济要素和资源的配置效率得以提高，达到效益的极大化。由于产业集群，容易在集群区域内形成有特殊的资源优势与产业优势和多类别的产业结构，这样才有可能形成核心的资源与核心的产业，成为生态工业产业链中的主导链，以此为基础，将其他类别的产业与之连接，组成生态工业网络系统。

但是从内涵上讲，不能简单地把循环经济等同于再生利用，“再生利用”尚缺乏做到完全循环利用的技术，循环本质上是一种“递减式循环”，而且通常需要消耗能源，况且许多产品和材料是无法进行再生利用的。因此，真正的“循环经济”应该力求减少进入生产和消费过程的物质量，从源头节约资源和减少污染物的排放，提高产品和服务的利用效率。

#### 6.2.2.2 循环经济的基本特征

循环经济的技术体系以提高资源利用效率为基础，以资源的再生、循环利用和无害处理为手段，以经济社会可持续发展为目标，推进生态环境的保护。循环经济的主要特征在于：

（1）生态环境的弱胁迫性。传统的经济发展方式对于环境生态的依赖性强，从一定程度上导致快速的产业发展会加剧资源的消耗、生态的破坏和环境的污染。而循环经济发展方式将占用更少的资源及生态、环境要素，从而使得快速的经济发展对于资源、生态、环境要素的压力降低。

（2）资源利用的高效率性。随着经济发展规模的不断扩大，资源消耗不断加剧，一定程度上使得全球经济发展尤其是处于快速工业化时期的国家或地区经济发展开始从资金制约型转为资源制约型。而循环经济的建设与发展，可实现资源的减量化投入、重复性使用，从而提高有限资源的利用效率。

（3）行业行为的高标准性。循环经济要求原料供应、生产流程、企业行为、消费行为等都要符合生态友好、环境友好的要求，从而对于行业行为从原来的单纯的经济标准，转变为经济标准、资源节约标准、生态标准、环境标准并重，并通过有效的制度约束，确保行业行为高标准的实现。

（4）产业发展的强持续性。在资源环境生态要素占用成本不断提升的情况下，循环经济产业的发展将更具备竞争优势；同时由于循环经济企业或行业存在技术进步的内在要素，因此会更有效地推进循环型产业的可持续发展。

（5）经济发展的强带动性。循环型产业的发展对于经济可持续发展具有带动作用，而且产业之间及内部的关联性也将增强，从而推进产业协作与和谐发展。例如循环型服务业的发展，将对循环型农业、循环型工业乃至循环型社会的建设与发展产生有效的带动作用，从而提升区域经济竞争力，并有效推进实现区域经济可持续发展战略的全面实现。

（6）产业增长的强集聚性。循环经济的发展，将在一定层次上带来区域产业结构的重组与优化，从而实现资源利用效率高、生态环境胁迫性弱的产业部门的集聚，这将更有效地推进循环经济以及循环型企业的快速、健康发展。

#### 6.2.2.3 循环经济的基本原则

循环经济的主要原则包括七大基础原则和三大操作原则。

A 循环经济的七大基础原则

(1) 大系统分析的原则。循环经济比较全面地分析投入与产出，它是在人口、资源、环境、经济、社会与科学技术的大系统中，研究符合客观规律、均衡经济、社会和生态效益的经济。人类的经济生产从自然界取得原料，并向自然界排出废物，而自然资源是有限的，生态系统的承载能力也是一定的，如果不把人口、经济、社会、资源与环境作为一个大系统来考虑，就会违反基本客观规律。

(2) 生态成本总量控制的原则。如果把自然生态系统作为经济生产大系统的一部分来考虑，就应该考虑生产中生态系统的成本。所谓生态成本，是指当经济生产给生态系统带来破坏后再人为修复所需要的代价。在向自然界索取资源时，必须考虑生态系统有多大的承载能力，人为修复被破坏的生态系统需要多大的代价，因此要有一个生态成本总量控制的概念。

(3) 尽可能利用可再生资源的原则。循环经济要求尽可能利用太阳能、水、风能等可再生资源替代不可再生资源，使生产循环与生态循环耦合，合理地依托在自然生态循环之上。如利用太阳能替代石油，利用地表水代替深层地下水，用生态复合肥代替化肥等。

(4) 尽可能利用高科技的原则。国外目前提倡生产的“非物质化”，即尽可能以知识投入来替代物质投入，就我国目前发展水平来看，即以“信息化带动工业化”。目前称为高技术的信息技术、生物技术、新材料技术、新能源和可再生能源技术及管理科学技术等都是以大量减少物质和能量等自然资源的投入为基本特征的。

(5) 把生态系统建设作为基础设施建设的原则。传统经济只重视电力、热力、公路、铁路等基础设施建设，循环经济认为生态系统建设也是基础设施建设，如“退田还湖”“退耕还林”“退牧还草”等生态系统的建设。应通过这些基础设施建设来提高生态系统对经济发展的承载能力。

(6) 建立绿色 GDP 统计与核算体系的原则。建立企业污染的负国民生产总值统计指标体系，即从工业增加值中减去测定的与污染总量相当的负工业增加值，并以循环经济的观点来核算。这样可以从根本上杜绝新的大污染源的产生，并有效制止污染的反弹。

(7) 建立绿色消费制度的原则。以税收和行政等手段，限制以不可再生资源为原料的一次性产品的生产与消费，促进一次性产品和包装容器的再利用，或者使用可降解的一次性用具。

B 循环经济的三大操作原则

循环经济以“减量化（reduce）、再利用（reuse）、再循环（recycle）”作为其操作准则，简称为“3R”原则。

(1) 减量化原则。减量化原则属于输入端方法，目的是减少进入生产和消费流程的物质量。换言之，人们必须学会预防废物的产生而不是产生后再去治理。在生产中，厂商可以通过减少每个产品的物质使用量、重新设计制造工艺来节约资源和减少污染物的排放。如对产品进行小型化设计和生产，既可以节约资源，又可以减少污染物的排放，再如用光缆代替传统电缆，可以大幅度减少电话传输线对铜的使用，即节约了铜资源，又减少了铜污染。

(2) 再利用原则。再利用原则属于过程性方法，目的是延长产品服务的时间，也就是说人们应尽可能多次地以多种方式使用人们生产和所购买的物品。如在生产中，制造商可以使用标准尺寸进行设计，使电子产品的许多元件可以非常容易和便捷地更换，而不必更换整个产品。

（3）再循环原则。再循环原则即资源化原则，属于输出端方法，即把废弃物变成二次资源重新利用。资源化能够减少末端处理的废物量，减少末端处理（如垃圾填埋场和焚烧场）的压力，从而减少末端处理费用，既经济又环保。

循环经济的根本目标是要求在经济流程中系统地避免和减少废物，而废物再生利用只是减少废物最终处理量的方式之一。因此循环经济的3R原则并非并列，在具体操作上的优先顺序是减量化、再利用、再循环（资源化）。减量化原则优于再利用原则，再利用原则优于再循环原则，本质上再利用原则和再循环原则都是为减量化原则服务的。

减量化原则是循环经济的第一原则，其主张从源头就有意识地节约资源、提高单位产品的资源利用率，目的是减少进入生产和消费过程的物质流量、降低废弃物的产生量。因此，减量化是一种预防性措施，在“3R”原则中具有优先权，是节约资源和减少废弃物产生的最有效方法。

再利用原则优于再循环原则，它是循环经济的第二原则，属于过程性方法。依据再利用原则，生产企业在产品的设计和加工生产中应严格执行通用标准，以便于设备的维修和升级换代，从而延长其使用寿命；在消费中应鼓励消费者购买可重复使用的物品或将淘汰的旧物品返回旧货市场供他人使用。

再循环原则本质上是一种末端治理方式，它是循环经济的第三原则，属于终端控制方法。废物的再生利用虽然可以减少废弃物的最终处理量，但不一定能够减少经济活动中物质和能量的流动速度和强度。再循环主要有以下特点：

（1）依据再循环原则，为减少废物的最终处理量，应对有回收利用价值的废弃物进行再加工，使其重新进入市场或生产过程，从而减少一次资源的投入量。

（2）再循环是针对所产生废物采取的措施，仅是减少废物最终处理量的方法之一，它不属于预防措施，而是事后解决问题的一种手段，在减量化和再利用均无法避免废物产生时，才采取废物再循环措施。

（3）有些废物无法直接回收利用，要通过加工处理使其变成不同类型的新产品才能重新利用。再生利用技术是实现废弃物资源化的处理技术，该技术处理废弃物也需要消耗水、电和化石能源等物质，所需的成本较高，同时在此过程中也会产生新的废弃物。

### 6.2.3 循环经济的发展模式

#### 6.2.3.1 循环经济的层次

结合国外发展循环经济的成功经验和我国发展循环经济的实际情况，循环经济的发展表现在微、小、中、大四个尺度，即家庭层面、企业层面、园区层面和社会层面。这些层次是由小到大依次递进的，前者是后者的基础，后者是前者的平台。

A 家庭层面的微循环

家庭层面属于微循环的范畴，是指在居民家庭生产、消费等各类活动中实现资源低投入、污染低排放的经济活动或规律。虽然在城市居民家庭通过太阳能、废弃物利用、家具或其他消费品回收及修复利用、“跳蚤”市场、社区交换市场、社区雨水收集等方式也可以实现微循环，但由于农村家庭的经济单元特征更为显著，因此，农村区域微循环发展的潜力相对更大。该类型家庭循环经济以构建家庭内部种植养殖家庭生活循环链为主，目的是以资源化和减量化方式利用产生的固体废弃物、生活污水，从而减少种、养殖业投入，增加产出，提高资源、能源利用率，减少废弃物，提高经济效益，改善家庭环境卫生状况。

分析农村家庭循环经济的运作模式，可总结出以下特点：

(1) 家庭基塘复合系统是一种生态合理且现实的模式，既符合生态学原理又适应社会化分工，符合农业现代化的需要，因而具有广阔的发展前景。

(2) 沼气系统的建设与多层次的综合利用可以有效地将种植业、养殖业、加工业联系起来，实现物质、能量的良性循环。

(3) 将农村能源建设、农业生态建设和农村环境卫生建设紧紧结合在一起。

B 企业层面的小循环

从企业层次来看，它属于小循环的范畴，包括企业内部物质循环、事业单位与家庭中的中水回用和垃圾回收再利用等。企业内部物质循环属于清洁生产的范畴，把污染预防的环境战略持续运用于生产过程的各个环节，通过革新工艺、更新设备及强化管理等手段，提高生产效率，加大循环力度，实现污染物的少排放甚至零排放。它对生产过程，要求节约原材料和能源，淘汰有毒原材料，应用少废、无废的工艺和高效的设备，通过简便可靠的操作以及完善的管理生产出无毒、无害的中间产品，并在全部排放物和废弃物离开生产过程以前减少它们的数量和毒性；对产品，要求减少从原材料提炼到产品最终处置的全生命周期过程中对人类和环境的负面影响，包括节约原材料和能源，少用昂贵和稀有的原材料，利用二次资源做原材料，产品在使用过程中和使用后不含危害人体健康和生态健康的因素，易于回收、复用和再生，易于处理、降解等；对服务，要求将环境因素纳入设计和所提供的服务中。

通过对典型的循环型企业的分析和探讨，可以总结出企业层次循环经济发展的特点：

(1) 科学技术是支撑。先进的生态循环技术和设备是发展循环经济的基础条件。

(2) 循环型企业所属公司或下属企业之间的共生机制一般属于复合共生。在这种共生关系中，共生个体的聚与散完全取决于集团总公司的总体战略意图，或者是出于集团公司优化资源、整合业务的需要，或者是迫于环保压力，参与的共生个体一般无自主权。

(3) 循环型企业具有先进的管理理念、环保理念和技术创新观念。创建资源节约型企业，不仅仅是单纯的经济、技术和法律问题，同时也是一种文化观念和价值取向问题。

(4) 循环型企业的资源利用和经济增长方式有别于传统企业。传统企业资源消耗高、污染重，通过外延增长获得企业效益。循环型企业通过内部交换物流和能流，建立生态产业链，使资源利用最大化、污染最小化，通过集约型经营和内涵增长获得企业效益。

C 园区层面的中循环

从园区经济层面看，其循环经济法则的应用和发展是典型的中循环模式，即按照生态学理论和生态设计原则，通过合理布置生产组织和生活组织，使一种组织的“排泄物”成为另一组织的“食物”，按生态系统中的“食物链”机构形式完成物质循环和能量流动，如建立生态工业园、生态农业园、生态社区等。目前，世界上最成功的区域循环经济体系是卡伦堡共生体系。

园区层面的中循环主要特点如下：

（1）园区可以采用不同的企业共生模式。根据共生单元之间的所有权关系，共生机制类型可划分为复合共生、自主共生；按共生单元之间的利益关系，可划分为互利共生和偏利共生。

（2）园区具有横向耦合性、纵向闭合性、区域整合性、柔性结构等特点。

（3）园区通过现代化管理手段、政策手段以及新技术的采用，保证园区的稳定和可持续发展。

D　社会层面的大循环

社会生产与社会消费及环境之间的循环属于大循环的范畴。这种循环是宏观的，要想建立比较完美的社会循环体系，必须在产业结构调整、升级的基础上进行“生态结构重组”，即按“食物链”形式进行产业布局，形成相互交错、能量流动畅通、物质良性循环的“产业网”。这种大循环体系中既存在着社会生产之间的循环、社会生活之间的循环、生产与生活之间的循环，也存在着生产活动与环境之间的循环、生活活动与环境之间的循环。

社会大循环主要内容包括：

（1）循环型社会的建设包括生产、消费和循环三个领域，涉及国民经济的三个产业。

（2）建立健全利益驱动机制、环境与发展综合决策机制和公众参与机制。

（3）实现经济效益、环境效益和社会效益协调统一。

（4）政府在循环社会建设中要采取有力措施，加强宏观调控。

6.2.3.2　循环经济的模式

A　生态工业体系

生态工业园（Eco-Industrial Park，EIP）：生态工业的具体实践形式中使用最多的是生态工业园区（其他还有生态工业发展、生态工业网络、工业生态系统、工业共生体、统一链管理等）。目前，对生态工业园区尚无一致的定义，但内容实质相似。可以认为它是包括自然、工业和社会的地域综合体，是依据循环经济理论和工业生态学原理设计出的一种新型工业组织形态，通过成员间的副产物和废物的交换利用、能量和废水的逐级使用，达到尽量减少废物，最终尽可能实现园区废物“零排放”的目标。无疑，生态工业园区是目前人类开发的最具环保意义和绿色概念的工业园区。

生态工业园区没有统一的模式，它的类型也是根据各国、各地条件因地制宜而建设的。形式可分为现有园区改造型、全新规划型和虚拟型三类。现有园区改造型是对现有工业企业，通过技术改造，在园区内建立废物和能量转换实现的。美国恰塔努加（Chattanooga）生态工业园区是一典型例子，它原来是污染严重的制造中心，杜邦公司以尼龙线头回收为核心推行企业零排放，将废钢铁铸造车间改造为利用太阳能处理废水的生态车间，使循环废水作为旁边的肥皂厂原料等。我国广西贵港生态工业园区是由现有的蔗田、制糖厂、酒精厂、造纸厂、热电厂等联合改造而成，如图6-6所示。

全新规划型是在根据当地实际进行良好规划和设计的基础上进行建设，有计划地吸引企业入园并为其创建基础设施，为废水、废热交换创造条件。如美国考克塔（Choctaw）生态工业园区采用交混分解技术将当地大量的废轮胎资源化得到炭黑，进一步衍生出不同产品链以及废水处理系统，构成生态工业园区，我国南海国家生态工业园区也属于这一类型。

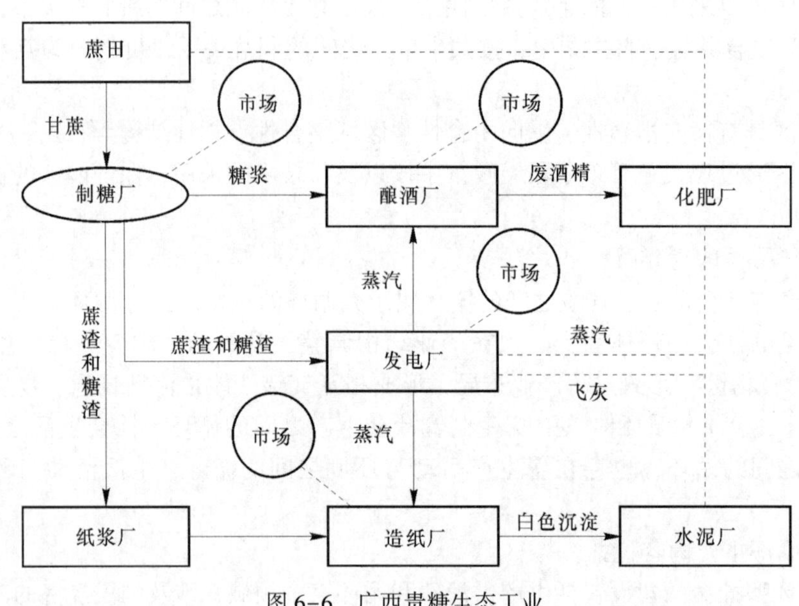


图 6-6 广西贵糖生态工业

虚拟型生态工业园区不一定要求成员在同一地区，它打破地域概念，既可以是同一区域内成员，也可以有区外成员参加，通过园区网络信息系统联系各成员，然后实施物质和能量的交换。没有边界、省去土地费用是它的优点，但增加运输费用是它的缺点。实际上三种形式是互为补充的。

从产业结构分析可以分为联合企业型和综合园区型两类，联合企业型如我国广西贵港由一个大企业集团下属各关联企业组成；综合园区型是由各种不同行业、企业组成的共生关系。

B 生态农业体系

生态农业最早于 1924 年在欧洲兴起，20 世纪 30~40 年代，在瑞士、英国、日本等国得到发展；20 世纪 60 年代欧洲的许多农场转向生态耕作，70 年代末东南亚地区开始研究生态农业；20 世纪 90 年代，世界各国生态农业有了较大发展，不仅生态农业用地面积具有一定规模，其产品产值也在不断增加。

生态农业是以保护生态环境为前提发展农业生产的一种生产方式，其特征如下。

（1）在保护生态环境的前提下发展农业生产，恢复农业的自然生态系。

（2）把生物工程技术引入农业，运用基因工程、发酵工程、酶工程、微生物工程等生物技术，进行战略性资源替代。

（3）在保持生态农业基本特征的前提下，依据各国、各地区的自然条件、农业生产条件和农作物品种等特点，构建农业发展框架，以资金、劳功、技术、生态的密集投入为手段，提高农产品单位面积产量和特色产品的生产效率。

20 世纪 80 年代我国江西赣南农民，运用系统工程方法，以沼气为纽带，将养猪、种果、沼气三个不同的子系统组合成一个物质循环利用的复合生态农业系统。“猪—沼—果—猪”一体化生态农业模式如图 6-7 所示，整个系统模式包括林业工程建设、畜牧工程建设、沼气工程建设、水利配套工程建设及其综合管理。“生态农业”生产方式既可以充分利用本国、本地区的资源优势，又可以充分利用最新的科研成果，实现战略性资源替代，逐步建立高效的农业自然生态系，使农业生产的高速发展与资源的有效利用和生态环境的保护有机地结合在一起，保证社会经济和农业生产的可持续发展。

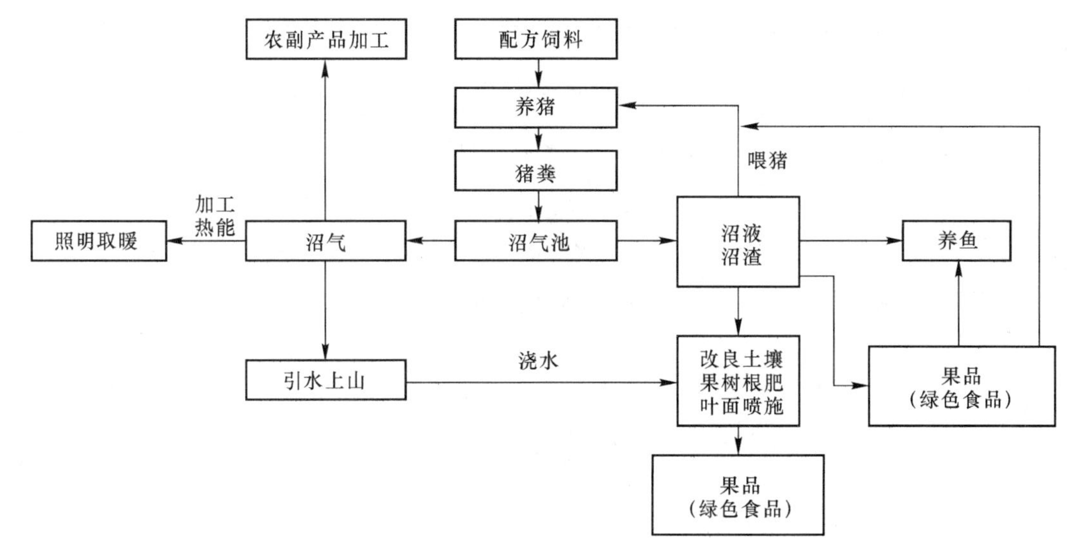


图 6-7 “猪—沼—果—猪”一体化生态农业模式

C 生态服务业体系

服务业主要内容涉及旅游、宾馆、餐饮、娱乐、环卫、物管、物流、信息、金融、教育和文化等行业。生态服务业要求在其整个服务周期过程中，都要考虑和进行减少服务主体、服务对象和服务途径的直接与间接环境影响，并通过翔实资料和创造有效途径让服务对象积极参与，从而实现服务业的可持续发展。

定位生态服务业，可分 4 个部分：根据生态效率理念，尽量做到清洁生产；按照生态工业理论，建立良好的再生资源的输入和输出关系；在废弃物处理上，尽量实现无害化、减量化和资源化；在服务对象上，鼓励广大的公众参与，建立有奖举报和有效预防制度。

以旅游业为例，循环旅游是一种新兴的、可持续性的旅游发展模式，是循环经济发展思想在旅游中的具体实现，是一种促进“人与自然、人与人、人自身身心和谐”的旅游活动。不仅可以给旅游者带来高品位的精神享受，促进当地经济发展和人民生活水平；同时在保护环境的前提下可以使旅游目的地资源环境贡献消耗比达到最优。它遵循清洁生产“减量化、再利用、再循环”的“3R”原则，运用生态规律，在旅游活动中实现“资源—产品—再生资源”的反馈式流程，以达到“合理开采、高效利用，最低污染”的目的。它考虑到旅游目的地的资源和环境容量，实现旅游业经济发展生态化与绿色化，以保护旅游环境为目的，并最大限度地在增加旅游者享受旅游乐趣以及给当地带来经济效益的同时，将旅游开发对当地造成的各种消极影响减小到最低程度。景区循环旅游发展模式如图 6-8 所示。

D 静脉产业体系

静脉产业体系包括三个部分：废弃物再利用、资源化产业和无害化处置产业。静脉产

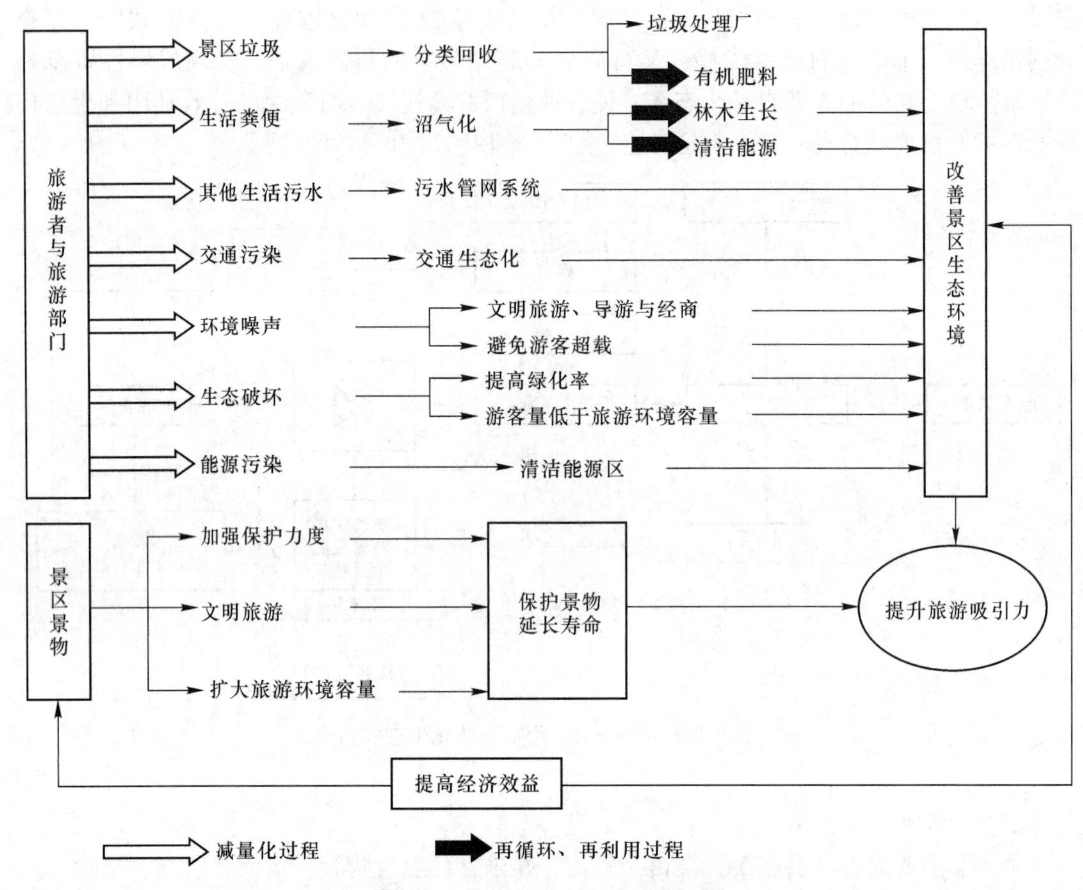


图 6-8 景区循环型旅游发展模式

业将整体预防的环境战略持续应用于生产、产品和服务过程中，以增加生态效率和减少人类及环境的风险；强调废弃物的有效处理，实现剩余物质的最小化；而且，在上述过程中伴随着价值增加。静脉产业的运行机制如图 6-9 所示。具体表现形式如下。

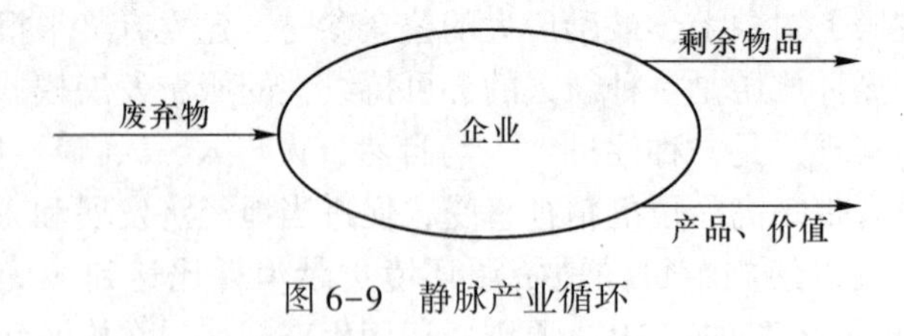


图 6-9 静脉产业循环

a 绿色包装

绿色包装是环保的必然要求，它能做到资源的循环使用和重复利用，节约资源的同时减少污染。但要立刻全面推广绿色包装是不现实的（绿色包装由于其成本原因主要还是只能用于出口），要随着技术的进步相应发展。政府所能做的就是加大技术方面的投入和加强宣传绿色消费意识。

b 以收费制度引导垃圾、污水处理的产业化发展通过政府相关政策的制订和调节，吸引民间资本投入环保领域。只要建立适宜的政策环境，特别是良好的污水和垃圾收费体系，通过制度创新充分发挥经济杠杆的作用、激活治污市场，通过设置适当合理的收费标准，使得进行污水和垃圾处理的企业的收入大于处理成本，使他们可以获得相应的回报，那么污水和垃圾处理是可以走市场化之路的。政府还应注重加强环保方面技术科研的投入，应积极开展与高校和科研部门的合作。

c 发展绿色深加工产业

随着人们生活方式、生活观念的转变，发展绿色食品深加工是很有经济效益和环保效益的方向。随着现在都市生活节奏的加快，人们会将大多时间放在工作上，因此绿色深加工不但可以满足现代家庭日常生活的需要，服务大众；而且还可供需要的服务行业，获得应有的报酬。绿色深加工产业同时还具有巨大的环保功能：一方面，由于这是一种集中性的、大规模的加工，因此加工中留下的废弃物便于回收处理和循环利用，可减少垃圾收集处理的成本；另一方面，由于这些垃圾是由各个企业自行处理，费用企业自行负担，因此政府可减少一笔开支，同时培育一个有经济效益的新型产业，达到环保的目的。

### 6.2.4 清洁生产和循环经济的关系

清洁生产是在组织层次上将环境保护延伸到组织的一切有关领域，循环经济则将环境保护延伸到国民经济的一切有关领域。清洁生产是循环经济的基石，循环经济是清洁生产的扩展。在理念上，它们有共同的时代背景和理论基础；在实践中，它们有相同的实践途径。

为保证我国生产和经济的持续发展，从技术层面上分析，推行清洁生产、发展循环经济是相互关联的两大手段。推行清洁生产的目的是降低生产过程中资源、能源的消耗，减少污染的产生；而发展循环经济是促使物质的循环利用，以提高资源和能源的利用效率。

清洁生产和循环经济二者之间是一种点和面的关系，实施的层次不同，可以说，一个是微观的，一个是宏观的。一个产品、一个企业都可以推行清洁生产，但循环经济覆盖面就大得多，是高层次的。清洁生产的目标是预防污染，以更少的资源消耗产生更多的产品，循环经济的根本目标是在经济过程中系统地避免和减少废物，再利用和再循环都应建立在对经济过程进行充分资源削减的基础之上。所以要发展循环经济就必须要做好先期的基础工作，从基层的清洁生产做起。

从实现途径来看，循环经济和清洁生产也有很多相通之处。清洁生产的实现途径可以归纳为两大类，即源削减和再循环，包括减少资源和能源的消耗，重复使用原料、中间产品和产品，对物料和产品进行再循环，尽可能利用可再生资源，采用对环境无害的替代技术等，循环经济的“3R”原则就源出于此。就实际运作而言，在推行循环经济过程中，需要解决一系列技术问题，清洁生产为此提供了必要的技术基础。特别应该指出的是，推行循环经济技术上的前提是产品的生态设计，没有产品的生态设计，循环经济只能是一个口号，而无法变成现实。我国推行清洁生产已经有十多年的历史，从国外吸取和自身积累了许多宝贵的经验和教训，不论在解决体制、机制和立法问题方面，还是在构建方法学方面，都可为推行循环经济提供有益的借鉴。

清洁生产与循环经济的相互关系见表6-3。

**表 6-3 清洁生产与循环经济的相互关系**

| 比较内容 | 清洁生产 | 循环经济 |
| --- | --- | --- |
| 思想本质 | 环境战略：新型污染预防和控制战略 | 经济战略：将清洁生产、资源综合利用、生态设计和可持续消费等融为一套系统的循环经济战略 |
| 原则 | 节能、降耗、减污、增效 | 减量化、再利用、资源化（再循环）。首先强调的是资源的节约利用，然后是资源的重复利用和资源再生 |
| 核心要素 | 整体预防、持续作用、持续改进 | 以提高生态效率为核心、强调资源的减量化、再利用和资源化，实现经济运行的生态化 |
| 适用对象 | 主要对生产过程、产品和服务（点、微观） | 主要对区域、城市和社会（面、宏观） |
| 基本目标 | 生产中以更少的资源消耗产生更多的产品，防治污染 | 在经济过程中系统地避免和减少废物 |
| 基本特征 | 预防性：清洁生产从源头抓起，实行生产全过程控制，尽最大可能减少乃至清除污染物的产生，其实质就是预防污染。通过污染物产生的削减和回收利用，使废物减至最少<br>综合性：实施清洁生产的措施是综合性的预防措施，包括结构调整、技术进步和完善管理<br>统一性：清洁生产最大限度地利用资源，将污染物消除在生产过程之中，不仅环境状况从根本上得到根本改善，而且能源、原材料消耗和生产成本降低，经济效益提高，竞争力增强，能够实现经济效益与环境效益相统一<br>持续性：清洁生产是一个持续改进的过程，没有最好，只有更好 | 低消耗（或零增长）：提高资源利用效率，减少生产过程的资源和能源消耗（或产值增加，但资源能源消耗零增长）。这是提高经济效益的重要基础。也是污染排放减量化的前提<br>低排放（或零排放）：延长和拓宽生产技术链，将污染尽可能地在生产企业内进行处理，减少生产过程的污染排放；对生产和生活的废弃物通过技术处理进行最大限度的循环利用。这将最大限度地减少初次资源的开采，最大限度地利用不可再生资源，最大限度地减少造成污染的废弃物的排放<br>高效率：对生产企业无法处理的废弃物进行集中回收、处理，扩大环保产业和资源再生产业的规模，提高资源利用效率，同时扩大就业 |
| 宗旨 | 提高生态效率，并减少对人类的风险 | |

## 复习思考题

6-1 对于清洁生产，下列说法不正确的是______。

A. 清洁的产品　　B. 清洁的能源

C. 清洁的生产过程　　D. 清洁的消费

6-2 循环经济的三大操作原则：循环经济以______、______、______作为其操作准则，简称为“3R”原则。

A. 减量化、再利用、再循环利用　　B. 减量化、换产品、再循环利用

C. 减量化、再使用、利用新资源　　D. 增投入、再使用、再循环使用

6-3 下列哪组生产方式不符合循环经济模式______。

A. 广西贵港建立我国第一个生态工业示范园

B. 杭州研制成功节水生态型“泡沫公厕”

C. 不可降解包装材料在我国部分地区使用

D. 海尔集团研制成功不用洗衣粉的洗衣机

6-4 我国于______起施行《中华人民共和国清洁生产促进法》。

A. 2001 年 4 月 11 日　　B. 2002 年 6 月 29 日

C. 2002 年 4 月 29 日　　D. 2003 年 6 月 29 日

6-5 下列关于循环经济叙述错误的是______。

A. 发展循环经济是转变经济增长方式的唯一途径

B. 发展循环经济是我国实施可持续发展战略的必然选择

C. 循环经济发展模式既能增加既有就业机会，促进经济发展，又能降低环境污染

D. 实现经济增长方式的根本转变，其中包括加快发展循环经济

6-6 清洁生产需要达到以下哪些目标______。(多选)

A. 坚持以市场为导向　　B. 资源和能源合理化

C. 环境危害最小化　　D. 不计成本资源达到最好清洁

6-7 清洁生产的“三清一控”内容包括______。(多选)

A. 清洁的原料与能源　　B. 清洁的生产过程

C. 清洁的产品　　D. 贯穿于清洁生产的全过程控制

6-8 循环经济的层次有______。(多选)

A. 家庭层面　　B. 企业层面

C. 园区层面和社会层面　　D. 世界层面

6-9 以下哪一个不是清洁生产的明显特点为______。

A. 战略性和紧迫性　　B. 预防性和有效性

C. 系统性和综合性　　D. 速效性和针对性

6-10 简述清洁生产的意义是什么。

6-11 简述循环经济的内涵并说明其特征是什么。

6-12 简述清洁生产和循环经济的关系是什么。

6-13 简述清洁生产审核的程序，并说明清洁生产指标制定的具体原则是什么。

6-14 循环经济的模式有哪几种？挑选一种案例简要说明。

# 7 环境质量评价与环境管理

## 7.1 环境质量评价概述

质量是客观事物的性质和数量的反映，是可以认识并能够度量的。任何事物都有质量，环境也不例外。

环境质量是表示环境本质属性的一个抽象概念，是环境素质好坏的表征。目前对这一概念理解不一。有的认为环境质量是环境状态惯性大小的表示，即环境从一种状态变化到另一种状态，其变化难易程度的表示；也有的认为环境质量是环境状态品质优劣的表示；还有的认为环境质量是环境系统的内在结构和外部所表现的状态对人类及生物界的生存和繁衍的适宜性。例如，当空气的组成结构被破坏，如 $O_2$ 含量降低或硫氧化物浓度过高，就会导致不适宜人和生物生存，这时，我们就说空气质量恶化或变坏。全球气候变暖是环境质量恶化的表现，作为地球对环境系统的外部表现是伴随气候变暖发生极地冰雪消融、海平面上升等。而造成全球变暖的原因是人类过量燃烧化石燃料，排放大量 $CO_2$，打破了大气对太阳辐射的吸收—反射平衡，超越了海洋、土壤、植被等对 $CO_2$ 的调节能力范围，破坏了环境系统中原有的 $CO_2$ 分配的结构关系，使环境质量恶化。

环境质量（environment quality）是环境系统客观存在的一种本质属性，并能用定性和定量的方法加以描述的环境系统所处的状态。环境始终处于不停的运动和变化之中，作为环境状态表示的环境质量，也处于不停的运动和变化之中。引起环境质量变化的原因主要有两个方面：一方面是人类的生活和生产行为引起环境质量的变化；另一方面是自然的原因引起环境质量的变化。

### 7.1.1 环境质量评价的概念

环境质量评价是认识和研究环境的一种科学方法，是对环境质量优劣的定量描述。从广泛的领域理解，环境质量评价是对环境的结构、状态、质量、功能的现状进行分析，对可能发生的变化进行预测，对其与社会、经济发展的协调性进行定性或定量的评估等。其概念是从环境卫生学的角度按照一定评价标准和评价方法对一定区域范围内的环境质量加以调查研究并在此基础上作出科学、客观和定量的评定和预测。

一般环境质量评价可表示为：根据环境本身的性质和结构，评价环境因子的组成和变化，对人及生态系统的影响；按照不同的目的要求、一定的原则和方法，对区域环境要素的质量状况或整体环境质量合理划分其类型和级别，并在空间上按环境质量性质和程度上的差异划分不同的质量区域。

### 7.1.2 环境质量评价的目的

环境质量评价的目的是为制定城市环境规划，进行环境综合整治，制定区域环境污染物排放标准、环境标准和环境法规，搞好环境管理提供依据；同时也是为比较各地区所受污染的程度和变化趋势提供科学依据。环境质量评价可指明改善环境的方向和途径，并采取补救措施和办法，把不利影响降到最低程度。

通过评价，弄清区域环境质量变化发展的规律，制订区域环境污染综合防治方案，实施区域环境质量管理和区域环境规划，达到区域和质量目标。

根本目的是为各级政府和有关部门制订经济发展计划及能源政策、确定大型工程项目及区域规划，为环保部门制定环境规划、实施环境管理提供服务。

## 7.2 环境质量评价的主要类型

环境质量评价是一个系统，它可以从不同的角度分成许多类型。如从时间上可以分为环境质量回顾评价、环境质量现状评价、环境质量影响评价等；从空间上可以分为项目环境影响评价、区域流域环境质量评价、全球环境评价等；从内容上可以分为健康影响评价、经济影响评价、生态影响评价、风险评价、美学景观评价等；从环境要素上可以分为大气环境评价、水环境评价、土壤环境评价等。

以下对中国环保部门对环境要素的评价类型作简要介绍。

### 7.2.1 大气环境（环境空气）质量评价

以《环境空气质量标准》（GB 3095—2012）为依据，对某空间范围内的环境空气质量进行定量或定性评价的过程，包括环境空气质量的达标情况判断、变化趋势分析和空气质量优劣的相互比较。

总悬浮颗粒物（total suspended particle，TSP），指环境空气中空气动力学当量直径小于等于 100μm 的颗粒物。

空气质量指数（air quality index，AQI），简单来说就是能够对空气质量进行定量描述的数据。生态环境部（http：//www. mee. gov. cn/）发布全国主要城市的 AQI 实时情况。

### 7.2.2 水（地表）环境评价

为客观反映地表水环境质量状况及其变化趋势，依据《地表水环境质量标准》（GB 3838—2002）和有关技术规范，评价全国地表水环境质量状况，地表水环境功能区达标评价按功能区划分的有关要求进行。

评价方法：河流水质评价方法，湖泊、水库评价方法，全国及区域水质评价。河流断面水质类别评价采用单因子评价法，即根据评价时段内该断面参评的指标中类别最高的一项来确定。描述断面的水质类别时，使用“符合”或“劣于”等词语。断面水质类别与水质定性评价分级的对应关系见表 7-1。

表 7-1 断面水质定性评价

| 水质类别 | 水质状况 | 表征颜色 | 水质功能类别 |
| --- | --- | --- | --- |
| Ⅰ~Ⅱ类水质 | 优 | 蓝色 | 饮用水源地一级保护区、珍稀水生生物栖息地、鱼虾类产卵场、仔稚幼鱼的索饵场等 |
| Ⅲ类水质 | 良好 | 绿色 | 饮用水源地二级保护区、鱼虾类越冬场、洄游通道、水产养殖区、游泳区 |
| Ⅳ类水质 | 轻度污染 | 黄色 | 一般工业用水和人体非直接接触的娱乐用水 |
| Ⅴ类水质 | 中度污染 | 橙色 | 农业用水及一般景观用水 |
| 劣Ⅴ类水质 | 重度污染 | 红色 | 除调节局部气候外，使用功能较差 |

### 7.2.3 海洋环境评价

海洋环境（质量）标准指确定和衡量海洋环境好坏的一种尺度。它具有法律的约束力，一般分为三类，即海水水质标准、海洋沉积物标准和海洋生物体残毒标准。制定标准时通常要经过两个过程。首先，要确定海洋环境质量的“基准”，经过调查研究，掌握环境要素的基本情况，一定阶段内海水、沉积物中污染物的种类、浓度和生物体中各种污染物的残留量；考察不同环境条件下各种浓度的污染物的影响，并选取适当的环境指标，在此基础上才能确定基准。其次，“标准”的确定要考虑适用海区的自净能力或环境容量，以及该地区社会、经济的承受能力。中国管辖海域水质分布情况见表 7-2。

表 7-2 2019 年中国管辖海域未达到第一类海水水质标准的各类海域面积

| 海区 | 海域面积/$km^2$ | | | | |
| --- | --- | --- | --- | --- | --- |
| | Ⅱ类 | Ⅲ类 | Ⅳ类 | 劣Ⅳ类 | 合计 |
| 渤海 | 8770 | 2210 | 750 | 1010 | 12740 |
| 黄海 | 4890 | 5410 | 490 | 760 | 11550 |
| 东海 | 15820 | 8270 | 6280 | 22240 | 52610 |
| 南海 | 4850 | 2550 | 1040 | 4330 | 12770 |
| 管辖海域 | 34330 | 18440 | 8560 | 28340 | 89670 |

海水水质分类

按照海域的不同使用功能和保护目标，海水水质分为四类（海水水质标准 GB 3097—1997）：

第一类，适用于海洋渔业水域、海上自然保护区和珍稀濒危海洋生物保护区。

第二类，适用于水产养殖区、海水浴场、人体直接接触海水的海上运动或娱乐区，以及与人类食用直接有关的工业用水区。

第三类，适用于一般工业用水区，滨海风景旅游区。

第四类，适用于海洋港口水域，海洋开发作业区。

### 7.2.4 土壤环境评价

土壤（soil）指位于陆地表层能够生长植物的疏松多孔物质层及其相关自然地理要素的综合体，根据定位不同，土壤环境主要分为农用地（耕地、园地、草地）和建设用地两类。除以上两类土壤环境外，根据 2018 年水土流失动态监测成果，全国水土流失面积 273.69 万平方千米。其中，水力侵蚀面积 115.09 万平方千米，风力侵蚀面积 158.60 万平方千米。与第一次全国水利普查（2011 年）相比，全国水土流失面积减少 21.23 万平方千米。根据第五次全国荒漠化和沙化监测结果，全国荒漠化土地面积为 261.16 万平方千米，沙化土地面积为 172.12 万平方千米。根据岩溶地区第三次石漠化监测结果，全国岩溶地区现有石漠化土地面积 10.07 万平方千米。

### 7.2.5 自然生态环境评价

自然生态环境评价主要适用于评价县域、省域和生态区的生态环境状及变化趋势。其中，生态环境状况评价方法适用于县级（含）以上行政区域生态环境状况及变化趋势评价，生态功能区生态功能评价方法适用于各类生态功能区的生态功能状况及变化趋势评价，城市生态环境质量评价方法适用于地级市（含）以上城市辖区江及城市群生态环境质见状祝及变化趋势评价，自然保护区生态保护状况评价方法适用于自然保护区生态环境保护状况及变化趋势评价。

生态环境状况指数（Ecological Index，EI）-评价区域生态环境质量状况，数值范围 0~100。

生态环境状况评价指标体系：生态环境状况评价利用生态环境状况指数 EI，反映区域生态环境的整体状态，指标体系包括生物丰度指数、植被覆流指数、水网密度指数、土地胁迫指数、污染负荷指数 5 个分指数和 1 个环境限制指数，5 个分指数分别反映被评价区域内生物的丰贫、植被覆盖的高低、水的丰富程度、遭受的胁迫强度、承载的污染物压力。环境限制指数是约束性指标，指根据区域内出现的严重影响人居生产生活安全的生态破坏和环境污染事项对生态环境状况进行限制和调节。

根据生态环境状态指数，将生态环境分为 5 级，即优、良、一般、较差和差，见表 7-3 生态环境状况分级。

**表 7-3 生态环境状况分级**

| 级别 | 优 | 良 | 一般 | 较差 | 差 |
|---|---|---|---|---|---|
| 指数 | $EI \geq 75$ | $55 \leq EI < 75$ | $33 \leq EI < 55$ | $20 \leq EI < 35$ | $EI < 20$ |
| 描述 | 植被覆盖度高，生物多样性丰富，生态系统稳定 | 植被覆盖度较高，生物多样性丰富，适合人类生活 | 植被覆盖度中等，生物多样性一般水平，较适合人类生活，但有不适合人类生活的制约性因子出现 | 植被覆盖率较差，严重干旱少雨，物种较少，存在着明显限制人类生活的因素 | 条件较恶劣，人类生活受到限制 |

根据生态环境状态指数与基准值的变化情况，可将生态环境质量变化幅度分为4级，即无明显变化、略有变化（好或差）、明显变化（好或差）、显著变化（好或差）。各分指数变化分级评价方法可参考表7-4生态环境状况变化度分级。

**表7-4　生态环境状况变化度分级**

| 级别 | 无明显变化 | 略微变化 | 明显变化 | 显著变化 |
| --- | --- | --- | --- | --- |
| 变化值 | $\|\Delta EI\|<1$ | $1\leqslant\|\Delta EI\|<3$ | $3\leqslant\|\Delta EI\|<8$ | $\|\Delta EI\|\geqslant 8$ |
| 描述 | 生态环境质量无明显变化 | 如果$1\leqslant\|\Delta EI\|<3$，则生态环境质量略微变好；如果$-1\geqslant\Delta EI>-3$，则生态环境质量略微变差 | 如果$3\leqslant\|\Delta EI\|<8$，则生态环境质量明显变好；如果$-3\geqslant\Delta EI>-8$，则生态环境质量明显变差；如果生态环境状况类型发生改变，则生态环境质量明显变化 | 如果$\|\Delta EI\|\geqslant 8$，则生态环境质量显著变好；如果$\Delta EI\leqslant -8$，则生态环境质量显著变差 |

如果生态环境状况指数呈现波动变化的特征，则该区域生态环境敏感，根据生态环境质量波动变化幅度，可将生态环境变化状况分为稳定、波动、较大波动和剧烈波动，见表7-5生态环境状况波动变化分级。

**表7-5　生态环境状况波动变化分级**

| 级别 | 稳定 | 波动 | 较大波动 | 剧烈波动 |
| --- | --- | --- | --- | --- |
| 变化值 | $\|\Delta EI\|<1$ | $1\leqslant\|\Delta EI\|<3$ | $3\leqslant\|\Delta EI\|<8$ | $\|\Delta EI\|\geqslant 8$ |
| 描述 | 生态环境质量状况稳定 | 如果$\|\Delta EI\|\geqslant 1$，并且$\Delta EI$在3和-3之间波动变化，则生态环境状况呈现波动特征 | 如果$\|\Delta EI\|\geqslant 3$，并且$\Delta EI$在8和-8之间波动变化，则生态环境状况呈现较大波动特征 | 如果$\|\Delta EI\|\geqslant 8$，并且$\Delta EI$变化呈现正负被动特征，则生态环境状况剧烈波动 |

2019年，全国生态环境状况指数（*EI*）值为51.3，生态质量一般，与2018年相比无明显变化。生态质量优和良的县域面积占国土面积的44.7%，主要分布在青藏高原以东、秦岭—淮河以南、东北的大小兴安岭地区和长白山地区；一般的县域面积占22.7%，主要分布在华北平原、黄淮海平原、东北平原中西部和内蒙古中部；较差和差的县域面积占32.6%，主要分布在内蒙古西部、甘肃中西部、西藏西部和新疆大部。817个开展生态环境动态变化评价的国家重点生态功能区县域中，与2017年相比，2019年生态环境变好的县域占12.5%，基本稳定的占78.0%，变差的占9.5%。

截至2019年底，全国共建立以国家公园为主体的各级、各类保护地逾1.18万个，保护面积占全国陆域国土面积的18.0%、管辖海域面积的4.1%。根据第九次全国森林资源清查（2014~2018年）结果，全国森林面积为2.2亿公顷，森林覆盖率为22.96%，森林蓄积量为175.6亿立方米。

### 7.2.6　声环境评价

按区域的使用功能特点和环境质量要求，声环境功能区分为以下五种类型：

0类声环境功能区：指康复疗养区等特别需要安静的区域。

1类声环境功能区：指以居民住宅、医疗卫生、文化教育、科研设计、行政办公为主要功能，需要保持安静的区域。

2类声环境功能区：指以商业金融、集市贸易为主要功能，或者居住、商业、工业混杂，需要维护住宅安静的区域。

3类声环境功能区：指以工业生产、仓储物流为主要功能，需要防止工业噪声对周围环境产生严重影响的区域。

4类声环境功能区：指交通干线两侧一定距离之内，需要防止交通噪声对周围环境产生严重影响的区域，包括4a类和4b类两种类型。4a类为高速公路、一级公路、二级公路、城市快速路、城市主干路、城市次干路、城市轨道交通（地面段）、内河航道两侧区域；4b类为铁路干线两侧区域。

各类声环境功能区适用表7-6规定的环境噪声等效声级限值。

**表7-6　环境噪声限值**　　(dB(A))

| 声环境功能区类别 | | 时段 | |
|---|---|---|---|
| | | 昼间 | 夜间 |
| 0类 | | 50 | 40 |
| 1类 | | 55 | 45 |
| 2类 | | 60 | 50 |
| 3类 | | 65 | 55 |
| 4类 | 4a类 | 70 | 55 |
| | 4b类 | 70 | 60 |

2019年，开展昼间区域声环境监测的321个地级及以上城市平均等效声级为54.3分贝。8个城市昼间区域声环境质量为一级，占2.5%；215个城市为二级，占67.0%；92个城市为三级，占28.7%；6个城市为四级，占1.9%；无五级城市。

2019年，开展昼间道路交通声环境监测的322个地级及以上城市平均等效声级为66.8dB。221个城市昼间道路交通声环境质量为一级，占68.6%；84个城市为二级，占27.5%；15个城市为三级，占4.7%；2个城市为四级，占0.6%；无五级城市。

2019年，开展功能区声环境监测的311个地级及以上城市各类功能区昼间达标率为92.4%，夜间达标率为74.4%。2019年全国城市各类功能区达标率年际比较情况见表7-7。

表 7-7 2019 年全国城市各类功能区达标率年际比较 (%)

| 年份 | 0类 | | 1类 | | 2类 | | 3类 | | 4a类 | | 4b类 | |
|---|---|---|---|---|---|---|---|---|---|---|---|---|
| | 昼 | 夜 | 昼 | 夜 | 昼 | 夜 | 昼 | 夜 | 昼 | 夜 | 昼 | 夜 |
| 2019 | 74 | 55 | 86.1 | 71.4 | 92.5 | 83.8 | 97.1 | 88.8 | 95.3 | 51.8 | 95.8 | 83.3 |
| 2018 | 71.8 | 56.3 | 87.4 | 71.6 | 92.8 | 82.2 | 97.5 | 87.6 | 94 | 51.4 | 100 | 78.4 |

### 7.2.7 辐射环境评价

辐射在环境评价中主要分为电离辐射、电磁辐射两类。

7.2.7.1 电离辐射环境评价

用《电离辐射防护与辐射源安全基本标准》(GB 18871—2002) 规定了对电离辐射防护和辐射源安全的基本要求，适用于实践和干预中人员所受电离辐射照射的防护和实践中源的安全。

2019 年，全国环境电离辐射水平处于本底涨落范围内。运行核电基地周围未监测到因核电厂运行引起的实时连续空气吸收剂量率异常。

7.2.7.2 电磁辐射环境评价

该评价主要用于控制电磁环境中公众暴露的电场、磁场、电磁场 (1Hz~300GHz) 的场量限值。公众暴露控制限值见表 7-8。

表 7-8 公众暴露控制限值

| 频率范围 | 电场强度 $E$/V·m$^{-1}$ | 磁场强度 $H$/A·m$^{-1}$ | 磁感应强度 $B$/μT | 等效平面波功率密度 $Seq$/W·m$^{-2}$ |
|---|---|---|---|---|
| 1~8Hz | 8000 | $32000/f^2$ | $40000/f^2$ | — |
| 8~25Hz | 8000 | $4000/f$ | $5000/f$ | — |
| 0.025~1.2kHz | $200/f$ | 4/f | $5/f$ | — |
| 1.2~2.9kHz | $200/f$ | 3.3 | 4.1 | — |
| 2.9~5.7kHz | 70 | $10/f$ | $12/f$ | — |
| 5.7~100kHz | $4000/f$ | $10/f$ | $12/f$ | — |
| 0.1~3MHz | 40 | 0.1 | 0.12 | 4 |
| 3~30MHz | $67/f^{1/2}$ | $0.17/f^{1/2}$ | $0.21/f^{1/2}$ | $12/f$ |
| 30~3000MHz | 12 | 0.032 | 0.04 | 0.4 |
| 3000~15000MHz | $0.22f^{1/2}$ | $0.00059f^{1/2}$ | $0.00074f^{1/2}$ | $f/7500$ |
| 15G~300GHz | 27 | 0.073 | 0.092 | 2 |

注：1. 频率 f 的单位为所在行中第一栏的单位。
2. 0.1MHz~300GHz 频率，场景参数是任意连续 6min 内的方均根值。
3. 100kHz 以下频率，需同时限制电场强度和磁感应强度；100kHz 以上频率，在远场区，可以只限制电场强度或磁场强度，或等效平面波功率密度，在近场区，需同时限制电场强度和磁场强度。
4. 架空输电线路下的耕地、园地、牧草地、畜禽饲养场、养殖水面、道路等场所，其频率 50Hz 的电场强度控制限值为 10kV/m，且应给出警示和防护指示标志。

为控制电场、磁场、电磁场所致公众暴露，环境中的电场、磁场、电磁场场量参数的方均根应满足表中要求；对于脉冲电磁波，除满足上述要求外，其功率密度的瞬时峰值不得超过表中所列限制的 1000 倍，或场强的瞬时峰值不得超过表中所列限制的 32 倍。

# 7.3 环境质量评价的方法

## 7.3.1 评价方法

环境质量评价实际上是对环境质量优与劣的评价过程，而且是一种方向性的评价过程。这个过程包含许多层次，如环境评价因子的确定、环境监测、环境识别等，最终的方向是评定人类生存发展活动与环境质量之间的价值关系。目前国内外使用的环境质量评价方法很多，但大体上可以分以下几类：决定论评价法、经济论评价法、模糊数学评价法和运筹学评价法。每一类方法中又分成多种不同方法。

### 7.3.1.1 决定论评价法

所谓决定论评价法是通过对环境因素与评价标准进行判断与比较的过程来评价环境质量。使用这种方法，需先设定若干评价指标和若干判断标准，然后将各个因子依据各个判断标准，通过直接观察和相互比较对环境质量划分等级，或者按评分的多少排序，从而判断该环境因素的状态。它包括指数评价法和专家评价法。

#### A 指数评价法

指数评价法是最早用于环境质量评价的一种方法。近十几年来，这一方法在环境质量评价中得到了广泛应用，并且有了很大的发展。指数评价法将监测点的原始监测数据统计值与评价标准之比作为分指数，然后通过数学综合成为环境质量评定尺度。指数的集成方法主要有加权评价法（weighted arithmetic mean）、几何评价法（geometric mean）、加权和平方根、平方根调和平均法、最小因子等方法。指数法在环境评价中应用广泛，计算简便，可以全面地反映环境质量、人类活动对环境的影响或压力，但是由于指数法难以反映最主要因子的作用，或过分强调了主要因子的作用，因此可比性和通用性较差。它具有一定的客观性和比较性，常用于环境质量现状评价中。

#### B 专家评价法

专家评价法是一种古老的方法，但至今仍有重要地位。这一方法是将专家们作为索取信息的对象，组织环境科学领域（有时也请其他领域）的专家运用专业方面的经验和理论对环境质量进行评价的方法。它是以评价者的主观判断为基础的一种评价方法，通常以分数或指数等作为评价的尺度进行度量。

### 7.3.1.2 经济论评价法

在费用（或支持、投资）与收益的相互比较中可评价人类活动与环境质量之间的关系，这种从经济的角度进行环境评价的方法，称为经济论评价法。经济论评价法是考虑环境质量的经济价值，是以事先拟订好的某一环境质量综合经济指标来评价不同对象。常用的有两种方法：一种是用于一些特定的环境情况所特有的综合指标，如森林资源的经济评价、农业土地经济评价等；另一种是费用-效益分析法，也是目前常用的一种方法，其评价标准是效益必须大于费用。一般来说，经济论评价法，可根据环境质量、经济价值计算的难易程度分为不同的方法。

对于有一定依据计量其效益和损失的可采用效益-损失法，而对于那些计算环境质量效益比较难的问题，可采用费用-效益分析法。

7.3.1.3 模糊综合评价法

环境是一个多因素耦合的复杂动态系统。随着环境质量评价工作的不断深入，需要研究的变量关系也越来越多、越来越错综复杂，其中既有确定的可循环的变化规律，又有不确定的随机变化规律。另外，人们对环境质量的认识也是既有精确的一面，又有模糊的一面。环境质量同时具有的这种精确与模糊、确定与不确定的特性都具有量的特征。

环境质量评价的整个过程中，评价的对象、评价的方法，甚至评价的主体及其掌握的评价标准都具有不确定性，环境质量评价结论必然存在一定程度的不确定性。任何处理评价中的不确定性因素，不仅关系到评价结论是否全面反映了环境质量的价值，而且还关系到依据评价结论所做的决策是否正确。在环境质量评价中引入模糊评价方法既是客观事物的需要，也是主观认识能力的发展。目前，处理不确定性时常用概率法。模糊数学的兴起，为精确与模糊的沟通建立了一套数学方法，也为解决环境质量评价中的不确定性开辟了另一个途径。

7.3.1.4 运筹学评价法

运筹学评价法是利用数学模型对多因素的变量进行定量动态评价的方法。这种方法理论性强，对于带有不确定因素的环境质量评价来说，能够从本质上逐步逼近，以求出最优解，最适于复杂环境质量系统或区域性评价。经常使用的方法有以图论为工具建立的数学模型—结构模型；以线性理论为基础建立的含有环境因素的投入产出模型；以及在环境质量评价工作中处于研究阶段的以控制理论为指导建立的系统动力学模型。

7.3.1.5 生态学评价法

生态学评价法是通过各种生态因素的调查研究，建立生态因素与环境质量之间的效应函数关系，评价自然景观破坏、物种灭绝、植被减少、作物品质下降与人体健康和人类生存发展需要的关系。生态学评价方法主要有植物群落评价、动物群落评价和水生生物评价。

### 7.3.2 评价认识的不足

7.3.2.1 研究视角混淆了环境质量与环境污染

现有的研究不论是采用单一指标还是综合指标，几乎都将环境污染等同为环境质量。环境质量是环境系统客观存在的一种本质属性，是指一定范围内环境的总体或环境的某些要素对人类生存、生活和发展的适宜程度。环境污染是污染源在正常技术、经济、管理等条件下，一定时间内污染产生量与经过污染防治处理后该污染物削减量之差。可见，环境污染可以理解为各种有害物的排放情况，而环境质量则是环境污染经过治理、吸收或自净后的客观程度，是环境污染的最终反映。从经济学的角度来看，环境质量是环境污染的函数表达，两者具有互为内生的逻辑联系，将环境质量和环境污染混于一体既不能准确反映环境质量的真实状况，又无法描述环境质量的形成轨迹，其结果必然无法承载改善环境质量的评价意图，弱化了环境质量评价从正反两方面透视环境演变轨迹的功能。

7.3.2.2 研究范畴忽略了环境吸收

环境的吸收（自净）是指环境受到污染后，自然界通过物理、化学和生物作用逐步吸收、消除环境污染物的能力，环境吸收是人类通过改造自然而主动影响环境质量的努力效果。受研究视角的影响，环境质量评价研究范畴中环境吸收被忽视。环境吸收的缺失，会导致无法全面测度经济社会全面发展的"合意产出"和"非合意产出"，阻碍了环境污染与环境质量的双向逻辑演进通道，导致环境质量评价的失衡，降低了环境质量评价规范性和科学性。

#### 7.3.2.3 研究结果缺乏关于环境整体情况的评价

全面评价环境污染情况是环境质量评价和可持续发展能力评价的重要内容。污染物排放是环境污染的表现形式，所以环境污染评价大多是通过计算环境污染物排放来实现的。现有研究不管是采用单一污染物排放指标还是多种污染物排放指标，研究内容还不尽完善，虽然这些指标能从不同角度分别反映水、大气和土壤等环境污染的变化轨迹，但是人类生活的环境是上述因素构成的有机整体，如果水环境得到改善，大气环境却恶化；或者反映大气质量的若干个指标得以改善，其他指标却面临恶化的风险，在这些情形下人们就无法判断整个环境质量的变化趋势与轨迹，因此有必要根据来自不同方面的环境污染指标全面、客观、公正、合理地对整体环境污染进行整体评估。

环境质量是可持续发展的重要组成部分，所以很多环境质量指标体现在可持续发展评价中。经济合作与发展组织（OECD）于1991年就提出世界上第一套环境指标体系，核心指标约有50个，分为环境压力指标（直接的和间接的）、环境状况指标和社会响应，该体系在OECD国家的环境报告、规划、确定政策目标、评价环境行为等方面得到了广泛应用。

多维度指标评价内容全面、结构完整，能够从环境维度全面评价可持续发展能力，但是该类指标作为可持续发展能力评价的组成部分，大多未能独立形成环境质量评价结果，且指标众多、计算复杂，再加上受数据可得性和连续性的影响，其应用受到限制。

## 7.4 环境影响评价

环境影响评价，是指为了实施可持续发展战略，预防因规划和建设项目实施后对环境造成不良影响，促进经济、社会和环境的协调发展，对规划和建设项目实施后可能造成的环境影响进行分析、预测和评估，提出预防或者减轻不良环境影响的对策和措施，进行跟踪监测的方法与制度。在项目建设、运行过程中产生不符合审批的环境影响评价文件的情形时，建设单位应当组织环境影响的后评价，采取改进措施，并报原环境影响评价文件审批部门和建设项目审批部门备案；原环境影响评价文件审批部门也可以责成建设单位进行环境影响的后评价，采取改进措施。

环境影响评价必须客观、公开、公正，综合考虑规划或者建设项目实施后对各种环境因素及其所构成的生态系统可能造成的影响，为决策提供科学依据。国家鼓励有关单位、专家和公众以适当方式参与环境影响评价。国家加强环境影响评价的基础数据库和评价指标体系建设，鼓励和支持对环境影响评价的方法、技术规范进行科学研究，建立必要的环境影响评价信息共享制度，提高环境影响评价的科学性。

### 7.4.1 环境影响评价的类型

环境影响评价工作分为规划的环境影响评价、建设项目的环境影响评价。

7.4.1.1 规划的环境影响评价

国务院有关部门、设区的市级以上地方人民政府及其有关部门，对其组织编制的土地利用的有关规划，区域、流域、海域的建设、开发利用规划，应当在规划编制过程中组织进行环境影响评价，编写该规划有关环境影响的篇章或者说明。规划有关环境影响的篇章或者说明，应当对规划实施后可能造成的环境影响作出分析、预测和评估，提出预防或者减轻不良环境影响的对策和措施，作为规划草案的组成部分一并报送规划审批机关。专项规划的编制机关对可能造成不良环境影响并直接涉及公众环境权益的规划，应当在该规划草案报送审批前，举行论证会、听证会，或者采取其他形式，征求有关单位、专家和公众对环境影响报告书草案的意见。编制机关应当认真考虑有关单位、专家和公众对环境影响报告书草案的意见，并应当在报送审查的环境影响报告书中附具对意见采纳或者不采纳的说明。

7.4.1.2 建设项目的环境影响评价

建设项目的种类繁多，包括化工、煤炭、钢铁、电力、炼钢、油田、交通等。不同建设项目的环境影响是不一样的。国家根据建设项目对环境的影响程度，对建设项目的环境影响评价实行分类管理。环境影响评价文件分为3类。

（1）可能造成重大环境影响的，应当编制环境影响报告书，对产生的环境影响进行全面评价。

（2）可能造成轻度环境影响的，应当编制环境影响报告表，对产生的环境影响进行分析或者专项评价。

（3）对环境影响很小、不需要进行环境影响评价的，应当填报环境影响登记表。

负责审批建设项目环境影响报告书、环境影响报告表的生态环境主管部门应当将编制单位、编制主持人和主要编制人员的相关违法信息记入社会诚信档案，并纳入全国信用信息共享平台和国家企业信用信息公示系统向社会公布。

对环境可能造成重大影响、应当编制环境影响报告书的建设项目，建设单位应当在报批建设项目环境影响报告书前，举行论证会、听证会，或者采取其他形式，征求有关单位、专家和公众的意见。

### 7.4.2 环境影响报告书的编制

环境影响报告书是环境影响评价工作的最终结果。其主要内容应当包括以下几方面。

（1）总则。

1）结合评价项目的特点，阐述编制目的。

2）编制依据。包括项目建议书、批准文件、评价大纲及其审查意见、评价委托书、建设项目可行性研究报告等。

3）采用标准。

4）控制污染与保护环境的目标。

（2）建设项目概况。

1）建设项目的名称、地点和建设性质。

2）建设规模、占地面积及厂区平面布置。

3）土地利用情况和发展规划。

4）产品方案和主要工艺方法。

5）职工人数和生活区布局。

（3）工程分析。

1）主要原料、燃料及其来源、储运和物料平衡，水的用量与平衡，水的回用情况。

2）生产工艺过程（附工艺、污染流程图）。

3）排放的污染物种类、排放量和排放方式、污染物的性质及排放浓度，噪声、振动的特性等。

4）废弃物的回收利用、综合性利用和处理、处置方案。

（4）建设项目周围地区的环境现状。

1）地理位置。

2）自然环境。包括气象、气候及水文情况，地质、地貌状况，土壤、植被及珍稀野生动、植物，大气、地面水、地下水及土壤环境质量状况等。

3）社会环境。包括建设项目周围现有工矿企业和生活居住区的分布情况、农业概况及交通运输状况，人口密度、人群健康及地方病情况。

（5）环境影响预测。

1）预测范围。

2）预测时段（建设过程、投入使用、服务期满的正常、异常情况）。

3）预测内容（污染因子、预测手段、预测方法等）。

4）预测结果及其分析说明。

（6）评价建设项目环境影响的特征。

1）建设项目环境影响的特征。

2）建设项目环境影响的范围、程度和性质。

（7）环境保护措施的评述及环境经济论证提出的各项措施的投资估算。

（8）环境影响经济损益分析。

（9）环境监测制度及环境管理、环境规划的建议。

（10）环境影响评价结论与建议。

1）建设地址环境质量的现状。

2）污染可能影响的范围。

3）项目选址、规模、产品结构等是否合理。

4）污染防治措施技术可行性、经济合理性。

### 7.4.3 环境影响评价的程序

建设项目的环境影响评价工作程序可简单地用图 7-1 表示。

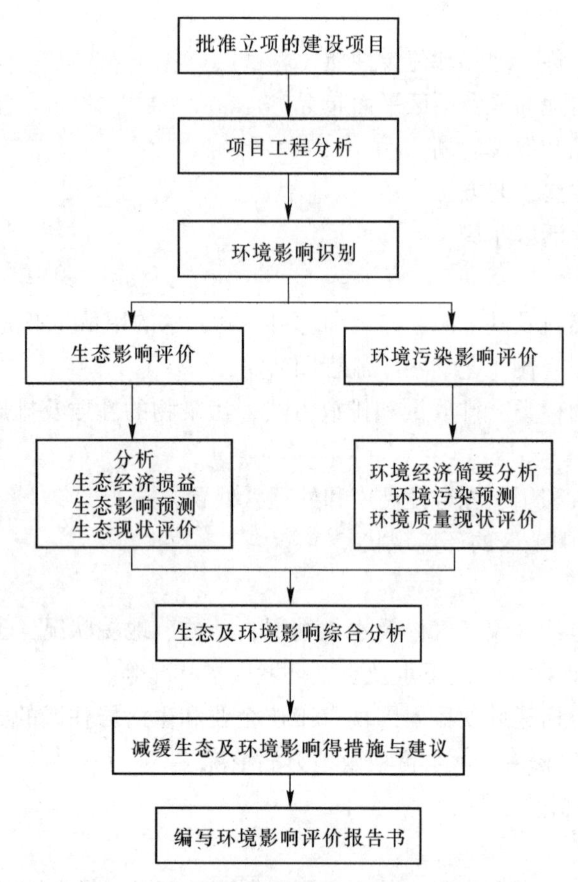


图 7-1 建设项目的环境影响评价工作程序

## 7.5 环境管理的概述

### 7.5.1 环境管理的概念

环境管理是国家采用行政、经济、法律、科学技术、教育等多种影响环境的手段进行规划、调整和监督，目的在于协调经济发展与环境保护的关系，防治环境污染和破坏，维护生态平衡。环境管理的基本任务为：转变人类社会关于自然环境的基本观念，调整人类社会直接和间接作用于自然环境的社会行为，控制人类社会与环境系统构成的“环境-社会系统”中的物质流动，进而形成和创建一种新的、人与自然相和谐的生存方式，更好地满足人类生存与发展的环境需求。环境管理的目标，可以从以下三个层面来认识：实践层面、学科层面、哲学层面。在实践层面，环境管理的目标就是利用各种手段鼓励，引导甚至强迫利益相关方保护环境；在学科层面，环境管理的目标就是利用相关的自然科学、社会科学以及人文科学的知识识别环境问题发生的原因，评价产生的影响，提出解决问题的方案以及方案的实施和保障措施；在哲学层面，就是对人类自身的行为进行反思并管理，以维系并提高人与环境的和谐。环境管理的直接对象是人类作用于环境的行为，包括政府行为、企业行为和公众行为。通过管理人的行为，进而间接管理物质对象，即作为客体的环境，包括水环境、大气环境、土壤环境、生物环境、景观环境、人居环境等。因此，就其本质而言，环境管理就是通过规范和管制人的行为，来调整人与环境之间的关系。

### 7.5.2　环境管理的原则

#### 7.5.2.1　综合性原则

环境保护的广泛性和综合性特点，决定了环境管理必须采取综合性措施，从管理体制到管理制度、管理措施和管理手段都要贯彻综合性原则。在管理措施和手段中，必须采用行政、经济、法律、科学技术、宣传教育等多种形式，尤其是法律和经济手段的综合应用在环境管理中起着关键性的作用。现代环境管理也是环境科学、环境工程交叉渗透的产物，具有高度的综合性。

#### 7.5.2.2　区域性原则

环境问题具有明显的区域性，这一特点决定了环境管理必须遵循区域性原则。我国幅员广大、地理环境情况复杂，各地区的人口密度、经济发展水平、资源分布、管理水平等都有差别。这种状况决定了环境管理必须根据不同地区的不同情况因地制宜地采取不同措施。

#### 7.5.2.3　预测性工作的重要性

国家要对环境实行有效的管理，首先必须掌握环境状况和环境变化趋势，这就需要进行经常的科学预测。可靠的预测是科学的环境管理和决策的基础和前提。因此，调查、监测、评价情报交流、综合研究等一系列工作，就成为环境管理不可缺少的重要内容。

#### 7.5.2.4　规划和协调

各国环境管理的经验都说明，制定环境规划是环境管理的重要内容，也是实行有效的环境管理的重要方式，全面的、综合的管理措施都体现在环境规划中。

### 7.5.3　环境管理的范围

狭义的环境管理主要是指污染控制。20 世纪 70 年代以前，美、日、联邦德国等工业发达国家对环境管理的主要任务限于对大气污染、水污染、土壤污染和噪声污染的控制。当时我国的地方环保机构称为“三废办公室”，也主要限于对污染的防治。即使在目前，仍有一些国家的环境管理机构主要负责污染防治工作。

广义的环境管理，把污染防治和自然保护结合起来，包括资源、文物古迹、风景名胜、自然保护区和野生动植物的保护。有的国家甚至把环境管理扩大到相关方面，认为协调环境与经济发展、土地利用规划、生产力的布局、水土保持、森林植被管理、自然资源养护等也是环境管理的组成部分。

### 7.5.4　环境管理的主体

环境管理的主体实际上也是人类社会行为的主体，包括政府、企业和公众。这里公众包括个人和各种社会群体，后者也称非政府组织或非营利组织。

环境管理的不同手段见表 7-9。

表 7-9 环境管理手段的分类

| 类 型 | 管理主体 | 手 段 |
| --- | --- | --- |
| 命令型和控制型 | 政府 | 法律、行政、环境标准 |
| 经济型和激励型 | 企业、政府 | 市场经济手段、非市场经济手段 |
| 自愿型和鼓励型 | 环境的使用者、环境的使用者和管理对象 | 自组织自管理、公众参与 |

环境管理的物质存在一个从局部问题到区域问题乃至全球问题，从短期问题到长期问题，从表层问题（物质、能量的流动）到深层次问题（人类文明的演变）的转变；在对人的行为的管理层面，存在从单一的对污染者的管理到综合的对自然、人文、社会发展的关注的转变。

从管理主体方面，也从最初的以政府环保部门为主，发展到包括各级政府、企业在内的多方利益群体，直至包括非政府、非营利组织在内的公众参与的逐渐兴起。

同时，管理主体的变化也直接反应在管理方法和手段的日趋多样化方面。从最初的倚重于政府的命令控制型的方法，到经济手段的引入，直至目前引入鼓励型和自愿型的政策方法。可以看到，环境管理已经从最初的行政管理走向公共管。应该充分意识到上述转变的潜在含义，这对于环境管理研究视角的转变、研究方法的更新具有重要意义。

## 7.6 国家的环境管理

环境管理是国家的一项基本职能。环境问题一直伴随着人类的社会活动（主要是经济活动）存在和发展。但是，把环境管理上升为国家的一项基本职能，则是在 20 世纪 70 年代环境问题成为严重的社会公害之后。直到 20 世纪 70 年代初，人们仍然把环境问题仅仅看成是由于工农业生产带来的污染问题，把环境保护工作看成是遵守一定工艺条件、治理污染的技术问题，国家对环境的管理充其量是动用一定技术和资金，加上一定的法律和行政的保证来治理污染。1972 年的人类环境会议是一个转折点。这次会议指出，环境问题不仅是一个技术问题，也是一个重要的社会经济问题，不能只用科学技术的方法去解决污染，还需要用经济的、法律的、行政的、综合的方法和措施，从其与社会经济发展的联系中全面解决环境问题。因而，只有把环境管理作为一项国家职能，全面加强国家对环境的管理才能做到全面解决环境问题。

20 世纪 50 年代兴起的环境运动，对推动发达国家的环境管理工作产生过重大影响。50 年代和 60 年代是发达国家经济高速发展的 20 年，日本的增长率最高达 10%，欧洲和北美国家为 4%~8%。伴随着高度经济增长的是公害泛滥，许多著名公害事件都发生在这个时期。大量的人生病或死亡，使公众产生了一种“危机感”，于是游行、示威、抗议等“环境运动”席卷全球。当时，日本反对公害斗争的声势甚至超过了反对军事基地的斗争。这说明，危及人类生存的环境问题不仅引起了公众的强烈关注，还会成为社会动荡、政局不稳的导火线。这些严酷的现实使发达国家的政府认识到，环境问题已经成为同政治、经济密切相关的重大社会问题，不把环境管理列为国家的重要职能，便不能应付这些挑战。

1971~1972 年的两年里，美、日、英、法、加等国政府分别在中央设立和强化了环境保护专门机构，同时，不少国家相继在宪法里规定了环境管理的原则和对策、公民在环境保护方面的基本权利和义务，把“环境保护是国家的一项职责”规定为宪法原则。

### 7.6.1 部分国家的环境管理体制

#### 7.6.1.1 现有的部（局）兼负环境保护职责

有的国家有一个或几个有关的部或局监管环境管理工作的有关方面。这种形式由于把环境管理分割成了若干部分，缺乏统一和协调，在环境问题比较突出的国家，已被证明不能适应环境管理工作的需要。

#### 7.6.1.2 委员会

由有关的各部组成，负责制定政策和协调各部的活动。这种形式只起协调作用，常常在纵向、横向都缺乏实权。如法国1970年设立了由有关部组成的“最高环境委员会”，主管部长任主席；意大利设有“环境问题部级委员会”；澳大利亚设立了“环境委员会”；日本设立了“公害对策特别委员会”等。

#### 7.6.1.3 新成立的部门机构

由于环境问题日益突出，有的国家把分散于各部的环保工作集中起来，建立环境管理专门机构。如1970年，英国、加拿大分别成立环境部；1971年，丹麦设立环保部，日本设立环境厅等。

#### 7.6.1.4 具有更大权限的独立机构

有些国家设立了具有更大权限的独立的环境权力机构，这种机构的权力超过一般的部，有的国家政府首脑兼任该机构的领导，如日本的环境厅、美国的环保局。这是因为这两个国家的环境问题都非常突出，在管理过程中遇到了种种阻力和复杂情况，使两国政府不得不逐渐地、极大地加强环境管理机构的实权。

#### 7.6.1.5 几种机构同时并设

有的国家认为，建立专门机构对于环境管理工作固然需要，但是采用集中的单一机构来处理范围极其广泛的环境问题，不一定是最适宜的形式，而统一领导与分工负责相结合，可能更适合环境管理的特点。如英国建立环境管理体制的原则是，由其工作职责受环境影响的部和对污染活动负有责任的部来管理环境。英国为了加强领导和协调工作，1970年把公共建筑、交通、房屋与地方行政三个部合并，成立了相当庞大的环境部（工作人员达7万多人），全面负责污染防治工作和协调各部的工作；同时，中央其他有关部门仍负责本部门的污染防治工作。如农业部、渔业部、食品部负责农药使用、放射性及农田废物处理、食品污染监测、海洋倾废；贸易工业部负责海洋船舶污染、飞机噪声控制；能源部负责原子能设施；内政部负责地方噪声控制及危险品运输；健康及社会安全部负责人体健康。与英国体制相似的有法国、意大利、比利时、瑞典等国家。

即使建立了强有力的专门机构的国家，如美国和日本，环境管理工作也并非全集中在一个部门。日本虽设有环境厅，但在一些省（厅）中仍设有相应的环保机构，如厚生省设有环境卫生局，通产省设有土地公害局，海上保安厅设有海上公害科等。美国的内务部、商业部、卫生教育福利部、运输部等部门也设有相应的环境管理机构。

多数国家都在地方各级行政机构中设立有相应的环境管理机构。值得提出的是，有的国家（如日本）环境管理机构一直设立到基层工矿企业，特别是较大企业，普遍设有环境管理机构。这些机构负责本企业的环境规划与计划的制定、污染防治与监测以及监督检查。日本法律规定在企业中应设立“法定管理者”与“法定责任者”，他们对执行国家公害法负责。

### 7.6.2 中国的环境管理机构

新中国成立以来，我国的环境管理机构经历了多次调整，逐渐加强和完善，已经形成了一个比较适应环境管理需要的完整体系。新中国成立以后至20世纪70年代初，我国环境问题尚不突出，环境管理工作由有关部、委兼管。如农业部、卫生部、林业部、水产总局，以及有关的各工业部门分别负责本部门的污染防治与资源保护工作。

1974年5月，国务院建立了由20多个有关部、委领导组成的环境保护领导小组，下设办公室。国务院环境保护领导小组是一个主管和协调全国环境工作的机构，日常工作由下属的领导小组办公室负责。1982年，在国家机构改革中，根据全国人大常委会《关于国务院部委机构改革实施方案的决议》成立了城乡环境建设保护部，同时撤销了国务院环境保护领导小组。建设部下属的环保局为全国环境保护的主管机构。另外，在国家计划委员会内增设了国土局，负责国土规划与整治工作，这个局的职责也同环境保护有关。1984年5月，根据《国务院关于环境保护工作的决定》成立了国务院环境保护委员会，负责研究审定环境保护的方针、政策，提出规划要求，领导和组织协调全国的环境保护工作。1984年12月，经国务院批准，城乡建设环境保护部下属的环保局改为国家环保局，同时也是国务院环境保护委员会的办事机构，负责全国环境保护的规划、协调、监督和指导工作。根据国务院的决定，除国务院环境保护委员会、国家环境保护局为中央的环境主管机构外，国家计委、国家建委和国家科委要负责国民经济、社会发展计划和生产建设、科学技术发展中的环境保护综合平衡工作；据此，国务院19个有关部委设立了司局级的环保机构。在冶金部、电子工业部和解放军系统还成立了部级的环境保护委员会。1988年国家环境保护局升格为国家环境保护总局（正部级），继续作为国务院的直属单位（尽管在行政级别上也是正部级单位，但在制定政策的权限，以及参与高层决策等方面，与作为国务院组成部门的部委有着很大不同）。

2008年，根据第十一届全国人民代表大会第一次会议批准的国务院机构改革方案和《国务院关于机构设置的通知》（国发200811号），国家环保总局正式升格为国家环境保护部，从此正式成为国务院的组成部门。

2018年3月，根据第十三届全国人民代表大会第一次会议批准的国务院机构改革方案，组建生态环境部，不再保留环境保护部。2018年4月16日，中华人民共和国生态环境部正式揭牌。生态环境部对外保留国家核安全局牌子。其主要职责是，制定并组织实施生态环境政策、规划和标准，统一负责生态环境监测和执法工作，监督管理污染防治、核与辐射安全，组织开展中央环境保护督察等。

2018年国家生态环境部成立以后，各省、自治区相应成立了生态环境厅，各直辖市和地级市相应成立生态环境局等地方环境管理机构。

### 7.6.3 中国行政机关的环境保护职责

我国的环境行政实行“由环保部门统一监督管理与其他相关部门分工负责管理相结

合”的管理模式。国务院环境保护行政主管部门对全国环境保护工作实施统一监督管理。县级以上地方人民政府环境保护行政主管部门对本辖区的环境保护工作实施统一监督管理。国家海洋行政主管部门、港务监督、渔政、渔港监督、军队环境保护部门和各级公安、交通、铁道、民航管理部门，依照有关法律的规定对环境污染防治实施监督管理。县级以上人民政府的土地、矿产、林业、农业、水利行政主管部门，依照有关法律的规定对资源的保护实施监督管理。

各级人民政府作为环境保护行政主管部门的上级机关，领导开展环境保护相关工作。地方各级人民政府对本辖区环境质量负责，实行环境质量行政领导负责制。制订本辖区控制主要污染物排放量，改善环境质量的具体目标和措施，并报上级人民政府备案。

根据《中华人民共和国环境保护法》《中华人民共和国大气污染防治法》《中华人民共和国水污染防治法》《中华人民共和国固体废弃物污染环境防治法》《中华人民共和国环境噪声污染防治法》《中华人民共和国水污染防治法实施细则》《中华人民共和国大气污染防治法实施细则》《建设项目环境保护条例》《征收排污费暂行办法》《排放污染物申报登记管理规定》《环境信访办法》等法律法规的有关规定，各行政机关的职责如下。

#### 7.6.3.1 各级人民政府的职责

##### A 国务院的职责

根据我国宪法及其他法律规定，国务院在环境保护方面的职责有：要根据宪法和法律，规定有关环境保护方面的行政措施，制定规章，发布决定和命令；向全国人民代表大会或者全国人民代表大会常务委员会提出有关环境保护的议案；规定各部和各委员会的任务和职责，统一领导各部和各委员会的工作，包括对国家环境保护主管部门的领导；统一领导全国地方各级的工作；编制和执行国民经济和社会发展计划和国家预算，包括环境保护篇章等；领导和管理经济工作和城乡建设、卫生、体育和计划生育工作；改变或者撤销各部、各委员会发布的不适当的关于环境保护的命令、指示和规章；地方各级国家行政机关关于环境保护的不适当的决定和命令。

##### B 地方各级人民政府的职责

县级以上的地方各级人民政府在环境保护方面行使以下职责：

执行本级人民代表大会及其常务委员会有关环境保护的决议，以及上级国家行政机关有关环境保护的决定和命令，制定行政措施，发布决定和命令。领导所属各工作部门和下级人民政府的环境保护工作。具体包括对造成严重污染的企事业单位进行限期治理，对造成严重污染的15类小企业等依法取缔，对违禁采用禁止采用的工艺设备的单位责令停业关闭等。改变或者撤销所属各工作部门有关环境保护的不适当的命令、指示和下级人民政府有关环境保护的不适当的决定、命令。执行国民经济和社会发展计划、预算，管理本行政区域内的经济、卫生、环境和资源保护、城乡建设事业等行政工作。乡、民族乡、镇的人民政府执行本级人民代表大会的决议和上级国家行政机关的决定和命令，管理本行政区域内的有关环境保护的行政工作。

#### 7.6.3.2 各级环境保护行政主管部门的职责

根据我国环境保护法规定，国家环境保护部和各级地方人民政府环保部门分别对国家及其地方辖区实施统一的监督管理。

环保部门职权范围广泛，包括执行工业污染防治，城市环境综合整治，自然生态环境保护以及履行我国承担的有关全球环境保护义务等事项。国家环境保护部门根据法律和国务院的行政法规、决定、命令，在其本部门的权限内，发布命令、指示和规章，是国务院的组成部门；地方环境保护部门是地方人民政府具体实施环境保护工作的部门。

A 根据有关法律法规的相关规定，国家生态环境部的职责

(1) 负责建立健全生态环境基本制度。会同有关部门拟订国家生态环境政策、规划并组织实施，起草法律法规草案，制定部门规章。会同有关部门编制并监督实施重点区域、流域、海域、饮用水水源地生态环境规划和水功能区划，组织拟订生态环境标准，制定生态环境基准和技术规范。

(2) 负责重大生态环境问题的统筹协调和监督管理。牵头协调重特大环境污染事故和生态破坏事件的调查处理，指导协调地方政府对重特大突发生态环境事件的应急、预警工作，牵头指导实施生态环境损害赔偿制度，协调解决有关跨区域环境污染纠纷，统筹协调国家重点区域、流域、海域生态环境保护工作。

(3) 负责监督管理国家减排目标的落实。组织制定陆地和海洋各类污染物排放总量控制、排污许可证制度并监督实施，确定大气、水、海洋等纳污能力，提出实施总量控制的污染物名称和控制指标，监督检查各地污染物减排任务完成情况，实施生态环境保护目标责任制。

(4) 负责提出生态环境领域固定资产投资规模和方向、国家财政性资金安排的意见，按国务院规定权限审批、核准国家规划内和年度计划规模内固定资产投资项目，配合有关部门做好组织实施和监督工作。参与指导推动循环经济和生态环保产业发展。

(5) 负责环境污染防治的监督管理。制定大气、水、海洋、土壤、噪声、光、恶臭、固体废物、化学品、机动车等的污染防治管理制度并监督实施。会同有关部门监督管理饮用水水源地生态环境保护工作，组织指导城乡生态环境综合整治工作，监督指导农业面源污染治理工作。监督指导区域大气环境保护工作，组织实施区域大气污染联防联控协作机制。

(6) 指导协调和监督生态保护修复工作。组织编制生态保护规划，监督对生态环境有影响的自然资源开发利用活动、重要生态环境建设和生态破坏恢复工作。组织制定各类自然保护地生态环境监管制度并监督执法。监督野生动植物保护、湿地生态环境保护、荒漠化防治等工作。指导协调和监督农村生态环境保护，监督生物技术环境安全，牵头生物物种（含遗传资源）工作，组织协调生物多样性保护工作，参与生态保护补偿工作。

(7) 负责核与辐射安全的监督管理。拟订有关政策、规划、标准，牵头负责核安全工作协调机制有关工作，参与核事故应急处理，负责辐射环境事故应急处理工作。监督管理核设施和放射源安全，监督管理核设施、核技术应用、电磁辐射、伴有放射性矿产资源开发利用中的污染防治。对核材料管制和民用核安全设备设计、制造、安装及无损检验活动实施监督管理。

(8) 负责生态环境准入的监督管理。受国务院委托对重大经济和技术政策、发展规划以及重大经济开发计划进行环境影响评价。按国家规定审批或审查重大开发建设区域、规划、项目环境影响评价文件。拟订并组织实施生态环境准入清单。

(9) 负责生态环境监测工作。制定生态环境监测制度和规范、拟订相关标准并监督实施。会同有关部门统一规划生态环境质量监测站点设置，组织实施生态环境质量监测、污

染源监督性监测、温室气体减排监测、应急监测。组织对生态环境质量状况进行调查评价、预警预测，组织建设和管理国家生态环境监测网和全国生态环境信息网。建立和实行生态环境质量公告制度，统一发布国家生态环境综合性报告和重大生态环境信息。

（10）负责应对气候变化工作。组织拟订应对气候变化及温室气体减排重大战略、规划和政策。与有关部门共同牵头组织参加气候变化国际谈判。负责国家履行联合国气候变化框架公约相关工作。

（11）组织开展中央生态环境保护督察。建立健全生态环境保护督察制度，组织协调中央生态环境保护督察工作，根据授权对各地区各有关部门贯彻落实中央生态环境保护决策部署情况进行督察问责。指导地方开展生态环境保护督察工作。

（12）统一负责生态环境监督执法。组织开展全国生态环境保护执法检查活动。查处重大生态环境违法问题。指导全国生态环境保护综合执法队伍建设和业务工作。

（13）组织指导和协调生态环境宣传教育工作，制定并组织实施生态环境保护宣传教育纲要，推动社会组织和公众参与生态环境保护。开展生态环境科技工作，组织生态环境重大科学研究和技术工程示范，推动生态环境技术管理体系建设。

（14）开展生态环境国际合作交流，研究提出国际生态环境合作中有关问题的建议，组织协调有关生态环境国际条约的履约工作，参与处理涉外生态环境事务，参与全球陆地和海洋生态环境治理相关工作。

（15）完成党中央、国务院交办的其他任务。

（16）职能转变。生态环境部要统一行使生态和城乡各类污染排放监管与行政执法职责，切实履行监管责任，全面落实大气、水、土壤污染防治行动计划，大幅减少进口固体废物种类和数量直至全面禁止洋垃圾入境。构建政府为主导、企业为主体、社会组织和公众共同参与的生态环境治理体系，实行最严格的生态环境保护制度，严守生态保护红线和环境质量底线，坚决打好污染防治攻坚战，保障国家生态安全，建设美丽中国。

B　省市环保局是负责本市生态环境工作的市政府组成部门

根据有关法律法规的相关规定，负责指定区域内的生态环境工作。

C　涉及环境保护其他事务的行政主管部门职责

各级人民政府应当加强环境保护宣传和普及工作，鼓励基层群众性自治组织、社会组织、环境保护志愿者开展环境保护法律法规和环境保护知识的宣传，营造保护环境的良好风气。

教育行政部门、学校应当将环境保护知识纳入学校教育内容，培养学生的环境保护意识。

新闻媒体应当开展环境保护法律法规和环境保护知识的宣传，对环境违法行为进行舆论监督。

国家海洋行政主管部门（国家海洋局等）负责海洋环境的监督管理，组织海洋环境的调查、监测、监视、评价和科学研究，负责全国防治海洋工程建设项目和海洋倾倒废弃物对海洋污染损害的环境保护工作。

国家海事行政主管部门（交通运输部海事局等）负责所辖港区水域内非军事船舶和港区水域外非渔业、非军事船舶污染水域环境的监督管理，并负责污染事故的调查处理；对在中华人民共和国管辖水域航行、停泊和作业的外国籍船舶造成的污染事故登轮检查处理。船舶污染事故给渔业造成损害的，应当吸收渔业行政主管部门参与调查处理。

国家渔业行政主管部门（农业农村部渔业渔政管理司等）负责渔港水域内非军事船舶和渔港水域外渔业船舶污染海洋环境的监督管理，负责保护渔业水域生态环境工作，并调查处理前款规定的污染事故以外的渔业污染事故。组织渔业水域生态环境及水生野生动植物保护。

军队环境保护部门对部队在演练，武器试验，军事科研、军工生产、部队生活等对环境的污染防治实施监督管理。

各级公安机关。根据环境保护法、环境噪声污染防治法等的规定，对环境噪声、放射性污染、汽车尾气污染、破坏野生动物和破坏水土保持等环境污染防治和自然资源保护实施监督管理。

## 7.7 中国的环境管理方针与制度

### 7.7.1 工作方针

1973 年第一次全国环境保护会议，揭开了中国环境保护事业的序幕。提出了“全面规划、合理布局，综合利用、化害为利，依靠群众、大家动手，保护环境、造福人民”的 32 字环保工作方针。

1983 年第二次全国环境保护会议，将环境保护确立为基本国策。制定了经济建设、城乡建设和环境建设同步规划、同步实施、同步发展，实现经济效益、社会效益、环境效益相统一的指导方针。

1989 年第三次全国环境保护会议，提出要加强制度建设，深化环境监管，向环境污染宣战，促进经济与环境协调发展。会议认真总结了实施建设项目环境影响评价、“三同时”、排污收费 3 项环境管理制度的成功经验，同时提出了 5 项新的制度和措施，形成了我国环境管理的“八项制度”。

1996 年第四次全国环境保护会议，提出了保护环境的实质就是保护生产力，要坚持污染防治和生态保护并举，全面推进环保工作。

2002 年第五次全国环境保护会议，提出了环境保护是政府的一项重要职能，要按照社会主义市场经济的要求，动员全社会的力量做好这项工作。

2006 年第六次全国环境保护会议，提出了推动经济社会全面协调可持续发展的方向，加快实现三个转变，即从重经济增长轻环境保护转变为保护环境与经济增长并重；从环境保护滞后于经济发展转变为环境保护和经济发展同步；从主要用行政办法保护环境转变为综合运用法律、经济、技术和必要的行政办法解决环境问题。

2011 年第七次全国环境保护会议，强调坚持在发展中保护、在保护中发展，积极探索环境保护新道路，切实解决影响科学发展和损害群众健康的突出环境问题，全面开创环境保护工作新局面。

2018 年全国生态环境保护大会中强调要自觉把经济社会发展同生态文明建设统筹起来，充分发挥党的领导和我国社会主义制度能够集中力量办大事的政治优势，充分利用改革开放40年来积累的坚实物质基础，加大力度推进生态文明建设、解决生态环境问题，坚决打好污染防治攻坚战，推动我国生态文明建设迈上新台阶。

### 7.7.2 环境管理制度

多年来，我国逐步制定和实施了一系列环境管理政策、制度。三大政策：预防为主防治结合，谁污染谁治理，强化环境管理。8项主要制度：环境影响评价制度、“三同时”制度、排污收费（税）制度、环境保护目标责任制、城市环境综合整治定量考核制度、排污许可证制度、污染限期治理制度、污染集中控制制度。

#### 7.7.2.1 环境影响评价制度

环境影响评价是对拟建设项目、区域开发计划以及国际条约实施后可能对环境造成的影响进行预测和评估。环境影响评价制度是我国规定的调整环境影响评价中所发生的社会关系的一系列法律规范的总和，它是环境影响评价的原则、程序、内容、权利义务以及管理措施的法定化。

1998年11月，国务院通过《建设项目环境保护管理条例》，全面规范了环评的内容、程序和法律责任。2002年10月28日第九届全国人民代表大会常务委员会第三十次会议通过环境影响评价法，进一步强化了环评的法律地位。2009年8月，国务院通过《规划环境影响评价条例》，环评制度形成“一法两条例”。2016年7月和2018年12月，全国人大常务委员会两次修正环境影响评价法，环评“放管服”改革不断推进。

#### 7.7.2.2 “三同时”制度

“三同时”制度为我国独创，它来自20世纪70年代初防止污染工作的实践。这项制度的诞生标志着我国在控制新污染的道路上迈上了新台阶。“三同时”制度是指，对于可能对环境造成损害的工程建设，需要配套建设的环境保护设施，必须与主体工程同时设计、同时施工、同时投产使用。建设单位应当将环境保护设施建设纳入施工合同，保证环境保护设施建设进度和资金，并在项目建设过程中同时组织实施环境影响报告书、环境影响报告表及其审批部门审批决定中提出的环境保护对策措施。违反该条例规定，未同时组织实施环境影响报告书、环境影响报告表及其审批部门审批决定中提出的环境保护对策措施的，由建设项目所在地县级以上环境保护行政主管部门责令限期改正，处罚款；逾期不改正的，责令停止建设。图7-2所示为行政处罚决定书。

| 名　称 | 行政处罚决定书 | | |
|---|---|---|---|
| 索 引 号 | 000014672/2013-00027 | 分　类 | 环境行政处罚和行政复议 |
| 发布机关 | 环境保护部 | 生成日期 | 2013-01-15 |
| 文　号 | | 主 题 词 | |

图7-2 行政处罚决定书

#### 7.7.2.3 排污收费（税）制度

排污收费制度是对于向环境排放污染物或者超过国家排放标准排放污染物的排污者，

根据规定征收一定的费用。1978 年，中国开始试行排污收费制度，1982 年正式实施，历年排污费征收情况如图 7-3 所示。为了进一步保护和改善环境，减少污染物排放，推进生态文明建设，2018 年 1 月，《中华人民共和国环境保护税法》开始实施，直接向环境排放应税污染物的企业事业单位和其他生产经营者为环境保护税的纳税人。应税污染物：大气污染物、水污染物、固体废物、噪声。由环保部门征收排污费改为由税务部门征收环保税，环境保护税税目税额见表 7-10。

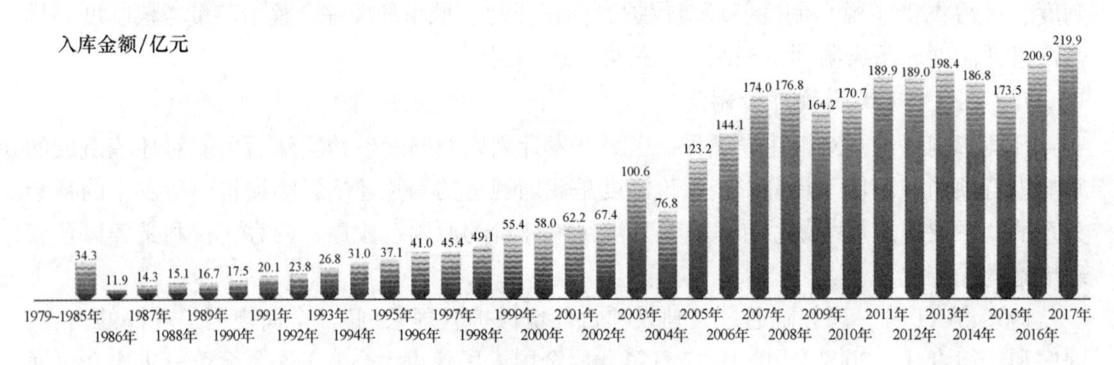


图 7-3 历年排污费征收情况

**表 7-10 环境保护税税目税额表**

<table>
<tr><th colspan="2">税 目</th><th>计税单位</th><th>税额/元</th><th>备 注</th></tr>
<tr><td colspan="2">大气污染物</td><td>每污染当量</td><td>1.2~12</td><td></td></tr>
<tr><td colspan="2">水污染物</td><td>每污染当量</td><td>1.4~14</td><td></td></tr>
<tr><td rowspan="4">固体废油</td><td>煤矸石</td><td>每吨</td><td>5</td><td></td></tr>
<tr><td>尾矿</td><td>每吨</td><td>15</td><td></td></tr>
<tr><td>危险废物</td><td>每吨</td><td>1000</td><td></td></tr>
<tr><td>冶炼渣、粉煤灰、炉渣、其他固体废物（含半固态、液态废物）</td><td>每吨</td><td>25</td><td></td></tr>
<tr><td rowspan="6">噪声</td><td rowspan="6">工业噪声</td><td>超标 1~3dB</td><td>每月 350</td><td rowspan="6">1. 一个单位边界上有多处噪声超标，根据最高一处超标声级计算应纳税额；当沿边界长度超过 100m 有 2 处以上噪声超标，按照 2 个单位计算应纳税额<br>2. 一个单位有不同地点作业场所的，应当分别计算应纳税额，合并计征<br>3. 昼、夜均超标的环境噪声，昼、夜分别计算应纳税额，累计计征<br>4. 声源一个月内超标不足 15d 的，减半计算应纳税额<br>5. 夜间频繁突发和夜间偶然突发厂界超标噪声，按等效声级和峰值噪声两种指标中超标分贝值高的一项计算应纳税额</td></tr>
<tr><td>超标 4~6dB</td><td>每月 700</td></tr>
<tr><td>超标 7~9dB</td><td>每月 1400</td></tr>
<tr><td>超标 10~12dB</td><td>每月 2800</td></tr>
<tr><td>超标 13~15dB</td><td>每月 5600</td></tr>
<tr><td>超标 16dB 以上</td><td>每月 11200</td></tr>
</table>

7.7.2.4 排污许可证制度

排污许可证，是指环境保护主管部门根据排污单位的申请，核发的准予其在生产经营过程中排放污染物的凭证。排污许可证制度是以改善环境质量为目标，以污染物总量控制为基础，对排污的种类、数量、性质、去向、方式等的具体规定，是一项具有法律含义的行政管理制度。

有下列情形之一的排污单位，应当申领排污许可证：(1) 排放工业废气或排放国家规定的有毒有害大气污染物的排污单位；(2) 直接或间接向水体排放工业废水和医疗污水的排污单位；(3) 集中供热设施的运营单位；(4) 规模化畜禽养殖场；(5) 城镇或工业污水集中处理单位；(6) 垃圾集中处理处置单位或危险废物处理处置单位；(7) 其他按照规定应当取得排污许可证的排污单位。

排污许可证与排污权交易的关系。排污许可证是排污权的确认凭证，但不能简单以许可排放量和实际排放量的差值作为可交易的量，企业通过技术进步、深度治理，实际减少的单位产品排放量，方可按规定在市场交易出售；此外，实施排污权交易还应充分考虑环境质量改善的需求，要确保排污权交易不会导致环境质量恶化。排污许可证是排污交易的管理载体，企业进行排污权交易的量、来源和去向均应在许可证中载明，环保部门将按排污权交易后的排放量进行监管执法。

7.7.2.5 环境保护目标责任制

环境保护目标责任制是一种具体落实地方各级政府和有污染的单位对环境质量负责的行政管理制度。这项制度确定了一个区域、一个部门乃至一个单位环境保护的主要责任者和责任范围，运用目标化、定量化、制度化管理方法，把贯彻执行环境保护这一基本国策作为各级领导的行动规范，推动环境保护工作全面、深入的发展。

以吉林省相关工作为例，2008 年 8 月，吉林省规定，松花江流域内实行水环境保护目标责任制和考核评价制度。保护松花江水环境纳入政府主要负责人的任期考核，如果考核不合格，将被追究责任。省、市政府将饮用水源地、重点河段的水质目标、总量控制指标完成情况和跨市、县行政区域交界处河流断面水质状况纳入水环境保护目标责任制，对下级政府及其主要负责人进行年度和任期考核，并向社会公布考核结果。

2016 年 6 月，吉林省人民政府日前印发《吉林省 2016～2020 年政府环境保护目标责任制工作实施方案》。依据 3 项指标进行考核：在环境质量指标完成情况方面，各市（州）政府及长白山管委会所在地城市空气优良天数比例达到 80%以上，省扩权强县试点市政府所在地城市空气可吸入颗粒物（PM10）浓度达到考核目标要求；考核各地辖区内出界断面及重点监控断面水质及全部城镇集中式饮用水水源地水质是否达到考核目标要求。在生态建设、环境保护项目建设情况方面，主要考核各地是否按照规定的时限、内容、进度等要求完成列入年度政府环境保护目标责任书的环保工程。考核采取日常监管和集中考核相结合的方式，每年实行“单独考核、单独奖惩”。每年 3 月底前，吉林省政府与各地政府签订政府环境保护目标责任书，并对各地上一年度目标责任制实施情况进行集中考核。考核实行打分制，按照百分制计分，其中，年终集中考核占 80 分，日常监管占 20 分，另设否决项和加分项。

7.7.2.6 城市环境综合整治定量考核制度

所谓城市环境综合整治，就是把城市环境作为一个系统、一个整体，运用系统工程的理论与方法，采取多功能、多目标、多层次的综合战略、手段和措施，对城市环境进行综合规划、综合管理、综合控制，以最小的投入，换取城市环境质量优化，做到“经济建设、城乡建设、环境建设同步规划、同步实施、同步发展”。

2006 年 4 月，国家环境保护总局发布《“十一五”城市环境综合整治定量考核指标实施细则》，对“十五”期间的考核指标作出调整，调整后指标共 16 项。考核指标以城市环境质量、城市环境基础设施、污染防治和环境管理等 4 类为重点，重点增加了“公众对城市环境保护的满意率”和“万元 GDP 主要工业污染物排放强度”两项指标。

环境质量指标（44%）包括以下 5 项内容：

（1）环境空气质量。这项考核指标包括全年优良天数比例、PM10、$SO_2$ 和 $NO_2$ 年均值浓度。

（2）集中式饮用水水源地水质达标率。这项指标指城市市区从集中式饮用水水源地取得的水量中，其地表水水质达到《地表水环境质量标准》Ⅲ类和地下水水质达到《地下水质量标准》Ⅲ类的数量占取水总量的百分比。

（3）城市水环境功能区水质达标率。这项考核指标包括城市地表水环境功能区水质达标率、近岸海域环境功能区水质达标率、出境（市境）断面水质达标率。非沿海或沿海但无近岸海域考核点位的城市，考核城市地表水环境功能区水质达标率和出境（市境）断面水质达标率。

（4）区域环境噪声平均值。这项指标指城市建成区内经认证的环境噪声网格监测的等效声级算术平均值。

（5）交通干线噪声平均值。城市交通干线噪声平均值指城市建成区内经认证的交通干线各路段监测结果，按其路段长度加权的等效声级的平均值。

污染控制指标（30%）包括以下 6 项内容：

（1）清洁能源使用率。清洁能源使用率指城市市域终端能源消费总量中的清洁能源使用量的比例。

（2）机动车环保定期检测率。机动车环保定期检测率，是指在统计年度中城市地区实际进行机动车环保检测的车辆数占机动车注册登记数的百分比。

（3）工业固体废物处置利用率。工业固体废物处置利用率，指城市地区各工业企业当年处置及综合利用的工业固体废物量（包括处置利用往年量）之和占当年各工业企业产生的工业固体废物量之和（包括处置利用往年量）的百分比。

（4）危险废物处置率。这项考核指标包括医疗废物集中处置率、工业危险废物处置利用率、废旧放射源安全送储率。

（5）工业企业排放稳定达标率。考核指标包括清洁生产重点企业年度清洁生产审核计划完成率、国（省）控重点企业自动监控设施安装率、重点工业企业排放稳定达标率。

（6）万元 GDP 主要工业污染物排放强度。万元 GDP 主要工业污染物排放强度，指每万元工业增加值主要工业污染物（包括工业废水排放量、COD、二氧化硫、烟尘）的排放量。

环境建设指标（20%）共包括以下 3 项内容：

(1) 城市生活污水集中处理率。城市生活污水集中处理率是指城市市区经过城市污水处理厂二级或二级以上处理且达到排放标准的污水量占城市污水排放总量的百分比。

(2) 生活垃圾无害化处理率。生活垃圾无害化处理率是指经无害化处理的城市市辖区生活垃圾数量占市区生活垃圾产生总量的百分比。

(3) 城市绿化覆盖率。考核指标包括建成区绿化覆盖率和市辖区人均绿地面积。

环境管理指标（6%）共包括以下 2 项内容：

(1) 环境保护机构和能力建设。这项考核指标包括环境监察标准化建设、环境监测标准化建设、环境保护投资比例。

(2) 公众对城市环境保护的满意率。公众对城市环境保护的满意率包括城市政府在“公众对城市环境保护满意率”调查工作方面的开展情况、城市政府环境信息公开力度、城市政府对公众环境投诉信访事件关注程度。

7.7.2.7 污染集中控制制度

污染集中控制制度是指污染控制遵循集中与分散相结合，以集中控制为主的发展方向，以便充分发挥规模效应的作用。

《中华人民共和国水污染防治法》规定：“环境保护主管部门应当对城镇污水集中处理设施的出水水质和水量进行监督检查。”污水集中处理设施既是水污染物减排的重要工程设施，也是水污染物排放的重点单位。

7.7.2.8 污染限期治理制度

污染限期治理就是在污染源调查、评价基础上，以环境保护规划为依据，突出重点，分期分批对污染危害严重、公众反映强烈的污染物、污染源、污染区域采取限定时间、治理内容及治理效果的强制性措施，是政府为了保护公众的利益对排污单位和个人采取的法律手段。

2014 年 7 月，环保部印发《京津冀及周边地区重点行业大气污染限期治理方案》，在京津冀及周边地区开展电力、钢铁、水泥、平板玻璃行业大气污染限期治理行动；11 月，环保部又印发了《长三角地区重点行业大气污染限期治理方案》和《珠三角及周边地区重点行业大气污染限期治理方案》，在长三角地区和珠三角及周边地区开展电力、钢铁、水泥、平板玻璃行业大气污染限期治理行动。至此，三大重污染地区全部出台重点行业限期治理方案。

## 7.8 环境管理的经济型手段

### 7.8.1 经济型手段的类型

经济型手段是用来将环境问题外部性内在化的手段之一，从 20 世纪 80 年代起，经济手段成为环境管理中的重要手段之一。从世界各国特别是经济合作与发展组织国家的经验来看，经济手段不仅是行政和法律手段的必要补充，也是能与市场经济发展相适应、行之有效的环境管理手段。在市场经济体制下采用经济手段，可以提高环境管理的效率并降低成本。目前，在 OECD 国家受到广泛重视并采用的手段见表 7-11。

表 7-11 环境管理经济手段的基本类型

| 经济手段 | 内容 |
| --- | --- |
| 明确产权 | 明确所有权：土地所有权、水权、矿权；明确使用权：许可证、特许证、开发证 |
| 建立市场 | 可交易的排污许可证；可交易的资源配额：如可交易转让的用水配额、狩猎配额、开发配额、土地许可证、环境股票等 |
| 税收手段 | 污染税：按照排污的数量和污染程度收税<br>原料税和产品税：对生产、消费和处理中有环境危害的原料和产品收税，如一次性餐盒、电子产品、电池、包装等<br>租金和资源税：获得或使用公共资源缴纳的租金或税收 |
| 收费手段 | 排污费；使用者收费；管理费；资源、生态、环境补偿费 |
| 财政手段 | 财政补贴；优惠贷款；环境基金 |
| 责任制度 | 环境、资源损害赔偿责任；保障赔偿（对特定有环境风险的活动进行强制性保险）；执行保证金（预缴的执行法律的保证金） |
| 押金制度 | 押金退款制度：对需要回收的产品或包装实行押金制度 |
| 发行债券 | 发行政府和企业债券 |

在中国，有关环境管理的现行经济手段主要有以下四类：

（1）排污收费制度：根据我国有关政策和法律的规定，排污单位或个人应根据排放的污染物种类、数量和浓度缴纳排污费。

（2）减免税制度：国家规定，对自然资源综合利用产品实行5年免征产品税，对因污染搬迁另建的项目实行免征建筑税等。

（3）补贴政策：财政部门掌握的排污费，可以通过环境保护部门定期划拨给缴纳排污费的企事业单位，用于补助企事业单位的污染治理。

（4）贷款优惠政策：对于自然资源综合利用项目、节能项目等，可按规定向银行申请优惠贷款。

上述四类均属于非市场的经济手段；市场的经济手段典型代表——碳排放权交易。

碳排放是指煤炭、石油、天然气等化石能源燃烧活动和工业生产过程以及土地利用变化与林业等活动产生的温室气体排放，也包括因使用外购的电力和热力等所导致的温室气体排放。碳排放权是排放单位根据政府主管部门分配的碳排放份额，享有的向大气中排放温室气体的权利。政府在总量控制的前提下，向排放单位发放排放配额，规定温室气体排放上限，要求其据此对温室气体排放实行总量管理并减排。但在现实中，排放单位有的减排、有的超排，这就会产生碳排放权交易，即超排单位向减排单位购买配额。

2013年6月，我国首个碳排放权交易平台在深圳启动；2017年12月，《全国碳排放权交易市场建设方案（发电行业）》印发，标志着中国碳排放交易体系正式启动。这是利用市场机制控制和减少温室气体排放、推动绿色低碳发展的一项重大创新实践，碳交易K线如图7-4所示。

人类需要一场自我革命，加快形成绿色发展方式和生活方式，建设生态文明和美丽地球。人类不能再忽视大自然一次又一次的警告，沿着只讲索取不讲投入、只讲发展不讲保护、只讲利用不讲修复的老路走下去。应对气候变化《巴黎协定》代表了全球绿色低碳转

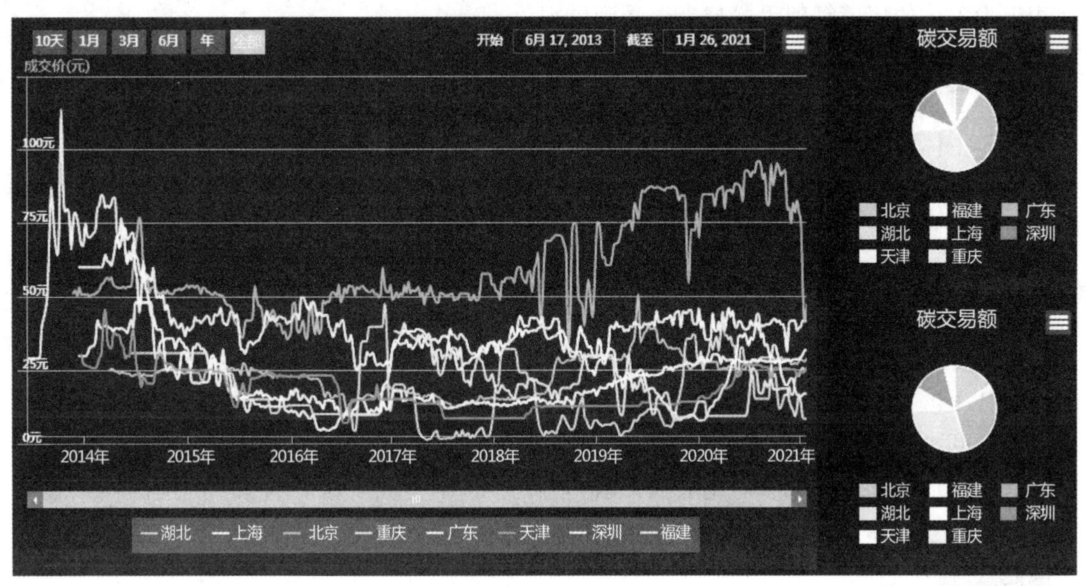

图 7-4　碳交易 K 线图

扫一扫看更清楚

型的大方向，是保护地球家园需要采取的最低限度行动，各国必须迈出决定性步伐。中国将提高国家自主贡献力度，采取更加有力的政策和措施，二氧化碳排放力争于 2030 年前达到峰值，努力争取 2060 年前实现碳中和。各国要树立创新、协调、绿色、开放、共享的新发展理念，抓住新一轮科技革命和产业变革的历史性机遇，推动疫情后世界经济“绿色复苏”，汇聚起可持续发展的强大合力。

《碳排放权交易管理办法（试行）》已于 2020 年 12 月 25 日由生态环境部部务会议审议通过，自 2021 年 2 月 1 日起施行。温室气体重点排放单位包括：（1）属于全国碳排放权交易市场覆盖行业；（2）年度温室气体排放量达到 2.6 万吨二氧化碳当量。省级生态环境主管部门应当根据生态环境部制定的碳排放配额总量确定与分配方案，向本行政区域内的重点排放单位分配规定年度的碳排放配额。碳排放配额分配以免费分配为主，全国碳排放权交易市场的交易产品为碳排放配额，碳排放权交易应当通过全国碳排放权交易系统进行，可以采取协议转让、单向竞价或者其他符合规定的方式。

### 7.8.2　经济手段的局限性

基于市场进行环境管理的前提条件是建立私有的产权，但是由于资源环境的公共物品属性，在大多数情况下难以达到使用者排他。因此，在管理中充分意识到市场经济手段的局限性尤其重要。

## 7.9　公众参与的环境管理

除了以政府为主体的命令控制型环境管理手段以及经济型环境管理手段，以资源环境使用者为主体的环境管理手段越来越受到重视。

早在2006年，原国家环保总局印发《环境影响评价公众参与暂行办法》，对促进公众参与发挥了重要作用。随着经济社会发展，环评公众参与面临新的形势和要求，亟待解决公众参与主体不清、范围和定位不够明确，以及部分公众参与流于形式、弄虚作假、违法成本低等突出问题，为此，生态环境部制定了新的《环境影响评价公众参与办法》（2019年1月1日起施行）。新的办法突出体现了这样几个特点：

一是更加明确了建设单位的主体责任，由其对公众参与真实性和结果负责。

二是更加明确了听取意见的公众范围，优先保障环境影响评价范围内公众的权力。

三是更加明确了开展深度公众参与的方式，公众对环评相关内容存在质疑的，建设单位可召开座谈会、听证会以及专家论证会等进一步听取意见。

四是更加明确了生态环境主管部门的审查义务和内容，强化对公众参与开展情况的监督。

五是更加明确了公众参与违法或失信的惩处，包括责成重新征求意见、退回环境影响报告书、将建设单位及其主要负责人失信信息记入信用记录等，遏制环评公众参与弄虚作假问题。

在中国，公众参与尚处于萌芽阶段，但是越来越被认为是环境政策启动和完善的一个重要组成部分。

公众参与的法律基础。我国宪法明确规定："人民依照法律规定，通过各种途径和形式管理国家事务，管理经济和文化事物，管理社会事物。"这是我国实行公众参与环境管理的宪法根据。环境保护法规定一切单位和个人都有保护环境的义务，鼓励基层群众性自治组织、社会组织、环境保护志愿者开展环境保护法律法规和环境保护知识的宣传，营造保护环境的良好风气。

我国环境保护法律、法规和条例中关于公众参与的部分见表7-12。从表中不同法律法规关于公众参与相关内容的表述可以看到，目前在中国，在环境影响评价方面已经有了比较明确的关于公众参与范围、形式及程序的制度规定。《环境影响评价公众参与办法》为中国公众进一步参与环境管理开辟了规范性通道。

**表7-12 我国环境保护法律、法规和条例中关于公众参与的部分**

| 法律、法规名称（最新版实施日期） | 相关内容 |
| --- | --- |
| 《中华人民共和国环境保护法》2015年1月 | 第五章"信息公开和公众参与"，其中第五十三条：公民、法人和其他组织依法享有获取环境信息、参与和监督环境保护的权利。各级人民政府环境保护主管部门和其他负有环境保护监督管理职责的部门，应当依法公开环境信息、完善公众参与程序，为公民、法人和其他组织参与和监督环境保护提供便利 |
| 《中华人民共和国水污染防治法》2017年6月 | 第十一条　任何单位和个人都有义务保护水环境，并有权对污染损害水环境的行为进行检举。县级以上人民政府及其有关主管部门对在水污染防治工作中做出显著成绩的单位和个人给予表彰和奖励 |
| 《中华人民共和国固体废物污染环境防治法》2020年9月 | 第二十九条　利用、处置固体废物的单位，应当依法向公众开放设施、场所，提高公众环境保护意识和参与程度。<br>第五十八条　生活垃圾处理收费标准应当向社会公布。<br>第七十六条　编制危险废物集中处置设施、场所的建设规划，应当征求有关行业协会、企业事业单位、专家和公众等方面的意见 |

续表 7-12

| 法律、法规名称（最新版实施日期） | 相关内容 |
|---|---|
| 《中华人民共和国环境噪声污染防治法》2018 年 12 月 | 第三十条在城市市区噪声敏感建筑物集中区域内，禁止夜间进行产生环境噪声污染的建筑施工作业，因特殊需要必须连续作业的，必须有县级以上人民政府或者其有关主管部门的证明，必须公告附近居民 |
| 《中华人民共和国海洋环境保护法》2017 年 11 月 | 第四条　一切单位和个人都有保护海洋环境的义务，并有权对污染损害海洋环境的单位和个人，以及海洋环境监督管理人员的违法失职行为进行监督和检举 |
| 《中华人民共和国大气污染防治法》2016 年 1 月 | 第十条　制定大气环境质量标准、大气污染物排放标准，应当组织专家进行审查和论证，并征求有关部门、行业协会、企业事业单位和公众等方面的意见。<br>第十一条　省级以上人民政府生态环境主管部门应当在其网站上公布大气环境质量标准、大气污染物排放标准，供公众免费查阅、下载 |
| 《中华人民共和国建设项目环境保护管理条例》2017 年 10 月 1 日 | 第十四条　建设单位编制环境影响报告书，应当依照有关法律规定，征求建设项目所在地有关单位和居民的意见 |
| 《中华人民共和国清洁生产促进法》2012 年 7 月 | 第十六条未达到能源消耗控制指标、重点污染物排放控制指标的企业应接受公众监督 |
| 《中华人民共和国环境影响评价法》2018 年 12 月 | 对环境可能造成重大影响、应当编制环境影响报告书的规划、建设项目，规划建设单位应当在报批建设项目环境影响报告书前，举行论证会、听证会，或者采取其他形式，征求有关单位、专家和公众的意见。<br>建设单位报批的环境影响报告书应当附具对有关单位、专家和公众的意见采纳或者不采纳的说明 |
| 《中华人民共和国节约能源法》2018 年 11 月 | 第九条　任何单位和个人都应当依法履行节能义务，有权检举浪费能源的行为。新闻媒体应当宣传节能法律、法规和政策，发挥舆论监督作用 |
| 《中华人民共和国长江保护法》2021 年 3 月 | 第七十九条，国务院有关部门和长江流域地方各级人民政府及其有关部门应当依法公开长江流域生态环境保护相关信息，完善公众参与程序，为公民、法人和非法人组织参与和监督长江流域生态环境保护提供便利 |
| 《中华人民共和国环境影响评价公众参与办法》2019 年 1 月 | 具体规定了公民参与环境影响评价的范围、形式、程序 |

环境信息公开是公众参与的前提和基础。环境信息公开主要指政府，同时也包括企业主动公开自身掌握的环境信息，如区域环境质量信息、污染物排放信息、突发环境事故信息、企业产品环境信息、企业环境行为等。环境信息可以反映环境状况的最新情报、数据、指令和信号，也可以表征环境问题及其管理过程固有要素的数量、质量、分布、联系和规律。

政府在环境信息的获取、占有和发布方面具有天然的优势地位。一般而言，政府拥有遍及全国和各环境领域的环保机构，其重要职能之一就是环境信息的收集和处理；政府还拥有较为完善的环境信息收集手段，如环境监测、环境评价、排污许可证制度及各种具体环境领域的报告制度等措施。众多的机构保障和广泛的信息来源保证了政府环境信息收集的准确性、完备性和权威性。

由于各种原因，我国的政府环境信息公开的研究和实践尚处于起步阶段，存在着环境信息公开范围有限、公开不及时、公开手段落后、信息不完整等诸多问题，与公众的需求还有很大差距。为此，国务院在2005年末发表的《关于落实科学发展观加强环境保护的决定》中指出："实行环境质量公告制度，定期公布各省有关环境保护指标，发布城市空气质量、城市噪声、饮用水水源质量、流域水质、近岸海域水质和生态状况评价等环境信息，及时发布环境事故信息，为公众参与制度创造条件。"这是我国的政府环境信息公开的一个起点。我国目前的环境信息公开主要根据《政府信息公开条例》（2019年5月15日起施行）和《生态环境部政府信息公开实施办法》（2019年6月），主要体现在：每年度发布环境质量状况公报、重点城市环境质量日报和预报、主要水系重点断面水环境质量周报和月报等。

2018年"六五"环境日，生态环境部、中央文明办、教育部、共青团中央、全国妇联等五部门联合发布《公民生态环境行为规范（试行）》，内容如下：

第一条　关注生态环境。关注环境质量、自然生态和能源资源状况，了解政府和企业发布的生态环境信息，学习生态环境科学、法律法规和政策、环境健康风险防范等方面知识，树立良好的生态价值观，提升自身生态环境保护意识和生态文明素养。

第二条　节约能源资源。合理设定空调温度，夏季不低于26℃，冬季不高于20℃，及时关闭电器电源，多走楼梯少乘电梯，人走关灯，一水多用，节约用纸，按需点餐不浪费。

第三条　践行绿色消费。优先选择绿色产品，尽量购买耐用品，少购买使用一次性用品和过度包装商品，不跟风购买更新换代快的电子产品，外出自带购物袋、水杯等，闲置物品改造利用或交流捐赠。

第四条　选择低碳出行。优先步行、骑行或公共交通出行，多使用共享交通工具，家庭用车优先选择新能源汽车或节能型汽车。

第五条　分类投放垃圾。学习并掌握垃圾分类和回收利用知识，按标志单独投放有害垃圾，分类投放其他生活垃圾，不乱扔、乱放。

第六条　减少污染产生。不焚烧垃圾、秸秆，少烧散煤，少燃放烟花爆竹，抵制露天烧烤，减少油烟排放，少用化学洗涤剂，少用化肥农药，避免噪声扰民。

第七条　呵护自然生态。爱护山水林田湖草生态系统，积极参与义务植树，保护野生动植物，不破坏野生动植物栖息地，不随意进入自然保护区，不购买、不使用珍稀野生动植物制品，拒食珍稀野生动植物。

第八条　参加环保实践。积极传播生态环境保护和生态文明理念，参加各类环保志愿服务活动，主动为生态环境保护工作提出建议。

第九条　参与监督举报。遵守生态环境法律法规，履行生态环境保护义务，积极参与和监督生态环境保护工作，劝阻、制止或通过"12369"平台举报破坏生态环境及影响公众健康的行为。

第十条　共建美丽中国。坚持简约适度、绿色低碳的生活与工作方式，自觉做生态环境保护的倡导者、行动者、示范者，共建天蓝、地绿、水清的美好家园。

## 复习思考题

7-1　总悬浮颗粒物：指环境空气中空气动力学当量直径小于等于______的颗粒物。

7-2　根据水质定性评价，______类水质满足饮用水源地要求。

7-3　______年，我国首个碳排放权交易平台在______启动

7-4　中国二氧化碳排放力争于______年前达到峰值，努力争取______年前实现碳中和。

7-5　节约能源资源，合理设定空调温度，夏季不低于______度，冬季不高于______度。

7-6　哪部法律法规具体规定了公民参与环境影响评价的范围、形式、程序？

7-7　生态环境状况评价指标体系包括哪些指数？

7-8　根据声环境功能区分类，康复疗养区等特别需要安静的区域属于哪一类声环境功能区？

7-9　辐射在环境评价中主要分为哪几类？

7-10　环境影响评价文件分为哪几类？

7-11　国家环境保护部哪一年正式成为国务院的组成部门？

7-12　我国环境管理的三大政策是什么？

7-13　我国的环境管理制度有哪些？

7-14　简述环境管理制度中的“三同时”制度。

7-15　解释“万元 GDP 主要工业污染物排放强度”。

7-16　环境管理的现行经济手段有哪些？

# 8 环境资源法与环境伦理

## 8.1 环境资源法概念

环境与资源保护法为法学学科16门核心课程之一。有关环境与资源方面的法律，不同国家有不同的名称，即使在同一国家也有不同的名称。目前国内外同时流行环境法、环境资源法、生态法、国土资源法、环境和资源保护法、环境保护法、自然资源法等名称。本章中的环境资源法，也简称为环境法。

本章所称环境资源法，是指关于环境资源的开发、利用、保护、改善及其管理的各种法律规范和法律表现形式的总和。这个定义包括如下四层意思：

(1) 环境法是法的一种。环境法同其他法一样，是国家制定或认可的、用特定形式颁布并以国家强制力保障其实施的行为规则。环境法具有行为规范性、国家强制性等法律基本特征，它既不同于环境道德规范，也不同于企业事业单位的内部规章和其他非法律文件。这是对环境法一般属性的肯定。

(2) 环境法是某类法律规范、法律规定和其他有关法律表现形式的总称或综合体。环境法不是指某一个法律规范、某项法律规定或某部环境法规，而是具有共同宗旨、性质相似、相互关联的一系列法律规范、法律规定和其他有关法律表现形式的集合。

(3) 环境法调整的是因环境问题而产生的社会关系。环境法调整的是一种特定的社会关系，即因环境资源问题或环境资源事务而产生的社会关系。可以把这种社会关系简称为环境社会关系或生态社会关系。这种社会关系始终离不开环境或对环境有影响的人为活动，始终以环境为媒介。

(4) 环境法主要调整因环境资源的开发、利用、保护、改善及其管理所发生的环境社会关系。目前环境法主要调整因环境资源开发、利用、保护、改善及其管理而形成的环境社会关系。调整的方向包括将对环境资源的不合理的或不可持续的开发、利用关系，调整成合理的、可持续的开发、利用关系；将污染和破坏环境的关系，调整成保护和改善环境的关系；将任意掠夺、剥削和侵害环境资源的统治（government）关系，调整成尊重自然、热爱生命、合理利用资源和保护环境的治道（governance）关系。这4种社会关系包括保护和改善环境资源、防治环境污染和环境破坏、合理开发利用环境资源的人与自然关系。这是对环境法主要实体内容的概括。

## 8.2 环境资源法的发展概况

### 8.2.1 人类社会环境法的发展

从历史发展的角度，可以将人类社会环境法的发展分为三个时期：第一次工业革命之前的环境法，又称古代环境法；第一次工业革命（18世纪末）至第二次世界大战结束时期的环境法，又称近代环境法；第二次世界大战结束之后的环境法，又称现代环境法。

#### 8.2.1.1 古代环境资源法的发展概况

公元前18世纪巴比伦王国的《汉谟拉比法典》中有关于土地、森林、牧场的耕种、垦荒和保护的规定，以及防止污染水源和空气的某些规定。公元前16世纪的商朝据《韩非子·内储说上》记载有：“殷之法，弃灰于公道者断其手。”现存最早最完整的古代环境资源法规，见于1975年在湖北云梦县出土的秦简。秦简中的法律对农田水利、作物管理、水旱灾荒、病虫草害、山林保护等都有具体规定，有些规定类似现代环境资源法规的条款。

#### 8.2.1.2 近代环境资源法的发展概况

大约在18世纪资产阶级产业革命以后到第二次世界大战结束，是各种单行的环境资源法规纷纷出现的时期，也是环境法缓慢发展的阶段。这个时期的环境法称为近代环境法。

资产阶级产业革命以后，随着大规模机器生产和世界市场的形成，人类开发、利用和保护、治理环境资源的规模越来越大，各资本主义国家相继出现了严重的自然资源破坏和区域环境污染问题；严重的环境污染和资源破坏演变为社会问题，从而产生了控制污染和管理环境的客观要求，为环境法的产生和发展提供了动力和条件。但是，当时的社会并没有形成像现代社会这样的整体环境观念、环境科学和全球性的环境资源危机，各种开发、利用和保护、改善环境资源的活动也缺乏密切联系和组织协调。与此相适应，各国纷纷针对某种自然资源、某项环境要素或某个孤立的环境资源问题，采取“头痛医头，脚痛医脚”的办法，制定了一系列单行的环境资源法规。

1863年，为控制制碱工厂排放大量氯化氢造成的大气污染，英国国会颁布了《制碱业管理法》，规定制碱工厂必须采取防止氯化氢等有毒气体逸散的措施；1926年制定了《公共卫生法（消烟法）》；等等。

中华民国政府曾先后颁布一些保护环境和自然资源的法律，如《森林法》（1929年）、《土地法》（1930年）、《渔业法》（1932年）等。特别值得强调的是，中国共产党领导的苏区、抗日革命根据地和解放区的革命政权，在极端艰苦的战争年代，也制定了不少环境资源法规，如《中华苏维埃共和国土地法》（1931年）、《人民委员会对于植树运动的决议案》（1932年）、《晋察冀边区保护公私林木办法》（1939年）、《陕甘宁边区森林保护条例》（1941年）等。

这个阶段环境法的主要特点如下：（1）环境资源立法以自然资源立法为主，污染防治法较少；在自然资源法中，主要内容是资源的所有权、利用和分配问题，资源保护的内容较少。（2）环境立法缺乏系统性。这个阶段的环境法虽然涉及自然保护和污染防治两个方面，但这两个部分却互相分离，缺乏有机联系，没有结合、融汇为一个整体。（3）这个阶段的环境法基本上是单行性专门立法。自然保护立法针对的是个别的环境要素和某种自然资源；污染防治立法针对的是个别比较突出和严重的环境污染问题，并大多局限于大气污染和水污染的防治。（4）环境污染防治立法，大多强调技术性措施，有许多技术规范性的规定，这使环境法从一开始就有了技术性的特点。（5）环境法的调整方式主要是民事救济方式，注重污染的损害赔偿和对侵害自然资源财产权利的赔偿。其他方式，如经济刺激、行政制裁和刑事处罚则很少采用。(6) 环境立法拘泥于法学的传统原则，极少有创新。例如，按照传统民法中的物权理论，凡人力所不能控制和支配之物不能成为权利客体，故大气、水流、野生动植物等“无主”物不能成为所有权客体，所以对于因向大气、水流排放污染物而对其造成的损害，也不必承担法律责任。因为基于环境要素的“无主”性，其即使受到污染破坏，其他人也不能提出权利要求和诉讼请求。(7) 环境法中规定的环境管理权比较分散且地方性较强，对环境问题的整体联系性和广泛影响性认识不够。

8.2.1.3 现代环境资源法的发展概况

从第二次世界大战结束至今，是性质相似的环境资源法规形成行业性、部门性、专业性法规体系，并开始相互渗透、扩展形成更大、更综合的环境资源法规体系的时期。这个时期的环境法称为现代环境法。现代环境法从 20 世纪 60 年代起得到迅速发展，到 70 年代达到高潮，在 80 年代进入调整、完善阶段。从 80 年代后期，特别是进入 90 年代后，各国的环境保护战略发生了新的变化，环境法进入全面、深入发展的新阶段。

1966 年，联合国大会专门讨论了人类环境问题。美、英、德、日等工业发达国家相继在环境立法方面取得突破。例如，美国 1969 年制定了《美国国家环境政策法》，首次明确规定了环境影响评价制度，设立了总统环境质量委员会。1970 年 4 月 22 日，美国爆发了一场由 1500 多所大学和 1 万多所中学同时举行的全国性的环境保护运动，即“地球日”活动，同年 12 月联邦政府设立了国家环境保护局。

在 1972 年斯德哥尔摩举行了联合国人类环境会议后，许多国家纷纷制定环境专门法律，成立环境管理专门机构，建立环境社会团体，促进了环境法的迅速发展。1992 年巴西里约热内卢召开了联合国环境与发展会议，即里约会议，会议的中心议题从环境保护向可持续发展时期的环境保护转变。会后，许多国际组织和国家纷纷制定、贯彻可持续发展的战略、环境法律、国际法律政策文件和行动计划，掀起了一场可持续发展的社会变革运动。例如，欧盟国家于 1997 年签署的《阿姆斯特丹条约》已经将实现可持续发展作为欧盟的中心目标。2002 年，在南非约翰内斯堡举行了联合国可持续发展世界首脑会议（又称第二届地球首脑会议），通过了名为《约翰内斯堡可持续发展宣言》的政治宣言和《可持续发展实施计划》，形成了 220 多项“伙伴关系倡议”，又一次在全球范围内掀起了可持续发展的热潮。

这个阶段环境法的主要特点如下：(1) 立法指导思想发生了新的变化，可持续发展成为环境法的指导思想和原则。(2) 环境法涉及更加广泛的环境、资源问题和经济、社会可持续发展等跨领域问题，环境立法的综合化、一体化进一步加强。(3) 环境道德、生态伦理、生态人模式和“主、客一体化”范式成为环境法学认识论、方法论的重要组成部分，环境正义、环境公平、环境安全、环境效益和人与自然和谐相处等环境法学基本理念日趋成熟。(4) 环境民主日益成为环境法的基本原则和制度。各国政府、环境法学界纷纷将环境民主、环境权和生态治理视为环境法学的思想武器，作为环境法制建设的指导思想，促使环境法中的环境监督管理日趋民主化，环境保护工作中的民主手段和公众参与、公益诉讼日益制度化，使环境法治成为可以达到的现实目标。(5) 环境法制建设日益成为宪法、国家计划和政党章程中的重大问题，环境保护成为国家法律明确规定的国家的基本职能和基本国策。(6) 环境法越来越多地采用经济手段、市场机制，环境资源税费、绿色贸易壁垒和环境资源市场逐渐成熟。(7) 环境法采用越来越多的科学技术手段和科学技术规范，环境标准制度、环境标志制度、环境监测制度、环境影响报告制度、清洁生产制度或源削减制度等有关环境科学技术的法律制度逐步得到推广并且越来越成熟。(8) 环境法的实施能力和执法效率大幅度提高。(9) 各国环境法之间以及国内环境法与国际环境法之间的协调日益增强。当今环境法逐渐全球化，趋同化。(10) 发展中国家的环境法正在崛起。

### 8.2.2 中华人民共和国的环境资源法发展

中华人民共和国成立之后的环境法即中国现代环境法，主要分三大阶段。

(1) 缓慢发展和逐步兴起的时期（1949~1978 年），该阶段确定了比较全面的环境资源保护目标，规定了比较综合的环境保护方针、原则，为我国环境法的全面、深入发展打下了比较宽广的基础。

(2) 经济转型时期（1978~2003 年），1978 年，我国修改后的宪法规定："国家保护环境和自然资源，防治污染和其他公害。"这是中国首次将环境保护工作列入国家根本大法，把环境保护确定为国家的一项基本职责，将自然保护和污染防治确定为环境保护和环境法的两大领域，从而奠定了中国环境法体系的基本构架和主要内容，并为中国环境保护进入法制轨道开辟了道路。1979 年 9 月，五届全国人大十一次会议原则通过了《中华人民共和国环境保护法（试行）》，是中国环境法走向体系化、作为独立的法律部门的一个标志。1989 年 12 月七届全国人大十一次会议通过的《中华人民共和国环境保护法》，标志着我国环境法的发展进入一个新阶段。1992 年 6 月联合国环境与发展会议召开后不久，中共中央、国务院批准了中国环境与发展十大对策，指出中国必须转变发展战略、走持续发展道路。1994 年 3 月，国务院批准了《中国 21 世纪议程》，提出了实施可持续发展的总体战略、基本对策和行动方案，要求建立体现可持续发展的环境法体系。1993 年 3 月，全国人民代表大会成立了环境与资源保护委员会（简称"环资委"，当时称环境保护委员会）这一专门委员会。从 1994 年起，环资委的立法工作全面展开，相继修改、制定了一批环境资源法律、法规和行政规章，如《中华人民共和国固体废物污染环境防治法》（1995 年）等；1997 年修改的《中华人民共和国刑法》增加了"破坏环境保护罪"和"环境保护监督管理失职罪"的规定。为了迎接 21 世纪和中国加入 WTO 后的挑战，进入 21 世纪后，我国再一次加强了环境资源立法工作。2001 年颁布了《中华人民共和国防沙治沙法》《中华人民共和国海域使用管理法》，2002 年颁布了《中华人民共和国清洁生产促进法》《中华人民共和国环境影响评价法》，2003 年颁布了《中华人民共和国放射性污染防治法》。

(3) 2003 年之后，逐步进入生态文明建设时期的环境法。在中国环境法的发展历程中，生态文明观和生态文明建设的提出是具有重大和深远影响的事件。2003 年 6 月，《中共中央国务院关于加快林业发展的决定》提出了"确立以生态建设为主的林业可持续发展道路，建立以森林植被为主体、林草结合的国土生态安全体系，建设山川秀美的生态文明社会"的指导思想。2005 年 3 月，《国务院关于落实科学发展观加强环境保护的决定》提出了"发展循环经济，倡导生态文明，强化环境法治，完善监管体制，建立长效机制，建设资源节约型和环境友好型社会"的要求。2007 年 10 月，党的十七大报告中提出了"建设生态文明"和"生态文明观念在全社会牢固树立"的目标。2008 年 3 月，十一届全国人大一次会议表决通过组建环境保护部。2012 年 11 月，党的十八大报告确立了"加快"

“大力”“全面落实”和“全面推进生态文明建设”的战略、目标和任务，要求“把生态文明建设放在突出地位，融入经济建设、政治建设、文化建设、社会建设各方面和全过程，努力建设美丽中国，实现中华民族永续发展”。2014年修订的《中华人民共和国环境保护法》将“推进生态文明建设”列为其立法目的，并且增加了有关生态环境保护和生态治理的内容。

“十四五”时期经济社会发展主要目标之一：生态文明建设实现新进步。国土空间开发保护格局得到优化，生产生活方式绿色转型成效显著，能源资源配置更加合理、利用效率大幅提高，主要污染物排放总量持续减少，生态环境持续改善，生态安全屏障更加牢固，城乡人居环境明显改善。

确定2035年远景目标之一：广泛形成绿色生产生活方式，碳排放达峰后稳中有降，生态环境根本好转，美丽中国建设目标基本实现；从2003年中共中央国务院提出“建设山川秀美的生态文明社会”以来，短短的10多年，环境资源法律在生态文明的指引下得到了较大的发展。

概括起来，进入生态文明建设的环境法呈现出如下特点：(1) 以党的生态文明建设政策为依据和基础，逐步实现环境资源法和其他相关法律的生态化。(2) 开始将促进生态文明建设作为环境法的目的，将生态文明理念和价值观作为环境法的指导思想和基本原则，在环境法治建设中采用生态学方法和综合生态系统管理理论。(3) 注意将包括环境保护和环境法治建设在内的生态文明建设融入经济建设、政治建设、文化建设、社会建设各方面和全过程，注意全面推动环境行政执法、司法、守法、监督和公众参与，环境资源公益诉讼、环境资源生态法庭和环境资源司法专门化以及国家生态治理体系建设和环境公众参与制度等法律制度建设获得较大较快的发展。

## 8.3 环境法的体系

环境资源法体系（简称环境法体系），是指由相互联系、相互补充、相互制约，旨在调整因环境资源开发、利用、保护、改善及其管理的法律规范和其他法律表现形式而组成的系统。各种具体的环境法律法规，其立法机关、法律效力、形式、内容、目的和任务等往往各不相同，但从整体上看，又必然具有内在的协调性、统一性，组成了一个完整的有机体系。而这种由有关开发、利用、保护和改善环境资源的各种法律规范共同组成的相互联系、相互补充、内部协调一致的统一整体，就是环境法体系。环境法体系的发展、健全程度，是衡量一个国家环境法制和环境管理水平的重要标志。建立健全环境法体系，对于加强环境法制建设和环境管理，加强对合理开发、利用和保护、改善环境的法律控制，具有重要的意义。

我国国家级环境法体系的基本内容如下所述。

从法律的效力层级来看，我国的国家级环境法体系主要包括下列几个组成部分：宪法关于环境资源保护的规定，环境保护基本法，环境资源单行法，环境标准，其他部门法中关于环境资源保护的法律规范。此外，我国缔结或参加的有关环境资源保护的国际条约也是我国环境法体系的有机组成部分。

另外，依据环境资源法体系内容的不同，可以将环境资源法体系分为如下几大块或子体系：以防治环境污染为主要内容的环境保护法子体系，简称污染防治法；以自然资源（能源）开发、利用及其管理为主要内容的自然资源法子体系；以保护生物多样性、防治生态破坏和自然灾害、城乡区域保护建设为主要内容的生态保护建设法子体系。中国的环境保护法律的总量已经超过国家全部法律的1/10。

### 8.3.1 宪法关于环境资源保护的规定

宪法关于环境资源保护的规定在整个环境法体系中具有最高法律地位和法律权威，是环境立法的基础和根本依据。例如，我国宪法第一章总纲，第九条规定："矿藏、水流、森林、山岭、草原、荒地、滩涂等自然资源，都属于国家所有，即全民所有；由法律规定属于集体所有的森林和山岭、草原、荒地、滩涂除外。国家保障自然资源的合理利用，保护珍贵的动物和植物。禁止任何组织或者个人用任何手段侵占或者破坏自然资源。"第二十六条规定："国家保护和改善生活环境和生态环境，防治污染和其他公害。国家组织和鼓励植树造林，保护林木。"

### 8.3.2 环境保护基本法

环境保护基本法是对环境保护方面的重大问题作出规定和调整的综合性立法，在环境法体系中，具有仅次于宪法性规定的最高法律地位和效力。我国现行的环境保护基本法是1989年12月26日颁布实施的《中华人民共和国环境保护法》（2014年4月24日第十二届全国人民代表大会常务委员会第八次会议修订，2015年1月1日起施行）。该法确立了我国环境保护的目的、任务、对象、制度和基本原则等。其中明确指出"环境保护坚持保护优先、预防为主、综合治理、公众参与、损害担责的原则"。新环境保护法主要亮点有：

（1）以法律形式确立"保护环境是国家的基本国策"。

（2）首次划定生态保护红线。

（3）建立公共检测预警机制，出台针对性规定治理雾霾。

（4）加大违法排污处罚力度，按日计罚无上限。

（5）可追究刑事责任。

（6）补办环评成为历史。

（7）明确规定环境公益诉讼制度，扩大诉讼主体范围。

（8）设信息公开和公众参与专章。

### 8.3.3 环境资源单行法

环境资源单行法是针对某一特定的环境要素或特定的环境社会关系进行调整的专门性法律法规，具有量多面广的特点，是环境法的主体部分，主要由以下几个方面的立法构成。

#### 8.3.3.1 环境污染防治法

从污染物和能量种类来说，《中华人民共和国环境保护法》第42条所列举的11种污染等（废气、废水、废渣、医疗废物、粉尘、恶臭气体、放射性物质、噪声、振动、光辐射、电磁波辐射等），是我国防治环境污染和其他公害的对象。社会生活污染物、农药、化肥和化学品等，也属于防治污染的对象。污染防治法强调的是如何做到污染损害最小化，重点是防治环境污染特别是对生活环境的污染。

目前，我国已经颁布的此类单行法律法规主要有《中华人民共和国大气污染防治法》《中华人民共和国水污染防治法》《中华人民共和国海洋环境保护法》《中华人民共和国固体废弃物污染环境防治法》《中华人民共和国土壤污染防治法》《中华人民共和国环境噪声污染防治法》《中华人民共和国放射性污染防治法》《中华人民共和国循环经济促进法》《医疗废物管理条例》《粉尘危害分级监察规定》《危险化学品安全管理条例》《农药管理条例》《电磁辐射环境保护管理办法》等。对于非传统污染，我国尚未制定齐备相关污染防治法，将逐步探索建立相关污染监督管理体制，分类实施控制和管理，提高污染防治水平。

#### 8.3.3.2　自然资源法

自然资源是自然界形成的可供人类利用的一切物质和能量的总称，自然资源包括能源资源和天然能源，经过人工生产、转换的能源也直接或间接来自自然资源。自然资源按照不同的分类标准有不同的分类，按其形成条件、组合情况、分布规律等地理特征，可以分为矿产资源（地壳）、气候资源（大气圈）、水资源（水圈）、土地资源（地表）、生物资源（生物圈）五大类。按照自然资源是否具有再生性能，可以将其分为可再生资源、不可再生资源和恒定资源三类。其中，可再生资按照其对人类社会的用途，可以分为工业资源、农业资源、旅游资源等。自然资源管理法强调的是自然要素的经济价值，要求实现资源经济效益的最大化，是寓保护于开发之中，重点是保障人类对自然资源的合理利用和管理。从我国现行自然资源法律体系来看，自然资源主要包括土地、大气（气候）、陆地水、海洋（海域）、矿产、森林、草原、生物、湿地、能源资源、旅游资源（风景名胜）等。自然资源法是有关自然资源的开发、利用、保护和管理的法律规范或法律表现形式的总称。自然资源法不是仅指某项法律，而是由以对水、土、气、矿产、生物、生态系统等自然资源的合理开发、利用、保护和管理为主要内容的各种自然资源法律所组成的体系。

目前，我国已经颁布的此类单行法律最为典型的有水法，水资源权是水法中一项至关重要的制度，被认为是完善我国水资源管理立法的突破口。水法在水资源权属方面实行单一的国家所有制，确立了所有权与使用权的分离原则，明确规定："水资源属于国家所有。水资源的所有权由国务院代表国家行使。"规定了取水权，明确了有偿使用制度，即"国家对水资源依法实行取水许可制度和有偿使用制度"。

其他此类单行法律法规主要有《中华人民共和国土地法》《中华人民共和国矿产资源法》《中华人民共和国森林法》《中华人民共和国草原法》《中华人民共和国海洋资源法》《中华人民共和国渔业法》等。

#### 8.3.3.3　生态保护建设法

生态保护建设法是有关生态保护、生态建设、环境整治、生态修复和自然灾害防治的法律规范或法律表现形式的总称。它不仅是环境资源法的重要组成部分、基础部分，而且体现了环境资源法发展的高级阶段即生态法阶段。

生态保护法不仅仅是指某项法律，而是指有关生态保护建设的法律体系。生态保护建设法涉及的范围十分广泛，内容非常丰富，主要包括生物多样性保护、自然生态保护、人文生态保护、湿地保护、野生动植物保护和各种特殊区域的保护，生态省（城市、县、村镇、社区）、生态园区（包括生态工业园区和生态农业园区）等各种生态区的建设，水土保持、防沙治沙和防治自然灾害；在特殊区域的保护中，包括自然保护区、风景名胜区、森林公园、自然遗迹地、人文遗迹地等的保护。从更加宏观的层面上看，包括城市规划建设、村镇规划建设、国土规划建设和其他特殊区域的规划建设。

目前，我国已经颁布的此类单行法律最为典型的有《中华人民共和国野生动物保护法》。环境权和自然资源权是环境资源法的两类基本权利，以动物权为核心的各种自然体的权利是环境资源法的特色权利。所有生物都有生存的权利，而与其是否有实在的或潜在的经济价值无关。这里的“生物都有生存的权利”就是法定的权利。厄瓜多尔成为世界上第一个在宪法中赋予自然体权利（rights of nature）的国家，厄瓜多尔宪法成为世界上第一部明确规定自然体权利的宪法。我国《中华人民共和国野生动物保护法》（2016 年修改）规定“国家保护野生动物及其栖息地”“本法规定的野生动物栖息地，是指野生动物野外种群生息繁衍的重要区域”“任何组织和个人都有保护野生动物及其栖息地的义务。禁止违法猎捕野生动物、破坏野生动物栖息地”。上述法律规定虽然没有使用权利或主体术语，但实际上已经确认动物是其栖息地的主体，并拥有其及其栖息地不被人侵害的权利。保护动物权利，特别是防止虐待动物，加强动物福利，是人类社会进步文明的标志，是生产力发展到一定程度的必然要求。动物福利在国际上一般包括五个标准：动物免受饥饿的权利，免受痛苦、伤害和疾病的权利，免受恐惧和不安的权利，免受身体热度不适的权利，表达所有自然行为的权利。截至目前已有 100 多个国家出台了有关反虐待动物的法案。

生态保护建设类单行法律法规主要有《自然保护区条例》《野生植物保护条例》《中华人民共和国文物保护法》《风景名胜区条例》《中华人民共和国水土保持法》《中华人民共和国防沙治沙法》《中华人民共和国防洪法》《中华人民共和国防震减灾法》《中华人民共和国城乡规划法》，等等。

### 8.3.4 环境标准

环境标准是指为了保护人群健康、保护社会财富和维护生态平衡，由法律授权的政府及其主管部门、社会团体和企业按照法定程序和方法就环保工作中需要统一的技术要求制定的规范性技术文件。

在我国，环境标准属于标准的范畴，其类别、效力及其与行政执法的关系应当由法律和行政法规规定。

环境标准由五类组成，包括国家标准、行业标准、地方标准和团体标准、企业标准等五大类，在级别上包括国家级和地方级两级。国家标准分为强制性标准和推荐性标准，行业标准、地方标准则是推荐性标准。强制性标准必须执行，国家鼓励采用推荐性标准。《中华人民共和国标准化法》规定，对保障人身健康和生命财产安全、国家安全、生态环境安全以及满足经济社会管理基本需要的技术要求，应当制定强制性国家标准。1999 年原国家环保总局颁布的《环境标准管理办法》将国务院环境主管部门和省级人民政府制定的环境标准分为国家环境标准、地方环境标准和国家环保总局标准（现为生态环境部标准，性质上属于环境保护行业标准）等三类。其中，国家环境标准包括国家环境质量标准、国家污染物排放标准（或控制标准）、国家环境监测方法标准、国家环境标准样品标准和国家环境基础标准；地方环境标准包括地方环境质量标准和地方污染物排放标准（或控制标准）。

2017 年 5 月统计的现行国家环境标准（含国家环保总局标准）中，有环境质量标准 16 项，污染物排放（控制）标准 161 项，环境监测类标准 1001 项，管理规范类标准 481 项，环境基础类标准 38 项，通过备案的地方环境标准 148 项。

国家环境质量标准、国家污染物排放标准由国务院环境保护行政主管部门制定、审批、颁布和废止；省、自治区、直辖市人民政府对国家环境质量标准中未作规定的项目，可以制定地方环境质量标准，并报国务院环境保护行政主管部门备案；省、自治区、直辖市人民政府对国家污染物排放标准中未作规定的项目，可以制定地方污染物排放标准；对国家污染物排放标准中已作了规定的项目，可以制定严于国家污染物排放标准的地方污染物排放标准。地方污染物排放标准须报国务院环境保护行政主管部门备案。而且凡向已有地方污染物排放标准的区域排放污染物的，应当执行地方污染物排放标准。

环境质量标准是指国家为保护公民身体健康、财产安全、生存环境而制定的空气、水等环境要素中所含污染物或其他有害因素的最高容许值。如果环境中某种污染物或有害因素的含量高于该容许限额，人体健康、财产、生态环境就会受到损害；反之，则不会产生危害。因此，环境质量标准是环境保护的目标值，也是制定污染物排放标准的重要依据。从法律角度看，它是判断环境是否已经受到污染，排污者是否应当承担排除侵害、赔偿损失等民事责任的根据。

污染物排放标准是指为了实现环境质量标准和环境目标，结合环境特点或经济技术条件而制定的污染源所排放污染物的最高容许限额。它作为达到环境质量标准和环境目标的最重要手段，是环境标准中最为复杂的一类标准。

环境基础标准是为了在确定环境质量标准、污染物排放标准和进行其他环境保护工作中增强资料的可比性和规范化而制定的符号、准则、计算公式等。环境标准样品标准是为保证环境监测数据的准确、可靠，对用于量值传递或质量控制的材料、实物样品进行规范的标准。环境监测方法标准，是关于污染物取样、分析、测试等的标准。就其法律意义而言，环境基础标准和方法标准是确认环境纠纷中争议各方所出示的证据是否合法的根据。只有当有争议各方所出示的证据是按照环境监测方法标准所规定的采样、分析、试验办法得出，并以环境基础标准所规定的符号、原则、公式计算出来的数据时，才具有可靠性和与环境质量标准、污染物排放标准的可比性，属于合法证据；反之，即为没有法律效力的证据。

作为环境法的一个有机组成部分，环境标准在环境监督管理中起着极为重要的作用，无论是确定环境目标、制定环境规划、监测和评价环境质量，还是制定和实施环境法，都必须以环境标准这一“标尺”作为其基础和依据。环境标准通过客观科学的数据对相关领域的人类活动及其所产生的环境负荷进行定量分析，以量化的方法来预测、判断和说明环境承载能力，约束人类的环境利用行为，间接地实现对环境污染和生态破坏行为的“事前控制”。

### 8.3.5 其他部门法中有关环境资源保护的法律规范

在行政法、民法、刑法、经济法、劳动法等部门法中也有一些有关环境资源保护的法律规范，其内容较为庞杂。例如

《中华人民共和国民法典》第一编总则第九条：民事主体从事民事活动，应当有利于节约资源、保护生态环境。第七编侵权责任，第七章　环境污染和生态破坏责任。

《中华人民共和国刑法》第六章第六节关于“破坏环境资源保护罪”的规定。

《中华人民共和国治安管理处罚法》第五十八条：违反关于社会生活噪声污染防治的法律规定，制造噪声干扰他人正常生活的，处警告；警告后不改正的，处 200 元以上 500 元以下罚款。

第六十三条：刻画、涂污或者以其他方式故意损坏国家保护的文物、名胜古迹的，处 200 元以下罚款或者警告；情节较重的，处 5 日以上 10 日以下拘留，并处 200 元以上 500 元以下罚款。

第三十三条：盗窃、损毁环境监测等公共设施的处 10 日以上 15 日以下拘留。

2021 年版《中华人民共和国行政处罚法》第十八条，国家在生态环境等领域推行建立综合行政执法制度，相对集中行政处罚权。

2018 年版《中华人民共和国电力法》第五条：电力建设、生产、供应和使用应当依法保护环境，采用新技术，减少有害物质排放，防治污染和其他公害。

第十条：电力发展规划，应当体现合理利用能源、电源与电网配套发展、提高经济效益和有利于环境保护的原则。

2018 年版《中华人民共和国企业所得税法》第二十七条：企业从事符合条件的环境保护、节能节水项目的所得，可以免征、减征企业所得税。

第三十四条：企业购置用于环境保护、节能节水、安全生产等专用设备的投资额，可以按一定比例实行税额抵免。

2019 年版《中华人民共和国个人所得税法》第四条：省级人民政府、国务院部委和中国人民解放军军级以上单位，以及外国组织、国际组织颁发的环境保护等方面的奖金免征个人所得税。

2018 年版《中华人民共和国村民委员会组织法》第八条：村民委员会依照法律规定，管理本村属于村农民集体所有的土地和其他财产，引导村民合理利用自然资源，保护和改善生态环境。

2018 年版《中华人民共和国计量法》第九条：县级以上人民政府计量行政部门对环境监测方面的列入强制检定目录的工作计量器具，实行强制检定。

以上诸多法律均属于环境法体系的重要组成部分。此外，环境行政处罚、环境行政诉讼、环境民事诉讼、环境刑事诉讼等也必须适用《中华人民共和国行政处罚法》《中华人民共和国行政复议法》《中华人民共和国行政诉讼法》《中华人民共和国民事诉讼法》《中华人民共和国刑事诉讼法》等，与这些法律存在着不可分割的密切联系。

### 8.3.6　我国缔结或参加的有关环境资源保护的国际条约

为了协调世界各国的环境保护活动，保护自然资源和应付日趋严重的气候变暖、酸雨、臭氧层破坏、生物多样性锐减等全球性环境问题，产生了国际环境法。它是调整国家之间在开发、利用、保护和改善环境资源的活动中所产生的各种关系的有约束力的原则、规则、规章、制度的总称。《中华人民共和国环境保护法》第 46 条明确规定，我国缔结或参加的与环境保护有关的国际条约，同我国法律有不同规定的，除我国声明保留的条款外，适用国际条约的规定。由此可以说，国际环境法是我国环境法体系的特殊组成部分，行为人也必须遵守有关规定。而我国迄今所缔结或参加的有关保护环境资源的国际公约共计有20多项，具体内容见表8-1。

**表8-1 中国所缔结或参加的有关保护环境资源的国际条约**

| 条约名称 | 签署时间 | 生效时间 |
|---|---|---|
| 2006年国际热带木材协定 | 2008-05-28 | 2011-12-07 |
| 2001年国际燃油污染损害民事责任公约 | | 2008-11-21 |
| 关于汞的水俣公约 | 2013-10-10 | 2017-08-16 |
| 巴黎协定 | 2016-04-22 | 2016-11-04 |
| 控制船舶有害防污底系统国际公约 | | 2008-09-17 |
| 2000年有毒有害物质污染事故防备、反应与合作议定书 | | 2007-06-14 |
| 关于加强美利坚合众国与哥斯达黎加共和国1949年公约设立的美洲间热带金枪鱼委员会的公约（“安提瓜公约”） | 2004-03-03 | 2010-08-27 |
| 烟草控制框架公约 | 2003-11-10 | 2005-02-27 |
| 乏燃料管理安全和放射性废物管理安全联合公约 | | 2001-06-18 |
| 南极海洋生物资源养护公约 | | 1982-04-07 |
| 关于持久性有机污染物的斯德哥尔摩公约 | 2001-05-23 | 2004-05-17 |
| 关于在国际贸易中对某些危险化学品和农药采用事先知情同意程序的鹿特丹公约 | 1999-08-24 | 2004-02-24 |
| 《联合国气候变化框架公约》京都议定书 | 1998-05-29 | 2005-02-16 |
| 1990年国际油污防备、反应和合作公约 | | 1995-05-13 |
| 关于执行1982年12月10日《联合国海洋法公约》第十一部分的协定 | 1996-07-29 | 1996-07-28 |
| 联合国关于在发生严重干旱和/或荒漠化的国家特别是在非洲防治荒漠化的公约 | 1994-10-14 | 1996-12-26 |
| 1994年国际热带木材协定 | 1996-02-22 | 1997-01-01 |
| 作业场所安全使用化学品公约 | | 1993-11-04 |
| 生物多样性公约 | 1992-06-11 | 1993-12-29 |
| 联合国气候变化框架公约 | 1992-06-11 | 1994-03-21 |
| 关于环境保护的南极条约议定书 | 1991-10-04 | 1998-01-14 |
| 经修正的关于消耗臭氧层物质的蒙特利尔议定书 | | 1992-08-20 |
| 控制危险废物越境转移及其处置巴塞尔公约 | 1990-03-22 | 1992-05-05 |
| 及早通报核事故公约 | 1986-09-26 | 1986-10-27 |
| 核事故或辐射紧急援助公约 | 1986-09-26 | 1986-10-27 |
| 保护臭氧层维也纳公约 | | 1988-09-22 |
| 防止倾倒废物及其他物质污染海洋的公约 | | 1975-08-30 |
| 濒危野生动植物种国际贸易公约 | | 1975-07-01 |
| 世界气象组织公约 | 1947-10-11 | 1950-03-23 |
| 《巴塞尔公约》缔约方会议第三次会议通过的决定第Ⅲ/1号决定对《巴塞尔公约》的修正 | 1999-10-30 | |

# 8.4 环境资源法律责任

## 8.4.1 环境资源行政责任

### 8.4.1.1 环境资源行政责任概念

环境行政责任，是指环境资源行政法律关系主体违反环境资源行政法律规范所应承担的否定性的法律后果。承担责任者既可能是企事业单位及其领导人员、直接责任人员，也可能是其他公民个人；既可能是中国的自然人、法人，也可能是外国的自然人、法人。

对环境资源行政责任这一概念可以从以下几个层次理解。

A 环境资源行政责任是一种消极责任

所谓积极责任，是指法律关系主体根据法律承担的法律义务，表现为一定的作为或不作为；所谓消极责任，是指法律关系主体由于不履行前一种法律义务（积极责任）而引起的法律后果。

B 环境资源行政责任是一种法律责任

环境资源行政责任是基于环境资源行政法律关系主体违反环境资源行政法律规范所设定的法律义务关系产生的，其实现由国家强制力予以保障。所以，环境资源行政责任是一种法律责任，而不是其他社会责任形式。

C 环境资源行政责任是一种行政法律责任

行政法律责任是行政法律关系主体由于违反行政法律规范而应当依法承担的否定性的法律后果。行政法律责任是一种独立的责任形式，不仅有别于其他社会责任形式，而且有别于民事责任、刑事责任等其他法律责任。这就意味着，行政责任不能代替其他法律责任，其他法律责任同样不能取代它。

D 环境资源行政责任是环境资源领域的行政法律责任

环境资源行政责任，是由于环境资源行政法律关系主体违反环境资源行政法律规范而产生的，其责任主体只能是环境资源行政法律关系主体，违反的法律规范只能是环境资源行政法律规范。

### 8.4.1.2 环境资源行政责任分类

环境资源行政责任具有丰富的内涵，根据不同的标准，可作不同的分类：

（1）根据责任主体的不同，分为行政主体和行政相对人的环境资源行政责任。

（2）根据责任关系的不同，分为环境资源内部行政责任和外部行政责任。前者是基于内部行政法律关系而产生的行政责任，如行政主体工作人员对行政主体的责任、受委托的组织和个人对委托的行政机关的责任等；后者是基于外部行政法律关系而产生的行政责任，包括行政主体及其工作人员对行政相对人承担的责任和行政相对人的行政责任。

（3）根据责任功能和目的的不同，分为惩罚性和补救性的环境资源行政责任。惩罚性的环境资源行政责任，是指环境资源行政违法行为必然导致的在法律上对违法主体进行惩罚的法律后果，能够给责任主体造成某种痛苦，从而起到教育和预防作用的环境资源行政责任，具体形式包括通报批评、行政处分和行政处罚。补救性的环境资源行政责任，是指环境资源行政违法行为主体补救履行自己的法定义务或补救自己的违法行为所造成的危害后果，以恢复遭受破坏的环境资源行政法律关系和行政法律秩序为目的的环境资源行政责任。其具体责任形式包括承认错误、赔礼道歉、恢复名誉、消除危害、履行职务、撤销违法、纠正不当、返还权益、恢复原状、行政赔偿、支付治理费用、停业治理等。

（4）根据责任内容的不同，分为财产性和非财产性环境资源行政责任。财产性环境资源行政责任是指以财产的给付作为责任承担方式的环境资源行政责任，如罚款、没收违法所得、没收非法财物、行政赔偿等；非财产性环境资源行政责任是指不以财产给付而以人身权利的限制、责令作出某种行为等作为责任承担内容的环境资源行政责任，如通报批评、赔礼道歉、恢复名誉、消除影响、停止违法行为、履行职务、纠正不当、警告等。

对负有环境行政法律责任者，由各级人民政府的环境行政主管部门或者其他依法行使环境监督管理权的部门根据违法情节给予罚款等行政处罚；情节严重的，有关责任人员由其所在单位或政府主管机关给予行政处分；当事人对行政处罚不服的，可以申请行政复议或提起行政诉讼；当事人对环保部门及其工作人员的违法失职行为也可以直接提起行政诉讼。

### 8.4.2 环境民事责任

#### 8.4.2.1 环境民事责任概念

大量存在于环境资源领域且具有独特性的主要是环境资源侵权行为所引起的民事责任，即因污染和破坏环境资源导致他人财产、人身和其他权益受到损害的民事责任。

环境资源民事责任，包括破坏环境的民事责任和污染环境资源的民事责任两大类。前者指人类活动使环境发生物理性状和物质数量的改变，致使环境（或生态系统）原有的结构、和谐与美感被破坏，主要表现为对作为公众共用物的江河湖海、原野蛮荒地等生态系统的破坏，如对某种生物的过度捕杀和污染灭绝导致食物链失衡所致的生态危机；后者指人类活动使环境发生生物、化学等根本性质上的不良变化，如排放废气致使空气质量下降。

由于环境问题的特殊性，它又具有不同于普通民事责任的特性，因此，往往在环境保护法律法规中加以特别规定。如我国水污染防治法、固体废物污染环境防治法对环境污染损害民事责任作了专门规定。因此，环境民事责任是一种特殊的民事责任，它既要适用民法的一般规定与原理，又要优先适用相关法律的特别规定。

根据《最高人民法院关于审理环境民事公益诉讼案件适用法律若干问题的解释》（2015年）和《人民检察院提起公益诉讼试点工作实施办法》（2015年），我国环境法规定的环境民事责任承担方式通常包括赔偿损失、停止侵害、排除妨碍、消除危险、恢复原状、赔礼道歉等方式。

#### 8.4.2.2 环境民事责任的规则原则

环境损害是指因污染环境、破坏生态造成大气、地表水、地下水、土壤等环境要素和植物、动物、微生物等生物要素的不利改变，及上述要素构成的生态系统功能的退化。当环境损害与人身损害、财产损害并列时，是指排除人身损害和财产损害后的纯环境损害。环境民事责任中的损害包括环境损害，是环境民事责任区别于其他民事责任的显著特点。

从责任构成上分析，可将环境民事责任分为严格责任、无过失（或无过错）责任、结果责任、绝对责任、过错责任、有条件的严格责任等类型。严格责任意味着行为人不必有过错，而只要求行为（或不作为）造成了损害的事实。无过错责任是指无论行为人是否有过错，都应为其行为造成的损害后果承担责任。因而无过错责任也是一种严格责任。结果责任和绝对责任一般不考虑免责条件。无过错责任作为过错责任的补充而存在，只适用于法律明确规定的具有高度危害性或社会意义重大的少数社会领域。它从社会安全及社会利益之均衡出发，反映了现代大生产条件下的公平正义观，是人类文明再次进步的表现。当代国家和国际的环境民事责任体制之所以倾向于建立在严格责任原则的基础上，是因为它们认为用这种体制能更好地达到环境目标。环境侵害的特殊性（如环境污染的合法性、侵害间接性、复杂性、科学技术性及当事人地位的不平等性等），使得在污染造成侵害时对侵害人主观过错的证明殊为艰难，而环境污染后果的巨大危害又使得环境侵权与其他侵害相比具有更强的公共性和社会性，从而导致将无过错责任或严格责任引入环境责任领域成为世界各国的普遍做法。

#### 8.4.2.3 环境民事责任的特征

环境民事责任的特征主要包括下列几点：

（1）环境民事责任是一种包括传统环境民事责任和新型环境民事责任的污染侵权责任。侵犯人身权和财产权的环境民事责任称为传统环境民事责任，侵犯环境权益的环境民事责任叫作新型环境民事责任。

（2）传统环境民事责任与侵犯人身权和财产权的普通民事责任既有共性也有区别。加害人通过污染物排放或对环境造成污染，即以污染物或被污染的环境为媒介对民事主体的人身和财产产生损害，才能产生传统环境民事责任。侵害是否通过“污染物”和“污染的环境”这一媒介的作用而发生是传统环境民事责任与普通民事责任的主要区别。

（3）传统环境民事责任与新型环境民事责任既有共性也有区别。共同点：它们都是不能脱离或离开“污染物”和“环境”而发生的环境民事责任。区别：传统环境民事责任是因侵犯人身权和财产权而引起的民事责任，承担这种责任是因为加害人侵犯了人身权和财产权；新型环境民事责任是因侵犯环境权益而引起的民事责任，承担这种责任是因为加害人侵犯了环境权益。根据环境资源法学理论，环境权益包括单位和个人的（基本）环境权和其他环境权利，单位和个人的（基本）环境权以及公众环境权益虽然是一种个人、单位可以实际享用的民事权利，但不是独占性、排他性的民事权利，即私权，而是具有公益性的民事权利，该权利主体在享用该项权利时并不排斥其他非特定多数人同时享用该项权利。

（4）环境民事责任的构成要件具有独特性。构成要件是：有排放（含直接排放和间接导致排放以及处理、处置）污染物的行为，有损害结果，排污行为与损害结果有因果关系。其中，排污行为是确定责任的前提和基础条件。环境民事责任中的因果关系，主要指排污行为与损害结果之间的因果关系。

（5）环境民事责任是主要以补偿为目的的财产责任，这是环境民事责任与环境领域的其他责任如行政责任、刑事责任等的重要区别。当然这种区分并不是绝对的，对于以“防患于未然”为第一要务的环境法而言，其民事责任不应局限于单一赔偿的功能，已有学者建议在环境民事责任中引入惩罚性赔偿等责任形式，使其在弥补损害的同时部分地发挥惩罚、预防的功能。同时，环境侵权行为人的责任承担不限于财产责任，还有停止侵害、排除妨碍、消除危险、赔礼道歉等。但就多数情形而言，补偿性财产责任仍然是环境民事责任的一大特征。

（6）环境民事责任是体现“社会本位”价值观的责任。在坚持个人自由的同时注重个人利益与社会整体利益的统一和平衡，将大多数人的利益放在第一位，防止为个人利益而损害社会整体利益，从而实现了个人本位向社会本位的转变。鉴于环境侵权后果的严重性及侵权人与受害人在实力上的不平等性，法律引入了无过错责任、因果关系推定、举证责任倒置等一系列对加害人要求甚严但有利于受害人和社会整体利益的制度。这是社会本位思想的体现，也是利益平衡的结果。

#### 8.4.2.4 环境民事诉讼

环境民事诉讼是指环境法民事主体在其环境民事权益受到侵害时依民事诉讼程序法提出诉讼请求，人民法院依法对其审理并裁判的活动。它是环境争议公力救济方式之一，要遵循民事诉讼程序和规则。由于诉讼规则与民事责任构成要件的关系十分紧密，环境民事诉讼除了无过错责任、因果关系推定外，还有如下特点。

##### A 起诉资格放宽

为了保护起诉人的环境利益，即为了保护环境这种公众共用物，许多国家的民事诉讼法律都不同程度地放宽了对起诉资格的限制。起诉资格的放宽主要表现在：因环境污染受到无形损害、精神损害、美学损害和其他非经济性损害的人可以提起环境民事诉讼；特定多数人因环境污染受到损害时，其中的每一个人都可以提起环境民事诉讼；因环境污染受到直接或间接损害的任何人和任何组织（特别是环保社团组织）可以提起环境民事诉讼。

##### B 举证责任倒置

举证责任倒置是一种特殊的证明规则，即原告提出的事实主张不由其提出证据加以证明而由被告承担该证明事实不存在的义务，否则即推定该事实存在。在环境污染民事诉讼中，由于污染的间接性、多因素性、科学技术性等使得被害人要想清楚证明损害的发生及被告人的责任较为困难，因此举证责任倒置也成为各国环境民事诉讼的普遍做法。《中华人民共和国民法典》第1230条规定：“因污染环境、破坏生态发生纠纷，行为人应当就法律规定的不承担责任或者减轻责任的情形及其行为与损害之间不存在因果关系承担举证责任。”上述规定说明，有关证明免责事由及其行为与损害结果之间不存在因果关系的责任已经转移到被告身上。

##### C 诉讼时效延长

环境污染侵害并不都是由污染物质直接作用于人身或财产造成的损害，而往往是各种污染物质通过迁移、转化、代谢、富集等一系列中间环节后，才导致损害事实的发生，可能出现“损害尚未发生，时效已经消灭”的情形。由于科学技术水平的限制，人们对某些污染物的性质、迁移转化规律的认识也有一个过程。因此，只有对环境侵权规定较长的诉讼时效，才能有效保护受害人的合法权益。

##### D 集团诉讼

受害者人数众多是环境污染侵权的一大特点。集团诉讼是指处于相同情况下，由共同利害关系人的当事人临时组织集合体，作为诉讼主体，并由其代表人进行诉讼活动，该诉讼判决对所有共同利害关系人都有效的一种诉讼制度。

##### E 环境公益民事诉讼

环境公益民事诉讼是指公民、法人或者其他组织认为其具有公益性的环境权或环境公益受到侵犯时，以自然人和单位（包括法人组织和非法人组织）为被告而向法院提起的诉讼。环境公益民事诉讼是环境民事诉讼原告起诉资格放宽的产物。

### 8.4.3 环境资源刑事责任

#### 8.4.3.1 环境刑事责任概念

刑事责任是指行为人因实施刑事法律禁止的行为所必须承担的法律后果。环境资源刑事责任，是指行为人违反法律，造成或者可能造成环境资源的严重污染破坏、公私财产重大损失或者人身伤亡的严重后果，已构成犯罪所必须承担的法律结果。追究环境资源刑事责任是对环境资源违法行为的最严厉制裁，是国家运用刑事手段保护环境资源的一种强有力的手段。

依据不同标准，可以把环境资源刑事责任进行如下划分：

(1) 根据犯罪行为性质分为污染环境和破坏资源的刑事责任。

(2) 根据犯罪行为方式分为作为犯和不作为犯的环境资源刑事责任。

(3) 根据犯罪的主体可以分为自然人和单位的环境资源刑事责任。

#### 8.4.3.2 环境资源犯罪的构成

按照犯罪构成的一般理论，环境资源犯罪必须具备以下四个要件：

(1) 环境资源犯罪的主体，是指实施了污染环境和破坏资源行为，依法应负刑事责任的人，既可能是自然人也可能是单位。

(2) 环境资源犯罪的主观方面，是指环境资源犯罪主体在实施危害环境资源行为时对危害结果发生的心理态度，即主观罪过。

(3) 环境资源犯罪的客体，是指犯罪行为所侵害的为刑法所保护的社会关系。环境资源犯罪客体主要是为环境资源刑法所保护的环境资源法益，即环境资源刑法所保护的生态环境和自然资源。

(4) 环境资源犯罪的客观方面，是指环境资源犯罪活动外在表现的总称。包括犯罪人所从事的危害环境资源的行为、危害后果以及行为与后果之间的因果关系。

我国刑法关于破坏环境资源保护罪类的规定的各种具体犯罪中，危害后果是多数罪的犯罪构成要件，若没有危害后果则不构成犯罪，如“污染环境罪”，其危害行为必须有“严重污染环境的”后果，没有此严重后果，就不构成犯罪。但在另一些犯罪中，行为人只要实施了刑法所禁止的行为，即使未造成实际的危害后果也要被处以刑罚，如将境外的固体废物进境倾倒、堆放、处置的行为，非法收购、运输明知是盗伐、滥伐的林木的行为。

#### 8.4.3.3 我国有关环境资源犯罪的主要罪名

严重污染环境罪，是指违反国家规定，排放、倾倒或者处置有放射性的废物、含传染病病原体的废物、有毒物质或者其他有害物质，严重污染环境的行为。

非法处置进口的固体废物罪，是指违反国家规定，将境外的固体废物进境倾倒、堆放、处置的行为。

走私废物罪，是指逃避海关监管将境外固体废物、液态废物和气态废物运输进境的犯罪。

擅自进口固体废物罪，是指未经国务院有关主管部门许可，擅自进口固体废物用作原料，造成重大环境污染事故，致使公私财产遭受重大损失或者严重危害人体健康的行为。

非法捕捞水产品罪，是指违反保护水产资源法规，在禁渔区、禁渔期或者使用禁用的工具、方法捕捞水产品，情节严重的行为。

非法猎捕、杀害珍贵、濒危野生动物罪，是指非法猎捕、杀害国家重点保护的珍贵、濒危野生动物的行为。所谓珍贵、濒危野生动物，是指国家重点保护的野生动物，包括珍贵、濒危的陆生野生动物和水生野生动物，分为国家一级保护野生动物和二级保护野生动物）

非法收购、运输、出售珍贵、濒危野生动物及其制品罪，是指非法收购、运输、出售国家重点保护的珍贵、濒危野生动物以及珍贵、濒危野生动物制品的行为。

非法狩猎罪，是指违反狩猎法规，在禁猎区、禁猎期或者使用禁用的工具、方法狩猎，破坏野生动物资源，情节严重的行为。其侵害的对象是非国家重点保护野生动物。

非法占用农用地罪，是指违反土地管理法规，非法占用农用地，改作他用，数量较大，造成农用地大量毁坏的行为。

非法采矿罪，是指违反矿产资源法的规定，未取得采矿许可证擅自采矿，擅自进入国家规划矿区，在国民经济具有重要价值的矿区和他人矿区范围采矿，或者擅自开采国家规定实行保护性开采的特定矿种，且情节严重的行为。

破坏性采矿罪，是指违反矿产资源法的规定，采取破坏性的开采方法开采矿产资源，造成矿产资源严重破坏的行为。

非法采伐、毁坏国家重点保护植物罪和非法收购、运输、加工、出售国家重点保护植物、国家重点保护植物制品罪，是指违反国家规定，非法采伐、毁坏珍贵树木或者国家重点保护的其他植物的，或者非法收购、运输、加工、出售珍贵树木或者国家重点保护的其他植物及其制品的行为。

盗伐林木罪，是指违反森林法规，以非法占有为目的和秘密的方式砍伐森林或者其他林木且数量较大的行为。

滥伐林木罪，是指违反森林法的规定，无采伐许可证或者未按照采伐许可证规定的地点、数量、树种、方式而任意采伐单位所有或者管理，或者本人自留山上的森林或者其他林木，数量较大的行为。

非法收购、运输盗伐、滥伐林木罪，是指违反森林法规，非法收购、运输明知是盗伐、滥伐的林木，情节严重的行为。

投放危险物质罪，是指投放毒害性、放射性、传染病病原体等物质，危害公共安全的行为。2009 年 8 月 14 日，江苏省盐城市盐都区人民法院以投放毒害性物质罪（即投放危险物质罪），一审判处盐城市“2・20”特大水污染事件嫌犯、原盐城市标新化工有限公司董事长胡文标有期徒刑 10 年，判处原盐城市标新化工有限公司生产厂长兼车间主任丁月生有期徒刑 6 年。这是我国首次以投放毒害性物质罪（即投放危险物质罪）的罪名对违规排放造成重大环境污染事故的当事人判刑。而在此前，类似的污染事件均以重大环境污染事故罪追究刑事责任。

环境监管失职罪是指负有环境保护监督管理职责的国家机关工作人员严重不负责任，不履行或者不认真履行环境保护监管职责导致发生重大环境污染事故，致使公私财产遭受重大损失或者造成人身伤亡的严重后果的行为。

承担环境刑事责任的方式，有管制、拘役、有期徒刑、无期徒刑、死刑、罚金、没收财产、剥夺政治权利和驱逐出境。自然人犯有“破坏环境资源保护罪”的，除死刑和无期徒刑外，上述刑罚种类基本上均适用；而法人犯有“破坏环境资源保护罪”的，仅适用罚金和没收财产两种形式的财产罚。

## 8.5 环境伦理概述

### 8.5.1 如何理解伦理

#### 8.5.1.1 伦理、道德及两者之间的关系

“伦理”通常与“道德”这个概念关联使用，甚至这两个词常常被相互替换地使用。但实际上，这两个概念既密切相关，又有一定的区别。

按照中国传统的伦理观，人与人之间的关系，叫做人伦；人伦的道理，叫作伦理，或者说人与人相处所应遵循的道理就是伦理；研究人伦道理的学问，叫作伦理学，或者说伦理学是研究人类的责任或义务的科学；对于这种责任或义务的看法，便称为伦理观。

伦理一词，在中国古代是分开使用的。“伦”的本意是辈、类的意思。《孟子》说：“教以人伦，父子有亲，君臣有义，夫妇有别，长幼有序，朋友有信。”按东汉经学家郑玄在为《孟子》作注时所指，伦即序，即所谓秩序、序次之意。“理”是分析精微的意思，引申为事物之间自然存在的条理或法则。“伦理”两字连用最早出现在《礼记·乐记》中，“乐者，通伦理者也”，音乐之伦理意在“和谐”。所以中国的传统“伦理”就是指人类在社会生活中，处理人与人之间相互关系时所应遵循的道理和准则。伦理不仅涉及人际关系中应该如何的规范，还包括人际关系事实如何的规律。

英语中“伦理”（ethics）的概念源于希腊语的 ethos，“道德”（moral）则源于拉丁文的 moralis，在古罗马人征服了古希腊之后，古罗马思想家西塞罗是用拉丁文 moralis 作为希腊语 ethos 的对译。由此可见，这两个概念在起源上的确密切相关，都包含传统风俗、行为习惯之义。“伦理”通常是当人在面对两难（dilemma）时，基于原则所必须作的选择。在最简单的伦理上的两难问题就是在“对”与“错”之间作一抉择。此后这两个概念的含义发生了一定的变化，道德 moral 一词更多包含了美德、德行和品行的含义。

因此，尽管“伦理”一词经常与“道德”这个概念关联使用，甚至有时被同等地加以对待。但人们也注意到两者之间存在的差异。道德是个体性、主观性的，侧重个体的意识、行为与准则、法则的关系，伦理则是社会性和客观性的，侧重社会“共体”中人和人的关系，尤其是个体与社会整体的关系。较之道德，伦理更多地展开于现实生活，其存在形态包括家庭、市民社会、国家等。作为具体的存在形态，“伦理的东西不像善那样是抽象的，而是强烈的现实的”。从精神、意识的角度考察，道德是个体性、主观性的精神，而伦理则是社会性、客观性的精神，是“社会意识”。

#### 8.5.1.2 伦理规范

伦理规范既包括具有广泛适用性的一些准则，也包括在特殊的领域或实践活动中被认为应该遵循的行为规范。或者那些仅适用于特定组织内成员的特殊行为的标准。后者往往与特殊领域的性质和行为特点密切相关，是结合所从事的工作的特点，把具有一定普遍性

的伦理规范具体化，或者从特殊工作领域实践的要求出发，制定一些比较有针对性的行为规范。

根据伦理规范得到社会认可和被制度化的程度，我们可以把伦理规范分为两种情况。

(1) 制度性的伦理规范。在这种情况下，伦理规范往往得到了比较充分的探究和辩护，形成了被严格界定和明确表达了的行为规范，对相关行动者的责任与权利有相对清晰的规定，对这些行动者有严格的约束并得到这些行动者的承诺。比如，对医生、教师或工程师等职业发布的各种形式的职业准则大体上属于这种情况。

(2) 描述性的伦理规范。在这种情况下，人们只是描述和解释应该如何行为，但并没有使之制度化。描述性的伦理规范往往没有明确规定行为者的责任和权利，因此可能在一些伦理问题上存在不同程度的争议。对其中在实践中形成的有价值的、合适的新的行为方式，在一定条件下经过进一步的探究和社会磋商，有可能成为新的制度性的伦理规范。

### 8.5.2 人与自然关系的伦理

#### 8.5.2.1 人与自然关系的伦理概述与特征

环境（生态）伦理包括非常丰富的内容，具有深远的意义。它建立在人与自然共生共荣共发展、人与自然双赢的理念上，强调“以人为本，以自然为根”和“以人为主导，以自然为基础”的思想，包括实现社会生产力与自然生产力相和谐、经济再生产与自然再生产相和谐、经济系统与生态系统相和谐、“人化自然”与“未人化自然”相和谐、人与自然的和谐共处等内容。生态哲学是西方哲学史上一场真正的“哥白尼革命”，它推翻了人在宇宙中自居的权威中心地位，标志着人类对大自然理解的根本变革。

人与自然关系的伦理（或道德）具有如下特征：

(1) 凡是涉及人对自然的行为的评价的伦理都属于人与自然关系的伦理（或道德），或者说人与自然关系的伦理（或道德）是有关评价人对自然的行为是善或恶、光荣或耻辱、正义或非正义、公正或偏私、野蛮或文明、诚信或不讲信用的伦理。

(2) 人与自然关系的伦理（或道德）的适用对象是人与自然关系，适用范围是人与自然关系领域，涉及人与自然这两个方面。

(3) 人与自然关系的伦理（或道德）的主体是人，是指人的伦理道德，不是指自然（或非人自然体）的伦理道德。

(4) 在人与自然关系领域，不同的人在不同的历史时期对人与自然关系有不同的观念、原则和规范，即不同的种类与派别，对人与自然关系中的人或自然的地位、作用有不同的态度和看法。

(5) 在各种不同的人与自然关系的伦理（或道德）观念、原则和规范中，有的仅仅将人视为人与自然关系中的主体，有的既将人又将自然（或自然体）视为人与自然关系中的主体。

#### 8.5.2.2 人与自然关系的伦理的种类

关于人与自然关系的伦理思想主要有两种思想倾向、三种理论派别。

两种思想倾向是：一是人类主义的泛人道主义伦理倾向，又称浅环境论、弱人类中心主义或现代人类中心主义的环境伦理，即将以人为中心的伦理向外延伸，延及子孙后代以及非人类生命和自然界，同时坚持自然界没有价值的观点；二是生态主义的泛道德主义伦理倾向，又称非人类中心主义的环境伦理，即在承认生命和自然界具有内在价值的基础上，将保护生命和自然界作为一种道德责任。

三个派别是：人类中心论、生物中心论、生态中心论或生态整体主义伦理。人与自然关系的伦理的不同派别代表了人类环境道德的不同境界，主要反映人类中心与非人类中心、个体论与整体论的争论，在许多情况下可以并行不悖、相互补充。目前，各种环境伦理和环境道德正在走向整合，建立一种同时考虑人类中心论、生物中心论和生态中心论的合理成分的、既开放又统一的环境伦理学，即建立以人与自然和谐发展为道德目标的生态伦理或环境道德。

所谓“人类中心主义”，就是以人为万物的尺度，从人的利益来判定一切事务的价值。它不仅主张和赞成人类对自然的征服，而且认为人类有权根据自身的利益和好恶来随意处置和变更自然。它认为人类文明的每一种进步，都是建立在对自然征服的胜利之上的。按照“人类中心主义”，人与自然的关系不是伙伴和合作的关系，而只是对立和冲突的关系。典型代表有近代科学革命的倡导人培根，他在《新工具》一书中大力讴歌科学，提出“知识就是力量”；还有近代科学家和哲学家笛卡尔，他有感于人类认识和改造自然能力的提高，从哲学的角度对人类认识和改造自然客体的主体性加以概括，提出“我思故我在”，认为自然世界和自然规律都是为人而立。“人类中心主义”是工业文明时代占据主流地位的世界观和思想行为模式。虽然人类倚仗其发达的科学技术和日益强大的社会生产力，在利用自然资源和自然环境方面取得了重大的进展，社会物质财富也空前地丰富起来，但是由于这种经济活动是以对自然界的无情榨取为代价的，因此其后果是一系列环境问题的产生，包括水环境污染、大气环境污染、生态破坏、酸雨侵袭、固体废弃物的增加，森林锐减、荒漠化严重、有毒化学品的危害、全球气候变暖等。

生态（或环境）伦理和生态（或环境）道德，是指一定社会调整人与自然之间的关系的伦理（或道德）规范的总和；其核心是有关人们尊重、爱护、保护自然和环境，以及人与自然如何和谐相处的伦理（或道德）。上述定义包括如下四层含义：

（1）生态（或环境）伦理和生态（或环境）道德是伦理（或道德）的一种，具有伦理（或道德）的共性。生态（或环境）伦理和生态（或环境）道德与环境资源法律不同，它不具有国家强制性、法律规范性等法的特征。通常借助于宣传、教育和社会舆论的力量促使人们逐渐形成一定的意识、习惯和信仰。

（2）生态（或环境）伦理和生态（或环境）道德是某类伦理（或道德）性规范的总和或综合体。通常存在于各行各业的职业伦理（或道德）、社会舆论、风俗习惯之中和人们的内心世界，以及加以理论概括的伦理著作之中。这一含义是对环境伦理（或道德）的表现形式的概括。

（3）生态（或环境）伦理和生态（或环境）道德、环境道德调整的是一种特定的社会关系，即因自然（包括环境、生态和资源）而产生的社会关系。这种社会关系始终离不开自然（包括环境、生态和资源），始终以环境为媒介，实际上是人与人的关系和人与自然关系的综合。

（4）生态（或环境）伦理和生态（或环境）道德主要调整因开发、利用、保护、治理自然（包括环境、生态和资源）所发生的社会关系。在这四种关系中，其核心和出发点是人类对自然（包括环境、生态和资源）的尊重、热爱和保护。

8.5.2.3 生态伦理的实践意义和作用

（1）环境资源政策和法律要充分说明其正当性就需要环境伦理的支持。目前我国环境资源政策和法律所面临的正当性、有效性不足的问题，是“公地经济人”和“地球村生态人”的冲突，是工业文明与生态文明的冲突。而在这些冲突中，缺乏生态伦理和环境道德是使环境资源政策和法律制度低效、无效和失效的一个内在原因。

（2）生态伦理为资源环境管理工作奠定了伦理基础，有助于结束人与自然数百年来的敌对状态。生态伦理使人们对自然产生一种谦卑意识，这就使人们不会用功利主义眼光去发现自然存在的意义和价值，而是从更深厚的人文含义中去寻找它的意义和价值。

## 8.6 环境伦理的发展

### 8.6.1 国外生态伦理的发展概况

人类与自然的关系是随着社会、经济的发展而不断变迁的。在人类社会发展的一个相当长的时期内，由于生产力和科学技术水平较低，对有关自然、环境和自然资源的道德产生了两方面的影响。一方面，由于当时的人类活动不可能超过地球的承载能力、人类排放的废物不可能超过环境的自净能力，人们没有必要把其对生态的破坏、环境的污染破坏视为伦理道德问题，这就是现代生态伦理和环境道德姗姗来迟的原因；另一方面，由于自然界对人类的生存和发展的影响、作用很大，在人们没有准确认识、掌握自然界的性质、特点和规律的情况下，人们可能产生一些带有迷信色彩和盲目性的生态伦理观点和环境道德意识。

国外学术界有些人认为，生态伦理学形成于20世纪20年代，人类明确提出生态伦理和环境道德只不过半个多世纪。中国学者一般认为，生态伦理和环境道德是长期发展的结果，甚至在古代也可以找到它的雏形和萌芽。

现代生态伦理学的基本理论和体系，主要是由西方学者提出来的。就国外生态伦理学的发展过程而言，可以将其发展分为如下三个阶段：从18世纪末到20世纪初，是其孕育阶段；从20世纪初到20世纪中期，是其创立阶段；从20世纪60年代至今，是其大发展时期。

18世纪的产业革命使人类进入工业文明时期，工业生产（包括工业化的农业生产）是这个时期的主要生产方式，其基本特征是通过科学技术来控制、改造和驾驭自然过程，制造出在自然状态下不可能出现的产品。自然开始进入“去神圣化”或“去魔化”阶段。这个阶段伦理的特点是逐渐淡化、降低自然的地位，自然开始被视为机器，附魅的自然逐渐让位于祛魅的自然，令人尊重、值得敬畏的自然逐渐让位于纯粹认知、鞭笞的对象和开发、征服、占有的外在物，并最终将自然视为人的征服对象、掠夺对象和工具。结果是人类主体意识和主动作用的急剧膨胀，“人定胜天”的思潮以及“人类中心论”占主导，征服和占有成为人们对待自然的基本态度，人类开发、利用、征服自然的力度和频率空前提高，并形成了由工业革命带给人类的新的梦魇。人类大举向自然进攻，取得了一个又一个伟大的胜利，人类满怀豪情地在一次次技术进步的高潮中讴歌着对大自然的征服和掠夺；

作为对自然界长期主宰、决定人类命运的历史的反抗，西方国家实现工业化的历史正是一部征服、统治自然的历史。

进入20世纪以后，随着工业化、城市化的加快，面对日益加剧的自然环境和自然资源破坏，一些有识之士开始从道德伦理角度思考人与自然关系的问题，一些伦理学家开始重新认识和反思人与自然之间的伦理关系。从文化的视角研究人与自然的关系，从伦理学的高度提倡保护地球上的生命，全面提出了“尊重生命的伦理学”即“敬畏生命”的伦理思想。

从20世纪60年代以来，严重的环境问题和资源危机日益威胁地球生态系统的平衡、人类自身的安全和经济、社会的发展，蓬勃发展的环境保护运动和生态运动很快成为生态哲学的物质基础和载体。人们对生态危机反思的重要结果，是认识到生态危机在某种程度上是如何从伦理、道德等文化方面看待自然以及人与自然的关系的问题，环境危机的实质是文化、价值和伦理问题而不仅仅是技术和经济问题，生态伦理和环境道德作为社会发展提出来的新主张开始成为人类社会的迫切需要并逐步得到社会的认可和支持。这一时期兴起的环境保护运动中，许多人把当代严重的环境问题和资源危机归结为道德问题，认为工业革命二三百年来的发展模式是“人类解放论”，是以“人类自由”“自由压倒自然”作为首要的价值观念。一些科学家认为，“地球不是宇宙的中心，人类也不是自然界的中心”。许多环境保护团体和环境保护主义者大声疾呼尊重自然、保护环境、讲究道德，主张将人类从“大自然的主宰”归位到“自然家庭中的普通一员”，提出“人既要遵守人与人之间的道德，也要遵守人与其他生物之间的道德”。

1999年10月国际联合教育科学文化机构提出了《21世纪伦理的共同架构》宣言，其内容有4条，第1条就是“人与自然之间的和谐”这一生态伦理和环境道德问题。2000年，《地球宪章》（The Earth Charter）在联合国大会上获得签署，成了国际性的环境宣言。

### 8.6.2 中国生态伦理的发展概况

中国对伦理、道德的思考可以追溯到尧舜时代，中国的伦理思想发端于殷周时期。孔子在其《论语》一书中集中论述了当时社会的伦理规范、道德原则和他所主张的伦理思想。可以说《论语》是中国最早的一部规范伦理学著作。中国生态伦理和环境道德同样具有深远的历史、文化根源，这可以从历代丰富的自然文化遗迹和文化资料中得到印证。

当代生态伦理和环境道德的一个基本出发点是尊重生命和尊重自然，而这在中国古代文化中体现得尤为明显。例如，中国古代社会十分普遍的图腾崇拜和自然崇拜就包含有尊重自然、尊重生命的意义。据考证，古代黄帝族以熊、罴为图腾，夏族以熊、鱼、石为图腾，商族以玄鸟为图腾。中国人一直将龙作为自己民族的图腾，自称是龙的传人。无论是帝王将相还是平民百姓，都把天、地、日、月、星、山、水、河、海、林、风、云、雷、雨自然物或自然现象尊奉为神。

虽然中国古代有关人与自然关系的伦理思想相当丰富，但在半封建半殖民主义的近代社会并没有发展成为现代的生态伦理和环境道德。从总体上看，我国对现代生态伦理学和环境道德的研究起步较晚，在近现代中国一个相当长的时期里，人们曾一度将环境污染视为一种值得称赞的大好事情，将现代人一看就头痛的煤烟尘污染视为“黑色的牡丹花”“二十世纪的名花”。

我国对现代生态伦理和环境道德的研究起步于20世纪80年代，开始主要是从环境科学、环境哲学和环境保护的角度进行研究。1986年9月，《中共中央关于社会主义精神文明建设指导方针的决议》在论及“树立和发扬社会主义的道德风尚”时开始强调“保护环境和资源”“在广大城乡要积极开展移风易俗的活动，提倡文明健康科学的生活方式，克服社会风俗习惯中还存在的愚昧落后的东西”。1994年3月，国务院通过的《中国21世纪议程》国家政策文件将“形成新的人与自然相处的伦理规范”“建立与自然相互和谐的新行为规范”即环境道德，作为21世纪道德建设的重要内容和任务。1994年，中国环境伦理学会成立并召开首届年会，标志着环境伦理学作为一门正式学科在中国诞生。在2002年6月5日世界环境日这一天，中国高等教育出版社正式发行了由联合国环境规划署、中国环境保护总局和中国教育部组织编写的《环境伦理学》一书。时任国家环境保护总局局长的解振华在该书的序言中指出：“《环境伦理学》将作为大学教科书使用，这尤其令人高兴。因为今天的莘莘学子，将成为明天社会发展的决策者和执行人，他们目前的环境伦理将影响他们未来的环境行为，而他们的环境行为将在极大程度上决定或者改变人类的未来。因此，促进环境伦理道德在全社会特别是青年人中间的广泛传播，对推动环境保护和可持续发展事业具有十分深远的影响。”

2007年10月24日，中国共产党第十七次全国代表大会报告提出了“建设生态文明”的新理念和“生态文明观念在全社会牢固树立”的新任务，表示中国共产党的领导人已经将环境生态保护从行为实践提高到理论和伦理的高度。

党的十八大以来，生态文明建设纳入国家发展总体布局，“进入了快车道”。

2017年，“绿水青山就是金山银山”写入党的十九大报告和新修订的《中国共产党章程》，为实现发展和保护协同共进、全面建成小康社会、建设社会主义现代化国家提供了思想指引。

## 8.7 环境伦理的标准、原则与规范

### 8.7.1 环境伦理的道德标准

环境伦理的道德标准是评判与自然和环境相关的人的行为的是非曲直的价值尺度与准绳，仅以人类利益为尺度的环境伦理是不够的，不是本质意义的生态管理伦理，是要对人类和生态两方面都有益。

(1) 有利于人类的尺度，作为环境伦理的根本标准之一，是指在人与自然交往时可以合理地满足自己的基本需求。

(2) 有利于生态的尺度，不能仅仅用人类的利益来衡量人与自然的关系，还要把维护生态系统的完整和稳定作为重要的调节尺度。人类管理自然的实践，如野生动植物及其栖息地的管理、野生濒危物种种群的繁殖和放归计划等，必须要同时兼顾人类的利益与其他生物的利益。

人与自然的协同进化作为环境伦理的终极关怀，是评价环境伦理的根本标准。

### 8.7.2　环境伦理的基本原则

8.7.2.1　人类持续生存原则

在人与自然的生存关系中，自然对于人类的生存和发展具有无可替代的伦理价值。而由人引发的自然生态变化，最终会对人类的社会现实生活产生影响，会涉及人类的生存这个根本利益。所以人与自然的关系问题就具有很鲜明的伦理意义，维护人类的持续生存无疑应当成为环境伦理的基本原则。

8.7.2.2　保护地球生命力原则

依据有利于人类和有利于生态的环境道德标准，保护地球的生命力是环境伦理的内在要求。地球上所有的生命都依赖于地球生命支持系统的稳定和正常：调节气候、调节水流、调节循环基本元素、净化空气与水等。而保护地球生命力，就离不开生物多样性的保护。生物多样性的保护不仅是对人类与各种生命形式和生态系统的相互关系的一种生物科学管理上的要求，而且也是环境道德上的要求，其目的是保护生态系统和基本生态过程，同时也可向当代人提供最大的利益，并使生态系统保持其满足人类后代需求的潜力。

8.7.2.3　生态公正原则

在现实生活中人类要发展，生态环境要保护，冲突在所难免，协调这种冲突的总原则是生态公正原则，即对生物和自然界的公正。

公正地对待生物和自然界要求人类有意识地约束自己的行为，把人类对自然的利用和改造控制在合理的限度内，保护生物多样性，维护生态系统的完整和稳定。对于生物个体，我们要首先保护动物免受身体损伤、疾病折磨和精神痛苦，减少人为活动对动物造成的直接伤害，避免对动物的残忍行为，改善对动物的处置方式，减少动物的应激和紧张，对动物的试验进行监督，防止学校实验室进行使动物遭受痛苦的实验。在运输动物时改善其装运状况，改善农场动物饲养、禁闭、运输和屠宰的状况。

生态系统是由动物、植物、人类社会以及环境整合在一起的生命共同体，地球上一切生物的生存和发展，不仅取决于微观个体生理机制的健全，而且取决于宏观的生态系统的正常运行。人类诞生并生存于这样的生命共同体中，有义务维护这个生命共同体的完整、稳定、繁荣和美丽。

### 8.7.3　环境道德的主要规范

8.7.3.1　环境正义

A　人人拥有环境权

所有人都应公平地分担与环境有关的益处与害处。这意味着，任何个人（包括人种、种族和社会经济群体）都不应过多地遭受因工业、市政和商业运作带来的环境负面后果之害或因政府规划和政策失误造成的人身环境损害。联合国在1972年的《人类环境宣言》中庄严宣告：“人类拥有在一种能够过尊严的和福利的生活环境中，享有自由、平等和充足的生活条件的基本权利。”公民的环境权是一项基本人权，可以保证在人与自然的交互作用过程中满足人的各种需要。维护公民的环境权利，是环境公正的必然要求。主要表现为，公民拥有享受良好环境的权利，要让公民对环境状况知情，公民应有环境参与权。

B 资源和环境在代际公平分配

把对下一代人的身体健康和生活关心纳入公正的范畴，是环境伦理对公正理论的新拓展。环境伦理学不仅考虑代内的公正问题，而且也提出了超越时间和跨代的资源公平分配的问题，强调对人们公正的道义上的责任不仅适用现在活着的人，而且也适用未来的人。

C 代内要公平分担环境的权利和义务

生态公正在对待人与人的关系上，首先要求有代际公平，同时它也要求有代内的公平。正如《我们共同的未来》所提出的，“虽然狭义的自然可持续性意味着对各代人之间社会公正的关注，但必须合理地将其延伸到每一代内部的、公正的关注。”代内公平是代际公平的前提和基础，更具现实性和紧迫性。如果人们对同代人之间的公平问题都不能解决，就很难设想能通过当代人的代理去解决代际公平的问题。代内公平原则要求资源和环境在代内进行公平分配，认为任何地区和国家的发展都不能以损害别的地区和国家的发展为代价，特别应当顾及发展中国家的利益和需要。它强调人类的整体和长远利益应当高于局部和暂时的利益，特别应考虑维护弱势群体的资源与环境权益。

#### 8.7.3.2 敬畏生命

人类和千百万其他物种都生活和生存在同一个地球上，正是由于这些生命的存在，才使地球充满了勃勃生机和活力。因此，环境道德规范必须面对和解决好人与生物的关系，敬畏生命就是环境伦理对处理人与生物关系提出的道德要求。

A 敬畏生命，反对无故伤害生命

从环境伦理来看，人类也是生命共同体的一员，必须与植物、动物、微生物三大类生命共生。人类的伦理道德，不应该只表现在爱同类上，也应珍惜其他的生命形式。在地球生物圈中，人类是生物中唯一具有作为道德代理者资格的主体，因此人类应当尊重其他生物的存在。

B 保护拯救濒危野生动植物

尊重生命要求保护、拯救濒危野生动植物。一般来说，人类对环境的影响，如生境丧失、过度开发、物种引人和污染等，并不是对所有物种类群都造成同等的威胁。处于最大危险之中的物种往往是那些小规模的种群、种群变化很大和种群增殖速度很慢的生物物种。这些物种在食物链中处于上层，繁殖和保存自己的能力较低，珍贵稀有，分布地域狭窄。现正处于不采取拯救、保护措施就会处于濒临灭绝的状态。现实的情况是，一些物种、基因在一定程度上的灭绝是不可避免的，因此，濒危物种的保护还应当考虑如何利用有限的人力和财力资源保证使最重要的生物物种能得到保护，使生物多样性给人类带来最大的效益。在设置生物多样性保护重点的准则时，不仅需要用自然、分布和生物多样性状态的科学信息来回答，还必须借助于道德价值判断。

C 支持生物多样性保护公益事业

对珍稀濒临灭绝物种的保护正在成为人们的共识，但生物多样性保护不能认为是“濒危物种保存”的同义词。濒危物种保存是控制危害的一项基本活动，是生物多样性保护道德的一个组成部分，是判断保护生物多样性是否成功的一项有用的标准。但是生物多样性保护还应考虑至今尚未受灭绝威胁的物种及其生境和生境包含的物种集合。当种群仍然很大时，通过预先保护物种比起企图把濒危物种从灭绝的边缘拉回要容易得多。这就要求我们倡导通过保护生物的生境和生态系统来对物种进行保护，而不仅仅是抢救个别物种。例如，如果不强调保护森林生态系统，特别是亚高山针叶林生态系统，调控好竹子的生长和发展，挽救大熊猫就要落空；同样，要保护人参，不保护森林也是做不到的。建立自然保护区，将有价值的自然生态系统和野生生物生境保护起来，以维持生态系统内生物的繁衍和进化，是生物多样性保护的最有效措施。1872 年美国率先成立世界上第一个自然保护区——黄石公园；1956 年，广东肇庆建立我国第一个自然保护区——鼎湖山；截至 2019 年 7 月，中国各类自然保护区数量达 2750 个，占我国陆地面积近 15%。全社会以及每一个公民应关心自然保护区，爱护自然保护区的一草一木、一山一水，同时也应通过各种方式向保护动物的社会公益机构提供帮助，增强全社会对保护生物应有的道德责任感。

8.7.3.3 善待自然

A 照看好人类和其他生命的共同家园

地球是人类和其他生命的共同家园。除非人类与除人类之外的其他生物共同分享这个地球，否则，地球就将不能长期生存下去。保护地球，就要确立地球是一切生命的家园、根源的观念，既要谨慎而又明智地利用自然资源，又要关注和尊重地球生态过程，控制使用那些对生物圈的物质大循环和小循环有破坏作用的物质元素及其排放。

B 尊重自然的限度，反对掠夺性开发资源

由于过度的开发，生态环境的改变或破坏、污染和引种外来物种等多种因素的共同作用，常常使可再生资源灭绝。例如，地下水是以水不断渗透到土壤的速度更新的，在许多地区，地下水由于抽取的比恢复的快而变得干涸。土壤只有被良好保护，不受侵蚀而且加入适量的有机物质才是可再生的。可再生资源和不可再生资源两者都是有限的。而人类对资源的需要量却越来越大，高消耗速度急速地使资源趋于退化和枯竭。只有把社会经济活动始终建立在对再生资源不断进行人工增殖的基础之上，并且使开发利用这类资源的强度与人工增殖这些资源的速度相适应，才能使经济的再生产同自然的再生产相统一，才能使这些资源成为真正意义上的再生资源。

C 节俭使用自然资源

使人类的生产与生活方式同自然资源的限度相适应，应当成为现代人的一种新的道德观念。在传统的生产和消费活动中形成了一种根深蒂固的物质观，人们相信世界是万物的总和，万物构成的世界是无限的，人类社会的进步是对无限物质的开发和占有，是物质财富的无限增加，多生产、猛增长、高消费就成了工业社会的一个时代特征。认清节俭使用自然资源的意义，减少挥霍性增长，使人类适应于在自然资源限定的范围内生活，才是使人类文明持续发展的正确选择。

8.7.3.4 适度消费

要有效地解决摆在人类面前威胁人类前途的环境污染和生态失调问题，必须使人们在消费观念上进行深刻的变革，倡导一种环境和生态系统能够长期承受的与环境友好的消费观念，通过消耗尽可能少的自然资源来提高生活质量；同时，要尽可能防止把生活废弃物倒入自然系统。

A 倡导适度消费，反对无节制的高消费

无节制的高消费是一种脱离现实生态环境条件与合理需求的消费模式，这种消费模式以享乐、挥霍为特征，是一种不可持续的消费方式。

首先，高消费对自然资源造成了巨大的消耗。据世界银行数据、《BP 世界能源统计年鉴》等资料分析可知，2015~2020 年发达国家人均能源消费量是世界平均值的 3 倍以上。这种高消费的生活方式，不但对本国的环境资源，而且对全球的环境资源都造成了巨大的压力。《BP 世界能源统计年鉴》显示，2019 年美国人均一次能源消费量是 287.6GJ/人，这个数字是欧盟国家的 2.1 倍，中国的 2.9 倍，世界平均值的 3.8 倍，印度的 11.5 倍，非洲平均值的 18.9 倍。假如世界上所有国家生产水平都与美国和欧盟一样，这种消费模式对全球的影响将是毁灭性的。

其次，高消费带来了资源的巨大浪费和环境污染。与高消费社会这种巨大浪费形成鲜明反差的是，在广大的发展中国家，仍有 10 多亿人生活在贫困当中，全世界每天有 1.1 万儿童死于饥饿，另有 2 亿人营养不良，缺乏必需的蛋白质和热量。

再次，高消费无情地威胁着千百万物种的生命。鲸的遭遇就是一个悲惨的例子，以日本为主的大规模的工业化捕鲸，致使世界鲸数量迅速减少。

最后，应提倡和建立一种适度消费的健康的消费模式。适度消费是环境友好的体现。适度消费不是低消费，而是与生产力水平、发展阶段生态环境相适应的消费方式。既要满足人类物质生活所必需，同时又要有利于人类的持续生存与发展。这既是经济健康持续发展的必然要求，同时也是环境道德的一项重要内容。人们应当以节约和积储为荣，而不是以花钱和弃旧为荣。

B 参与绿色消费，抵制有害生态环境产品

绿色消费是当代人类消费道德的一种新境界，它要求在消费过程中自觉抵制对环境有影响的物质产品和消费行为，购买在生产和使用中对环境友好以及对健康无害的绿色产品。绿色消费的兴起，是生态环境保护引起的人们生活方式变革的产物，也是环境保护意识日益深入人心的结果。例如 20 世纪 70 年代末，“地球之友”为了保护鲸，发动了一场国际性的绿色消费运动，动员消费者不购买含有鲸原料的产品，以达到禁止其销售的目的。该组织列出了此类产品的种类及制造商与零售店的名称、地址、姓名等，终于迫使厂家停产。

C 倡导对环境友好的精神消费

环境伦理倡导对生活质量和生活幸福的理解应该从以物质为主导，转向以非物质为主导，从追求单纯的物质满足转向追求社会和精神的满足。物质消费是人类赖以生存的基础，但物质消费不是唯一的。人类是一种具有精神需要的动物，精神生活乃是人类区别于其他动物的标志之一，精神消费是比物质消费层次更高的消费目标。如果精神的提升落后于物质的繁荣，人将沦为物质的奴隶。

在全球生态环境已经严重恶化的今天，提倡与环境友好的精神消费，诗意地栖息于地球之上，就是要求人们追求高尚与健康的生活方式，确立精神完善与环境关切相结合的生活态度，真正实现与生态文明相适应的生活方式的革命性变革。

# 8.8　环境伦理的工程实践应用

一方面，工程是人生产性的社会实践活动，这就注定了工程必须与人和社会打交道，从而产生社会伦理问题；另一方面，工程是改造自然的活动，需要直接与自然打交道，因此又在现代的文明社会中产生环境伦理问题。

工程活动常常要改变或破坏自然环境，改变或破坏到何种程度才是可接受的，需要有一个客观的标准，否则无法具体操作。问题是每个工程都在自己特定的环境条件下，根本不可能用统一的标准。在这种情况下，除了运用环境评价的技术标准外，还需要运用环境伦理学标准来处理工程中的生态环境问题，然而，环境伦理学的理论思想各不相同，如何将这些理论用于支持工程中对待环境的行为，最根本的是要看各路理论关注的核心问题是什么，抓住了这个关键要素，就可以对各种理论为什么要如此主张有清楚的理解，在具体的工程活动中就可以运用这种思路处理生态环境问题。

自然界的价值有两大类：工具价值和内在价值。工具价值是指自然界对人的有用性。内在价值为自然界及其事物自身所固有，与人存在与否无关。内在价值是工具价值的依据，如果承认自然事物和自然界拥有内在价值，那么，人们与自然事物就有了道德关系。

一条河流的内在价值可以通过它的连续性、完整性以及它的生态功能（如过滤、屏蔽、通道、源汇和生物栖息等功能）展现出来；通过它与地球生态系统的物质循环、能量转化和信息传输发生作用，维持对于地球水圈的循环和平衡。河流作为一种既是由水流及水生动植物、微生物和环境因素相互作用构成的一个自然生态系统，又是一个由河流源头、湿地、通河湖泊，以及众多不同级别的支流和干流组成流动的水网、水系或河系构成的完整统一有机整体，同时它还是由水道系统和流域系统组成的开放系统。系统内部和河流与流域之间存在着大量的物质和能量交换，其中所有因素都对河流健康的维持发挥着作用。因此，河流的权利主要表现为河流生存和健康的权利，完整性、连续性和维持这些特性的基本水量是河流生存的保证。河流的生存权利要求我们在利用河流资源时充分考虑河流的上述权利，不夺取河流生存的基本水量，不人为分割水域，一切行动均需符合河流的生态规律。河流健康生命通常是指河流生态系统的整体性未受到损害，系统处于正常的和基准的状态。河流健康状况的评价可以由河道过流能力、水质、河口湿地健康程度、生物多样性和对两岸供水的满足程度等指标来确定。河流健康生命不仅要求基本水量，还要求有清洁的水质；稳定的河道、健康的流域生态系统等方面都是河流健康的标志。维持河流健康“生命”的权利就是要维护河流的自我维持能力、相对稳定性和自然生态系统及人类基本需求。赋予河流基本的权利也就规定了人们对河流的责任与义务，这意味着河流不再仅仅只是供人们开发利用的资源，而且需要人们给予河流必要的尊重。

过去，工程建设的决策管理者们通常为会把经济利益放在首位，只要技术上可行，就有内在的驱动力。追求工程的优劣只考虑项目与经济的关系，忽视工程与生态环境之间的关系成为了常态，正是这种以牺牲生态环境为代价换取暂时的眼前利益的行为，使生态环境日益恶化。但实际上，经济发展离不开良好的生态环境，优美的生态环境反而是加快经济增长的基础。恶劣的生态环境会使经济难以发展，或即使经济发展了也难以为继。因此，只看眼前利益而无长远考虑的工程，只能为社会的发展埋下隐患。

## 复习思考题

8-1 世界上第一个自然保护区是美国的______，建立于______年；

8-2 中国的第一个自然保护区是广东肇庆的______，建立于______年。

8-3 环境资源法的四层含义是什么？

8-4 现代环境资源法的主要特点是什么？

8-5 请列举《环境保护法》（2015 年）与修改前的变化。（列举出 3 处以上）

8-6 环境标准分为几类？地方污染物排放标准是否可严于国家标准？

8-7 根据治安管理处罚法，违反关于社会生活噪声污染防治的法律规定，制造噪声干扰他人正常生活的，处警告；警告后不改正的，处如何罚款？

8-8 环境民事责任承担方式有哪些？

8-9 环境民事诉讼特点有哪些？（列举 3 点以上）

8-10 在农村自家耕地上种植林木，待树木长成后是否可任意采伐卖钱？

8-11 我国最早的环境保护法颁布于哪一年？现行的环境保护法于哪一年起实施？

8-12 “绿水青山就是金山银山”在哪一年被写入《中国共产党章程》？

8-13 环境伦理的道德标准是什么？

8-14 环境伦理的基本原则是什么？

8-15 人与自然关系的伦理（或道德）特征有哪些？

# 参 考 文 献

[1] 魏惠荣，王吉霞，王海梅，等．环境学概论［M］．兰州：甘肃文化出版社，2013.
[2] 樊芷芸，朱世林．环境学概论［M］．北京：中国纺织出版社，1997.
[3] 张庸．1984 年美国多诺拉烟雾事件［J］．环境导报，2003（20）：31.
[4] 舒俭民．全球环境问题［M］．贵阳：贵州科技出版社，2001.
[5] 联合国政府间气候变化专门委员会（IPCC）第五次评估报告．
[6]《中国气候变化蓝皮书（2020）》［R］．北京：中国气象局气候变化中心，2020.
[7] 田海军，宋存义．酸雨的形成机制·危害及治理措施［J］．农业灾害研究，2012，2（5）：20~22.
[8] 庞素艳，于彩莲，解磊．环境保护与可持续发展［M］．北京：科学出版社，2015.
[9] 程发良，孙成访，张敏，等．环境保护与可持续发展［M］．3 版．北京：清华大学出版社，2014.
[10] 崔丹．生物多样性减少的原因及其保护对策［J］．林区教学，2008，11（140）：108~109.
[11] 2015 年全球森林资源评估报告：世界森林变化情况［R］．2 版．联合国粮食及农业组织，罗马，2016.
[12] 安平．谈森林资源锐减的国际与国内法律对策［J］．甘肃政法成人教育学院学报，2004，2（53）：108~111.
[13] 毛文永，文剑平．全球环境与对策［M］．北京：中国科学技术出版社，1993.
[14] 李星．世界森林资源的现状与未来［J］．世界林业，2003，4（288）：22~24.
[15] 朱张航宇，《2020 年全球空气状况报告》：2019 年空气污染杀死近 50 万婴儿，环球科学大观，2020. 11. 22.（https：//new. qq. com/omn/20201122/20201122A 0CIXO00. html）
[16] 2019 World Air Quality Report：Region & City PM 2. 5 Ranking［R］．IQAir，瑞士，2020 年．
[17] 2020 World Air Quality Report：Region & City PM 2. 5 Ranking［R］．IQAir，瑞士，2021 年．
[18] 周缘，贺文麒，蒋燕红，等．海洋污染现状极其对策［J］．科技创新与应用，2020（2）：127~128.
[19] 冯开禹，杨静．环境保护与可持续发展概论［M］．贵阳：贵州人民出版社，2008.
[20] 胡荣桂，刘康，雷泽湘，等．环境生态学［M］．武汉：华中科技大学出版社，2010.
[21] 陈英旭，林琦，张建英，等．环境学［M］．北京：中国环境科学出版社，2001.
[22] 钱易，唐孝炎．环境保护与可持续发展［M］．2 版．北京：高等教育出版社，2010.
[23] 2019 中国生态环境状况公报［R］．北京：中华人民共和国生态环境部，2020.
[24] 邬沧萍，侯东民．人口、资源、环境关系史［M］．2 版．北京：中国人民大学出版社，2010.
[25]《中外生态文明建设 100 例》编写组．中外生态文明建设 100 例［M］．南昌：百花洲文艺出版社，2016.
[26] 黄润华，许嘉琳，冯年华．人口、资源与环境［M］．北京：高等教育出版社，2006.
[27] 王新，沈欣军．资源与环境保护概论［M］．北京：化学工业出版社，2009.
[28] 刘芃岩，郭玉凤，宁国辉，等．环境保护概论［M］．2 版．北京：化学工业出版社，2018.
[29] 郎铁柱．人口、资源与发展［M］．天津：天津大学出版社，2015.
[30] 欧阳金芳，钱振勤，赵俭．人口·资源与环境［M］．2 版．南京：东南大学出版社，2009.
[31] 郎铁柱，钟定胜，张敏，等．环境保护与可持续发展［M］．天津：天津大学出版社，2005.
[32] 杨刚，沈飞，宋春．环境保护与可持续发展［M］．长春：吉林大学大学出版社，2017.
[33] 徐新华，吴忠标，陈红．环境保护与可持续发展［M］．北京：化学工业出版社，2000.
[34] 程洁红，孔峰．环境污染治理技术与实训［M］．2 版．北京：化学工业出版社，2018.
[35] 吴长航，王彦红．环境保护概论［M］．北京：冶金工业出版社，2017.
[36] 张文艺，赵兴青，毛林强，等．环境保护概论［M］．北京：清华大学出版社，2017.

[37] 周国强，张青．环境保护与可持续发展概论［M］．北京：中国环境出版社，2017.
[38] 蕾切尔·卡逊．寂静的春天［M］．吕瑞兰，李长生，译．长春：吉林人民出版社，2008.
[39] 袁善奎．《寂静的春天》读后感．农药科学与管理，2020，41（12）：8~13.
[40] 联合国环境规划署网站．（http：//www. unep. org/chinese/climatechange/）
[41] 人类环境宣言，中国网，2003. 4. 24.（http：//www. china. com. cn/chinese/huanjing/320178. htm）
[42] 世界环境与发展委员会．我们共同的未来［M］．王之佳，柯金良，译．长春：吉林人民出版社，1997.
[43] 芭芭拉·沃德，勒内·杜博斯．只有一个地球［M］．曲格平，译．长春：吉林人民出版社，1997.
[44] 何兴华．可持续发展论的内在矛盾以及规划理论的困惑——谨以此文纪念布隆特兰德报告《我们共同的未来》发表10周年［J］．城市规划，1997（3）：48~51.
[45] 崔大鹏，张坤民．走好关键的第三步——纪念《我们共同的未来》发表20周年［J］．环境经济，2007（9）：31~34.
[46] 王剑，吴娟．“可持续发展”理念的首倡及其意义——《我们共同的未来》述评［J］．铜仁学院学报，2014，16（6）：62~65.
[47] 徐再荣．1992年联合国环境与发展大会评析［J］．史学月刊，2006，（6）：62~68.
[48] 曾贤刚，李琪．可持续发展新里程：问题与探索——参加“里约+20联合国可持续发展大会之思考”［J］．中国人口·资源与环境，2012，22（8）：41~47.
[49] 叶文虎，栾胜基．论可持续发展的衡量与指标体系［J］．世界环境，1996，1（1）：7~10.
[50] 仝川．环境科学概论［M］．2版．北京：科学出版社，2017.
[51] 中国科学院可持续发展战略研究组．中华人民共和国可持续发展国家报告［M］．北京：中国环境科学出版社，2002.
[52] 曲向荣．清洁生产［M］．北京：机械工业出版社，2012.
[53] 孙鸿烈，横山长之．清洁生产与持续发展［J］．中国科学院院刊，1995，（4）：311~315.
[54] 黄贤金，葛扬，叶堂林，等．循环经济学［M］．2版．南京：东南大学出版社，2015.
[55] 常纪文，杰中．清洁生产促进法修改之前应当开展其实施效果评估［J］．中国生态文明·双月刊，2021，（1）：58~59.
[56] 刘先利，胡德铭．国内外清洁生产浅述［J］．黄石高等专科学校学报，1995，（1）：29~32.
[57] 李炯，陈均．广东省清洁生产推行历程［J］．印刷工业，2014，（8）：48.
[58] 张志前，何戎．推行清洁生产，实现持续发展［J］．科学决策，1996（1）：5~9.
[59] 奚旦立，徐淑红，高春梅．清洁生产与循环经济［M］．2版．北京：化学工业出版社，2013.
[60] 沈玉梅．清洁生产发展及应用前景［J］．环境科学进展，1998，6（2）：73~79.
[61] 石磊，钱易．清洁生产的回顾与展望—世界及中国推行清洁生产的进程［J］．中国人口·资源与环境，2002，12（2）：121~124.
[62] 钱智，钱勇．中国推行清洁生产的政策建议［J］．中国软科学，1998，（6）：117~122.
[63] 雷兆武，薛兵，王洪涛．清洁生产与循环经济［M］．北京：化学工业出版社，2017.
[64] 杨雪峰．循环经济学［M］．北京：首都经济贸易大学出版社，2009.
[65] 张树春，张帆．清洁生产、环境标志与绿色消费［J］．环境保护，1994，（7）：45~46.
[66] 周仲凡．推行清洁生产实现经济的持续发展［J］．印刷电路信息，1995，（5）：7~9
[67] 马妍，白艳英，于秀玲，等．中国清洁生产发展历程回顾分析［J］．环境与可持续发展，2010，35（1）：40~43.
[68] 北京新机场建设指挥部．北京新机场项目环境影响报告书［R］．北京：北京国寰天地环境技术发展中心有限公司编制，2014.
[69] 国家海洋局第三海洋研究所，青岛海洋大学．GB 3097—1997 海水水质标准［S］．北京：中国环境

科学出版社，1998.
[70] 生态环境部南京环境科学研究所，中国环境科学研究院．GB 36600—2018 土壤环境质量—建设用地土壤污染风险管控标准（试行）[S]. 北京：中国环境科学出版社，2018.
[71] 生态环境部南京环境科学研究所，中国科学院南京土壤研究所，中国农业科学院农业资源与农业区划研究所，等．GB 15618—2018 土壤环境质量—农用地土壤污染风险管控标准（试行）[S]. 北京：中国环境科学出版社，2018.
[72] 中国环境监测总站，环境保护部南京环境科学研究所，上海市环境监测中心，等．HJ 192—2015 生态环境状况评价技术规范 [S]. 北京：中国环境科学出版社，2015.
[73] 中国环境监测总站，武汉市环境监测中心站，环境保护部环境标准研究所．HJ 640—2012 环境噪声监测技术规范—城市声环境常规监测 [S]. 北京：中国环境科学出版社，2013.
[74] 中国环境科学研究院，北京市环境保护监测中心，广州时环境监测中心站．GB 3096—2008 声环境质量标准 [S]. 北京：中国环境科学出版社，2008.
[75] 环境保护部辐射环境监测技术中心．GB 8702—2014 电磁环境控制限值 [S]. 北京：中国环境科学出版社，2015.
[76] 核工业标准化研究所．GB 18871—2002 电离辐射防护与辐射源安全基本标准 [S]. 北京：中国标准出版社，2003.
[77] 中国环境监测总站，沈阳市环境监测中心站．HJ 663—2013 环境空气质量评价技术规范（试行）[S]. 北京：中国环境科学出版社，2013.
[78] 中国环境科学研究院，中国环境监测总站．GB 3095—2012 环境空气质量标准 [S]. 北京：中国环境科学出版社，2016.
[79] 环境保护部环境工程评估中心，中国环境科学研究院，中国环境监测总站．HJ 2. 2—2018 环境影响评价技术导则—大气环境 [S]. 北京：中国环境科学出版社，2018.
[80] 夏丹，周裕德，祝文英．噪声地图应用于声环境管理研究 [J]. 噪声与振动控制，2013，33（4）：162~166.
[81] 任建兰，张伟，张晓青，等．基于“尺度”的区域环境管理的几点思考——以中观尺度区域（省域）环境管理为例 [J]. 地理科学，2013，33（6）：668~675.
[82] 陈梅，钱新，张龙江．公众参与环境管理的模式创新及试点探讨 [J]. 环境污染与防治，2012，34（12）：80~84.
[83] 邓富亮，金陶陶，马乐宽，等．面向“十三五”流域水环境管理的控制单元划分方法 [J]. 水科学进展，2016，27（6）：909~917.
[84] 叶维丽，白涛，王强，等．基于总量控制的中国点源环境管理体系构建 [J]. 环境污染与防治，2015，37（3）：1~4.
[85] 李政大，袁晓玲，杨万平．环境质量评价研究现状、困惑和展望 [J]. 资源科学，2014，36（1）：175~181.
[86] 叶文虎，张勇．环境管理学 [M]. 2 版．北京：高等教育出版社，2013.
[87] 孙东琪，张京祥，朱传耿，等．中国生态环境质量变化态势及其空间分异分析 [J]. 地理学报，2012，67（12）：1599~1610.
[88] 刘年磊，卢亚灵，蒋洪强，等．基于环境质量标准的环境承载力评价方法及其应用 [J]. 地理科学进展，2017，36（3）：296~305.
[89] 颜运秋．我国环境公益诉讼的发展趋势——对新《环境保护法》实施以来 209 件案件的统计分析 [J]. 求索，2017，10：116~129.
[90] 张璐，刘新民．新《环境保护法》之“新”分析 [C] //全国环境资源法学研讨会论文集．上海，2015，314~340.

[91] 蔡守秋．环境资源法教程［M］．3版．北京：高等教育出版社，2017.
[92] 蔡守秋．环境资源法教程［M］．上海：复旦大学出版社，2009.
[93] 汪劲．环境法学［M］．4版．北京：北京大学出版社，2018.
[94] 薛辉．新《环境保护法》八大亮点［OL］．中国·北安政府网，2017. http：//www.hljba.gov.cn/zwgk/z_zcjd/2017/06/40662.htm.
[95] 中华人民共和国-条约数据库［OL］．中华人民共和国外交部网，http：//treaty.mfa.gov.cn/Treaty/web/index.jsp.
[96] 李正风，丛杭青，王前．工程伦理［M］．北京：清华大学出版社，2016.
[97] 余谋昌，雷毅，杨通进．环境伦理学［M］．2版．北京：高等教育出版社，2018.
[98] 周国文．生态和谐社会伦理范式阐释研究［M］．北京：中央编译出版社，2019.
[99] 董玉宽．科学发展观与生态伦理［M］．沈阳：辽宁人民出版社，2013.
[100] 左媚柳，赵修渝．三峡工程中突显出的环境伦理问题［J］．西南大学学报（社会科学版），2008，34（4）：78~81.
[101] BP世界能源统计年鉴［R］．68版．英国：英荷壳牌石油公司，2019.
[102] 李灏．图说咸海衰亡史．［OL］．个人图书馆网，2015. http：//www.360doc.com/content/15/0829/23/699582_495705797.shtml.
[103] 咸海为何逐渐在消失？50年萎缩90%，三维讲解人类有多么疯狂！［OL］．https：//www.bilibili.com/video/BV1XE411c7MZ？from=search&seid=826057720991.8283958.
[104] 张楠．神奇天路舒展生态画卷-青藏铁路全过程环境监管为高原生态安全提供保障［N］．中国环境报，2012-10-22.